Schriftenreihe wissenschaftlicher Abhandlungen des Leo Baeck Instituts

80

Unter Mitwirkung von
Michael Brenner · Astrid Deuber-Mankowsky · Sander Gilman
Raphael Gross · Daniel Jütte · Miriam Rürup
Stefanie Schüler-Springorum · Daniel Wildmann (geschäftsführend)

herausgegeben vom

Leo Baeck Institut London

Dana von Suffrin

Pflanzen für Palästina

Otto Warburg und die Naturwissenschaften im Jischuw

Mohr Siebeck

Dana von Suffrin, geboren 1985; Studium der Politikwissenschaft, jüdischen Geschichte und Kultur und Allgemeinen und Vergleichenden Literaturwissenschaft in München, Jerusalem und Neapel; Fellowship des Leo Baeck Programms der Deutschen Studienstiftung; Mitarbeit im DFG-Projekt »Pflanzen für Palästina! Naturwissenschaften im Jischuw, 1900–1930«; 2017 Promotion; wissenschaftliche Mitarbeiterin und Koordinatorin der DFG-Forschungsgruppe »Kooperation und Konkurrenz in den Wissenschaften« an der Universität München.
orcid.org/0000-0001-6524-2500

Die Drucklegung wurde durch die Deutsche Forschungsgemeinschaft und die Stiftung Irene Bollag-Herzheimer großzügig unterstützt.

ISBN 978-3-16-156816-9 / eISBN 978-3-16-156817-6
DOI 10.1628/978-3-16-156817-6

ISSN 0459-097X / eISSN 2569-4383
(Schriftenreihe wissenschaftlicher Abhandlungen des Leo Baeck Instituts)

Die Deutsche Nationalbibliothek verzeichnet diese Publikation in der Deutschen Nationalbibliographie; detaillierte bibliographische Daten sind über *http://dnb.dnb.de* abrufbar.

© 2019 Mohr Siebeck Tübingen. www.mohrsiebeck.com

Das Werk einschließlich aller seiner Teile ist urheberrechtlich geschützt. Jede Verwertung außerhalb der engen Grenzen des Urheberrechtsgesetzes ist ohne Zustimmung des Verlags unzulässig und strafbar. Das gilt insbesondere für die Verbreitung, Vervielfältigung, Übersetzung und die Einspeicherung und Verarbeitung in elektronischen Systemen.

Das Buch wurde von Martin Fischer aus der Minion Pro gesetzt und von Hubert & Co in Göttingen auf alterungsbeständiges Werkdruckpapier gedruckt und gebunden. Den Umschlag entwarf Uli Gleis in Tübingen; Umschlagabbildung: Postcard depicting the Balfour reception of the Experiment Station. Publisher: Moshe Ordmann. Tel Aviv, 1925. Collection of Yeshiva University Museum.

Printed in Germany.

Inhaltsverzeichnis

1 Pflanzen für Palästina! Otto Warburg und die wissenschaftliche Elite des Jischuws. Einführung

Die Trauben erreichten Berlin 1902 per Schiff. Doch als der Kolonialbotaniker Professor Otto Warburg (1859–1938) die Kiste öffnete, verzogen sich seine Mundwinkel. Die Ware aus Palästina, die ihm sein Kollege Doktor Selig Soskin (1873–1959) geschickt hatte, war kaum noch essbar. Die meisten Trauben hatten sich schon von der Rebe gelöst. Warburg kostete. Selbst die Beeren, die die Reise überstanden hatten, schmeckten nicht. Warburg versuchte jeden, der sein Büro in der Uhlandstraße betrat, zu überreden, das Obst aus Palästina zu probieren, doch keiner wollte. Die Trauben machten »einen recht kläglichen Eindruck«, notierte Warburg. Vielleicht sollte Doktor Soskin sie nächstes Mal lieber in Seidepapier wickeln und in Getreide- und Reisspelzen betten? Oder hatte Soskin überreife Früchte verschickt?[1] Vielleicht waren die palästinensischen Trauben einfach minderwertig? Zwar bauten Juden schon einige Jahrzehnte in Palästina Wein an, aber die Idee, dort Tafeltrauben zu kultivieren, war neu.[2]

Otto Warburg beschloss, sich des Problems der reisenden Weintrauben anzunehmen. Dies war Teil seiner Agenda für Palästina: Zu Beginn des 20. Jahrhunderts war ein Netzwerk von Zionisten um den deutsch-jüdischen Kolonialbotaniker entschlossen, Palästina durch Botanik, Agronomie und Wissenschaft in einen jüdischen Staat zu verwandeln und auf die forcierte Masseneinwanderung vorzubereiten.[3] Diese Gruppe waren die Botanischen Zionisten.

Um das Traubenproblem zu lösen, konsultierte Warburg botanische und kolonialwirtschaftliche Fachliteratur und befragte andere Wissenschaftler. Schließlich fand er einen Lösungsansatz. Um diesen zu verbreiten, veröffentlichte er einen zweiseitigen Aufsatz in der neugegründeten Zeitschrift *Palästina*.[4] Die Publikation wurde von dem in Berlin ansässigen *Komitee zur wirtschaftlichen*

---

[1] Otto Warburg an Selig Soskin, Beit Aaronsohn (Tag, Monat unles., 1902), 4.

[2] Gad G. Gilbar, »The Growing Economic Involvement of Palestine with the West, 1865–1914«, in: David Kushner (Hg.), *Palestine in the Late Ottoman Period: Political, Social, and Economic Transformation*, Jerusalem 1986, 188–210, 198 f. (= Gilbar, Involvement).

[3] Friedrich S. Bodenheimer, *A Biologist in Israel. A Book of Reminiscences*, Jerusalem 1959, 16 (= Bodenheimer, Biologist).

[4] 1908 hatte *Palästina* eine Auflage von 3.000 Exemplaren, s. Sächsische Landesbibliothek – Staats- und Universitätsbibliothek Dresden, Mscr. Dresd. App. 422, 193 (31.07.1908), 2.

Erforschung Palästinas herausgegeben.[5] Warburg war Teil des Komitees, so dass es nicht verwundert, dass schon in der ersten Ausgabe das Weintraubenproblem erörtert wurde. Warburg empfahl die russische Methode, Trauben in 22 mal 25 cm große Blechkästen zu legen, ohne dass sie sich gegenseitig berührten, und dann »viel weisse ungeschälte Hirse zwischen und auf« die Beeren zu streuen, bevor man eine zweite Lage Reben in die Kiste füllte. Trauben aus Taschkent, die über zwei Wochen per Postfahrt, Bahn und Dampfschiff nach Nischni Nowgorod gekommen seien, seien trotz außergewöhnlich hoher Temperaturen »so frisch, als ob sie eben erst von den Pflanzen abgeschnitten wären«.[6]

Der Anbau und Transport von Trauben waren nicht die einzigen Themen, die *Palästina* behandelte. Die Artikel, die in der ersten Ausgabe erschienen, suggerierten, dass das Land eine wahre Schatzkammer sei. In Palästina gebe es so unterschiedliche Dinge wie Orangenbäume, Smaragde und Asphalt. In der gleichen Ausgabe erstellte Soskin, der Warburg die Weintrauben geschickt hatte, einen »Kostenvoranschlag fuer Plantagen-Aktien-Gesellschaften in Palaestina«.[7] Pflanzen, Früchte und Plantagen waren der Aspekt Palästinas, der Warburg und Soskin am meisten faszinierte – und zwar aus einem wissenschaftlich-technischen Interesse heraus.

Pflanzen und landwirtschaftliche Erzeugnisse genossen im frühen Zionismus einen beinahe sakralen Status. Ein Artikel, der 1904 in der *Welt* erschien, dem Zentralorgan der Zionistischen Bewegung, zeigt die Verehrung von Pflanzen überdeutlich. Berichtet wird von einer »Palästina-Ausstellung« in Wien, die sich vor allem auf landwirtschaftliche Produkte konzentrierte:

> Und dann kommt man zur Reliefkarte von Palästina, die das A.-C.[8] bereitwilligst zur Verfügung gestellt hat und verweilt hier wie in stiller Andacht, als wolle man den Saal nicht verlassen, ohne im Geiste nicht nur unter den Brüdern, sondern auch auf dem geheiligsten Boden des Judenlandes gewandelt zu sein. Hier sehen wir einen alten Herrn tränenden Auges die übermannsgrossen Weizenhalme bewundern, dort einen jüngeren, der sich unbeobachtet glaubt, eine Jaffa-Orange küssen. […] So wird jeder Ausstellungstag zu einem Propagandatag für unsere Idee.[9]

Der unbekannte Besucher war nicht nur von der kartographischen Abbildung des Landes Palästina gerührt, als wandle er selbst auf dem »geheiligsten« Boden des »Judenlandes«; er beschrieb auch die Reaktionen anderer Besucher angesichts der Wunder, die die Zionisten aus dem palästinensischen Boden hervorbrachten:

---

[5] O. A., »Komitee zur wirtschaftlichen Erforschung Palästinas«, *Palästina. Zeitschrift für die culturelle und wirtschaftliche Erschliessung des Landes* 1 (Januar 1902), 10.

[6] Otto Warburg, »Ueber Aufbewahrung und Verpackung von Weintrauben«, *Palästina. Zeitschrift für die culturelle und wirtschaftliche Erschliessung des Landes* 1 (Januar 1902), 25f, 25.

[7] Selig Soskin, »Kostenvoranschlag fuer Plantagen-Aktien-Gesellschaften in Palaestina«, *Palästina. Zeitschrift für die culturelle und wirtschaftliche Erschliessung des Landes* 1 (Januar 1902), 16–22.

[8] Das sogenannte *Actions Comitee* war das Exekutivorgan des Zionistenkongresses.

[9] O. A., »Eine Palästina-Ausstellung in Wien«, *Die Welt* 8 (08.04.1904), 8f, 9.

Weizenhalme waren riesengroß und die wunderbaren Jaffa-Orangen luden zur reliquienartigen Verehrung ein. Die Devotionalien des frühen Zionismus waren Getreide und Zitrusfrüchte. Der Besucher betonte, wie vielfältig die Produktion des Jischuws[10] sei und dass alle Getreide-, Gemüse- und Obstsorten »in einer Qualität und Grösse vertreten [seien], die selbst Kenner der Landwirtschaft in Erstaunen setzen.« Die Liste der Pflanzen, die in Palästina »in prächtiger Vollkommenheit« gediehen, muss auf die Zeitgenossen zum Teil exotisch gewirkt haben: Hafer und Durah, Weizen und Sesam, Karotten und Gombu, Linsen und Biselia, rote Rüben und Zuckerrohr, Äpfel und Etrogim, Birnen und Datteln.[11]

Der letzte Satz des Zitates deutet an, dass die landwirtschaftlichen Produkte Palästinas dem Zionismus nicht nur Nahrung brachten, sondern auch »Propaganda«. Offensichtlich waren pflanzliche Produkte geeignet, das politische Projekt des Zionismus zu unterstützen. Die Transformation Palästinas von einer Wüste in einen Garten wird Thema dieser Arbeit sein. Palästina wurde ästhetisch, wissenschaftlich und wirtschaftlich verändert. Diese Veränderung war zugleich ein genuin politisches und ideologisches Projekt.

Auch in anderen Publikationen des frühen Zionismus wurde ein Palästina dargestellt, das die Juden urbar gemacht und dessen Natur sie bezwungen hätten:

> Was früher eine öde Wüste,
> War wie ein Garten aufgeblüht –
> Und allenthalben wob und grüsste
> Das Leben frühlingshauchdurchglüht[12]

Man könnte aus den zitierten Schriften den Eindruck gewinnen, dass Palästina um 1900 aufgehört hatte, ein karges Land zu sein, und sich in eine fruchtbare Landschaft, einen Garten, verwandelt hatte. Jedoch sind diese Quellen nicht verlässlich. Mannshohe Getreidehalme und füllhornartige Orangenernten gab es in Palästina zu Beginn des 20. Jahrhunderts nicht. Doch waren sich die frühen Zionisten bewusst, dass der Judenstaat nicht nur auf Steinen, sondern auch auf Kartoffeln, Weizen und Aprikosen gebaut sein musste, sollte er Zukunft haben.

Auch heute definiert sich der israelische Staat nicht zuletzt durch seine landwirtschaftlichen Erfolge. In den bedeutenden wissenschaftlichen Instituten des Landes werden beständig landwirtschaftliche und botanische Sensationen erzeugt[13] und auch Zweit- und Drittweltstaaten betonen immer wieder die Pionier- und Vorbildrolle des jüdischen Staates auf den Gebieten der Landwirtschaft

---

[10] So wird die jüdische Bevölkerung Palästinas vor der Gründung des israelischen Staates genannt.

[11] O. A., »Eine Palästina-Ausstellung in Wien«, *Die Welt* 8 (01.04.1904), 6.

[12] Heinrich Grünau, »Altneuland: Dr. Theodor Herzl gewidmet«, *Die Welt* 7 (06.02.1903), 19.

[13] Abigail Klein Leichman, First Was Lab-Grown Burger, Made In Israel – Chicken Is Next On Menu, *Jewish Business News* (19.11.2015), http://jewishbusinessnews.com/2015/11/19/first-was-lab-grown-burger-made-in-israel-chicken-is-next-on-menu/ (29.10.2010); Karin Kloosterman, Revolutionizing Agritech at Israel's Volcani Institute, *Israel* 21 (17.06.2013), http://www.israel21c.org/revolutionizing-agritech-at-israels-volcani-institute/ (29.10.18); o. A., Israeli Researchers Cultivate

und Agritech.[14] *Pflanzen für Palästina!* ist eine Geschichte von Wissenschaft und Technik im Zionismus, in der die Avantgardisten dieser Entwicklung untersucht werden.

1.1 Pflanzen im Jischuw: Wer waren die Botanischen Zionisten?

Die überwiegend deutschstämmigen Botanischen Zionisten waren Naturwissenschaftler – überwiegend Agronomen und Botaniker, aber auch Entomologen, Kartographen, Gelehrte und Abenteurer. Sie betrachteten Wissenschaft als probates Mittel, um das Gelingen des zionistischen Siedlungsprojektes zu sichern. Auf den Begriff der Botanischen Zionisten stößt man im Quellenmaterial zwar nur selten,[15] dennoch wird er in dieser Arbeit Anwendung finden, weil die Gruppe um Warburg sich als »Gesinnungsgenossen« verstand, die ein gemeinsames Ziel verband. So schrieb Soskin 1903:

> Wie [Sie] es wohl wissen, existiert eine Gruppe von Gesinnungsgenossen, die durch verschiedene Ursachen zu einer Sonderstellung in der Partei sich veranlasst sehen. [...] Andererseits giebt es eine zwar kleinere aber sehr schätzenswerthe Gruppe von Gesinnungsgenossen, welche nur dann einen Sinn in ihrer Mitarbeit an unserem Werke erblicken können, wenn sie sich an praktischen wirthschaftlichen Actionen bethätigen können. Ich bin der Meinung, dass das von einigen Gesinnungsgenossen in Verbindung mit mir aufgestellte Programm einer kolonialwirthschaftlichen Arbeit in Palästina geeignet wäre diese sämtlichen werthvollen Elemente unserer Partei zu nutzbringender Thätigkeit zu vereinigen.[16]

Soskin sprach von einer Zersplitterung des Zionismus in unterschiedliche Parteien mit unterschiedlichen Programmen. Er rechnete sich und einige Sympathisanten einer Gruppe mit kolonialwirtschaftlichem Schwerpunkt zu.[17] Darauf ließ Soskin eine Aufstellung von Zionisten folgen, die er als der Gruppe

---

Bible-Era Grapes To Make Wine, *Jerusalem Post* (29.10.2015), http://www.jpost.com/Not-Just-News/Israeli-researchers-cultivate-Bible-era-grapes-to-make-wine-430436 (29.10.2018).

[14] Vgl. Sharon Udasin, Kenyan Governor: We Must Learn From Israeli Agriculture Expertise, *Jerusalem Post* (01.11.2015), http://www.jpost.com/Business-and-Innovation/Environment/Kenyan-governor-We-must-learn-from-Israeli-agriculture-expertise-431726 (29.10.2018), oder: o. A., Israeli agriculture benefits Indian farmers, *Fresh Plaza* (04.11.2015), http://www.freshplaza.com/article/148526/Israeli-agriculture-benefits-Indian-farmers (29.10.2018).

[15] Eine Erwähnung findet sich hier: Jitzchak Wilkansky an Chaim Weizmann, Weizmann Archives (15.07.1934). Für das Bereitstellen der Archivalien aus den Weizmann Archives danke ich Estie Yankelevich herzlich. Vgl. auch Frank Leimkugel, *Botanischer Zionismus. Otto Warburg (1859–1938) und die Anfänge institutionalisierter Naturwissenschaften in ›Erez Israel‹*, Berlin 2005 (= Leimkugel, Warburg).

[16] Selig Soskin an unbekannten Empfänger, CZA, H1/1872 (16.08.1903), 1 f.

[17] In einem späteren Memorandum im Nachlass Otto Warburgs an der Hebräischen Universität befindet sich ein Memorandum des Kaufmanns Georg Herz-Shikmoni, in dem dieser darlegt, was »Kolonialwirtschaft« meint. Vor dem Ersten Weltkrieg meinte der Begriff die »Ausnutzung der Naturschaetze eines Koloniallandes« – in diesem Sinne dürfte das Wort Soskins verstanden werden.

zugehörig sah: Warburg, den Chemiker und späteren ersten Präsidenten Israels Chaim Weizmann, Warburgs Schwiegervater Gustav Gabriel Cohen und die Zionisten Alfred Nossig, Davis Trietsch, E. M. Lilien, Menachem Ussischkin, Max Bodenheimer, Leopold Kessler sowie einige andere. Nicht alle diese Männer – Frauen spielten im Netzwerk nur eine marginale Rolle[18] – nehmen in dieser Arbeit viel Raum ein. Einige der ursprünglich Beteiligten, etwa Nossig und Trietsch, wurden in der zionistischen Bewegung zunehmend zu Außenseitern; sie tauchen in vorliegender Untersuchung nur am Rande auf. Ussischkin entwickelte sich im Laufe der Zeit sogar zu einem Gegner des Botanischen Zionismus. Dafür kamen weitere Zionisten hinzu, mit denen Warburg in einer späteren Phase eng kooperierte, vor allem die in Palästina lebenden Agronomen Aaron Aaronsohn und Jitzchak Wilkansky[19] sowie der erst 1921 nach Palästina migrierte Entomologe Fritz Bodenheimer (der Sohn des im Zitat erwähnten Max Bodenheimer).

Diese Arbeit setzt ein mit Warburgs erstem zionistischen Engagement zur Jahrhundertwende, das durch einen Briefwechsel mit dem Begründer des modernen Zionismus, Theodor Herzl, belegt ist. Sie endet in den 1920er Jahren, als sich eines der Mitglieder des Botanischen Zionismus, Wilkansky, zunehmend von der Gruppe und deren wissenschaftlichen Methoden distanzierte. In den Jahren dazwischen engagierte Warburg sich in zahlreichen Organisationen, Institutionen und Publikationen. Nach zwei Jahrzehnten konzentrierte Warburg sich zunehmend auf andere Projekte an der 1925 gegründeten Hebräischen Universität, er zog sich von seinen ursprünglichen Aufgaben zurück.[20] Die Ära des Botanischen Zionismus fand ihr Ende.[21]

Nach dem Krieg bezeichnete der Begriff die »Ansetzung und Sesshaftmachung von Menschen«. Hebrew University of Jerusalem, The Central Archive, Nachlass Otto Warburg, o. D. [1938], 1.

[18] In den landwirtschaftlichen Versuchsstationen leisteten Frauen wie Aaronsohns Schwestern zunächst wenig fordernde Routinearbeiten. In den 1920er Jahren wurden zunehmend Frauen in wissenschaftlichen Institutionen eingestellt, teils auch in leitenden Funktionen. Deren Werk ist aber – ebenso wie das von Männern in vergleichbaren Positionen – kein Gegenstand dieser Arbeit. Vgl. weiterführend: Ruth Enis, »Zionist Pioneer Women and Their Contribution to Garden Culture in Palestine, 1908–1948«, in: Heide Inhetveen/Mathilde Schmitt (Hgg.), *Frauen und Hortikultur*. Beiträge der 4. Arbeitstagung des Netzwerks Frauen in der Geschichte der Gartenkultur in Göttingen im September 2003, Hamburg 2006, 87–114; Nurit Kirsh, »Naomi Feinbrun-Dotan«, in: *Jewish Women: A Comprensive Historical Encyclopedia. Jewish Women's Archive* (2009).

[19] Wilkansky hebraisierte seinen Namen nach einigen Jahren in Palästina (wie viele Zionisten) und nannte sich fortan Volcani, noch später Elazari-Volcani. Aus Gründen der Kohärenz bezeichne ich ihn trotzdem stets als Jitzchak Wilkansky.

[20] Office of the Executive/Jewish Agency for Palestine an Otto Warburg, CZA, A12/177 (17.12. 1931).

[21] Deswegen werden spätere Generationen von Naturwissenschaftlern in Palästina wie Alexander Eig (1894–1938), Michael Zohary (1898–1983) und Akiva Ettinger (1872–1945) nur am Rande behandelt.

1.2 Alternative Wege zum Staat[22]

Die Botanischen Zionisten waren Wissenschaftler, aber zugleich auch politische Akteure.[23] Ihr Beispiel ist instruktiv, um die Verbindung zwischen Politik, Nationenbildung und Wissenschaft zu untersuchen: Wissenschaft sollte einem politischen Projekt, der Errichtung eines jüdischen Staates in Palästina, den Weg ebnen.

Die angestrebte Masseneinwanderung nach Palästina verfolgte zweierlei Absichten: Einerseits sollte eine jüdische Mehrheitsbevölkerung auf eigenem souveränen Territorium angesiedelt werden, andererseits ging es darum, die jüdisch-hebräische Kultur dort wiederzubeleben.[24] Der Wissenschaft kam bei der Durchsetzung dieser Ziele eine wichtige Rolle zu. Sie sollte die mangelnde politische, monetäre oder militärische Macht der Zionisten kompensieren. Diese Rolle wurde einerseits durch die ideologische Funktion von Wissenschaft bestimmt. Wissen und Wissenschaft wurden in den Händen der Botanischen Zionisten zu Mitteln der Aneignung Palästinas – dieses Argument wird sich durch die gesamte Arbeit ziehen. Warburg nannte auch die geplante Gründung einer Hebräischen Universität in Jerusalem eine »eminent politisch-zionistische« Frage.[25] Diese Institution war für ihn gleichzeitig »Grundlage« wie »Krönung« des Zionismus.[26] Doch gab es andererseits auch ein ganz handfestes Argument, auf Wissenschaften wie Botanik und Agronomie zu setzen: Die Botanischen Zionisten befanden den landwirtschaftlichen Ertrag, die Produktion von Nahrung, für ebenso wichtig wie die Herstellung von Munition, also die Wehrhaftigkeit des Jischuws.[27]

Alternative Wege, den jüdischen Staat zu gründen, ohne viel Geld, Macht oder Diplomatie zu mobilisieren, gab es in der Geschichte des Zionismus auch vor dem und parallel zum Botanischen Zionismus. Wie schon in der jüdischen Aufklärung waren wissenschaftliche Forschung und technische Entwicklung die

---

[22] Ich benutzte den Begriff »Staat« behelfsmäßig, nicht analytisch, oder gar um ein teleologisches Narrativ vorzuschlagen – wie genau die Botanischen Zionisten sich das Resultat der politischen Unabhängigkeit vorstellten, ist aus den Quellen nicht unbedingt ersichtlich und damit nicht Teil der Untersuchung, vgl. etwa: Dmitry Shumsky, *Beyond the Nation-State: The Zionist Political Imagination from Pinsker to Ben-Gurion*, New Haven u. a. 2018.

[23] Schon Warburgs Lebensdaten sind symbolisch. Im Jahr von Otto Warburgs Geburt, 1859, veröffentlichte Darwin *On the Origin of Species*. 1938 fand der nationalsozialistische Terror in der sogenannten Reichskristallnacht einen vorläufigen Höhepunkt; Warburg starb im selben Jahr in Berlin.

[24] Vgl. Ben Halpern, *The Idea of the Jewish State* (Harvard Middle Eastern Studies 3), Cambridge 1961, 21–27.

[25] O. A., »Protokoll der Sitzung des Grossen Actions Comitees vom 15. und 16. Juni 1913 im Zionistischen Centralbureau zu Berlin«, Weizmann Archives, 8.

[26] Ebd., 9.

[27] Aaron Aaronsohn/Jitzchak Wilkansky, »Memorandum [Jaffa-Rafah Land Scheme]«, CZA, A111/77 (28.05.1918), 7. Hebräische Begriffe wurden in der Regel deutsch transkribiert; bei Namen wurde möglichst auf die übliche latinisierte Transkription zurückgegriffen.

Hauptinstrumente zur Verwirklichung dieser Vision. Der jüdischen Historiographie kam eine ähnliche Rolle zu. Sie sollte das historische Recht auf Israel legitimieren. Geschichte, so Michael Brenner, wurde zur Waffe.[28] Martin Buber (1878–1965), jüdischer Religionsphilosoph und Zionist, mahnte, dass ohne »anerkannt[e] Macht« »positive nationale Kulturwerke die einzigen auf das innerste Leben wirkenden Agitationsmittel sind [...], kurz, dass die zionistische Politik Kulturpolitik werden muss, wenn sie trotz ihres Ausnahmecharakters – Politik ohne Polis, vielmehr die Polis erst anstrebend – Ergebnisse erzielen will, die sonst nur der Aktion anerkannter Macht gewährt sind.« Unter der aktuellen Bedingung zionistischen Agierens, politische Machtlosigkeit, müssen die Juden, so Buber, auf Kultur und Wissen setzen. Im Gegensatz zur politischen Autonomiezusicherung sei diese Art der intellektuellen Produktivität vielversprechend; »ein auf wissenschaftlichen Grundlagen aufgebauter Siedlungs- und Exploitierungsplan wäre hierfür von großer Bedeutung. Diese wissenschaftliche Arbeit, wenn sie richtig aufgefasst wird, würde die Erforschung von Volk und Land und somit eminente jüdische Kulturarbeit bedeuten.«[29]

Der Jischuw war eine ausgesprochen wissenschaftsgläubige Gesellschaft.[30] Dies verband ihn mit anderen historischen und geographischen Kontexten, in denen man ebenfalls auf Naturwissenschaften und Technik setzte.

Aber selbst, als der Zionismus sich in seiner frühen Phase unter Warburg Wissenschaft und Technik zuneigte, konnte er nicht aus dem vollen Spektrum technologischer und wissenschaftlicher Innovation schöpfen. Warburg hatte keine Mittel, in Palästina große technische Projekte wie etwa den Schienenbau voranzubringen, auch wenn er diesen guthieß.[31] Gerade die Eisenbahn wurde als technische Innovation betrachtet, die die Kluft vergrößerte, die zwischen Europäern und der nichtwestlichen Welt klaffte.[32] Michael Adas beschrieb den Schienenbau als »grandiose physische und symbolische Erscheinungsform der europäischen Kolonialmacht«. Die Eisenbahn erinnerte die Kolonisierten daran, dass die Europäer letztlich sogar über Zeit, Raum und Geschwindigkeit verfügten.[33] Für solche dramatischen technischen Maßnahmen fehlten den

---

[28] Michael Brenner, *Propheten des Vergangenen. Jüdische Geschichtsschreibung im 19. und 20. Jahrhundert*, München 2006, 12f, vgl. auch 209–219 (= Brenner, Propheten).

[29] Martin Buber, *Die jüdische Bewegung. Gesammelte Aufsätze und Ansprachen 1900–1914*, Berlin 1920, 107f.

[30] Shaul Katz/Joseph Ben-David, »Scientific Research and Agricultural Innovation in Israel«, *Minerva* 13 (1975), 152–182, 153 (= Katz/Ben-David, Research); Leo Corry/Tal Golan, »Introduction«, *Science in Context* 23 (2010), 393–399.

[31] Otto Warburg, »Die juedische Kolonisation in Nordsyrien auf Grundlage der Baumwollkultur im Gebiete der Bagdad-Bahn«, *Altneuland. Monatsschrift für die wirtschaftliche Erschließung Palästinas* 8 (08.08.1904), 232–240.

[32] Michael Adas, *Machines as the Measure of Men. Science, Technology, and Ideologies of Western Dominance*, Ithaca, N.Y. 1990, 221 (= Adas, Machines).

[33] Ebd., 224.

Botanischen Zionisten die Mittel. Im Rahmen des Möglichen lag es aber, die Schritte vorzunehmen, die Warburg anordnete: Palästina wurde eingehend erforscht, bevor man sich an die Verbesserung des Landes machte und es für den Siedlungsbau vorbereitete.

1.3 Wissenschaft als Heilsversprechen

Die Geschichte der Naturwissenschaften im frühen Jischuw war bisher kaum Gegenstand der Geschichtsschreibung. Wissenschaft hatte einen intrinsischen Wert für die Zionisten, barg aber zugleich ein universelles Heilsversprechen. Der Begründer des modernen Zionismus, Theodor Herzl (1860–1904), schrieb: »[D]ie Wissenschaft hat uns gelehrt, wie wir uns den Aufenthalt auf der Erdoberfläche überall angenehmer und gesünder machen können.«[34] Bis zum Erscheinen der Botanischen Zionisten hatte Wissenschaft für das Siedlungsprojekt des Zionismus de facto dennoch keine große Rolle gespielt.

Wissenschaft meinte im Botanischen Zionismus mehrere Dinge: Oft waren wissenschaftliche Disziplinen wie die Botanik oder die Agrarwissenschaft gemeint; der Begriff erfasste theoretisches, aber auch technisch verwertbares Wissen; manchmal war Wissenschaft deckungsgleich mit Technik. Wissen generierten die Botanischen Zionisten in Expeditionen, durch den Austausch mit anderen Wissenschaftlern oder durch Experimente im Labor. Warburgs Schwerpunkt lag auf der Pflanzenwissenschaft. Diese konnte Wissen über Palästina erzeugen, absolut anwendungsbezogen agieren und war von anerkanntem wirtschaftlichen Nutzen. Wissenschaft und Botanik waren Mittel, um die Defekte der Natur auszugleichen und die Landwirtschaft zu verbessern.[35] Vor allem die letzten beiden Kapitel dieser Arbeit untersuchen diese Dimension des Botanischen Zionismus.

Pflanzen sind mehr als Dekoration der Menschheitsgeschichte.[36] Für Siedlergesellschaften spielen Pflanzen eine große Rolle: Sie bieten eine mehr oder weniger sichere Lebensgrundlage, stehen auf dem Speiseplan und dienen als Medizin, Droge oder Werkzeug. Das Wissen, das durch Botanik und Agrarwissenschaft generiert wird, ist für vielfältige praktische Zwecke einsetzbar. Pflanzen stehen nicht nur mit den menschlichen Akteuren in Verbindung, sondern auch mit der Topographie des Landes, der Wissenschaft und Politik. Die Landschaft Palästina wurde als Ressource für den Menschen betrachtet und

---

[34] Theodor Herzl, *Altneuland*, Wien 1933 (1902), 182.

[35] Vgl. Timothy Mitchell, *Rule of Experts. Egypt, Techno-Politics, Modernity*, Berkeley 2002, 15 (= Mitchell, Rule).

[36] Vgl. Philip J. Pauly, *Fruits and Plains. The Horticultural Transformation of America*, Cambridge, Mass. 2007, 1–4 (= Pauly, Fruits).

dementsprechend utilitaristisch genutzt.[37] Pflanzen wurden als Exportgüter zu wertvollen wirtschaftlichen Einnahmequellen, sie gaben dem Jischuw ein Gesicht und illustrierten nicht zuletzt das komplexe Verhältnis zur indigenen Bevölkerung, zum Beispiel, indem ein gepflanzter Baum territoriale Demarkierung symbolisierte und auch materialisierte. Pflanzen halfen den europäischen Juden aber auch, der Fremde zu entkommen,[38] das Bild der europäischen Heimat zu evozieren, und in der internationalen *scientific community* Respekt und Renommee zu erlangen. In dieser Arbeit soll gezeigt werden, wie und weshalb gerade die Botanik neben allerlei anderen naturwissenschaftlichen Disziplinen Bedeutung über Palästina erlangen konnte.

Deshalb wurde in der Untersuchung stets versucht, den größeren Kontext – sowohl die Entwicklung des Zionismus als auch gesellschaftliche, politische und wissenschaftliche Dynamiken – zu berücksichtigen. Zum einen waren alle Botanischen Zionisten überzeugt von der Bedeutung des zionistischen Nationalismus. Ein Weggefährte Warburgs etwa schrieb, dass eine »dem nationalen Prinzip abgeneigte Kolonisationsmethode« zum Scheitern verurteilt sei.[39] Zum anderen war der Botanische Zionismus kein Unternehmen, das sich *ex nihilo* gründete. Warburg und seine Mitstreiter setzten auf wissenschaftliche Methoden, die ihren Nutzen in der Vergangenheit bewiesen hatten, Geschichte besaßen und die, wie alles Wissen und alle Wissenschaft, Produkte ihrer jeweiligen Gesellschaft waren. Viele dieser Methoden gingen auf die Ära des Kolonialismus zurück.

1.4 Die Botanischen Zionisten und Kolonialismus

Im ausgehenden 19. Jahrhundert färbte der Entdeckergeist des Säkulums[40] auch auf den Begründer des Zionismus, Theodor Herzl, ab. 1895 schrieb Herzl in seinem Tagebuch: »[Henry Morton] Stanley interessierte die Welt mit der kleinen Reisebeschreibung: ›how I found Livingstone‹. Und als er gar quer durch den dunklen Weltteil zog, da war die Welt sehr ergriffen, die ganze Kulturwelt. Und wie gering sind diese Unternehmungen gegen meine. Heute muß ich noch sagen: gegen meinen Traum.«[41]

---

[37] James C. Scott, *Seeing like a State. How Certain Schemes to Improve the Human Condition Have Failed* (The Yale ISPS series), New Haven 1998, 13 (= Scott, State).

[38] Richard Harry Drayton, *Nature's Government. Science, Imperial Britain, and the ›Improvement‹ of the World*, New Haven 2000, 183 (= Drayton, Government).

[39] Kurt Blumenfeld, »Der Zionismus. Eine Frage der deutschen Orientpolitik«, *Preussische Jahrbücher* 161 (1915), 82–111, 100 (= Blumenfeld, Zionismus).

[40] Vgl. Franziska Torma, *Turkestan-Expeditionen. Zur Kulturgeschichte deutscher Forschungsreisen nach Mittelasien (1890–1930)* (1800–2000, Kulturgeschichten der Moderne 5), 1. Aufl., Bielefeld 2010, 31 (= Torma, Kulturgeschichte).

[41] Theodor Herzl, *Zionistisches Tagebuch. Briefe und Tagebücher.*, Hrsg. von Alex Bein, Bd. 2 (1895–1899), Berlin [et al.] 1983 43f (= Herzl, Tagebuch 1895–1899). Zu Herzls Kolonialphantasien

In dieser Arbeit stehen nicht Herzls angebliche oder tatsächliche kolonialistische und wohl auch megalomane Entdeckerphantasien im Vordergrund. Vielmehr soll der Kontext des Botanischen Zionismus analysiert und die Übernahme kolonialistisch gefärbter Denkmuster, Erfahrungen und Institutionen kritisch reflektiert werden.[42] Obgleich der Begriff Kolonialismus[43] im zionistischen Kontext oft polarisiert, soll er hier Anwendung finden, weil er der Analyse des Botanischen Zionismus zu historischer Tiefe verhelfen kann.

Kolonialismus ist zunächst ein Akteursbegriff. Die zionistischen Botaniker nutzten selbstverständlich zeitgenössische Terminologie. Ihr Ziel war die *Kolonisation* Palästinas.

Auch auf einer zeitlichen Achse befand man sich mitten im deutschen Kolonialismus. Das Jahr 1902, in dem Theodor Herzl und Otto Warburg erstmals gemeinsam eine wissenschaftliche Expedition planten, war auch das Jahr, in dem in Deutsch-Ostafrika das Biologisch-Landwirtschaftliche Institut Amani[44] gegründet wurde. Dort erforschten Botaniker, Zoologen, Geographen, Physiker, Chemiker und Vertreter anderer Disziplinen die Natur der neuen Kolonie.[45] Und auch im Deutschen Reich selbst hoffte man auf eine wirtschaftliche

---

vgl. Eitan Bar-Yosef, »Spying Out the Land: The Zionist Expedition to East Africa, 1905«, in: Eitan Bar-Yosef/Nadia Valman (Hgg.), *›The Jew‹ in Late-Victorian and Edwardian Culture. Between the East End and East Africa*, Basingstoke 2009, 183–200 (= Bar-Yosef, Spying).

[42] Für einen Überblick: Brenner, Propheten, 259–261.

[43] Vgl. die Diskussionen bei Ivonne Meybohm, *David Wolffsohn. Aufsteiger, Grenzgänger, Mediator. Eine biografische Annäherung an die Geschichte der frühen Zionistischen Organisation (1897–1914)*, Göttingen 2013, 283f (= Meybohm, Wolffsohn); Irus Bravermann, *Planted Flags. Trees, Land, and Law in Israel/Palestine*, Cambridge 2009, 30 (= Bravermann, Flags). Todd Samuel Presner, *Muscular Judaism: The Jewish Body and the Politics of Regeneration*, London 2007, v.a. 155–163 (= Presner, Body). Auch Stefan Vogt versteht die Zionisten gleichermaßen als Kolonisierer wie als Kolonisierte. Er betont die Abweichungen des deutschen Zionismus vom deutschen »Mainstream-Kolonialismus«; die Zionisten um Warburg hätten sich eher um kolonialökonomische und kolonialbotanische, aber nicht um kolonialpolitische Angelegenheiten gekümmert. In dieser Arbeit wird davon ausgegangen, dass sich diese Ebenen nicht trennen lassen – zumal Vogt Beispiele anführt, die zumindest nicht im Botanischen Zionismus (der dem deutschen Kolonialismus von allen zionistischen Gruppierungen am nächsten stand) Konsens waren; vgl. Stefan Vogt, *Subalterne Positionierungen. Der deutsche Zionismus im Feld des Nationalismus in Deutschland, 1890–1933*, Göttingen 2016 (= Vogt, Positionierungen); Stefan Vogt, »Zionismus und Weltpolitik«, *Zeitschrift für Geschichtswissenschaft* 60 (2012), 596–617, v.a. 612f (= Vogt, Zionismus); s. auch: Edward W. Said, »Zionism from the Standpoint of its Victims«, *Social Text* 1 (1979), 7–58, v.a. 27–32.

[44] Bernhard Zepernick, »Zwischen Wirtschaft und Wissenschaft – die deutsche Schutzgebiets-Botanik«, *Berichte zur Wissenschaftsgeschichte* 13 (1990), 207–217, 210 211 (= Zepernick, Wirtschaft); Brigitte Hoppe, »Naturwissenschaftliche und zoologische Forschungen in Afrika während der deutschen Kolonialbewegung bis 1914«, *Berichte zur Wissenschaftsgeschichte* 13 (1990), 193–206 (= Hoppe, Forschungen); Anne-Kathrin Horstmann, *Wissensproduktion und koloniale Herrschaftslegitimation an den Kölner Hochschulen. Ein Beitrag zur ›Dezentralisierung‹ der deutschen Kolonialwissenschaften* (Afrika und Europa 10), Frankfurt am Main 2015, 250f.

[45] Detlef Bald/Gerhilfe Bald, *Das Forschungsinstitut Amani. Wirtschaft und Wissenschaft in der deutschen Kolonialpolitik Ostafrikas 1900–1918*, München 1972, 11 (= Bald/Bald, Forschungsinstitut).

Durchdringung des Orients, vor allem um den Getreide- und Baumwollanbau zu fördern.[46]

Die Beobachtung kolonialer Praxis anderenorts bestätigte Warburg darin, Wissenschaft in das Zentrum seines zionistischen Engagements zu stellen. Der deutsche Kolonialismus wurde von vielen Zionisten als Idealmodell bewundert: Wissenschaft und Technik galten als Ausdruck deutscher Kulturüberlegenheit.[47] Zugleich wurden beide im Deutschen Reich des ausgehenden 19. Jahrhunderts als neue, probate Mittel betrachtet, Natur zu beherrschen. Wissenschaftliche Expertise wurde immer wichtiger, um Probleme im Reich und in den Kolonien zu lösen.[48] Wissenschaft war nicht nur eine Technik, um Kolonien zu »heben«,[49] sondern gleichzeitig auch die Rechtfertigung für koloniale Projekte um 1900. Gemäß dieser Logik eignete sich Europa als Herrscherin und Reformerin anderer Kontinente, weil es die progressivste und fortgeschrittenste Zivilisation beherbergte. Der Beweis für diese Idee lag wiederum in Europas wissenschaftlichen und technologischen Leistungen.[50]

Schon 1902 beklagte der Zionist Alfred Nossig mit Blick auf Palästina, »dass viele verhängnisvolle Fehler vermieden worden wären, wenn man der Kolonisation wissenschaftliche Erforschungsarbeiten in modernem Stil hätte vorangehen lassen«.[51] Die Zionisten seien bis dato in Palästina nur »auf der niedrigsten Stufe kolonialpolitischer Arbeiten« vorangekommen. Darunter verstand der Autor »subjektiv gefärbte« und unwissenschaftliche Reiseberichte. »Erwagt

[46] Gregor Schöllgen, »›Dann müssen wir uns aber Mesopotamien sichern!‹. Motive deutscher Türkenpolitik zur Zeit Wilhelms II. in zeitgenössischen Darstellungen«, *Saeculum* 32 (1981), 130–145, 137–139. Zum Kontext: Irene Stoehr, »Von Max Sering zu Konrad Meyer – ein ›machtergreifender‹ Generationswechsel in der Agrar- und Siedlungswissenschaft«, in: Susanne Heim (Hg.), *Autarkie und Ostexpansion. Pflanzenzucht und Agrarforschung im Nationalsozialismus*, Göttingen 2002, 57–90.

[47] Rüdiger vom Bruch/Friedrich Wilhelm Graf/Gangolf Hübinger, »Einleitung. Kulturbegriff, Kulturkritik und Kulturwissenschaften um 1900«, in: dies. (Hgg.), *Kultur und Kulturwissenschaften um 1900. Krise der Moderne und Glaube an die Wissenschaft*, Stuttgart 1989, 9–24, 13; Benedikt Stuchtey, »Introduction. Towards a Comparative History of Science and Tropical Medicine in Imperial Cultures Since 1800«, in: ders. (Hg.), *Science Across the European Empires, 1800–1950*, Oxford/New York 2005, 1–46.

[48] Joseph Morgan Hodge, *Triumph of the Expert. Agrarian Doctrines of Development and the Legacies of British Colonialism* (Ohio University Press Series in Ecology and History), Athens, Ohio 2007, 42 (= Hodge, Triumph).

[49] Der Begriff der »Hebung« stammt aus dem kolonial gefärbten Wortschatz der Botanischen Zionisten, s. etwa: Das Actionscomite der Zionistischen Organisation, »An das Auswärtige Amt Berlin«, PAAA, Türkei 195, R14132 (08.03.1916), 1–9, 6. Er wird im Folgenden der Lesbarkeit wegen meist ohne Anführungzeichen verwendet. Gleiches gilt für Begriffe wie »Orient« und Zuschreibungen wie »desolat«, die ebenfalls Akteursbegriffe und oft negativ konnotiert sind.

[50] Adas, Machines, 203. Zur Rolle Deutschlands als Vorbild vgl. W. G. Farlow, »The Change from the Old to the New Botany in the United States.«, *Science*, vol. 37, no. 942, 1913, 79–86; Richard A. Overfield, »Charles E. Bessey: The Impact of the ›New‹ Botany on American Agriculture, 1880–1910«, *Technology and Culture* 16 (1975), 162–181.

[51] Alfred Nossig, »Ueber die Notwendigkeit von Erforschungsarbeiten in Palaestina und seinen Nachbarlaendern«, *Palästina: Zeitschrift für den Aufbau Palästinas* 1 (Januar 1902), 3–9, 4.

man aber die enormen praktischen Vorteile, welche eine umsichtige und präzise Erforschung von Ländern und Verhältnissen [...] den Deutschen in Amerika, Afrika und im Orient gebracht, so erscheint es dringend notwendig, den jüdischen Emigranten auf demselben Wege die Ansiedelung in ihren neuen Heimstätten zu erleichtern [...].«[52] Vom deutschen Kolonialismus inspiriert, wollte der Botanische Zionismus »auf Grund fremder Erfahrungen Neues schaffen«.[53] Dabei wollte man sich nicht nur an der Organisation des deutschen Kolonialismus orientieren und etwa die Arbeitsweise der Kolonialkongresse imitieren, sondern auch Institutionen, Methoden und Techniken, die für andere geographische Kontexte entwickelt worden waren, auf Palästina übertragen, wie etwa landwirtschaftliche Versuchsstationen.[54]

Warburg und seine Mitstreiter stammten aus einer patriarchalen Gesellschaft, die den deutschen Kolonialismus positiv bewertete.[55] Sie teilten »als Bürger der europäischen Staaten das kulturelle Überlegenheitsgefühl« ihrer Heimat.[56] Für Warburg war dieses mit dem wissenschaftlichen Fortschritt des Deutschen Reiches verbunden. Folgende Frage war daher rhetorisch zu verstehen: »Was wäre unsere heimische Landwirtschaft ohne die Forschungen der botanischen und chemischen Agrikultur, ohne Pflanzenphysiologie, ohne Düngerlehre, ohne die Arbeiten über die Bekämpfung der Pflanzenkrankheiten?«[57]

Kolonialismus als Forschungsbegriff birgt einen analytischen Mehrwert. Vor allem der Vergleich mit dem deutschen Kolonialismus zeigt Parallelen auf diskursiver, wissenschaftlich-institutioneller und personeller Ebene. Die Einbettung in einen breiteren, europäischen Rahmen belegt darüber hinaus, dass der Botanische Zionismus tradierte koloniale Praktiken übernahm. So sind viele Konzepte aus der Kolonialismusforschung auch für die Erforschung des Botanischen Zionismus fruchtbar. Auch wenn die Zionisten das Land nicht eroberten,

---

[52] Ebd., 4.

[53] A. Neufeld, »Zur wirtschaftlichen Erschliessung Palästinas«, *Die Welt* 5 (26.04.1901), 8–10, 8 (= Neufeld, Erschliessung I).

[54] Ebd., 8 f.

[55] Warburg, später auch Soskin, waren Mitglieder der Preußischen Ansiedlungskommission, die ab 1866 die Germanisierungspolitik Preußens vorantreiben und dessen Ostprovinzen durch die Neuansiedlung Deutscher demographisch beeinflussen sollte. Vgl. Zvi Shilony/Fern Seckbach, *Ideology and Settlement. The Jewish National Fund, 1897–1914*, Jerusalem 1998, 53f (= Shilony/Seckbach, Ideology); Shalom Reichman/Shlomo Hasson, »A Cross-cultural Diffusion of Colonization. From Posen to Palestine«, *Annals of the Association of American Geographers* 74 (2010), 57–70 (= Reichman/Hasson, Diffusion); vgl. auch Joachim Nicolas Trezib, *Die Theorie der zentralen Orte in Israel und Deutschland: Zur Rezeption Walter Christallers im Kontext von Sharonplan und ›Generalplan Ost‹*, Berlin 2014, 228–240.

[56] Meybohm, 283. Die Begriffe Kultur und Zivilisation nutzten die Botanischen Zionisten synonym. Dies entsprach auch dem Zeitgeist bis zum 1. Weltkrieg, vgl. Jörg Fisch, »Zivilisation, Kultur«, in: Otto Brunner/Werner Conze/Reinhart Koselleck (Hgg.), *Geschichtliche Grundbegriffe. Historisches Lexikon zur politisch-sozialen Sprache in Deutschland. Bd. 7: Verw–Z*, Stuttgart 1992, 679–774, 681, 740–745 (= Fisch, Zivilisation).

[57] Otto Warburg, »Zum neuen Jahr«, *Der Tropenpflanzer* 4 (Januar 1900), 1–6, 3.

sondern (meist) kauften,[58] war die Wirkmacht kolonialer Denkmuster in Palästina zu spüren. Kolonialismus war auch eine *Geisteshaltung*, die sich jenseits von physischer Gewalt und territorialer Eroberung zeigte.[59]

Nach Jürgen Osterhammel ist der Kolonialismus durch drei Elemente gekennzeichnet. Erstens wird eine Gesellschaft fremdgesteuert und den Interessen der Kolonialherren unterworfen, zweitens herrscht Fremdheit zwischen Kolonisierern und Kolonisierten. Drittens nutzen die Kolonisierer eine besondere Interpretation des Verhältnisses zu ihrer Kolonie; ihr Vorgehen wird als Sendungsauftrag, Heilsplan oder Mandat zur Zivilisierung interpretiert.[60] Doch eine eindeutige Einordnung des Zionismus in die komplexe Realität des europäischen Kolonialismus ist schwierig. Die Zionisten hegten keine Absicht, in Palästina als Kolonialherren aufzutreten. Sie wollten die autochthone Bevölkerung Palästinas nicht unterwerfen, aber sie waren überzeugt, dass ihr Werk Palästina auf eine höhere Zivilisationsstufe heben würde. Vor allem, weil sie mit europäischen Wissenschaften und Technologien vertraut waren, betrachteten sie es als ihre Aufgabe, Palästina zu einem produktiven Land zu machen. Das »Mandat zur Zivilisierung«, wie es bei Osterhammel heißt, hatten die Botanischen Zionisten verinnerlicht.

Die Zivilisierungs- und Produktivmachungsdiskurse bezogen sich nur am Rande auf die autochthone Bevölkerung Palästinas, sondern behandelten in erster Linie dessen Natur. Im zweiten Kapitel wird gezeigt, wie Palästina als desolate Landschaft konstruiert wurde, die in den Augen der Botanischen Zionisten durch die Kraft der Wissenschaft revitalisiert werden sollte. Im dritten Kapitel wird anhand zionistischer Expeditionen gezeigt, wie Wissen über Palästinas Natur zur symbolischen Aneignung des Landes führte.[61] Doch war der Zionismus ein kolonialer Sonderfall: Die Besiedlung Palästinas sollte durch koloniale Techniken und Methoden gelingen,[62] war gleichzeitig aber auch durch die besondere Verbindung der Zionisten zum Lande Palästina geprägt.

---

[58] Aus der Quellenlage ergibt sich, dass die Botanischen Zionisten die ersten Jahrzehnte durchweg auf den Kauf arabischer Grundstücke gesetzt haben. Lediglich, als es im Jahr 1930 um die Einrichtung des von Warburg geplanten Botanischen Gartens nahe der Hebräischen Universität ging, wurde es in Betracht gezogen, von Arabern Land zu enteignen. S. Ginzberg an Norman Bentwich, HUJA, 70/30 Gan Botani (10.11.1929). Möglicherweise resultierten diese Vorschläge aus dem gespannten Klima, das in Palästina nach den arabischen Aufständen von 1929 herrschte.

[59] Vgl. Sebastian Conrad, *Deutsche Kolonialgeschichte* (C. H. Beck Wissen 2448), München 2008, 79–81.

[60] Jürgen Osterhammel/Jan C. Jansen, *Kolonialismus. Geschichte, Formen, Folgen* (Beck'sche Reihe 2002: C. H. Beck Wissen), München 2012, 19–36 (= Osterhammel/Jansen, Kolonialismus).

[61] Ich möchte mich von Sichtweisen distanzieren, die durch die Gleichsetzung von Kolonialismus und Zionismus das zionistische Siedlungsprojekt in Palästina verurteilen und delegitimieren, wie etwa: Douglas R. Weiner, »A Death-Defying Attempt to Articulate a Coherent Definition of Environmental History«, in: David Freeland Duke (Hg.), *Canadian Environmental History. Essential Readings*, Toronto 2006, 71–92, v. a. 78.

[62] Um den zionistischen Kolonialismus möglichst scharf zu konturieren, schlägt der Geograph Ran Aharonson eine Unterscheidung vor zwischen Kolonisierung und Kolonialismus. Kolonisierung

1.5 Der Botanische Zionismus in der Geschichtsschreibung

An Darstellungen zur Geschichte des Zionismus mangelt es nicht. Schon die frühzionistischen Akteure publizierten zahlreiche Werke zur Bewegung.[63] Noch heute erscheinen jährlich Hunderte Aufsätze, Zeitschriftenartikel und Monographien zum Thema. Entwicklungen innerhalb und außerhalb der Geschichtsschreibung führten zu historiographischen Revolutionen wie jener des Postzionismus, Fragestellungen wurden umformuliert und alternative Narrative erprobt.

Die Geschichte des Jischuws wird üblicherweise in Einwanderungswellen von Juden nach Palästina aufgeteilt. Doch vor der zionistischen Einwanderung gab es bereits Versuche, eine jüdische Landwirtschaft zu etablieren, die einen starken philanthropischen Impetus hatten. Diese Kolonisierungsbewegungen waren pädagogische Projekte, die der moralischen Verbesserung der Juden dienen sollten, ihnen fehlte die zionistische Perspektive.[64] Einer dieser Philanthropen, Baron Rothschild, ließ sich seine Projekte zwischen 1882 und 1903 etwa 60 Millionen Francs kosten.[65] Im Gegensatz dazu waren die Mittel, die den Zionisten zur Verfügung standen, bescheiden. Die *Zionistische Weltorganisation* (WZO)[66] gab von 1908 bis 1918 vier Millionen Francs aus.[67]

In dieser Arbeit wird die Geschichte des Zionismus nicht nur anhand von Menschen, Entwicklungen und Ereignissen erzählt, die bisher kaum beachtet

---

versteht er als Akt der Migration und der Besiedlung eines neuen Landes. Kolonialismus hingegen bezeichnet die Eroberung eines Territoriums und einer Bevölkerung sowie die Plünderung der Naturressourcen. Die größeren Unterfangen des zionistischen Siedlungswerkes wie die Gründung einer Kolonialbank und verschiedener Kapitalgesellschaften, aber eben auch die Investitionen in wissenschaftliche Forschungen passen in das Schema von Kolonisierung. Aharonson betrachtet den Zionismus allerdings aus geographischer Sicht und vermeidet politische Fragestellungen. Ran Aharonson, *Rothschild and Early Jewish Colonization in Palestine*, Lanham/Jerusalem 2000 (= Aharonson, Rothschild).

[63] So etwa Kurt Blumenfeld, *Erlebte Judenfrage*, Stuttgart 1962 (= Blumenfeld, Judenfrage); Bodenheimer, Anfang; Alex Bein, *The Return to the Soil. A History of Jewish Settlement in Israel*, Jerusalem 1952 (= Bein, Return); Ders., *Theodor Herzl. Biographie* (Ullstein-Buch Nr. 35163: Ullstein-Materialien), Frankfurt am Main/Berlin 1983; Jaakov Thon, *Sefer Warburg*, Jerusalem 1948 (= Thon, Warburg); Richard Lichtheim, *Geschichte des deutschen Zionismus*, Jerusalem 1954 (= Lichtheim, Geschichte); Bodenheimer, Biologist.

[64] Derek Jonathan Penslar, *Zionism and Technocracy. The Engineering of Jewish Settlement in Palestine, 1870–1918*, Bloomington 1991, 13–37 (= Penslar, Zionism and Technocracy); ders., »Technical expertise and the construction of the rural Yishuv, 1882–1948«, *Jewish History* 14 (2000), 201–224. Vgl. Aharonson, Rothschild; Yossi Ben-Artzi, *Early Jewish Settlement Patterns in Palestine, 1882–1914*, Jerusalem 1997; Erik Petry, *Ländliche Kolonisation in Palästina. Deutsche Juden und früher Zionismus am Ende des 19. Jahrhunderts* (Reihe Jüdische Moderne Bd. 2), 1. Aufl., Köln 2004.

[65] Penslar, Zionism and Technocracy, 4.

[66] Eigentlich hieß diese bis 1960 nur Zionistische Organisation, dennoch hatte sie seit ihrer Gründung 1897 den Anspruch, alle Juden weltweit zu vertreten.

[67] Penslar, Zionism and Technocracy, 4.

worden sind; dies wird auch jenseits klassischer Linien oder Zäsuren geschehen. Hier steht weder eine politische Geschichte Palästinas im Vordergrund, noch handelt es sich um eine reine Sozialgeschichte des Zionismus. Auch Siedlungsformen und gesellschaftliche Konzepte des Zionismus sind hier nicht zentral. In erster Linie geht es um eine Wissenschaftsgeschichte des frühen Zionismus. Im Zentrum steht eine Gruppe Zionisten, deren Gebrauch von Wissen und Wissenschaft und deren Verhältnis zur Natur einen neuen Blickwinkel auf Palästina ermöglicht. Die hier betrachtete Geschichte des Zionismus vor der Zweiten Alija (1904–1914) ist in der Forschungsliteratur nach wie vor Nebensache.[68] Dies mag zum einen daran liegen, dass in der klassisch-zionistischen Historiographie stets die Relevanz dieser Einwanderungswelle betont wird[69] – die früheren Einwanderer, die noch dazu zum Großteil Palästina bald wieder verlassen sollten, werden nur beiläufig erwähnt. Die großen Heldenfiguren des Zionismus, Dichter, Sozialisten und Kriegsherren, migrierten weitgehend während der Zweiten Alija. Die Rezeptionsgeschichte des Jischuws wurde vor allem durch sie geprägt.

Die Figur Warburg ist wohl aus zwei Gründen nicht in die Annalen des Zionismus eingegangen: Warburg war nicht daran gelegen, Mythen oder Ideologien zu schaffen; seinen Beitrag zum Judenstaat sah er in nüchterner naturwissenschaftlicher Arbeit. Analog dazu wurde er stets als zurückhaltender, ruhiger, vermittelnder Charakter beschrieben, der im Gegensatz zu zionistischen Kriegshelden oder Arbeiter-Poeten eine wenig aufsehenerregende Biographie hatte. Auch zu den anderen Botanischen Zionisten liegt wenig Forschung vor. Der Agronom Aaron Aaronsohn wurde mehrmals Held populärwissenschaftlicher Darstellungen, die sich allerdings eher auf sein politisches als auf sein wissenschaftliches Werk konzentrieren.[70] Zu den meisten anderen Botanischen Zionisten – und auch ihren christlichen Unterstützern – gibt es kaum Sekundärliteratur. Kurze Lebensbeschreibungen finden sich in Frank Leimkugels Monographie.[71] Diese folgt den Linien der ersten und einzigen Biographie Warburgs,[72] hat aber keinen analytischen Charakter.

[68] Petry, Kolonisation.

[69] Vgl. Shafir, Gershon, *Land, Labor, and the Origins of the Israeli-Palestinian Conflict, 1882–1914*, Berkeley 1996, 4.

[70] Ausnahmen sind: Shaul Katz, »Aaron Aaronsohn. Die Anfänge der Wissenschaft und die Anfänge der landwirtschaftlichen Forschung in Eretz Israel [hebr.]«, *Cathedra* 3 (1977) (= Katz, Aaronsohn), 3–29; ders., »On the Wings of the Brittle Rachis: Aaron Aaronsohn from the Rediscovery of the Wild Wheat (›Urweizen‹) to his Vision ›For the Progress of Mankind‹«, *Israel Journal of Plant Science* 39 (2001), 5–17 (= Katz, Wings); jüngst mit starkem politischen Impetus: Omar Tesdell, »Wild Wheat to Productive Drylands. Global Scientific Practice and the Agroecological Remaking of Palestine«, *Geoforum 78* (2017), 43–51 (= Tesdell, Wheat).

[71] Leimkugel, Warburg, 280–303.

[72] Thon, Warburg; Thon war selbst Zionist und ein enger Mitarbeiter Warburgs.

Wichtige Werke, in denen versucht wird, die Hegemonie der Zweiten Alija zu relativieren, liegen vor;[73] derzeit entstehen auch Dissertationen zu anderen vergessenen deutschen Zionisten wie Richard Lichtheim, Davis Trietsch oder Theodor Zlocisti. Ivonne Meybohm hat mit ihrer Monographie über David Wolffsohn[74], Herzls Nachfolger und Warburgs Vorgänger als Präsident der *Zionistischen Organisation*, aufgezeigt, wie bereichernd Geschichtsschreibung jenseits der traditionellen Linien sein kann. Meybohm gibt Einblicke in die Organisationsstrukturen und das Funktionieren (und Nichtfunktionieren), die Allianzen und Konflikte der frühen *Zionistischen Organisation*.

Doch nicht nur die Protagonisten des Botanischen Zionismus sind keine klassischen Themen der Geschichtsschreibung, sondern auch deren Einbettung in Wissenschafts-, Natur- und Landschaftsdiskurse. In der Geschichtsschreibung steht klassischerweise der Mensch oder die menschliche Gesellschaft im Zentrum. In dieser Arbeit werden Konzepte und Akteure in das historische Narrativ miteinbezogen, die oft ignoriert werden:[75] Krankheitserreger, Natur, Tiere und Pflanzen. Der Botanische Zionismus war zwar von den Ambitionen und dem Willen einer Gruppe von Personen bestimmt, doch wird in dieser Arbeit versucht, die Natur als Rahmen des Geschehens zu betrachten; über die menschliche Wahrnehmung wird sie mit kulturellen, politischen und sozialen Ereignissen zu verknüpfen sein.[76] Viele Gedanken der Botanischen Zionisten drehten sich um Fragen wie: Weshalb wuchs eine Pflanze nicht, wie sie sollte? Machte eine unbekannte Schädlingsart eine Idee zunichte?

International gewann die Umwelt- und Naturgeschichte in den letzten Jahren viel Aufmerksamkeit. Auch die Geschichte des Jischuws, Israels und des gesamten Nahen Ostens sowie Nordafrikas wurde und wird in dieser Perspektive untersucht.[77] Doch Pflanzen sind in der Geschichtsschreibung nach wie vor margina-

---

[73] Petry, Kolonisation; Shilony/Seckbach, Ideology; Ruth Kark/Margalit Shilo/Galit Hasan-Rokem (Hgg.), *Jewish Women in Pre-State Israel. Life History, Politics, and Culture*, Waltham 2008; Penslar, Zionism and Technocracy; Eran Kaplan/Derek Jonathan Penslar/David Jan Sorkin, *The Origins of Israel, 1882–1948. A Documentary History* (Sources in Modern Jewish History), Madison 2011 (= Kaplan/Penslar/Sorkin, Origins); Margalit Shilo, *Siedlungsexperimente. Das Eretz-Israel-Büro 1908–1914* [hebr.], Jerusalem 1988.

[74] Meybohm, Wolffsohn.

[75] Mitchell, Rule, 29.

[76] Vgl. Libby Robin/Tom Griffiths (Hgg.), *Ecology and Empire: Environmental History of Settler Societies*, Edinburgh 1997 (= Robin/Griffiths, Ecology), 2; klassisch: Alfred W. Crosby, *Germs, Seeds & Animals. Studies in Ecological History*, Armonk 1994; ders., *Die Früchte des weissen Mannes. Ökologischer Imperialismus 900–1900*, Frankfurt am Main/New York 1991 (= Crosby, Früchte).

[77] William J. Thomas Mitchell, »Holy Landscape: Israel Palestine, and the American Wilderness«, in: ders. (Hg.), *Landscape and Power*, Chicago 2002, 261–290 (= Mitchell, Landscape); Diana K. Davis, »Imperialism, Orientalism, and the Environment in the Middle East«, in: dies./Edmund Burke (Hgg.), *Environmental Imaginaries of the Middle East and North Africa*, Athens, Ohio 2011, 1–22, sowie alle anderen Beiträge in diesem Sammelband; Bravermann, Flags; Joanna Long, »Rooting Diaspora, Reviving Nation: Zionist Landscapes of Palestine-Israel«, *Transactions of the Institute*

lisiert.[78] Das Feld ist zwar für die Zeit des frühneuzeitlichen Imperialismus mehr oder weniger gut erforscht,[79] aber spätestens für die Zeit ab dem 19. Jahrhundert, in dem die Botanik zu einer der bedeutendsten wissenschaftlichen Disziplinen avancierte und immer enger mit der Politik verknüpft wurde,[80] fehlen historische Arbeiten.[81] Die Wissenschaftshistorikerin Londa Schiebinger formuliert es so: »Plants seldom figure in the grand narratives of war, peace, or even everyday life in proportion to their importance to humans [...].«[82] Für den untersuchten Zeitraum, den Beginn des 20. Jahrhunderts, spielten Pflanzen eine entscheidende Rolle; Botanik und Agrarwissenschaften wurden revolutioniert und zu kolonialen Leitdisziplinen.[83] Frank Uekötter stellt fest, dass die Agrarwissenschaften

---

of British Geographers 34 (2008), 61–77 (= Long, Diaspora); Tamar Novick, »Bible, Bees and Boxes: The Creation of The Land Flowing with Milk and Honey in Palestine, 1880–1931«, *Food, Culture and Society: An International Journal of Multidisciplinary Research* 16 (2013), 281–299; Noah J. Efron, *A Chosen Calling. Jews in Science in the Twentieth Century*, Baltimore 2014.

[78] Vgl. jüngst Marijke van der Veen, »The Materiality of Plants. Plant–People Entanglements«, *World Archaeology* 46 (2014), 799–812, 808 f.

[79] Beispiele sind: Drayton, Government; Daniel R. Headrick, *The Tentacles of Progress. Technology Transfer in the Age of Imperialism, 1850–1940*, New York 1988 (= Headrick, Tentacles); Adas, Machines; Stuart George McCook, »›Giving Plants a Civil Status‹. Scientific Representations of Nature and Nation in the Costa Rica and Venezuela, 1885–1935«, *The Americas* 58 (2002), 513–536; Stuart George McCook, *States of Nature. Science, Agriculture, and Environment in the Spanish Caribbean, 1760–1940*, Austin 2002 (= McCook, States); Londa Schiebinger, *Plants and Empire. Colonial Bioprospecting in the Atlantic World*, Cambridge 2004 (= Schiebinger, Plants); Chandra Mukerij, »Dominion, Demonstration, and Domination: Religious Doctrine, Territorial Politics, and French Plant Collection«, in: Londa L. Schiebinger/Claudia Swan (Hgg.), *Colonial Botany. Science, Commerce, and Politics in the Early Modern World*, Philadelphia, Pa./Bristol 2007, 19–33; Eugene Cittadino, *Nature as the Laboratory. Darwinian Plant Ecology in the German Empire, 1880–1900*, Cambridge/New York 1990; Christopher A. Conte, »Imperial Science. Tropical Ecology, and Indigenous History. Tropical Research Stations in Northeast German East Africa, 1896 to the Present«, in: Gregory Blue/Martin Bunton/Ralph Croizier (Hgg.), *Colonialism and the Modern World. Selected Studies*, New York 2002, 246–264. Gregory Blue/Martin Bunton/Ralph Croizier (Hgg.), *Colonialism and the Modern World.* Selected Studies, New York 2002 (= Blue/Bunton/Croizier, Colonialism); Tom Griffiths (Hg.), *Ecology and Empire. The Environmental History of Settler Societies*, Keele 1997; Nils Güttler, *Das Kosmoskop. Karten und ihre Benutzer in der Pflanzengeographie des 19. Jahrhunderts*, Göttingen 2014 (= Güttler, Kosmoskop); James E. McClellan, *Colonialism and Science. Saint Domingue in the Old Regime*, Baltimore 1992; Kavita Philip, »Imperial Science Rescues a Tree. Global Botanic Networks, Local Knowledge and the Transcontinental Transplantation of Cinchona.«, *Environment and History* 1 (1995), 173–200 (= Philip, Science); Mary Louise Pratt, *Imperial Eyes. Studies in Travel Writing and Transculturation*, London 1992 (= Pratt, Eyes); Libby Robin, »Ecology: a Science of Empire?«, in: Tom Griffiths (Hg.), *Ecology and Empire. The Environmental History of Settler Societies*, Keele 1997, 63–75 (= Robin, Ecology); Lisbet Koerner, *Linnaeus. Nature and Nation*, Cambridge, Mass. 1999.

[80] Janet Browne, *Darwin's Origin of Species. A Biography*, New York 2006, 91 f.

[81] Vgl. z. B. Susanne Heim (Hg.), *Autarkie und Ostexpansion. Pflanzenzucht und Agrarforschung im Nationalsozialismus*, Göttingen 2002; McCook, Christophe Bonneuil, »Crafting and Disciplining the Tropics. Plant Science in the French Colonies«, in: John Krige/Dominique Pestre (Hgg.), *Science in the twentieh century*, Amsterdam et al. 1997, 77–96.

[82] Schiebinger, Plants, 3.

[83] Marianne Klemun, »Wissenschaft und Kolonialismus – Verschränkungen und Konfigurationen«, in: dies. (Hg.), *Wissenschaft und Kolonialismus*, Innsbruck 2009, 3–12 (= Klemun, Wissenschaft).

»kein klassisches Thema der neuzeitlichen Wissenschaft« seien und von den Geistes- wie den Naturwissenschaften stiefmütterlich behandelt würden.[84]

Uekötters Feststellung kann man auch für die Historiographie des Jischuws geltend machen, die die Landwirtschaft berührt, ohne sie wirklich zu untersuchen; etwa in der Beschreibung des zionistischen Idealbildes vom »neuen Hebräer«[85] oder den Formen kollektiver Siedlungen wie Kibbutzim oder Moshavot in der Landwirtschaft.[86] Weitergehende Studien, selbst zur frühen Geschichte der Agrarwissenschaft im engeren Sinn, fehlen bisher. Dabei steht außer Frage, dass die Landwirtschaft, wie sie sich oberflächlich in der Form kollektiver Siedlungsprojekte zeigte, in den wissenschaftlichen Arbeiten zum Zionismus omnipräsent ist. »Der Landwirt« als Denkfigur durchzog die Werke der jüdischen Aufklärung ab dem späten 18. Jahrhundert – die Agrarisierung war nicht nur von praktischem Wert; sie wurde zur ideologisch aufgeladen Emanzipationsstrategie der europäischen Juden. Vorstellungen von der moralischen und körperlichen Verbesserung des jüdischen Menschen und der Säkularisierung jüdischen Wissens wurden im Zionismus aufgegriffen.

Der Blick auf Botanik und Landwirtschaft als wissenschaftliche Praxis eröffnet neue Perspektiven. Wissenschaft agierte und agiert keineswegs in einer isolierten Sphäre, auch wenn dies oft dem Selbstverständnis der Akteure zugrunde liegt.[87] Alle Gesellschaften betreiben auf die eine oder andere Art Landwirtschaft. Für Siedlergesellschaften war sie jedoch ein Herzstück: Sie sollte helfen, ein Volk zu ernähren.[88]

---

[84] Frank Uekötter, *Die Wahrheit ist auf dem Feld. Eine Wissensgeschichte der deutschen Landwirtschaft*, Göttingen 2010, 63. Vgl. auch A. G. Morton, *History of Botanical Science. An Account of the Development of Botany From Ancient Times to the Present Day*, London/New York 1981, vi. Vgl. für den Zionismus mit Fokus auf private Initiativen: Nahum Karlinsky, *California Dreaming. Ideology, Society, and Technology in the Citrus Industry of Palestine: 1890–1939* (SUNY Series in Israeli Studies), Albany 2005.

[85] Oz Almog, *The Sabra. The Creation of the New Jew* (The S. Mark Taper Foundation Imprint in Jewish Studies), Berkeley 2000; vgl. auch die populärwissenschaftlichen Bücher von Ronald Florence, *Lawrence and Aaronsohn. T. E. Lawrence, Aaron Aaronsohn, and the Seeds of the Arab-Israeli Conflict*, New York 2007, 65 und Shmuel Katz, *The Aaronsohn Saga*, Jerusalem/Lynbrook 2007, 11 (= Katz, Saga).

[86] Z. B. Ilan Troen, *Imagining Zion. Dreams, Designs, and Realities in a Century of Jewish Settlement*, New Haven/London 2003 (= Troen, Dreams).

[87] Sheila Jasanoff, »The Idiom of Co-Production«, in: dies. (Hg.), *States of Knowledge. The Co-Production of Science and Social Order*, London et al. 2004, 1–12; Margit Szöllösi-Janze, »Politisierung der Wissenschaften – Verwissenschaftlichung der Politik. Wissenschaftliche Politikberatung zwischen Kaiserreich und Nationalsozialismus«, in: Stefan Fisch/Wilfried Rudloff (Hgg.), *Experten und Politik. Wissenschaftliche Politikberatung in geschichtlicher Perspektive*, Berlin 2004, 79–100; Mitchell G. Ash, »Wissenschaftswandlungen und politische Umbrüche im 20. Jahrhundert – was hatten sie miteinander zu tun?«, in: Rüdiger vom Bruch/Uta Gerhardt/Aleksandra Pawliczek (Hgg.), *Kontinuitäten und Diskontinuitäten in der Wissenschaftsgeschichte des 20. Jahrhunderts*, Stuttgart 2006, 19–38; Paul Sillitoe, »Local Science vs. Global Science: an Overview«, in: ders. (Hg.), *Local Science vs. Global Science. Approaches to Indigenous Knowledge in International Development*, New York 2007, 1–22, 13.

[88] Helen Tilley, *Africa as a Living Laboratory. Empire, Development, and the Problem of Scientific*

Ähnliches gilt für die Geschichte der Botanik. Eine umfassende Darstellung zur Geschichte der Botanik im Jischuw als wissenschaftliche Grundlage der zionistischen Landwirtschaft liegt bisher nicht vor; doch kann für das Projekt auf wichtige Pionierarbeiten etwa des israelischen Wissenschaftshistorikers Shaul Katz zurückgegriffen werden. Nicht nur betont Katz die Relevanz der Botanik für das Studium des frühen Jischuws, es gelingt ihm auch, Fragestellungen und Forschungen der palästinensischen Botanik mit europäischer Kulturgeschichte zu verknüpfen.[89] Allgemein liegen zum Themenkomplex Wissenstransfer aus Europa oder auch den USA in den Jischuw bisher kaum Studien vor.[90] Der kanadische Historiker Derek Penslar ist einer der wenigen, die sich bisher dem Thema gewidmet haben: Mit seiner einflussreichen Studie *Zionism and Technocracy* (1991)[91] betrat er Neuland, indem er den Einfluss deutscher Technokraten auf den Jischuw untersuchte und transnationale Einflüsse und Netzwerke der deutschen *settlement engineers* nachwies, die gesellschaftliche Prozesse durch technische Expertise und Management steuern sollten. Penslars Studie ist für dieses Projekt ein wichtiger Anknüpfungspunkt, weil sie die Einflüsse einer Gruppe renommierter deutscher Wissenschaftler nachzeichnet und kontextualisiert: Die deutschen *settlement engineers* wurden maßgeblich von den politischen, sozialen und kulturellen Weichenstellungen ihrer Heimat geprägt.

Der Aufbau und die Institutionalisierung von Wissenschaft wurden bisher meist am Beispiel der Hebrew University[92] untersucht; oft sogar erst seit der Staatengründung 1948. Diese Darstellungen kranken jedoch daran, dass sie auf ein teleologisches Narrativ zurückgreifen und Entwicklungen, die im Nachhinein als irrelevant betrachtet werden sollten, z. B. scheiternde botanische

Knowledge, 1870–1950, Chicago 2011, 117 (= Tilley, Africa). Vgl. auch David Castle, »Agriculture and Agricultural Technology«, in: Michael Ruse (Hg.), *The Oxford Handbook of Philosophy of Biology*, Oxford/New York 2008, 525–543.

[89] Katz/Ben-David, Research; Shaul Katz, »Berlin Roots – Zionist Incarnation: The Ethos of Pure Mathematics and the Beginnings of the Einstein Institute of Mathematics at the Hebrew University of Jerusalem«, *Science in Context* 17 (2004), 199–234; ders., »The Scion and its Tree: The Hebrew University of Jerusalem and its German Epistemological and Organizational Origins«, in: Marcel Herbst (Hg.), *The Institution of Science and the Science of Institutions*, Dordrecht 2014, 103–144; vgl. weiterführend: Oded Shay, »Zoological Museums and Collections in Jerusalem During the Late Ottoman Period«, *Journal of Museum Studies* 5 (2011), 1–19; Raphael Falk, »Three Zionist Men of Science. Between Nature and Nurture«, in: Ulrich Charpa/Ute Deichmann (Hgg.), *Jews and Sciences in German Contexts. Case Studies from the 19th and 20th Centuries*, Tübingen 2007, 129–154 (= Falk, Men).

[90] Ansätze finden sich bei Leimkugel, Warburg; zur Medizin: Sandra M. Sufian, *Healing the Land and the Nation. Malaria and the Zionist Project in Palestine, 1920–1947*, Chicago 2007 (= Sufian, Healing); zu konkreten Siedlungsstrategien: Shilony/Seckbach, Ideology; Troen, Dreams; zur Adaption sozialdarwinistischer Ideen: Falk, Men; Veronika Lipphardt, *Biologie der Juden: Jüdische Wissenschaftler über »Rasse« und Vererbung 1900–1935*, Göttingen 2008 (= Lipphardt, Biologie).

[91] Penslar, Zionism and Technocracy.

[92] Michael Heyd/Shaul Katz, *The History of the Hebrew University of Jerusalem* [hebr.], Jerusalem 2000; jüngst: Diana Dolev, *The Planning and Building of the Hebrew University, 1919–1948: Facing the Temple Mount*, New York/London 2016 (= Dolev, Planning).

Experimente, auslassen. Einige »Neue Historiker« untersuchen seit den 1980er Jahren im weitesten Sinne wissenschaftshistorische Fragestellungen wie etwa zur Aufforstung des Jischuws in Anknüpfung an postkoloniale Ansätze als Frage von Macht und territorialer Demarkation.[93] Wichtige Impulse verdankt vorliegende Arbeit vor allem Forschungen auf dem Gebiet der Kolonialgeschichte, besonders hinsichtlich der Rolle von Wissen und Wissenschaft im politischen Kontext.[94]

In dieser Arbeit kann die Perspektive der autochthonen Bevölkerung Palästinas keine Berücksichtigung finden, einerseits, weil hier die Botanischen Zionisten als Akteure im Mittelpunkt stehen und sie, so wie die Quellenlage sich zeigt, vor allem in Wechselwirkung mit dem Deutschen Reich, dem Osmanischen Reich und den anderen zionistischen Flügeln standen. Kontakte mit den deutschen Templern, die sich in diesem Zeitraum ebenfalls in Palästina niederließen, sind in den Quellen angedeutet, aber nicht rekonstruierbar. Zum Austausch mit der arabischen Bevölkerung gibt es nur sehr vereinzelt Hinweise. Dies kann am Quellenmaterial liegen, aber auch an der historischen Realität: Möglicherweise bestand nur sehr wenig Kontakt zwischen beiden Gruppen. Nur von Aaron Aaronsohn ist bekannt, dass er Arabisch sprach und in engem Austausch mit der autochthonen Bevölkerung stand; doch auch hier ist die Quellenlage sehr dünn. Arabischsprachige Quellen waren nicht auffindbar.[95]

---

[93] S. Bravermann, Planted Flags; Michael Berkowitz, »Palästina-Bilder. Kulturelle Konstruktionen einer ›jüdischen Heimstätte‹ im deutschen Zionismus 1887–1933«, in: Andreas Schatz/Christian Wiese (Hgg.), *Janusfiguren. ›Jüdische Heimstätte‹, Exil und Nation im deutschen Zionismus*, Berlin 2006, 167–187 (= Berkowitz, Palästina-Bilder); Shaul Cohen, »Promoting Eden. Tree Planting as the Environmental Panacea«, *Cultural Geographies* 6 (1999), 424–446; ders., »A Tree for a Tree: The Aggressive Nature of Planting«, in: Ari Elon/Naomi M. Hyman/Arthur Ocean Waskow (Hgg.), *Trees, Earth, and Torah. A Tu b'Shvat Anthology*, Philadelphia 2000, 210–225 (= Cohen, Tree); Shaul Cohen, »Environmentalism Deferred. Nationalisms and Israeli/Palestinian Imaginaries«, in: Diana K. Davis/Edmund Burke (Hgg.), *Environmental Imaginaries of the Middle East and North Africa*, Athens, Ohio 2011, 246–264 (= Cohen, Environmentalism); Shaul Ephraim Cohen, *The Politics of Planting. Israeli-Palestinian Competition for Control of Land in the Jerusalem Periphery*, Chicago 1993 (= Cohen, Politics); Hadas Yaron, *Zionist Arabesques. Modern Landscapes, Non-Modern Texts* (Israel: Society, Culture and History), Boston 2010, 107 (= Yaron, Arabesques); Baruch Kimmerling, *Zionism and Territory. The Socio-Territorial Dimensions of Zionist Politics*, Berkeley 1983, 41.

[94] Tony Ballantyne, »Colonial Knowledge«, in: S. E. Stockwell (Hg.), *The British Empire. Themes and Perspectives*, Malden/Oxford 2008, 177–197 (= Ballantyne, Colonial Knowledge); Peter J. Bowler/Iwan Rhys Morus, *Making Modern Science. A Historical Survey*, Chicago 2005; Davis/Burke, Imaginaries; Drayton, Government; Jim Endersby, *Imperial Nature. Joseph Hooker and the Practices of Victorian Science*, Chicago 2008 (= Endersby, Nature); Samera Esmeir, *Juridical Humanity. A Colonial History*, Stanford 2012 (= Esmair, Juridical Humanity); Matthias Fiedler, *Zwischen Abenteuer, Wissenschaft und Kolonialismus. Der deutsche Afrikadiskurs im 18. und 19. Jahrhundert*, Köln 2005 (= Fiedler, Afrikadiskurs); Harald Fischer-Tiné, *Pidgin-Knowledge. Wissen und Kolonialismus*, Zürich 2013 (= Fischer-Tiné, Pidgin-Knowledge), Rebekka Habermas/Alexandra Przyrembel (Hgg.), *Von Käfern, Märkten und Menschen. Kolonialismus und Wissen in der Moderne*, 1. Aufl., Göttingen 2013 (= Habermas/Przyrembel, Kolonialismus).

[95] Vgl. Beshara Doumani, *Rediscovering Palestine. Merchants and Peasants in Jabal Nablus 1700–1900*, Berkeley 1995.

In dieser Untersuchung ist der Fokus beschränkt auf die Ebene der Akteure. Wie deren Wissen die landwirtschaftliche Praxis Palästinas etwa in den zionistischen kollektiven Siedlungen veränderte, wurde nicht untersucht. Zwar war die Popularisierung botanischer und agronomischer Kenntnisse ein Anliegen der Forschungsinstitute der Botanischen Zionisten, doch diese Transferprozesse wurden ausgeblendet, um den Blick auf die wissenschaftliche Elite Palästinas zu schärfen. Auch die Rolle von Botanik in der Alltagskultur des Jischuws oder Israels wurde nicht untersucht, so etwa die Pflanzenmetaphorik.[96] Dennoch spielten Botanik und Pflanzen in der Gesellschaft des Jischuws eine wichtige emotionale Rolle. Warburg unterstützte zwar gegen Ende seiner Schaffenszeit Projekte mit biblisch-emotionaler Ausrichtung; doch waren diese kein Kernelement seiner Arbeit.[97]

Für diese Arbeit wurden Quellen herangezogen, die sich vor allem in israelischen Archiven[98] befinden; darunter Briefe, zahlreiche wissenschaftliche Artikel, Pamphlete und Polemiken. Ein großer Teil dieser Quellen wurde bisher in der Forschungsliteratur nicht beachtet. Des Weiteren wurde graue Literatur, das heißt Broschüren, Pamphlete, Periodika, Vorlesungen, aber auch Egodokumente wie Reiseberichte und Logbücher, Memoirenliteratur und Tagebücher, Belletristik und auch visuelle Quellen wie Zeichnungen, Bilder und Fotografien ausgewertet. Eine weitere wichtige Quelle sind die Protokolle der zionistischen Kongresse.

1.6 Kapitelstruktur

Die Kapitel dieser Arbeit sind in der Reihenfolge der epistemischen Schritte der Botanischen Zionisten in Palästina geordnet: Sehen und Bewerten – Untersuchen

[96] In Palästina/Israel geborene Juden werden als *Tzabar*, Kaktusfeige, bezeichnet. Auch sind Pflanzennamen etwa als Vornamen in Israel sehr populär.

[97] So schrieb der israelische Nationaldichter Chaim Nachman Bialik: »The University of Jerusalem must revive the emotional contact between the nation and the flora of our country. This will never be achieved by ordinary scholars. This was fully understood by so eminent an authority on botany as Professor Warburg who, in his breadth of view and compendious learning could appreciate the value of the work of these two for our University.« Chaim Nachman Bialik an den Chief Rabbi of the British Empire, Dr. Hertz, Abschrift, Archiv Neot Kedumim, Ab 1 5692 [= 03.08.1932]. Im Archiv von Neot Kedumim finden sich hierzu viele Materialien. Einige davon sind in eine unveröffentliche Dissertation eingeflossen: Sarah Oren, *The Study of the Flora of the Land of Israel in Jewish Sources as a Component of Hebrew National Identity: The Activities and Methodologies of the Hareuveni Family* [hebr.], unveröffentlichte Dissertation an der Universität Ramat-Gan 2011. Vgl. auch dies., »Botanik im Dienste der Nation«, *Münchner Beiträge zur jüdischen Geschichte und Kultur* 8 (2014), 66–82.

[98] Die Archivalien, die aus dem Archiv des Beth Aaronsohn in Sichron Jaakow stammen, wurden bewusst nur am Rande herangezogen. Viele der Materialien sind redaktionellen Eingriffen unterzogen worden. Die Teile der Korrespondenzen, die Aaronsohns wissenschaftliche Arbeit betreffen, sind davon weniger betroffen und werden zitiert.

und Klassifizieren – Finden, Spekulieren und Experimentieren – Transformieren, aber auch Scheitern. Die chronologische Ordnung der Kapitel ist hingegen eher lose; manchmal wurden epistemische Schritte auch zu einem späteren Zeitpunkt wiederholt oder nachgeholt.

Das erste Kapitel der Arbeit skizziert den Kontext des Botanischen Zionismus. Hier geht es um eine Einordnung der Gruppe um Warburg in die zionistische Bewegung. Als zentrale Analysekategorien werden – auch in ihren Querverbindungen – Konzepte wie Kolonialismus, Wissenschaft und Tropenbotanik herangezogen.

Das zweite Kapitel beginnt mit der (mentalen oder realen) Ankunft der Botanischen Zionisten in Palästina. Es wird argumentiert, dass die Wahrnehmung der Landschaft Palästinas zwiespältig war: einerseits als desolat, andererseits aber auch als Ort mit vielversprechendem botanischen Potential. Daraus leiteten die Botanischen Zionisten ab, dass das Land verbessert werden müsse, um ihren Bedürfnissen als Siedlergesellschaft zu genügen. Otto Warburg formulierte, dass es die »durch Jahrtausende geheiligte, traditionelle Pflicht des ›Ischuw‹« sei, »dem Siege des Genies über die Naturkräfte« zu verhelfen.[99] Auch hier wird dem Kontext des Botanischen Zionismus eine wichtige Rolle zugeschrieben: Der Gedanke des »improvement« verweist auf eine historische Dimension. Menschen und Natur sollten von europäischen Mächten verwaltet werden; dies wurde durch den Vorsprung von Europas westlicher Wissenschaft und Technologie legitimiert.[100] Diese »mission civilisatrice« sollte nicht zuletzt den Anspruch auf Palästina legitimieren. Wissenschaft stellte die Mittel, die Natur zu verändern, nicht nur zur Verfügung, sondern diente auch als ideologischer Rahmen.[101] Für die Botanischen Zionisten um Warburg wurde es zur praktischen Mission und moralischen Aufgabe, Palästina zu begrünen: »Denn die Besiedlung und die Urbarmachung Palästinas war seit jeher ein Gebot, eine Pflicht!«[102] In diesem Kapitel wird auch diskutiert, in welcher Form die Botanischen Zionisten ein ideales Palästina antizipierten.

Im dritten Kapitel arbeiten sich die Botanischen Zionisten tiefer in das Land ein und untersuchen dessen Oberfläche in wissenschaftlichen Expeditionen. Nachdem Forschungsreisende auch in Länder außerhalb Palästinas entsandt worden waren, sorgte Warburg dafür, Palästina wieder in die Mitte der zionistischen Ambitionen zu rücken. In diesem zweiten Schritt waren Warburg und die

---

[99] Otto Warburg, »Die Pflichten praktischer Palästina-Arbeit I«, *Die Welt* 12 (29.05.1908), 1–3, 1 (= Warburg, Pflichten).

[100] Drayton, Government, xv; vgl. Ramsay Cook, »Making a Garden out of a Wilderness«, in: David Freeland Duke (Hg.), *Canadian Environmental History. Essential Readings*, Toronto 2006, 155–172.

[101] Suzanne Elizabeth Zeller, *Inventing Canada. Early Victorian Science and the Idea of a Transcontinental Nation*, Toronto/Buffalo 1987, 6 (= Zeller, Inventing Canada).

[102] Warburg, Pflichten, 1.

anderen zionistischen Pflanzenforscher mit der Inventarisierung Palästinas beschäftigt – um wissenschaftlich arbeiten zu können, mussten erst die natürlichen Gegebenheiten des Landes erforscht und ein Inventarium von Naturschätzen, Bodenarten, meteorologischen Daten, Pflanzen und Tieren erstellt werden. Das in den Expeditionen generierte Wissen war für die späteren erfolgreichen botanischen und landwirtschaftlichen Forschungen Voraussetzung.[103] Zugleich diente das Wissen, das in den Expeditionen entstand, auch als Legitimation für das zionistische Ziel, in Palästina einen Judenstaat zu gründen: Die Zionisten eigneten sich das Land symbolisch an, indem sie es erforschten. In innerzionistischen Debatten wurden Wissen und Wissenschaft immer öfter als Mittel zur Durchsetzung einer politischen Position genutzt.

Im vierten Kapitel soll untersucht werden, wie botanisches Wissen entstand und für den Jischuw relevant werden konnte. Das beste Beispiel aus der Botanikgeschichte des Jischuws hierfür ist die Wiederentdeckung des Wilden Emmers, damals symbolhaft »Urweizen« genannt, durch den palästinensischen Autodidakten Aaron Aaronsohn im Jahr 1906. In einer Zeit, in der die europäischen Kulturen dem Ursprung der Zivilisation und der Ursprache nachzugehen versuchten, gelang es dem jüdischen Siedler Aaronsohn, animiert von bekannten deutschen Botanikern, einige Exemplare der Pflanze aufzufinden. Die Bedeutung, die diesem Fund beigemessen wurde, war kaum zu überschätzen: Für Aaronsohn wie für viele seiner Zeitgenossen war der Fundort des Urweizens zu verstehen als Urstätte menschlicher Zivilisation. Die Botanischen Zionisten priesen den Fund als *jüdische* Entdeckung, die dem Jischuw politisch zuspielen sollte. Gleichzeitig setzen sie in den Weizen große Hoffnungen; aus ihm sollte ein Superweizen gezüchtet werden, der sowohl mit den natürlichen Gegebenheiten Palästinas zurechtkommen als auch europäisches Brot liefern sollte. Dabei spielten auch die Entwicklungen innerhalb der Botanik als wissenschaftliche Disziplin eine wichtige Rolle.

Im letzten Kapitel geht es um die Kreierung der *hebräischen* Flora – so nenne ich die Gesamtheit der tiefgreifenden Veränderungen der Flora Palästinas, die auf Otto Warburg und seine Mitstreiter zurückgehen. Hier soll gezeigt werden, welche Werte die zunächst imaginierten und später realisierten Veränderungen der Landschaft Palästinas reflektierten. Welche Pflanzen wurden gepflanzt und wozu? Die neuen Wälder Palästinas waren sicherlich die offensichtlichste Veränderung. Der Wald war nicht nur praktisch von Nutzen, sondern auch aufs Engste mit einigen Herzstücken des zionistischen Projektes verknüpft: Er europäisierte die Landschaft, er symbolisierte aber auch Nachhaltigkeit, Permanenz und das Produktivitätsethos des Zionismus. Auch die Landwirtschaft und die Nutzpflanzen Palästinas wurden grundlegend transformiert, neue Arten eingeführt, einheimische Arten manipuliert. Dies geschah

[103] Katz/Ben-David, Research, 156–158.

vor allem in wissenschaftlichen Institutionen. Diese Institutionen, allen voran landwirtschaftliche Versuchsstationen, waren schon in den frühen Jahren des Botanischen Zionismus ein wichtiges Desiderat. In ihnen sollten sich die Ideen des Botanischen Zionismus materialisieren; durch sie sollten Naturgrenzen überschritten und der Wandel Palästinas Wirklichkeit werden. Die *hebräische* Flora, und damit ist gleichermaßen die »Landschaft« wie die Landwirtschaft gemeint, ist menschengemacht.

2 Das Setting: Otto Warburg zwischen Zionismus, Kolonialismus und Wissenschaft

»Unlike our ancestors who came from Egypt we do not find ready to hand in Palestine ›a land flowing with milk and honey‹.«[1]

Ein Gruppenfoto aus dem Jahr 1930, das gut drei Dutzend Menschen zeigt: Die meisten sind weiß gekleidet und tragen Tropenanzüge; das Licht ist hart und der Boden sandig. Wie wir aus der Bildunterschrift erfahren, ist die Gruppe anlässlich der Inauguration des Akklimatisierungsgartens in Rechovot unweit Tel Avivs zusammengekommen. Im Hintergrund ist eine der Spezies zu erkennen, denen diese wissenschaftliche Institution gewidmet ist: Eukalyptus. Die Pflanze

Abb. 1: Der Akklimatisierungsgarten von Rechovot, 1930.[2]

[1] Jitzchak Wilkansky, »Memorandum ›The Task of the National Fund‹«, CZA, A12/91 (o. J.), 1 (= Wilkansky, Task).

[2] Thon, Warburg, o. S. Courtesy of the World Zionist Organization.

ist in Australien und Ostindonesien heimisch, nicht in Palästina. Der Eukalyptus ist eines jener Gewächse, die nach Palästina eingeführt worden waren, um das Leben dort zu ermöglichen. Er sollte die Sümpfe austrocknen, von denen aus das Land mit Malaria vergiftet wurde.
Die namentlich aufgelisteten Teilnehmer sind prominente zionistische Figuren: Wissenschaftler, Politiker, Dichter, Intellektuelle. In der unteren Reihe sitzt mittig Otto Warburg, schwarz gekleidet, der Namensgeber des Gartens. Sein Assistent Jitzchak Wilkansky schrieb anlässlich der Einrichtung der Anlage 1928 an Warburg: »Ein solcher Garten eignet sich am besten dazu, Ihren Namen und [Ihre] Taetigkeit zu symbolisieren.«[3] Für Wilkansky stand Warburgs Person emblematisch für ein Unterfangen, das mithilfe von Pflanzen Palästinas Antlitz veränderte. Warburg war dafür verantwortlich, dass die jüdische Nationalbewegung des Zionismus um 1900 mit der Wissenschaft, vor allem der Botanik, vereint wurde. Zwischen 1900 und 1930, dem Jahr, in dem die Aufnahme gemacht wurde, entfaltete sich der Botanische Zionismus in Palästina.

2.1 Warburgs Altneuland, 1904–1906

Was war der Botanische Zionismus? Eine Antwort gibt der erste programmatische Artikel der von Otto Warburg mitherausgegebenen Zeitschrift *Altneuland*[4] – der »Monatsschrift für die wirtschaftliche Erschließung Palästinas«. Die Herausgeber – die Mitglieder der *Kommission zur Erforschung Palästinas* – waren neben Warburg der Agronom Selig Soskin und der Nationalökonom Franz Oppenheimer. Die drei Zionisten hielten schon im ersten Artikel der Zeitschrift *Altneuland* fest, wie sie ihrer Vision eines Judenstaates näherkommen wollten. Wissenschaft wurde als »unserer Zeit gewaltigste Kraft« eingeführt. »Wir müssen den Boden genau kennen, auf dem das Haus Ahasvers stehen soll […].«[5] In diesem merkwürdigen Zitat versöhnte Warburg Wissenschaft und religiöse Mythologie:[6] Wissenschaft war für ihn nicht nur ein sinnvolles Werkzeug, um

---

[3] Jitzchak Wilkansky an Otto Warburg, »Akklimatisierungsgarten«, CZA, A12/145 (23.12.1928), 2.

[4] Ab 1907: *Palästina*.

[5] Die Kommission zur Erforschung Palästinas, »Altneuland!«, *Altneuland. Monatsschrift für die wirtschaftliche Erschließung Palästinas* 1 (Januar 1904), 1f, 1 (= Kommission, Altneuland).

[6] Zur Rolle von Religion im Zionismus: Shulamit Volkov, *Das jüdische Projekt der Moderne. Zehn Essays*, München 2001, 32–48; Shlomo Avineri, »Zionism and the Jewish Religious Tradition: The Dialectics of Redemption and Secularization«, in: Shmuel Almog/Jehuda Reinharz/Anita Shapira (Hgg.), *Zionism and Religion*, Hanover 1998, 1–9 (= Avineri, Zionism); David Novak, *Zionism and Judaism. A New Theory*, New York 2015, 48 (= Novak, Zionism); Ari Barell/David Ohana, »›The Million Plan‹. Zionism, Political Theology and Scientific Utopianism«, *Politics, Religion & Ideology* 15 (2014), 1–22 (= Barell/Ohana, Million Plan); Yehouda Shenhav, »Modernity and the Hybridization of Nationalism and Religion. Zionism and the Jews of the Middle East as a Heuristic Case«, *Theory and Society* 36 (2007), 1–30, 2; Mikael Stenmark, »Ways of Relating Science and Religion«, in: Peter Harrison (Hg.), *The Cambridge Companion to Science and Religion*, Cambridge 2010, 278–295, 279f;

Erde oder Bodenbeschaffenheit zu untersuchen, sondern eine Energie, die es ermöglichte, Ahasvers Fluch zu brechen. Dies war eine deutliche Anspielung auf den Diasporastatus der Juden. Wie im Ahasver-Mythos waren, so Warburg, die Juden verflucht, umherzuwandern, weil sie kein Haus und keine Heimat hätten. Der Zionismus war nach dieser Lesart aus der Not der Juden in der Diaspora geboren. Warburg, Oppenheimer und Soskin wollten einen Judenstaat schaffen, um den Juden der Welt ein »volles Leben«[7] zu ermöglichen.

Das »Urproblem« der Juden war in den Augen Warburgs Heimatlosigkeit und Entwurzelung.[8] Dies war eine verbreitete Diagnose. Die Therapie, die Warburg und seine Mitstreiter verordneten, war indes ungewöhnlich: Wissenschaft. Der jüdische Paria sollte in Palästina ein Zuhause finden, seinen schädlichen Lebenswandel verwerfen und ein neues Judentum begründen, das nicht von ungefähr auf dem Fundament der Wissenschaft fußte. Der »neue Hebräer« war für die Botanischen Zionisten nicht nur Ackerbauer, sondern auch Wissenschaftler.

Warburgs Publikation übernahm nicht zufällig ihren Namen von Theodor Herzls zionistischer Utopie in Romanform. Der Untertitel der Zeitschrift gab Aufschluss über die Mission der Botanischen Zionisten – Palästina sollte »erschlossen« werden. In Herzls Roman geht es um den jüdischen Advokaten Friedrich Löwenberg aus Wien, der enttäuscht über sein Leben einen Vertrag mit dem deutsch-amerikanischen Ingenieur und Millionär Kingscourt schließt, um diesen auf eine unbewohnte Pazifikinsel zu begleiten und dort als Gesellschafter zur Verfügung zu stehen. Unterwegs machen die beiden Auswanderer Halt in Palästina. Das Land zeigt sich ihnen desolat, verarmt und dreckig. 20 Jahre später kehren die beiden nach Palästina zurück und sehen, wie es sich dank Technik, einer innovativen Gesellschaftsordnung und einer neuen Infrastruktur modernisiert hat. Kurzum: Herzls *Altneuland* schildert die Vision vom Zionismus als geglücktem Projekt. Auch die gleichnamige Zeitschrift sollte dazu beitragen, Palästina in einen modernen Judenstaat zu verwandeln.

Der erste Artikel in *Altneuland* machte auch deutlich, dass die Mission der Botanischen Zionisten in einen breiteren Kontext eingebettet war. Die zionistische Bewegung war nicht zuletzt eine Antwort auf die missglückte Emanzipation der Juden und auf Antisemitismus (»alter Hass und alte Rohheit«) und damit der Versuch einer Normalisierung der jüdischen Geschichte.[9] Wie andere Völker auch wollten die Juden in ihrem eigenen Staat leben, nationale Rechte und Souveränität genießen. Die Kommission stellte die rhetorische Frage: »[W]ie

Amnon Raz-Krakotzkin, »A National Colonial Theology – Religion, Orientalism and the Construction of the Secular in Zionist Discourse«, in: Moshe Zuckermann (Hg.), *Ethnizität, Moderne und Enttraditionalisierung*, Göttingen 2002, 312–326.

[7] Kommission, Altneuland, 1.

[8] Otto Warburg, »Das jüdische Problem«, *Im deutschen Reich. Zeitschrift des Centralvereins deutscher Staatsbürger jüdischen Glaubens* 24 (Beilage vom 26.11.1918).

[9] O. A., »Sitzung des zionistischen Zentralkomitees«, *Die Welt* 16 (06.09.1912), 1089–1110, 1101.

sollten die Aermsten nicht von einem Vaterland träumen, die nur ein Stiefmutterland kennen?? Der Traum ward Sehnsucht, die Sehnsucht Wille: das ist die zionistische Bewegung.«[10]

Darüber, wie man zum »Vaterland« kommen sollte, gab es im Zionismus verschiedene Ansichten. Die Botanischen Zionisten wollten den Staat gründen, indem sie Palästina ergründeten, erforschten und dort Fakten schafften. Nicht umsonst nutzten die Autoren im Artikel eine Aufklärungsmetapher: »So will die Zeitschrift wie in einem Brennpunkte alle die heute tausendfach zerstreuten Strahlen zu einem Lichtbündel sammeln, um das Halbdunkel aufzuklären, in dem heute das Land der zweitausendjährigen Sehnsucht nur erst schattenhaft sichtbar ist.« Der Botanische Zionismus sollte aus einer Chimäre einen Staat machen, mithilfe der Wissenschaft und des Wissens um Palästina sollte eine jüdische Heimat in Zion Realität werden. Die Zionisten betrachteten sich als »die Bauleute« Palästinas. Die Zeitschrift wollte sich Palästina in all seinen naturkundlichen und rechtlichen Facetten widmen:

Sie soll sammeln und sichten, was die besten Kenner des Landes über sein Klima, seinen Boden, seine Früchte und Erzeugnisse, über die Gesetze, unter denen es steht, über die Handhabung dieser Gesetze, über die Sitten seiner Bewohner, über seine Gesundheitsverhältnisse zu sagen wissen, und soll auserlesene Forscher anregen und nötigenfalls werben, um vorhandene Lücken unseres Wissens auszufüllen.[11]

Im Sammeln und Sichten erschöpfte sich die Aufgabe der Zeitschrift nicht. Es sollten auch »auserlesene Forscher« motiviert und angeworben werden, um Wissenslücken zu schließen. Ziel war, Palästina in naturkundlicher, rechtlicher, hygienischer und ethnologischer Hinsicht zu erfassen. Weiter ging es darum, »Nachrichten« zusammenzutragen über Ackerbau, Handel und Gewerbe in Palästina und Ländern mit ähnlicher natürlicher Beschaffenheit. Diese Informationen sollten die jüdischen Kolonisten zu erfolgversprechenden Versuchen anregen. Auch waren Parallelen zu »kolonisatorischen Unternehmungen in aller Welt«[12] interessant, um aus deren Erfahrungsschatz zu schöpfen.

Altneuland wurde, wie Warburg 1906 auf dem Zionistenkongress berichtete, auch ins Russische übersetzt und von Nichtzionisten und Christen (heißt: der nichtjüdischen Forschungslandschaft) rezipiert.[13] Nicht nur unmittelbar den Kolonisatoren sollte durch *Altneuland* geholfen werden. Laut Warburg hatte die Zeitschrift – und damit das Wissen über Palästina – einen agitatorischen Wert, der dem Zionismus nützlich werden sollte: »Wir sind überzeugt, dass die Zeitschrift Altneuland nicht nur als Mittel zur Vertiefung des Zionismus von

[10] Kommission, Altneuland, 1.
[11] Ebd., 1 f.
[12] Ebd., 2.
[13] Otto Warburg, »Bericht der Palästinakommission«, *Altneuland. Monatsschrift für die wirtschaftliche Erschließung Palästinas* 3 (1906), 220–235, 222 (= Warburg, Bericht).

Wichtigkeit ist, sondern dass sie auch in hohem Grade agitatorisch nützt, indem sie Nichtzionisten und Nichtjuden durch den wissenschaftlichen Ernst und die Sachlichkeit der Zeitschrift Achtung vor der Bewegung einflösst.«[14]

Am programmatischen ersten Artikel in *Altneuland* lässt sich erkennen, wie wichtig den Autoren Wissenschaft war; zudem legen die beschriebene Situation und die Wortwahl einen kolonialen Handlungsrahmen nahe. Das Land, das von den Zionisten durchforscht werden sollte, war nicht nur ein unbekanntes, sondern überdies eines, das sich nicht in ihrem Besitz befand. Der Glaube an die Kraft der Wissenschaft und koloniale Diskurse wie jener einer »Hebung des Orients« oder der einer Produktivierung[15] des Landes Palästina werden in dieser Arbeit Thema sein. Doch auch der Unterschied zu anderen kolonialen Unterfangen deutet sich im Artikel an: Der Zionismus hatte keine Ambitionen, sich an fremdem Territorium zugunsten eines Mutterlandes zu bereichern.[16] Die koloniale Terminologie der Botanischen Zionisten erscheint aus heutiger Sicht brachial, doch das Projekt der Gruppe hatte durchaus auch universelle Züge (wie sie im fünften Kapitel beschrieben werden). Im Zionismus suchte man nach einer Lösung der Judenfrage, die in der Kolonisation Palästina gefunden wurde. In seiner Beziehung zu Zionismus und Wissenschaft soll der Botanische Zionismus untersucht werden. Doch zunächst gilt es, den Akteur, der den Botanischen Zionismus am stärksten geprägt hat, einzuführen: Otto Warburg.

2.2 Otto Warburg, ein Botanischer Zionist

Dem Kenner der jüdischen Geschichte mag die zentrale Figur der Untersuchung, Otto Warburg, als bedeutender (wenn auch vergessener) früher deutscher Zionist untergekommen sein. Eine Wissenschaftshistorikerin kennt Warburg womöglich als Protagonisten des deutschen Kolonialismus. Warburg war beides: Zionist und Kolonialbotaniker. In diesem Kapitel werden seine Karriere, seine Ideen und Ambitionen vorgestellt.

Otto Warburg[17] war einer der einflussreichsten, gebildetsten und wohlhabendsten Zionisten. Doch zunächst deutete nichts darauf hin, dass er sich dieser Bewegung zuwenden sollte. Warburg, übrigens ein Verwandter des weitaus bekannteren, gleichnamigen Biochemikers und Zellphysiologen, wurde 1859 in eine sehr wohlhabende, jüdische Hamburger Bankiersfamilie geboren.

[14] Ebd.

[15] Michael Brenner, *Kleine jüdische Geschichte*, München 2012, 240; grundlegend: Tamar Bermann, *Produktivierungsmythen und Antisemitismus. Eine soziologische Studie*, Wien 1973.

[16] Dies reflektierten auch die Zeitgenossen schon, vgl. Reichman/Hasson, Diffusion, 63.

[17] Zu Warburgs Biographie und Schaffen vgl. David Tidhar, *Enzyklopädie der zionistischen Gründer und Erbauer* [hebr.], o. O. 1958, Bd. 9, 3253–3255; Thon, Warburg. Darauf aufbauend: Leimkugel, Warburg.

Er genoss eine säkulare, klassisch-humanistische Erziehung. Die meisten seiner Familienmitglieder hatten sich vom jüdischen Glauben entfernt. Warburgs Unwissenheit über jüdische Traditionen sorgte später für Erstaunen bei anderen Zionisten.[18] Nach dem Abitur 1879 studierte Warburg in Bonn, Berlin, Hamburg und Straßburg Botanik, Zoologie und Chemie, unter anderem bei dem Botaniker Anton de Bary, dem Pflanzenphysiologen Wilhelm Pfeffer und Adolf von Baeyer, dem bekanntesten Chemiker seiner Zeit. Warburgs Studienwahl war ungewöhnlich, denn Biologie und vor allem Botanik waren Fächer, für die deutsche Juden sich selten entschieden. Ein jüdischer Botaniker, Michael Evenari, schreib in seinen Memoiren: »Botany was hardly a suitable occupation for a good Jewish boy.«[19] Angeblich war Warburg während seiner Studienzeit in einem Corps.[20]

Warburg fand Gefallen an der Pflanzenkunde. Vor allem die Forschungsarbeiten zur geographischen Verteilung von Pflanzen, die von Alfred Russel Wallace und Adolf Engler durchgeführt wurden, faszinierten den jungen Botaniker, auch wenn er die Theorien dieser Wissenschaftler Jahre später widerlegen sollte. Deutschland wurde Warburg bald zu klein: Von 1885 bis 1896 begab er sich auf Reisen, studierte in den weltbekannten botanischen Gärten von Kew Gardens und Dahlem, besuchte aber auch Indien und Ceylon, um die dortige Flora zu erkunden. Warburg blieb während dieser Reise ein Jahr im botanischen Garten von Buitenzorg auf Java, um dort unter dessen Leiter, dem Botaniker Melchior Treub, zu forschen.[21] Danach reiste Warburg unter anderem nach Japan, China und Australien. Im Jahr 1889 kehrte er nach Deutschland zurück. Die folgenden Jahre widmete er weiter der Botanik und publizierte eine Reihe von Werken auf diesem Gebiet. Zu Warburgs größeren Arbeiten zählen eine Monographie über die Muskatnuss (1897) und sein dreibändiges Kompendium *Die Pflanzenwelt*, das von 1913 bis 1922 herausgegeben wurde und seinen wissenschaftlichen Ruf festigen sollte: Warburg galt als Autorität der deutschkolonialen Pflanzenwirtschaft.

Als Botaniker im Deutschen Reich lebte man nicht unbedingt unpolitisch. Die wirtschaftliche Verwertbarkeit von Pflanzen machte diese seit der Frühen

[18] Israel Reichert, »Otto Warburg«, *Palestine Journal of Botany* 2 (1938), 2–16. Der folgende Lebenslauf orientiert sich an dieser Darstellung. Auch wurde Warburg vom amerikanischen Botaniker David Fairchild – im Gegensatz zu einem anderen Forscher – nicht für einen Juden gehalten, vgl. David Fairchild, *The World was my Garden*, New York/London 1938, 52f (= Fairchild, Garden).

[19] Michael Evenari, *The Awakening Desert. The Autobiography of an Israeli Scientist*, Berlin et al. 1987, 17. Vgl. auch Ulrich Charpa/Ute Deichmann (Hgg.), *Jews and Sciences in German Contexts. Case Studies from the 19th and 20th Centuries*, Tübingen 2007.

[20] Vgl. auch Israel Shiloni, »Otto Warburg – der vergessene Präsident von Naharia«, GSJHM, GF 0161 (1954), 3.

[21] Vgl. Robert-Jan Wille, *De stationisten. Laboratoriumbiologie, imperialisme en de lobby voor nationale wetenschapspolitiek, 1871–1909*, Nijmegen 2015.

Neuzeit zu wichtigen Handelswaren, so dass Staaten ein politisches Interesse an ihnen hatten. Im Zeitalter des europäischen Kolonialismus wurde auch auf die Natur außereuropäischer Länder zugegriffen, um an wertvolle Nahrungsmittel, Heilpflanzen, Gewürze oder Rohstoffe zu gelangen. Die Botanik wurde zu einer kolonialen Leitdisziplin.[22] Auch Warburg war in die kolonialen Tätigkeiten Deutschlands involviert: Er war 1896 Mitgründer des *Kolonialwissenschaftlichen Komitees*, einer Interessensvertretung von Kaufleuten, die die koloniale Wirtschaft stimulieren sollte.[23] Warburg gab in diesem Rahmen zweieinhalb Jahrzehnte lang die Zeitschrift *Der Tropenpflanzer* heraus.

In seinen Aufsätzen vertrat Warburg ein optimistisches, instrumentelles Wissenschaftsverständnis. Pflanzen sollten durch wissenschaftliche Methoden zu wirtschaftlich verwertbaren Produkten werden, die wiederum der Nation zu Gute kommen sollten. Im Jahr 1900 bekümmerte ihn die Situation der deutschen Kolonien. Auch hier versprach er sich Erfolg durch Wissenschaft, um die Natur auf ideale Weise zu verwalten: »Will man den augenblicklichen Stand der tropischen Landwirtschaft mit wenigen Worten charakterisieren, so könnte man sagen, sie befindet sich jetzt im Stadium des Überganges von rein empirischen zu wissenschaftlich begründeten Methoden, sie ist im Begriff, an Stelle des bisherigen Raubbaues sich rationellen Wirtschaftsmethoden zuzuwenden.«[24]

Doch Warburg wäre nicht Protagonist dieser Arbeit, hätte er sich nicht in seiner zweiten Lebenshälfte mit anderen Themen beschäftigt. Um die Jahrhundertwende wandte er sich dem Zionismus zu,[25] wohl, weil er befürchtete, als Jude nie eine ordentliche Professur zu erhalten. Warburg war zudem mit der Tochter eines bekannten frühen Zionisten, Gustav Gabriel Cohen, verheiratet.[26] Cohen stellte Warburg schließlich Theodor Herzl vor.

[22] Klemun, Wissenschaft; vgl. auch Osterhammel/Jansen, Kolonialismus, 18; Dierk Walter, »Colonialism and Imperialism«, in: Lester R. Kurtz (Hg.), *Encyclopedia of Violence, Peace, & Conflict*, Amsterdam/London 2008, 340–349. Ich gebrauche im Folgenden »Imperialismus« und »Kolonialismus« synonym und ausschließlich zur sprachlichen Abwechslung; inhaltliche Unterschiede in den Begriffen, wie sie etwa in der marxistischen Geschichtsauffassung vertreten werden, spielen für meine Arbeit keine Rolle.

[23] Rebekka Habermas, »Intermediaries, Kaufleute, Missionare, Forscher und Diakonissen. Akteure und Akteurinnen im Wissenstransfer. Einführung.«, in: Habermas/Przyrembel, Kolonialismus, 27–48. Zepernick, Wirtschaft, 210 f. Vgl. auch Michael Flitner, *Sammler, Räuber und Gelehrte. Die politischen Interessen an pflanzengenetischen Ressourcen, 1895–1995*, Frankfurt am Main 1995, 25 (= Flitner, Sammler).

[24] Otto Warburg, »Zum neuen Jahr«, *Der Tropenpflanzer* 4 (Januar 1900), 1–6, 1.

[25] Für deutsche Juden war es kein Widerspruch, gleichzeitig jüdische Nationalisten und deutsche Staatsbürger zu sein. Vgl. Jehuda Reinharz (Hg.), *Dokumente zur Geschichte des deutschen Zionismus 1882–1933* (Schriftenreihe wissenschaftlicher Abhandlungen des Leo Baeck Instituts 37), Tübingen 1981, XXIX–XXX, 98–103 (= Reinharz, Dokumente).

[26] Richard Lichtheim, *Rückkehr- und Lebenserinnerungen aus der Frühzeit des deutschen Zionismus*, Stuttgart 1970, 97 (= Lichtheim, Rückkehr- und Lebenserinnerungen).

2.2.1 1901: Warburg wird zum praktischen Zionisten

Warburgs Wirken und Biographie sind nur wenig erforscht, trotz seiner einflussreichen Stellung in der zionistischen Bewegung – er hatte zahlreiche Ämter und Funktionen inne und fungierte zwischen 1911 und 1920 als Präsident der *Zionistischen Organisation*. In den Jahren zuvor hatte er sich mit dem Zionismus eher schwergetan. Warburg betonte 1907, dass er sich gerne schon zur Anfangszeit mittels praktischer Arbeit in der Bewegung engagiert hätte, doch entsprach eine solche Unterstützung nicht dem von der Organisation verfolgten diplomatischen Kurs. Er habe zwar den Schekel bezahlt, also gespendet; am diplomatischen Vorgehen des frühen Zionismus habe er sich aber nicht beteiligen wollen:

> Ich erinnere mich der ersten Zeit des Zionismus, in der ich von Anfang an Schekelzahler war, es aber für ausgeschlossen hielt, daß ich je direkt an der Arbeit würde teilnehmen können. Herzl besuchte mich selbst in Berlin. Ich erklärte, wenn es sich um praktische Arbeit handeln wird, bin ich dabei. Solange aber mit Ideen operiert wird, kann ich nicht mittun, denn ich bin ein Sterblicher, der an der Erde klebt.[27]

Die Frage, ob der Zionismus praktisch, also in Palästina Fakten schaffend, oder politisch-diplomatisch agieren sollte, sorgte in den Anfangsjahren der Bewegung für unzählige Debatten und Konflikte.[28] Zunächst hatte sich der größte Teil der Zionisten, auch Theodor Herzl, geweigert, in Eretz Israel[29] praktische Palästinaarbeit durchzuführen, bevor eine politische Konsolidierung gelang.[30] Herzl war gegen die »Infiltration Palästinas«, vor allem gegen Landkauf und Siedlungsbau, weil er fürchtete, dass diese Maßnahmen sein politisches Projekt gefährdeten.[31] Die praktischen Zionisten betonten hingegen, dass die Erforschung Palästinas zu aufwendig und schwierig sei, um erst nach der politischen Lösungsfindung in Angriff genommen zu werden. Warburg formulierte diesen Gedanken 1905 auf dem Zionistenkongress: »Will man also nicht ein grosses Risiko laufen, indem man durch den Charter Aufgaben grossen Stiles übernimmt, deren Tragweite man nicht kennt, deren Grundlagen man nicht studiert hat, so muss man sich schon vorher, d. h. jetzt, mit der Gesamtheit der praktischen Palästinafragen

---

[27] StPZK, *Stenographisches Protokoll der Verhandlungen des VIII. Zionisten-Kongresses in Haag vom 14. bis inklusive 21. August 1907*, Köln 1907, 315 (= StPZK 1907).

[28] Die Historikerin Ivonne Meybohm betont in ihrem Buch über den Warburg-Vorgänger David Wolffsohn, dass *praktisch* und *politisch* in der Kategorisierung zionistischer Lager nicht als analytische Begriffe überzeugen, sondern vor allem eine polemische, gegenseitige Zuspitzung meinen: Meybohm, Wolffsohn, 25. Gleiches kann für den Schmähbegriff *Botanischer Zionismus* gelten oder auch für den Ausdruck *finanzieller Zionismus*, mit dem Wolfssohns Präsidentschaft in der WZO gemeint war (ebd., 202). Bezeichnet werden mit diesen Attributen also keine klaren Konzepte, sie besitzen begrenzten analytischen Wert; sind aber zumindest plakativ und eindeutig.

[29] Vgl. Kapitel 2.5.

[30] Vgl. auch Shilony/Seckbach, Ideology, 91.

[31] Dennoch ließ er ab 1903 »vorbereitende Maßnahmen« zu: ebd., 91–93.

bekannt und vertraut gemacht haben[...].«[32] Die Palästinaarbeit war für die praktischen Zionisten der wichtigste Teil der Politik.[33]

Warburg betrachtete sich selbst erst seit dem fünften Zionistenkongress 1901, im Zuge dessen der »Charterismus« eingeschränkt wurde und man nicht mehr länger auf der initialen Schaffung eines politischen Rahmens bestand, als überzeugten Zionisten.[34] Ab diesem Zeitpunkt waren »Vorarbeiten« in Palästina zulässig. Doch auch wenn Warburg selbst mit der Strömung im Zionismus, die vor allem politisch arbeiten wollte, nicht viel anfangen konnte, erkannte er dessen Bedeutung an. Er fand es richtig, dass der »Zionismus als große national-politische Bewegung« zunächst an die Einheit der Juden appellierte, die an einer »Weckung des Bewußtseins, der Stimmung, des praktisch oftmals Unbestimmbaren, aber Unentbehrlichen, der Atmosphäre, des großen Zusammenwirkens der Diaspora, des Ideals« arbeiten sollte. Die »dichterisch-mystische Dämmerung« und den »Stich ins Große«[35] sah er dem Zionismus deshalb nach. Doch zum engagierten Zionisten wurde Warburg erst nach dieser Phase. So wurde die Gruppe der Botanischen Zionisten gegründet, eine kleine, aber »schätzenswerte« Gemeinschaft von »Gesinnungsgenossen«; Zionisten, die nur dann einen »Sinn in ihrer Mitarbeit an unserem Werke erblicken können, wenn sie sich an praktischen wirthschaftlichen Actionen« beteiligen konnten.[36]

2.2.2 1903–1911: Praktische Arbeit setzt sich durch

Warburg referierte auf dem Zionistenkongress im Jahr 1909 über die bisher geleistete Palästinaarbeit.[37] Auf den ersten beiden Kongressen 1897 und 1898 sei man auf die »zweckdienliche Förderung der Besiedelung Palästinas mit jüdischen Ackerbauern, Handwerkern und Gewerbetreibenden« und die Einrichtung von Musterwirtschaften und Landwirtschaftsschulen zu sprechen gekommen. Im Jahr 1899 wurde die Gründung einer Kolonialbank beschlossen und die »methodische Erfassung Palästinas« angeordnet. Zwei Jahre später wurde schließlich der *Jüdische Nationalfonds*[38] zum Landkauf geschaffen. Doch die meisten dieser Maßnahmen zur Besiedlung Palästinas waren zunächst ohne Konsequenzen und ohne sichtbaren Erfolg geblieben.

---

[32] Jüdischer Verlag, »Protokoll des VII. Zionistenkongress« (1905), 199. In Kapitel 4 wird Warburgs Rolle im Konflikt zwischen politischen und praktischen Zionisten diskutiert.

[33] O. A., »Sitzung des zionistischen Zentralkomitees«, *Die Welt* 16 (06.09.1912), 1089–1110, 1101 f.

[34] StPZK, *Stenographisches Protokoll der Verhandlungen des IX. Zionisten-Kongresses in Hamburg vom 26. bis inklusive 30. Dezember 1909*, Köln/Leipzig 1910, 132 (= StPZK 1909).

[35] Otto Warburg, »Die Pflichten praktischer Palästina-Arbeit II«, *Die Welt* 12 (12.06.1908), 1f, 2.

[36] Selig Soskin an unbekannten Empfänger, CZA, H1/1872 (16.08.1903).

[37] StPZK 1909.

[38] Eine 1901 gegründete Institution, die regierungsähnliche Aufgaben hat und deren Hauptaufgabe bis heute die Kultivierung und Aufforstung Israels ist.

Abb. 2: Otto Warburg auf dem elften Zionistenkongress 1913 (untere Reihe, Mitte).[39]

Erst eine Krise des Zionismus sollte Bewegung bringen. Für Warburg war der Wendepunkt mit der »Ugandaaffaire« 1903 gekommen. An der Frage, ob die Zionisten nicht ein Land außerhalb Palästinas besiedeln sollten, hatte sich eine heftige Debatte entzündet. Schließlich wandte sich der größte Teil der Zionisten wieder Palästina zu. Daraufhin folgte eine Reihe praktischer Maßnahmen. Für Palästina wurde eine Kommission eingesetzt, die das Land erforschen (viertes Kapitel), eine landwirtschaftliche Versuchsstation einrichten (fünftes Kapitel), Krankheiten ergründen und Informationen zu den Besitzverhältnissen in Palästina einholen sollte. Otto Warburg wurde bis 1907 mit der Aufgabe betraut, die Kommission zuammen mit Soskin und Oppenheimer zu führen. Der Historiker Derek Penslar bezeichnet vor allem Warburgs Schaffen im Zeitraum von 1903 bis 1907 als signifikant: Während dieser Zeit brachte er, so Penslar, das aus dem deutschen Kolonialismus stammende Engagement für wissenschaftliche Forschung und Experimente in die WZO. Penslar stellt Warburg als »klassischen Technokraten, apolitisch und elitär« dar, der weder mit der politischen Ideologie, der gesellschaftlichen Reform noch mit dem demokratischen Impetus des Zionismus viel anfangen konnte.[40] Warburgs Vorgänger im Präsidentenamt der *Zionistischen Organisation*, David Wolffsohn, hielt Warburg für »kein[en]

[39] Thon, Warburg, o. S. Courtesy of the World Zionist Organization.

[40] Derek Jonathan Penslar, »Zionism, Colonialism and Technocracy. Otto Warburg and the Commission for the Exploration of Palestine, 1903–7«, *Journal of Contemporary History* 1 (1990), 143–160 (= Penslar, Warburg).

richtige[n] Zionist[en]«[41] und der Zionist und Schriftsteller Max Nordau fürchtete, »[d]ie [zionistische] Bewegung würde dann [mit Warburgs Präsidentschaft] zu einer Institution für botanische Experimente in Palästina herabsinken«.[42] Schon um 1900 galt Warburg als kein »waschecht[er]« Zionist.[43] Die Vorbehalte gegen Warburg an der Spitze der *Zionistischen Organisation* hatten mit seinem offensichtlichen Interesse an der Pflanzenforschung in Palästina zu tun.

Ab 1909 gewann der praktische Zionismus gegenüber dem politischen an Boden. Dies hatte vor allem mit dem Einzug überwiegend praktisch orientierter, russischer Juden in die *Zionistische Organisation* nach der Russischen Revolution zu tun.[44] Mit Warburgs zionistischem Engagement kam die praktische Palästinaarbeit allmählich in Bewegung: Expeditionen wurden in Auftrag gegeben, Schulen gegründet, Bäume gepflanzt, »die Grundlinien und die Grenzen der Palästinaarbeit« definiert. 1909 standen für Warburg zwei Aufgaben im Vordergrund. Die erste war die Einrichtung der gerade gegründeten landwirtschaftlichen Versuchsstation in Atlith in der Nähe von Haifa, die »nicht nur der jüdischen Kolonisation, sondern dem ganzen ottomanischen Orient, ja, der ganzen Menschheit dienen« und in »methodisch-systematischer Weise, den Kampf gegen die Wüste aufnehmen«[45] sollte. Die zweite wichtige Aufgabe, für die sich Warburg selbst allerdings nicht zuständig sah, war die Organisation des Siedlungswesens: Wie sollte armen Juden zu einer sicheren Existenz in Palästina verholfen werden?

Zwei Jahre später war Warburg an der Spitze der Bewegung: Er wurde nach Wolffsohns Rücktritt 1911 zum neuen Präsidenten der *Zionistischen Organisation* gewählt. Im neuen *Engeren Actions Comitee,* das die Führung der WZO bezeichnete, waren damit nur mehr praktische Zionisten vertreten.[46]

Warburg sah während seiner Präsidentschaft in der WZO, wie sich die Prioritäten der praktischen Zionisten mit denen der politischen verbanden. »Die praktische Arbeit wird zum Ausdruck und zu einem integralen Teil der Politik«, hielt er auf seiner Eröffnungsrede auf dem elften Zionistenkongress fest.[47] Für ihn war die Zeit seiner Präsidentschaft ein neues Zeitalter des Zionismus, in dem es

---

[41] David Wolffsohn an Alexander Marmorek, CZA, W523/26 (16.02.1911); zit. n. Meybohm, Wolffsohn, 202.

[42] Zit. n. ebd.

[43] Henriette Hannah Bodenheimer, *Im Anfang der zionistischen Bewegung. Eine Dokumentation auf der Grundlage des Briefwechsels zwischen Theodor Herzl und Max Bodenheimer von 1896 bis 1905*, Frankfurt am Main 1965, 119 (= Bodenheimer, Anfang).

[44] Lichtheim, Rückkehr- und Lebenserinnerungen, 196.

[45] StPZK 1909, 138.

[46] Meybohm, Wolffsohn, 202–206. Die Schreibweise des (*Engeren) Actions Comitees* ist in den Quellen nicht einheitlich, die Vielfalt an Schreibweisen wurde im Text auf die oben ersichtliche reduziert.

[47] StPZK, *Stenographisches Protokoll der Verhandlungen des XI. Zionistenkongresses in Wien vom 2. bis inklusive 9. September 1913*, Berlin/Leipzig 1914, 9 (= StPZK 1913).

nicht mehr um die Gegensätze zwischen »Irdischem« oder »Alltäglichem« und dem »Erhabenen«, also der politischen Idee Herzls, ging.[48] Was Warburg unter praktischer Arbeit verstand, führte er 1913 aus:

> Unser Hauptaugenmerk wird also in Zukunft noch mehr als bisher auf die Arbeit in Palästina gerichtet sein. Selbstverständlich ist der Acker- und Gartenbau das Arbeitsgebiet, dem die vorderste Stelle und der breiteste Raum gebührt. Dazu gehört einerseits der Bodenkauf im Interesse der Gesamtheit, wobei vor allem unser sich glänzend entwickelnder Nationalfonds tätig ist, andererseits die Ermöglichung der Ansiedlung arbeitstüchtiger Elemente, und zwar durch Belehrung, Schaffung von Arbeitsgelegenheit und Behausung, Parzellierung und Meliorisierung des Bodens, Siedlungs- und Arbeitsgenossenschaften, Förderung landwirtschaftlich-kolonisatorischer Unternehmungen aller Art.[49]

In Zukunft sollte der Botanische Zionismus die Arbeit in Palästina noch mehr in den Mittelpunkt seiner Arbeit stellen. Damit war nicht nur wissenschaftliche Forschung etwa zur Verbesserung der Landwirtschaft gemeint. Auch andere Kernthemen des Zionismus wie der Erwerb von Grund, das Bevölkerungswachstum und das Siedlungswesen waren mit diesem Vorhaben verbunden.

Obwohl Otto Warburg während seiner Rede 1913 ein Narrativ zu konstruieren versuchte, demzufolge der Zionismus in Palästina erfolgreiche Arbeit leistete, war die Situation doch sehr schwierig. Wenn man sich des größeren politischen und sozialen Rahmens vergewissert, in den das Projekt des Botanischen Zionismus eingebettet war, wird deutlich, weshalb Warburg dessen Erfolge betonte. Der Zionismus war zu Beginn des 20. Jahrhunderts eine kleine Bewegung, die *Zionistische Organisation* war von keiner Regierung anerkannt, sondern ein Verein, der noch dazu von maßgeblichen jüdischen Kreisen angefeindet wurde.[50] In der Zeit Warburgs hat der Zionismus nur Wenige zur Auswanderung nach Palästina bewegt. Auch Warburg selbst migrierte nie, genau wie der größte Teil seiner deutschen Gesinnungsgenossen.

Vor dem Ersten Weltkrieg wanderten gerade einmal 30 deutsche Zionisten aus, zwischen 1919 und 1933 höchstens 2000 weitere.[51] 1904, dem Jahr, in dem die Palästina-Kommission unter Warburg eingerichtet wurde, lebten 55.000 Juden in Palästina, davon waren nur 10.000 bis 15.000 Zionisten. Die restlichen Juden waren Teil des alten Jischuws und in der Regel religiöse Juden, die von Philanthropen unterstützt wurden. Ein großer Teil der Zionisten verließ Palästina wieder. Während der ersten Einwanderungswelle, 1882 bis 1903, wanderten im Zeitraum von etwa zwanzig Jahren 60.000 Juden überwiegend aus Europa ein – von denen siebzig Prozent das Land wieder verließen.[52]

---

[48] Ebd., 9.

[49] Ebd., 11.

[50] Lichtheim, Rückkehr- und Lebenserinnerungen, 198 f.

[51] Reinharz, Dokumente, XL.

[52] Anita Shapira, *Israel. A History* (The Schusterman Series in Israel Studies), Waltham 2012, 33 (= Shapira, Israel).

Aus diesen Zahlen wird ersichtlich, dass der deutsche Zionismus einen schweren Stand hatte. Auch innerhalb der zionistischen Bewegung kam es zu zahlreichen Konflikten. Die Botanischen Zionisten mussten Gefechte mit dem politischen, diplomatisch orientierten Flügel austragen, auch wenn dieser an Einfluss verloren hatte. Hinzu kam, dass, wie wir in den folgenden Kapiteln sehen werden, viele Projekte der Botanischen Zionisten scheiterten.

Warburg wurde ein bedeutender, respektierter, aber ebenso umstrittener und kritisierter Zionistenführer.[53] Retrospektiv wurde seine Leistung meist gewürdigt. Der hebräische Schriftsteller Shai Agnon ließ Warburg als Figur in einen Roman einfließen.[54] Warburgs Weggefährte Richard Lichtheim brachte Warburgs zionistisches Engagement auf den Punkt: »Er wollte Pflanzen aus der Erde sprießen und Menschensiedlungen gedeihen sehen.«[55] Warburg selbst war der Meinung, dass »wissenschaftliche Forschungsarbeit doch eigentlich meinem Naturell am besten entspricht«.[56] Der zionistische Politiker Georg Landauer stellte angeblich fest, dass »keine einzige fruchtbare Idee der Kolonisation Palästinas« nicht auf Warburg zurückgegangen sei.[57] Kurt Blumenfeld, ebenfalls Zionist, bedauerte in den frühen 1960er Jahren, dass der Kopf der Botanischen Zionisten schon zu diesem Zeitpunkt fast vergessen sei und erinnerte sich an Warburg als »Mensch von größter Vornehmheit und Feinheit, von zarter Zurückhaltung«.[58]

Vielleicht war gerade die Noblesse seines Charakters der Grund, warum Warburg in der Historiographie und auch im kollektiven Gedächtnis Israels so stiefmütterlich behandelt wird. Er drückte sich eher leise als laut aus und war mehr an Zahlen als an Polemiken interessiert. Zwar war Warburg an einer schier schwindelerregenden Anzahl zionistischer Projekte beteiligt, von der Gründung der Kunsthochschule Bezalel bis zur Grundsteinlegung der Hebräischen

---

[53] Mehr dazu bei Meybohm, Wolffsohn, 204–206. Vgl. beispielhaft: o. A., »Sitzung des zionistischen Zentralkomitees«, *Die Welt* 16 (06.09.1912), 1106–1109; StPZK 1913, 264–269. Der niederländische Zionist Jacobus Kann warf Warburg gravierende Fehler wie Verschwendung und Unrentabilität in der praktischen Palästinaarbeit vor. Kann war Warburgs Vorgänger im Präsidentenamt der WZO, David Wolffsohn, nahegestanden. Ebd., Wolffsohn, 114–117.

[54] Der Protagonist des Romans *Schira*, Manfred Herbst, ein Professor für byzantinische Geschichte an der Hebräischen Universität in den 1930er Jahren, erzählt seiner Ehefrau von einer Episode aus der Vergangenheit. Beim Herumstreifen am Toten Meer mit anderen Ausflüglern, »Anstaltsleitern und Gelehrten«, trifft er auf den alten Professor Warburg. Der Protagonist erzählt: »Als wir zu Massada kamen und ich hinauf wollte, sagte mir Warburg, Sie sind schon in Massada gewesen, und Sie werden noch Gelegenheit haben hinzukommen, jetzt aber seien Sie mir behilflich, Pflanzen, die hier wachsen, zu sammeln. Ich tat dem alten Herrn den Gefallen und ging mit ihm. Als wir die Kräuter zusammentrugen, richtete er sich auf, wies mit dem Arm und sagte, Sehen Sie, dieses kleine Land, dieses Land Israel, besitzt doppelt so viel Pflanzenarten wie Deutschland.« Warburg spricht in *Schira* von 60.000 Pflanzenarten in Palästina und das, obwohl »noch nicht das ganze Land durchforscht« sei. Samuel J. Agnon, *Schira*. Roman, Frankfurt am Main 1998, 255.

[55] Lichtheim, Rückkehr- und Lebenserinnerungen, 197.

[56] Otto Warburg an Oscar Drude, SLUB Mscr. Dresd. App. 422, 193 (31.07.1908), 4.

[57] Blumenfeld, Judenfrage, 66.

[58] Ebd., 66 f.

Universität, doch er agierte meist im Hintergrund. Für den Großteil der wissenschaftlichen Projekte, von den Expeditionen bis hin zur Gründung der Hebräischen Universität 1925, wirkte Otto Warburg als Ideengeber. Wie er zwischen so verschiedenen Bereichen wie Kolonialismus und Kolonialbotanik, Philanthropie und Wissenschaft wirkte, wird im Folgenden dargestellt.

2.2.3 Warburg zwischen Kolonialismus und Philanthropie

An dieser Stelle lohnt sich ein Rückblick auf eine Episode aus Warburgs vorzionistischer Zeit. Warburgs Idee, wissenschaftlichen Fortschritt in andere Kontexte zu übertragen[59] und mit einer philanthropischen Komponente zu verbinden, reifte zum Ende des 19. Jahrhunderts.

Warburg setzte sich für eine Kolonie rumänischer Juden ein, die sich in Anatolien niedergelassen hatten, wie er in einem Zeitungsartikel berichtete.[60] Diese waren weder Bauern, noch verfügten sie über finanzielle Mittel. Sie hatten Rumänien verlassen, weil sie dort seit 1881 »so gut wie rechtlos« waren und ihnen der Staat etwa das Recht auf beständigen Aufenthalt in den Dörfern und dem Land versagt hatte. So zog eine Gruppe los, um 1899 ihr Glück in der Türkei zu versuchen und in Anatolien Ackerbaukolonien zu gründen. Die Gruppe wurde von einem Wirt aus Tuldscha in der rumänischen Dobrudscha (die bis 1878 zum Osmanischen Reich gehörte) angeführt. Sie hoffte auf Ansiedlung auf Kosten des türkischen Staates. Binnen kurzer Zeit wuchs die anatolisch-jüdische Siedlung auf 300 Familien an.[61]

Vor allem wegen ihrer mangelnden Erfahrung in der Landwirtschaft scheiterten die rumänischen Juden. Als die türkische Regierung sah, dass die Kolonisten Hilfe benötigten, weil sie kaum Kenntnis vom Ackerbau hatten, stellte sie jegliche Unterstützung ein. »Schon nach ganz kurzer Zeit wurde das Elend der bereits nach Anatolien übergesiedelten Kolonisten gross; sie sassen ohne Obdach, ohne Ackergerät, ohne Vieh und ohne Brot auf ihrer so schön erträumten eigenen Scholle.«[62] Die Kolonisten verzweifelten an ihrer Situation: »[S]ie behaupteten zwar, sie wollten das Land mit ihren Nägeln bearbeiten und mit ihren Thränen bewässern, aber sie vergassen, dass die Thränen salzig sind, und dass sie längst verhungert sein würden, bis ihre Nägel die richtige Länge erreicht haben würden, um als Pflugschar dienen zu können.«[63]

---

[59] Vgl. Annelore Rieke-Müller, »Europa und die außereuropäische Welt im 17. und 18. Jahrhundert. Erfahrung, Speicherung, Erinnerung, Vergessen«, in: Marianne Klemun (Hg.), *Wissenschaft und Kolonialismus*, Innsbruck 2009, 13–28, 25–28. Auch der Gedanke, Fortschritt mit Kultur oder Zivilisation zu verbinden, stammte aus der Zeit. Vgl. Fisch, Zivilisation, 680.

[60] Otto Warburg, »Jüdische Ackerbau-Kolonien in Anatolien«, *Palästina. Zeitschrift für die culturelle und wirt schaftliche Erschliessung des Landes* 2(1902), 66–71, 68.

[61] Ebd.

[62] Ebd.

[63] Ebd., 53–57, 55.

Warburg beschloss, sich der Kolonisten anzunehmen, »[d]a [der] Verfasser durch Zufall mit dem Schicksal dieser unglücklichen Leute bekannt geworden ist und sich redlich bemüht hat, das Schifflein dieser Kolonisation durch die schwere Brandung der Hindernisse und des Elends in ein ruhigeres Fahrwasser hinüber zu steuern«.[64]

Warburg besorgte Saatgut und landwirtschaftliche Geräte und vermittelte Kontakte zu landwirtschaftlichen Fachleuten. Trotzdem gab der größte Teil der Kolonisten auf. Von ihnen starben 28 an Malaria oder Mangelernährung. Doch den verbliebenen Familien konnte Warburg mit Geldzahlungen helfen, so dass diese nach einiger Zeit mit marginaler finanzieller Unterstützung auskamen. Warburg schien diese Idee zukunftsfähig und für mindestens hunderttausend weitere rumänische Juden praktikabel. Er fragte: »Wäre es nicht eine Ironie der Geschichte, wenn sich die nun schon 20 Jahre hinziehende rumänische Judenfrage [...] in so leichter und für alle Teile so befriedigender Weise durch ein einmaliges grösseres Darlehen gelöst werden könnte?«[65]

Warburgs Idee, dank dem gezielten Einsatz von Wissen und Technologie aus Juden Landwirte zu machen, sollte ihn nach Palästina begleiten. Auch die Errichtung des Judenstaates war für ihn in erster Linie ein philanthropisches Projekt. Die Arbeit für den Zionismus nannte er seine »engeren Stammespflichten [...] bezüglich der kulturellen und wirtschaftlichen Hebung Palaestinas, um es zu einem Sammel- und Zufluchtsort für meine verfolgten osteuropäischen Stammesgenossen umzuwandeln«.[66] »Weltwirtschaftliche Arbeiten« gliederten sich, so Warburg, an seine »Stammespflichten« an. In einem Brief aus dem Jahr 1908 nannte er mehrere dieser Ideen. »Syrien und Mesopotamien« sollten in ein »Weltcentrum für Baumwollkultur« verwandelt werden, die ariden Zonen Vorderasiens »erober[t]« und landwirtschaftlich nutzbar gemacht werden und das Anbaugebiet der Gerste erweitert werden.[67]

An dieser Stelle überschnitt sich Warburgs zionistisches Schaffen mit seiner Kolonialarbeit. Hier hatte er schon viel erreicht: Im Jahr 1897 gründete er zusammen mit Ferdinand Wohltmann das *Kolonialwissenschaftliche Komitee*[68] und die Zeitschrift *Der Tropenpflanzer*, die er über zwanzig Jahre lang herausgeben sollte. Warburg gehörte im Jahr 1908 etwa einem Dutzend Syndikaten und »Aufsichtsräten kolonialer Gesellschaften« an, deren »geistiger Urheber« er meist selbst war.[69] Doch diese Tätigkeiten genügten ihm nicht. Noch 1908 beschrieb er weitere »Pläne und Wünsche«, wie die Gründung einer »Bananen Gesellschaft«

---

[64] Ebd., 66.
[65] Ebd., 71.
[66] Otto Warburg an Oscar Drude, SLUB Mscr. Dresd. App. 422, 193 (31.07.1908), 3.
[67] Ebd.
[68] Flitner, Sammler, 25.
[69] Otto Warburg an Oscar Drude, SLUB Mscr. Dresd. App. 422, 193 (31.07.1908), 2.

in Kamerun und die »Überführung der Oelpalme in eine Plantagenkultur«, etwa um Speisefett und Seife zu gewinnen.[70] Darüber hinaus unterrichtete er am 1887 gegründeten Berliner Seminar für Orientalische Sprachen,[71] das vor allem der Ausbildung junger Kolonialbeamter, Offiziere und Handelsreisender diente. Finanziert wurde das Institut vom Auswärtigen Amt und dem Reichskolonialamt.

Dass der koloniale Erfahrungsschatz, über den die Botanischen Zionisten zum Teil verfügten, sich auf ihre Palästinaarbeit ausgewirkt hat, wurde in der Forschung bereits nachgewiesen.[72] Die Akteure des Botanischen Zionismus betrachteten diese Erfahrungen als nützlich für den Aufbau des jüdischen Staates. Selig Soskin, ebenso wie Warburg ein Botanischer Zionist mit Kolonialerfahrung, beklagte sich sogar, dass er – obwohl er den deutschen Kolonialismus mitgestaltet hatte – im Zionismus nicht genug gewertschätzt werde. Für ihn war die koloniale Erfahrung eine Art Einstellungskriterium für den Zionismus:

> Ich bin im Vorstand verschiedener kolonialer Verbände, werde als einziger hamburger [sic] Vertreter zum Vortrag über Kamerun vor dem Abgeordneten der National-Versammlung nach Weimar delegiert, und zwar einstimmig von den hiesigen Verbänden (Verein der West-Afrikanischen Kaufleute, Verein der Nord- und Mittelkamerun-Kaufleute, Vereinigung Kameruner Pflanzungen), gehöre der Gesamtkommission der Deutschen Gesellschaft für Völkerrecht, Unterausschuss Kolonialwesen, an, ja ich wurde als kolonialer Sachverständiger für die Friedensverhandlungen in Vorschlag gebracht. Daraus folgt doch, dass ich über gewisse Eigenschaften verfüge, die mich in diesen fremde Kreisen als geeignet und würdig erscheinen lassen, denn meinen schönen Augen zuliebe tun sie es weiss Gott nicht, bin ich den Leuten doch in jeder Beziehung ein Fremder.[73]

Soskin sah sich selbst als jüdische Pariafigur in Deutschland, die nur dank »gewissen Eigenschaften« in die »fremden Kreise« der deutschen Kolonialexperten aufgenommen worden sei. Dank seiner Expertise betrachtete er sich als ideal geeigneten Zionisten. »Auf der einen Seite wird meine deutsch-koloniale Arbeit anerkannt«, stellte er fest. Doch tatsächlich wurde Soskin andererseits bei zionistischen Aufgaben oft übergangen und beklagte, dass an seiner statt »Laien« eingesetzt wurden.[74]

---

[70] Ebd., 2 f.

[71] Florian Hoffmann, *Okkupation und Militärverwaltung in Kamerun: Etablierung und Institutionalisierung des kolonialen Gewaltmonopols 1891–1914*, Göttingen 2007, 49. Vgl. auch Jens Ruppenthal, *Kolonialismus als ›Wissenschaft und Technik‹. Das Hamburgische Kolonialinstitut 1908 bis 1919*, Stuttgart 2007, 48f (= Ruppenthal, Kolonialismus); Lothar Burchardt, »The School of Oriental Languages at the University of Berlin – Forging the Cadres of German Imperialism?«, in: Benedikt Stuchtey (Hg.), *Science Across the European Empires, 1800–1950*, Oxford/New York 2005, 64–105.

[72] Penslar, Warburg; ders., Zionism and Technocracy; Shilony/Seckbach, Ideology; Vogt, Positionierungen; ders., Zionismus.

[73] Selig Soskin an Max Schlössinger, CZA, A12/184 (22.02.1919), 4.

[74] Ebd. Vgl. auch StPZK, *Stenographisches Protokoll der Verhandlungen des XII. Zionisten-Kongresses in Karlsbad vom 1. bis inklusive 14. September 1921*, Berlin 1922, 400f (= StPZK 1921).

2.3 Die Wissenschaft des Judenstaates: Wissenschaftler und Politik

In der zionistischen *Welt* erschien 1912 ein Artikel, der auf die Berufsaussichten naturwissenschaftlich vorgebildeter Einwanderer zu sprechen kam:

Für Naturwissenschaftler bieten sich in Palästina gute Gelegenheiten. [...] Besonders gute Aussichten haben Botaniker, die einen regelmäßigen Studiengang in der Botanik abgeschlossen haben. Die palästinensische Pflanzenwelt unterscheidet sich zwar von der europäischen, aber die Unterschiede sind nicht so wesentlich, daß der Botaniker in Palästina seine in Europa erworbenen Kenntnisse nicht verwerten könnte. Wenn er für seine Doktorarbeit ein Thema aus der palästinensischen Pflanzenwelt gewählt oder gar eine kleine Reise in das Heilige Land unternommen hat, so wird er hier gewiß seinen Beruf ausüben können und dem Lande Nutzen bringen. [...] [D]agegen wäre es vorteilhaft, wenn die nach Palästina kommenden Zoologen sich mit der Entomologie befassen. Andernfalls kann es dazu kommen, daß nichtjüdische Entomologen in jüdischen Instituten angestellt werden. Ein Entomologe, der gleichzeitig auch Mykologe ist, könnte wahrscheinlich in Judäa sofort eine gute Stellung haben.[75]

Naturwissenschaftler waren in Palästina um 1900 rar. Dabei schien es offenkundig, dass der Zionismus ihrer bedurfte. Der Mangel an Forschern wurde auch in der zionistischen Presse diskutiert, wie das Zitat aus der *Welt* zeigt. Die optimistische Einschätzung des Autors, nach der migrationswillige Botaniker ihr Wissen einfach auf die palästinensische Flora übertragen könnten, stellte sich zwar als falsch heraus, doch war es korrekt, dass die Wissenschaftler dem Lande Nutzen brachten.[76] Die Botanik und auch die Insektenkunde, die um 1900 üblicherweise der Botanik zugerechnet wurde, sollten den »jüdischen Institutionen« förderlich sein. Der Botanische Zionist Fritz Bodenheimer, ein Entomologe, ging so weit, sich sein Studienfach hinsichtlich dessen Brauchbarkeit für den Zionismus auszusuchen. In seinen Memoiren, die unter dem Titel *A Biologist in Israel* veröffentlicht wurden, erinnerte er sich: »[B]oth medical aid and agricultural entomology were of the utmost importance for Palestine but that there were unfortunately no candidates for specialized and skilled work in this field.«[77] Bodenheimer sollte es sich zur Aufgabe machen, die zu Beginn des 20. Jahrhunderts kaum erforschte Insektenflora Palästinas zu untersuchen. Vor allem für landwirtschaftliche Zwecke, aber auch aus medizinischen Gründen, war eine genaue Kenntnis von Schädlingen unerlässlich.

Andererseits versuchten jüdische Wissenschaftler aus Europa auch, in Palästina Fuß zu fassen, weil sie angesichts der antisemitischen Diskriminierung an den akademischen Einrichtungen ihrer Heimat resignierten. Otto Warburg erreichten über die Jahrzehnte einige Briefe von Forschern, die keine Zukunft in

[75] M. Zagorodsky, »Zur Berufswahl in Palästina«, *Die Welt* 16 (08.11.1912), 1399–1400, 1399.

[76] Grundsätzliche Gedanken zur Verknüpfung der Wissenschaften mit dem Nationalstaat: vgl. Elisabeth Crawford et al. (Hgg.), *Denationalizing Science. The Contexts of International Scientific Practice*, Dordrecht 1993.

[77] Bodenheimer, Biologist, 9–10.

Europa sahen und deswegen Arbeit in Palästina suchten. Manche wollten sich aus zionistischen Motiven engagieren, andere aus Verzweiflung, wie Menko Plaut[78], der als Jude nicht an der agriculturchemischen Kontrollstation der Landwirtschaftskammer[79] vereidigt wurde. Plaut richtete an Warburg die Frage: »[M]uß auch ich trotz wissenschaftlicher Leistung wie ein flüchtender Galizier[80] meine Angehoerigen, meine Heimat [sic] meine Freunde verlassen, um eine neue Stätte mir zu bauen?«[81] Soweit wir wissen, erreichte Plaut Palästina nie und überlebte die Shoa in den USA.[82] Plaut hätte seiner wissenschaftlichen Bildung nach gut in Warburgs Team gepasst, aber anders als für die Botanischen Zionisten bedeutete der Zionismus für ihn nur eine Notlösung, keine Berufung.

Warburg betrachtete Wissenschaft als Mittel, Prestige und Ansehen zu kreieren. Zuerst sollten Fakten geschaffen werden, dann die Bildung politischer Rahmenbedingungen folgen. Damit sollten auch jene Stimmen zum Schweigen gebracht werden, die die Idee eines Judenstaates auf palästinensischem Boden als unrealistisch abtaten. Die wissenschaftliche Reflexion über Palästina sollte die Durchführbarkeit des Zionismus beweisen: »Unsere Gegner können nur dadurch zum Schweigen gebracht werden, dass man sie als unwissend hinzustellen vermag. [...] Erkennt er [der Gegner] aber, dass jede seiner Behauptungen sofort durch Tatsachen widerlegt wird, so wird er bald die Lust an weiteren Diskussionen verlieren und zurückhaltender werden; ja in vielen Fällen wird er sich selbst eines Besseren überzeugen lassen.«[83]

2.4 Koloniale Gewächse: Warburg als Botaniker

Der Name der Gruppe, Botanische Zionisten, war eine ironische Anspielung auf deren Schaffen und auch auf Otto Warburgs Karriere.[84] Die sogenannte »spezielle Botanik«, die Warburg als Tropenbotaniker verfolgte, spürte »den Geschicken

---

[78] Plaut war einem Artikel der *Welt* zufolge Abteilungsvorsteher an der Königlichen Landwirtschaftlichen Versuchsstation Möckern, die in Kapitel 6 thematisiert wird. Menko Josef Plaut, »Förderung der Landwirtschaft in Palästina: Nachwort zu meinen 12 Leitsätzen«, *Die Welt* 18 (13.03. 1914), 256–258.

[79] Menko Plaut an Otto Warburg, Beit Aaronsohn (12.02.1913), 1–4, 2.

[80] Damit betonte Plaut die Hierarchien innerhalb des Judentums und des Zionismus: Für einen Juden aus dem österreichisch-ungarischen traditionell religiösen Galizien war, in den Augen Plauts, eine Flucht eine gewöhnliche Erfahrung; für den deutschen Juden Plaut eine fast undenkbare Angelegenheit.

[81] Menko Plaut an Otto Warburg, Beit Aaronsohn (12.02.1913), 2–4.

[82] York-Egbert König/Karl Kollmann, *Namen und Schicksale der jüdischen Opfer des Nationalsozialismus aus Eschwege*, o. O. 2012, 84.

[83] Ebd.

[84] Der Begriff taucht auf in einem Brief von Jitzchak Wilkansky an Chaim Weizmann, Weizmann Archives (15.07.1934).

und Entwickelung der einzelnen Pflanzenarten nach«.[85] So sollte das »Pflanzenkleid der Erde«, womit die Verteilung der Vegetation in der Phytogeographie bezeichnet wurde, untersucht werden.

Die Bedeutung der Pflanzen »für den Menschen« war für Warburg zentral. Er sah es als seine Aufgabe, »Ordnung in die unermeßliche Mannigfaltigkeit der Pflanzenwelt zu bringen«. Aus seinem bedeutendsten botanischen Werk, der *Pflanzenwelt*, ist erkennbar, dass Pflanzen für Warburg erstens Material waren, dem erst durch menschliche Ordnung Sinn zukam. Zweitens, und wichtiger, waren Pflanzen in Beziehung zum Menschen zu sehen und, davon abhängig, nützlich.[86] Deshalb bevorzugte Warburg in seiner *Pflanzenwelt* die »für Handel und Kultur in Betracht kommenden überseeischen oder fremdländischen Gewächs[e]«.[87]

Warburgs Vorliebe für Pflanzen mag persönlichem Interesse, aber auch seiner Heimat geschuldet sein: Das Deutsche Reich nahm besonders in der Pflanzenzucht, die sich gegen Ende des 19. Jahrhunderts zu einer akademischen Disziplin entwickelte, eine Vorreiterrolle ein.[88] Die Beteiligung der deutschen Botaniker im Kolonialismus ist eingehend untersucht und unterschiedlich bewertet worden. Der Historiker Eugene Cittadino kommt zu dem Schluss, dass die akademischen Botaniker im Deutschen Reich keine große Rolle bei der Ausbeutung des ökonomischen Potentials der deutschen Kolonialbesitzungen gespielt hätten. Die Botaniker seien vielmehr darauf erpicht gewesen, die neuen Forschungsmöglichkeiten und die neuen Gebiete, die im Kolonialismus erobert wurden, als Labor zu nutzen, um die zu Hause aufgestellten Theorien zu erproben.[89]

Cittadinos Feststellung trifft auf den bedeutendsten Botanischen Zionisten nicht zu. Warburg wollte sich nicht mit der Erprobung von Theorien zufriedengeben. Er plädierte dafür, wie bereits zitiert, zu »wissenschaftlich begründeten Methoden« überzugehen und sich in den Kolonien »an Stelle des bisherigen Raubbaues […] rationellen Wirtschaftsmethoden zuzuwenden«.[90] Für Warburg gingen koloniale Wissenschaft und »Nutzbarmachung« der Kolonien Hand in Hand:

Bevor wir [die Deutschen] überhaupt daran dachten, an die praktische Arbeit zu gehen, hatten unsere Wissenschaften schon beträchtliche Streifzüge in den Kolonien unternommen, und

[85] Otto Warburg, *Die Pflanzenwelt, Erster Band: Protophyten, Thallophyten, Archegoniophyten, Gymnospermen und Dikotyledonen*, Leipzig/Wien 1913, v. (= Warburg, Pflanzenwelt).

[86] Klassisch hierzu: Crosby, Germs.

[87] Warburg, Pflanzenwelt, vi.

[88] Vgl. Thomas Wieland, *›Wir beherrschen den pflanzlichen Organismus besser‹. Wissenschaftliche Pflanzenzüchtung in Deutschland, 1889–1945*, München 2004; Heim, Autarkie. In den Jahren 1906/7 kursierte in Deutschland das Schlagwort des »wissenschaftlichen Kolonialismus«, das einen reformierten, pragmatischen Kolonialismus meinte, der die Kolonisierten mehr in den Mittelpunkt rücken sollte. Ruppenthal, Kolonialismus, 12.

[89] Cittadino, Nature, 138 f.

[90] Otto Warburg, »Zum neuen Jahr«, *Der Tropenpflanzer* 4 (Januar 1900), 1–6, 6.

als wir wissenschaftlich in den Kolonien Fuss zu fassen begannen, waren wir schon tief in der methodischen wissenschaftlichen Durchforschung. Mit Stolz dürfen wir behaupten, dass keine einzige Nation der Welt ihre Kolonien in so kurzer Zeit so gründlich wissenschaftlich erobert hat wie Deutschland, und zwar bezieht sich dies nicht nur auf die beschreibenden Naturwissenschaften, Zoologie, Botanik, Ethnologie, die Geographie und Völkerkunde [...].[91]

Otto Warburg beschäftigte sich auch mit der deutschen Kolonie Kamerun. Im Jahr 1868 wurde das Land erst wirtschaftlich durch die Errichtung von Handelsniederlassungen durchdrungen, 1884 schloss das Deutsche Reich mit ihm Schutzverträge ab. Das Schutzgebiet Kamerun wurde damit zur deutschen Kolonie. Zunächst standen Wirtschaftsinteressen im Vordergrund, doch das Hinterland wurde langsam, aber gewaltsam kolonisiert. Laut Warburg erfüllte die Kolonie kurz vor der Jahrhundertwende wichtige Funktionen für das Deutsche Reich: Kamerun sollte dafür sorgen, Deutschlands wirtschaftliche Autarkie zu steigern, um es vom Ausland »relativ unabhängig« zu machen,[92] vor allem hinsichtlich der Baumwolle. Deren Anbau sollte dank der Einrichtung wissenschaftlicher Versuchsstationen stetig rentabler werden. Die Deutschen in Kamerun würden, so Warburg, bald in der Lage sein, »Sorten zu züchten, die den besseren Qualitäten der Subtropen gleichwertig sind« – eine effizientere Ausnutzung von Pflanzen verhalf der deutschen Kolonie dazu, das wirtschaftliche Potential des Mutterlandes zu steigern. So konnte in Warburgs Augen der Imperialismus an sich gerechtfertigt werden: »Hier ist eben ein Feld für Deutschland, zu zeigen, was es in wirtschaftlicher Beziehung aus einem gut veranlagten, aber bisher von der Kultur vernachlässigten Lande zu machen versteht«. Deutschland sollte das Land besser, effizienter und produktiver machen. In Kamerun lägen zwar die »Vorbedingungen günstig«, aber das genüge nicht. Nur durch die »in Deutschland in reichem Maße vorhandenen geistigen und materiellen Kräfte« könne Kamerun die »für die Zukunft des Deutschen Reiches sehr wichtigen Ziele« erreichen.[93]

In dieser Episode zeigten sich zwei der Schwerpunkte des Kolonialismus, wie Warburg ihn prägte. Zum einen war der Fokus auf Pflanzen maßgeblich. Otto Warburg versuchte auch in Palästina eine Reihe von Institutionen zu gründen, die Pflanzen zu wirtschaftlich verwertbaren Produkten machen sollten. Diese

---

[91] Ders., »Über wissenschaftliche Institute für Kolonialwirtschaft«, *Verhandlungen des Deutschen Kolonialkongresses zu Berlin am 10. und 11. Oktober 1902*, 193–207, 193.

[92] Ders., »Die Zukunft unserer Kolonie Kamerun II«, Beilage zur *Deutschen Kolonialzeitung* (24.08.1899), 31–312, 312 (= Warburg, Zukunft). S. auch Karl Theodor Helfferich, »Die wirtschaftlichen Verhältnisse der Kolonien und überseeischen Interessengebiete«, *Verhandlungen des Deutschen Kolonialkongresses 1905 zu Berlin am 5., 6. und 7. Oktober 1905* (1906), 570–586. Vgl. zum Kontext: Susanne Heim, »Einleitung«, in: dies. (Hg.), *Autarkie und Ostexpansion. Pflanzenzucht und Agrarforschung im Nationalsozialismus*, Göttingen 2002, 7–13; Andrew Zimmerman, *Alabama in Africa. Booker T. Washington, the German Empire, and the Globalization of the New South 2012*, Princeton, N. J./Woodstock 2012.

[93] Warburg, Zukunft, 312.

Institutionen waren durchweg in Kolonialkontexten erdacht worden, die Botanischen Zionisten übernahmen auch die koloniale Terminologie: Industrie-Syndikate,[94] wie sie die Deutschen in China gegründet hatten, landwirtschaftliche Versuchsstationen, wie sie die Briten in Indien oder die Niederländer in Java betrieben, Pflanzungsgesellschaften wie jene in Deutsch-Ostafrika. Zum anderen wurde die Legitimation für den Kolonialismus, nach der nur westliche Mächte und westliche Wissenschaft »vernachlässigte« Länder heben könnten, auch auf Palästina angewandt. Die Botanischen Zionisten parallelisierten die »jüdische Kolonisation nach dem Orient«[95] explizit mit anderen imperialen Unterfangen, wie folgender Artikel von Adolf Friedemann zeigt, der mit Otto Warburg im wissenschaftlichen Beirat der *Gesellschaft zur Palästinaforschung*[96] saß:

> Was wir heute nach Aufgabe der Charterpolitik, in Palästina anstreben, ist etwa identisch mit dem, was die Franzosen mit dem Stichwort der ›pénétration pacifique‹ bezeichnen: die friedliche Besiedlung eines menschenarmen Gebietes, seine wirtschaftliche Entwicklung durch den Arbeitseifer und Handelsgeist eines uralten und doch so lebensfähigen Kulturvolkes, dem seine Begabung und Anpassungsfähigkeit die Rolle eines Mittlers zwischen Ost und West vorherbestimmt zu haben scheint. Wie seit Jahrhunderten Europa blühte, wo die Juden das Wirtschaftsleben anregten und beherrschten, während geistiger und materieller Rückgang ihr Verschwinden begleitete, so scheinen sie nun berufen, dieselbe Rolle in der Türkei zu übernehmen.[97]

Ein »Kulturvolk«, wie es die Juden waren, hatte nach Friedemann die Aufgabe, zwischen Orient und Okzident zu vermitteln. Ein heruntergekommenes Gebiet sollte so wieder zum Erblühen gebracht werden. Wie genau die »jüdisch-nationale Colonialpolitik« vonstattenzugehen hatte, beschrieben Warburgs Mitarbeiter im Organ der WZO *Die Welt*:

> Jüdisches Capital muss ins Land gebracht werden, jüdische Intelligenz soll ihre Verwendung finden, jüdische Arbeiter sollen ihr Brot erwerben und dem Lande erhalten bleiben, das Land selbst soll in den Besitz von Juden gerathen. All dies zusammengenommen ist wohl jüdisch-nationale Colonialpolitik zu nennen.[98]

---

[94] Vgl. das umfangreiche Material im CZA, Z2/630.

[95] Otto Warburg, »Palästina als Kolonisationsgebiet«, *Altneuland. Monatsschrift für die wirtschaftliche Erschließung Palästinas* 1 (1904), 3–13 (= Warburg, Kolonisationsgebiet).

[96] O. A., »Eine Gesellschaft für Palästinaforschung«, *Palästina: Zeitschrift für den Aufbau Palästinas* 7 (1910), 137 f. Diesem Unterfangen schloss sich das Who's who der deutsch-jüdischen Gesellschaft an. Unter den Mitgliedern des vorbereitenden Komitees finden sich Martin Buber und Max Liebermann. Diese Gesellschaft sollte sich sowohl naturwissenschaftlicher (anthropologischer, ethnologischer, zoologischer, meterologischer, geologischer und höhlenkundlicher) Forschung als auch wirtschaftlichen und historisch-archäologischen Untersuchungen widmen. Was mit dieser Gesellschaft geschah, ist unklar, ihre Spuren verlaufen im Sand.

[97] Ad. Fr. [Adolf Friedemann?], »Palästinaforschung«, *Die Welt* 15 (07.04.1911), 309–310, 309.

[98] S[elig] Soskin/S. Jofé, »Ueber die Gründung einer Plantagen-Actiengesellschaft in Palästina. (Orangen-, Mandel-, Olivenpflanzungen)«, *Die Welt* 5 (05.07.1901), 1–2, 2.

Eine »jüdisch-nationale Colonialpolitik« war ein wichtiges Element des Botanischen Zionismus, aber nicht dessen Essenz. Im ersten Artikel der Zeitschrift *Altneuland* betonten Warburg, Oppenheimer und Soskin ihre eigentliche Motivation: Sie wollten einen Staat[99] schaffen, um den Juden der Welt ein »volles Leben« zu ermöglichen. Dies markiert ein weiteres Mal den Unterschied zwischen europäischer Kolonialpolitik und Zionismus: Die Zionisten wollten nicht von einem Mutterland aus Kolonien gründen und diese rücksichtslos ausbeuten, sondern durch Kolonisierung überhaupt erst eine Heimat schaffen. Doch: Dass eine Verdrängung der arabischen Bevölkerung Palästinas bevorstand, nahmen die Zionisten meist in Kauf. Warburg wollte möglichst viele Juden in Palästina ansiedeln und damit die Sozialstruktur und die Besitz- und auch Arbeitsverhältnisse[100] des Landes tiefgreifend verändern. Zugleich glaubte vor allem die Gruppe um Warburg an ihren speziellen Auftrag in Zion, der jenseits jeder politischen Machtausübung bestand. Sie wollte in einem Land, zu dem sie ein spezielles – wenn auch kein ausschließlich religiöses – Verhältnis hatte, eine Zukunft für ein jüdisches Volk schaffen. Dieser Staat sollte in Palästina gegründet werden.

Die Ausgangslage für den Botanischen Zionismus war nicht nur eine imperiale Aspiration, sondern auch die Sehnsucht nach Palästina, wie im folgenden Abschnitt gezeigt wird. Dass Warburg zur Realisierung eines Judenstaates auf koloniale Methoden setzte, ist dabei kein Widerspruch.

2.5 Palästina zwischen Politik und Sentiment

Palästina zieht sich, »wie ein Blick auf die Landkarte zeigt, lang gestreckt an der Ostseite des Mittelländischen Meeres hin«.[101] Palästina war ein »zum grösseren Teil gebirgiges Land«, doch konnte dieser Makel in den Augen Warburgs durch »ziemlich breit[e] und fruchtbar[e] Täler« sowie die vorgelagerte, ausgesprochen fruchtbare Ebene, die »unter dem Namen Ebene Saron und Sephela bekannt« war, ausgeglichen werden. Auch der Jesreelebene und der Ebene von Zevulun diagnostizierte Warburg Fruchtbarkeit.[102] Er berechnete für Palästina eine Größe von 29.000 Quadratkilometern; das Land war in etwa so groß wie die Provinz Posen.

---

[99] Mit Begriff »Staat« habe ich hier absichtlich einen uneindeutigen Begriff gewählt, denn dessen genaue Form ist durch die Quellenanalyse nur schwer zu bestimmen (und auch nicht Anliegen meiner Arbeit).

[100] Vgl. Kapitel 6.

[101] Otto Warburg, »Palästina als Kolonisationsgebiet«, *Altneuland. Monatsschrift für die wirtschaftliche Erschließung Palästinas* 1 (1904), 3–13, 6.

[102] Ebd., 5 f.

Während Posen von zwei Millionen Menschen bevölkert wurde, zählte Palästina hingegen nur 600.000 Seelen. Wollte man neben Palästina auch noch Syrien, Mesopotamien, Kleinasien und Zypern so dicht wie Deutschland besiedeln, könnte die Region 100 Millionen Menschen fassen, errechnete Warburg. In Palästina kamen 21 Einwohner auf den Quadratkilometer, in Deutschland durchschnittlich 105.[103] Von den 600.000 Menschen in Palästina waren 75 Prozent muslimische Araber, zehn Prozent christliche Araber[104] und weitere 15 Prozent waren aus Juden und anderen Minderheiten zusammengesetzt. Rund zwei Drittel der Bevölkerung wohnte auf dem Land.[105] Der größte Teil der Bewohner Palästinas lebte von der heimischen Landwirtschaft, Handwerk und der spärlichen Industrie.[106] Infrastruktur war kaum vorhanden, die wenigen Bahnstrecken entstanden als Reaktion auf einen im 19. Jahrhundert langsam sich steigernden Export von Landwirtschafts- und Industrieprodukten.[107] Auch europäische Konsulate und ein Postwesen wurden im Land errichtet. 1838 machte das britische Konsulat den Anfang, die erste Post errichtete Österreich-Ungarn knapp dreißig Jahre später.

Der Zustand von Palästinas Natur und Sozialstruktur schien statisch und das Wort vom »unbeweglichen Orient«[108] kursierte. Doch: Das Land war unsteten Verhältnissen, unsicheren Rechtslagen und politischen Revolutionen unterworfen. Diese wirkten sich auch auf die Zionisten aus – besonders auf jene wenigen, die schon in Palästina lebten, aber auch auf die große Masse, die von ihren Heimatländern aus für den Judenstaat kämpfte.

Das Osmanische Reich, zu dem Palästina gehörte, war seit 1876 eine konstitutionelle Monarchie, doch es glich unter Sultan Abdul Hamid II. einem absolutistischen Regime, zumal der Herrscher de jure 1878 die Verfassung außer Kraft setzte. 1908 erkämpfte die Jungtürkische Revolution einen Verfassungsstaat, der aber auch von einer einzigen Partei dominiert war. 1913 wurde durch einen Staatsstreich das Jungtürkische Triumvirat, bestehend aus Großwesir Talaat Pascha, Enwer Bey und Dschemal Pascha, eingesetzt. Das Osmanische Reich nahm zunehmend diktatorische Züge an und war zudem in einer prekären Situation: hochverschuldet und innenpolitisch instabil. Seit der Abspaltung der Balkanstaaten 1878 reagierte es misstrauisch auf Nationalbewegungen, doch war

[103] Otto Warburg, »Palästina und die Nachbarländer als Kolonisationsgebiet«, in: Alfred Nossig (Hg.), *Die Zukunft der Juden. Sammelschrift*, Berlin 1906, 16–21, 17.

[104] McCarthy spricht sogar von 94 Prozent Arabern: Justin McCarthy, *The Population of Palestine. Population History and Statistics of the Late Ottoman Period and the Mandate* (The Institute for Palestine Studies Series), New York 1990.

[105] Ami Ayalon, *Reading Palestine. Printing and Literacy, 1900–1948*, 1. Aufl., Austin 2004, 5.

[106] Ebd., 5.

[107] Ebd., 6.

[108] Philip Baldensperger, *The Immovable East. Studies of the People and Customs of Palestine*, Boston 1913.

es zugleich von Devisen abhängig. Für die Zionisten war die Situation schwer zu übersehen.[109] Die jüdische Einwanderung nach Palästina war nicht erlaubt, wurde aber gegen Bakschisch-Zahlungen meist geduldet.[110]

Während des Ersten Weltkrieges versuchten die deutschen Zionisten, gleichzeitig bei der Hohen Pforte und beim Deutschen Auswärtigen Amt zu intervenieren, um die Juden Palästinas abzusichern.[111] Der zionistische Funktionär Max Bodenheimer (1865–1940) schrieb 1914 an den türkischen Botschafter Mahmud Mukhtar Pascha.[112] Bodenheimer befürchtete, dass die Türkei, sollte sie in den Krieg verwickelt werden, den 60.000 in Palästina ansässigen russischen Juden Schwierigkeiten machen würde.[113] Die Lage des Jischuws verschlechterte sich mit dem Anschluss der Türkei an die Mittelmächte tatsächlich. Die wirtschaftliche und finanzielle Versorgung der in Palästina ansässigen Juden stockte zunächst, dann kamen auch politische Repressionen, Misstrauen und zahllose Ausweisungen hinzu.[114]

Die komplexe Geschichte Palästinas kann in dieser Arbeit nur am Rande mit einbezogen werden. Warburg selbst interessierte sich kaum für die politische Gemengelage und versuchte stattdessen, seine praktischen Ideen in die Realität umzusetzen.[115] Doch war diese Ignoranz nicht ungewöhnlich; schon den Ideen Herzls wurde eine »beeindruckende Ignoranz gegenüber den osmanischen Befindlichkeiten« attestiert.[116]

---

[109] Klassisch hierzu: Neville J. Mandel, *The Arabs and Zionism before World War I*, Berkeley 1976 (= Mandel, Arabs). Für eine Zusammenfassung: Meybohm, Wolffsohn, 257–262.

[110] Lichtheim, Geschichte, 206. Die Duldung meinte allerdings keine offizielle rechtliche Anerkennung; für diese hätten die Juden osmanische Staatsbürger werden müssen.

[111] Walter Laqueur, *Der Weg zum Staat Israel. Geschichte des Zionismus*, Wien 1975, 162.

[112] Max Bodenheimer an Mahmud Mukhtar Pascha, CZA, A142/95 (27.08.1914), abgedruckt in Reinharz, Dokumente, 153 f.

[113] Die Juden in Palästina fürchteten eine dauerhafte Verhinderung jüdischer Einwanderung, aber auch Verhaftungen, Deportationen und sogar die Ermordung, v. a. nach dem Genozid an den Armeniern. Vgl. Andrea Kirchner, »Ein vergessenes Kapitel jüdischer Diplomatie. Richard Lichtheim in den Botschaften Konstantinopels (1913–1917)«, *Naharaim* 9 (2015), 128–150 (= Kirchner, Kapitel); Isaiah Friedman, *Germany, Turkey, and Zionism 1897-1918*, New Brunswick 1998 (= Friedman, Germany).

[114] Reinharz, Dokumente, FN 153. Vgl. auch Friedman, Germany, v. a. 120–153; Gad G. Gilbar, *Ottoman Palestine, 1800–1914. Studies in Economic and Social History*, Leiden 1990; Gudrun Krämer, *Geschichte Palästinas. Von der osmanischen Eroberung bis zur Gründung des Staates Israel*, München 2015. Zweifelsohne waren die Juden Palästinas Repressalien unterworfen und Ängsten ausgesetzt. Doch betont die jüngere Forschung, dass der Blick des Osmanischen Reiches auf den Zionismus keineswegs nur negativ war, vgl. Louis Fishman, »Understanding the 1911 Ottoman Parliament Debate on Zionism in Light of the Emergence of a ›Jewish Question‹«, in: Yuval Ben-Bassat/Eyal Ginio (Hgg.), *Late Ottoman Palestine. The Period of Young Turk Rule*, London 2011, 103–124.

[115] Lichtheim, Geschichte, 197–201. Als Präsident der WZO sandte Warburg dennoch etliche Eingaben an das Auswärtige Amt, um das zionistische Projekt zu unterstützen und zu schützen, vgl. CZA, Z3/5. In den wichtigen Studien von Friedman und Mandel taucht Warburg jedoch nur als Randfigur auf. Friedman, Germany; Mandel, Arabs.

[116] Ebd., 10.

Warburg war als überzeugter praktischer Zionist der Meinung, dass die Schaffung von Tatsachen politischen Fakten vorauseilen würde. So dachte er vor dem Krieg, dass eine zionistische Besiedlung automatisch zu einer erleichterten politischen Situation führen würde: Wenn der Sultan des Omanischen Reiches erst sehe, welchen Nutzen die Zionisten dem Land brächten, würde er das zionistische Projekt unterstützen. Die Urbarmachung, die »Grundlagen wirtschaftlicher Arbeit« und die »schon geleistete positive Arbeit« sollten auf einer konkreten Ebene an politische Führer appellieren und etwa den Sultan überzeugen.[117] Warburg betonte 1905 auf dem Zionistenkongress, dass die Arbeit der Botanischen Zionisten letztlich auch den Türken dienen würde:

Hier gilt das Wort ›Der Appetit kommt beim Essen.‹ (Beifall.) Sieht der Sultan erst, was wir können, und was wir zum Nutzen des Landes leisten, so wird er auch leichter unseren Wünschen zugänglich sein und ebenso die Mächte, die uns bei der Erlangung des Charters unterstützen sollen. Meiner festen Ueberzeugung nach können wir erst dann die Erlangung eines Charters erwarten, wenn wir die Grundlagen wirtschaftlicher Arbeit in Palästina gelegt haben werden (Beifall und Händeklatschen), auf die wir dann bei unserer politischen Arbeit hinweisen können. Nur eine schon geleistete positive Arbeit kann uns so den nötigen Kredit bei den verschiedenen Mächten verschaffen.[118]

Gleichzeitig mussten die Zionisten sich stets davor hüten, den Eindruck zu erwecken, Autonomie über die türkische Provinz Palästina anzustreben. Mitunter musste das *Engere Actions Comitee* der *Zionistischen Organisation* das deutsche Auswärtige Amt um Beistand bitten, etwa als es um die »Schwierigkeiten« ging, »die in der Türkei den zionistischen Bestrebungen bereitet wurden und die letzten Endes auf ein Misstrauen zurückgehen, das man von türkischer Seite der Zionistischen Bewegung entgegenbringt«.[119] Das zionistische Argument lautete folgendermaßen: Mit dem Zionismus werde die Zivilisation in den Orient einziehen. Der Fortschritt, den die Zionisten brachten, sollte allen dienen:

Die jüdische Siedlung könnte aus Palästina in sehr kurzer Zeit ein reiches, kulturell hoch entwickeltes, mit allen Vorteilen der europäischen Zivilisation vertrautes Land machen. Auch der einheimischen Bevölkerung Palästinas würde diese jüdische Siedlung neue grosse Erwerbsmöglichkeiten erschliessen und eine Hebung ihres Kultur- und Wirtschaftsniveaus fördern.[120]

---

[117] Auch der Zionist Kurt Blumenfeld (1884–1963) argumentierte wie Warburg: Die Zukunft der Türkei hänge von der Zuwanderung, der Hebung der Landwirtschaft, der Einführung von Industrien und Verbreitung europäischer Zivilisation ab. Für all diese Aufgaben seien die Juden als Mittler zwischen Orient und Okzident geeignet. Blumenfeld, Zionismus, 83 f. Vgl. auch Herzls Rede an den deutschen Kaiser, CZA, H1/808 (02.11.1898).

[118] Jüdischer Verlag, »Protokoll des VII. Zionistenkongress« (1905), 200 (= Protokoll VII. Zionistenkongress). Eine ähnliche Argumentation lässt Warburg auch 1912 verlauten: o. A., »Sitzung des zionistischen Zentralkomitees«, *Die Welt* 16 (06.09.1912), 1089–1110, 1090 (= o. A., Sitzung).

[119] Das Actionscomite der Zionistischen Organisation, »An das Auswärtige Amt Berlin«, PAAA, Türkei 195, R14132 (08.03.1916), 1. Der Entwurf des Schreibens findet sich im CZA, Z3/5.

[120] Ebd., 6.

Man betonte, dass diese Dienste »wohl kein anderes ethnisches Element [als die Juden] in absehbarer Zeit der Türkei zu leisten vermag«.[121]

Der Agronom Jitzchak Wilkansky, der Protagonist des sechsten Kapitels, reflektierte die politische Situation zu Ende des Krieges. Grundsätzlich hegte er Sympathien für die Briten und misstraute den »Envers und Dschemals«.[122] So hoffte er auf die Herrschaft der Briten, die er ein »grosses Kulturvolk« nannte, über Palästina. Die Türken hätten mit ihren »Metzeleien in Armenien« und den »schrecklichen Verfolgungen im Libanon« sowie »den Bedrückungen in Syrien« gezeigt, dass sie keinen Bezug »zur modernen Weltanschauung« hätten. Orientalische Herrscher waren für Wilkansky »halbkultiviert[e] Despoten«, die Politik als Schachspiel begriffen, bei dem »Völker und Länder hin- und hergeschoben werden«.[123] Die Juden betrachtete Wilkansky als ein den Arabern überlegenes Volk, da erstere während ihrer Exilerfahrung durch das progressive Europa geprägt worden seien: »Wir aber sind das alte Volk, welches durch den Schmelztiegel der neuen europäischen Kultur gegangen ist […].«[124] Wilkansky sah die jüdischen Interessen unter britischem Mandat besser verteidigt. Er plädierte nicht für eine jüdische staatliche Souveränität, sondern nur für den Erwerb von Boden, um Millionen von jüdischen Arbeitern anzusiedeln.[125] Die jüdische Rückkehr in die »Ahnenheimat« sah er als praktisch durchsetzbar, solange die politischen Faktoren nicht störten: »[W]ie man Schösslinge aus der Baumschule nimmt und sie in Boden setzt, wo sie wachsen und gedeihen sollen, so kann man ganze Heerscharen von Menschen von ihren Plätzen nehmen und sie in ihre alte Ahnenheimat verpflanzen.«[126]

Der Botanische Zionist, der sich politisch am aktivsten engagierte, war Aaron Aaronsohn. Er ist der Protagonist des fünften Kapitels. Aaronsohn wandte sich während des Ersten Weltkrieges von den Naturwissenschaften ab und gründete eine Geheimorganisation, N. I. L. I.[127], um die Briten im Kampf gegen das Osmanische Reich zu unterstützen.[128]

---

[121] Ebd., 7. Vgl. zu diesem Argument: Vogt, Zionismus.

[122] Jitzchak Wilkansky, »Memorandum«, CZA, Z4/40624 (undatiert [nach 1917]), 8.

[123] Ebd., 8–10.

[124] Ebd., 17.

[125] Ebd., 12.

[126] Ebd., 16.

[127] Akronym für »Netzach Israel Lo Jeschaker« (die Ewigkeit Israels wird nicht lügen). Aaronsohn und seine Mitstreiter kämpften auf Seiten der Briten gegen die Osmanische Herrschaft. Aaronsohns Schwester Sarah wurde zur zionistischen Märtyrerin, s. Billie Melman, »The Legend of Sarah. Gender, Memory, and National Identities (Eretz Yisrael/Israel, 1917–1990)«, in: Ruth Kark/Margalit Shilo/Galit Hasan-Rokem (Hgg.), *Jewish Women in Pre-State Israel. Life History, Politics, and Culture*, Waltham 2008, 285–320.

[128] Aaronsohn arbeitete vor dem Krieg sogar für die Osmanen und unterstützte noch in den Jahren 1915 und 1916 die türkischen Herrscher bei der Bekämpfung einer Heuschrecken-Invasion mit wissenschaftlichem Knowhow.

Zum Ende des Krieges witterten die Botanischen Zionisten ihre Chance. Selig Soskin formulierte das Programm zur Gründung einer *Palästina-Industrie- und Handels-Aktien-Gesellschaft*. Die Erschließung Palästinas sei aus emotionalen, aber auch aus wirtschaftlichen Gründen sinnvoll:

> Im Hinblick auf die voraussichtlichen politischen Änderungen, die uns der seinem Ende entgegengehende Krieg gerade in der Türkei bringen wird, erscheint es zeitgemäss den mit der Erschliessung Palästinas zusammenhängenden Fragen besondere Aufmerksamkeit zu schenken. Abgesehen von den Gefühlsmomenten, die den Juden Palästinas gegenwärtig in den Vordergrund des Interesses rücken, verdient dieser Teil der asiatischen Türkei auch aus rein wirtschaftlichen Gründen erhöhte Beachtung.[129]

Palästina schien in greifbarer Nähe.

Doch schon während des Ersten Weltkrieges, 1916, teilten Frankreich und Großbritannien im Sykes-Picot-Abkommen arabische Gebiete unter sich auf. Diese Gebiete waren damals noch Teil des Osmanischen Reiches. Am 2. November 1917 signalisierte die britische Regierung in der Balfour-Declaration ihr Wohlwollen, das Heilige Land den Zionisten zuzugestehen. Palästina hatte allerdings auch zu diesem Zeitpunkt keine politischen Grenzen – was Palästina meinte, wurde in der Balfour-Declaration nicht festgehalten.[130]

Im selben Jahr besiegten die Briten unter General Edmund Allenby in Palästina die osmanischen, deutschen und österreich-ungarischen Truppen und besetzten das Land. Anschließend richteten sie eine Militärverwaltung ein. Das Völkerbundsmandat für Palästina wurde nach dem Zusammenbruch des Osmanischen Reiches nach dem Ersten Weltkrieg 1920 an Großbritannien übertragen. Damit änderte sich für die Zionisten die Lage. Die Migration nach Palästina wurde deutlich erleichtert. Während der 1920er Jahre wanderten hunderttausend jüdische Immigranten ein. Diese Einwanderung vornehmlich europäischer Juden führte jedoch zu kulturellen und politischen Spannungen mit den arabischen Bewohnern des Landes. Für das Siedlungswerk änderte sich aber nicht viel. Die britische Administration investierte in Infrastruktur und Aufforstung, doch der Jischuw blieb meist auf sich gestellt.[131]

2.6 Palästina und mehr als Palästina

Jenseits aller geographischen, sozialen, ethnographischen und politischen Fakten war die Verbindung der Zionisten zum Land bedeutsam. Für sie war Palästina mehr als Koordinaten, Gewässer, Anhöhen oder Orte. Das Ziel der zionistischen

---

[129] Arbeitsauschuss zur Vorbereitung der Gründung der Palästina-Industrie und Handels-Aktien-Gesellschaft, CZA, Z3/1667 (November 1918), 2.

[130] Bernard Wasserstein, *Israel und Palästina: Warum kämpfen sie und wie können sie aufhören?*, München 2009, 78.

[131] Penslar, Zionism and Technocracy, 152.

Bewegung war die Errichtung eines jüdischen Staates in Palästina. Der Name der Nationalbewegung, Zionismus, verweist auf die Zentralität der Verbindung zwischen Land und Volk,[132] zwischen den Juden und Zion. Der Wunsch nach einer Rückkehr ins Heilige Land war von einer unauflösbaren Verbindung der Juden mit diesem Stück Erde geprägt. Gemäß der jüdischen Tradition wollten sie nach langem Exil ins Heilige Land zurückkehren.

Obwohl der Zionismus meist als säkulare Bewegung definiert wird,[133] gestehen ihm manche Historiker auch einen messianischen, redemptionistischen Charakter zu.[134] Schon der Begriff »Zionismus« suggeriert einen religiösen Bezug. »Zion« taucht erstmals in 2 Samuel 5:7 als »Berg Zion« auf. Der Berg Zion ist im jüdischen Glauben der heiligste Ort und findet oft in Gebeten Erwähnung. Der Begriff Zionismus wurde im Jahre 1890 vom österreichisch-jüdischen Schriftsteller Nathan Birnbaum geprägt. Theodor Herzl sorgte dafür, dass sich die Auffassung durchsetzte, nach der Palästina den Judenstaat beherbergen sollte.[135]

Doch was für die Zionisten mit Palästina gemeint war, war nicht ganz eindeutig. Der Begriff Palästina meinte keine geographisch oder politisch klar umrissene Region.[136] Obwohl im Zionismus sehr häufig genutzt, war der Begriff eine jüdische Adaption an den Sprachgebrauch der nichtjüdischen Umwelt.[137] Palästina bezeichnete zum Ende des Osmanischen Reiches mehrere Landesteile: den Wilajet (Provinz) Beirut (mittlere und nördliche Landesteile), den östlich des Jordans gelegenen Wilajet Damaskus und die seit 1874 um Jerusalem gebildete Unterprovinz. Letztere war wegen der Relevanz der Stadt für das christliche Europa der Hohen Pforte, der Osmanischen Regierung, unterstellt.[138] Erst ab der zweiten Hälfte des 19. Jahrhunderts bildete sich die Wahrnehmung Palästinas als Einheit, als Heiliges Land, unter den Europäern heraus.[139] Trotzdem wurde der Begriff Palästina im Alltagsgebrauch oft mit Jerusalem gleichgesetzt.[140]

---

[132] Yael Zerubavel, *Recovered Roots. Collective Memory and the Making of Israeli National Tradition*, Chicago 1995, 17, 28f, 90. Vgl. auch Sufian, Healing, 16.

[133] Vgl. Avineri, Zionism; Novak, Zionism, 48.

[134] Barell/Ohana, Million Plan.

[135] Shlomo Avineri, *Theodor Herzl und die Gründung des jüdischen Staates*, Berlin 2016.

[136] Gideon Biger, »The Names and Boundaries of Eretz-Israel (Palestine) as Reflections of Stages in its History«, in: Ruth Kark (Hg.), *The Land That Became Israel. Studies in Historical Geography*, New Haven/Jerusalem 1990, 1–22. Vgl. auch Moshe Zuckermann, Vorwort, in: Haim Goren, *»Zieht hin und erforscht das Land«. Die deutsche Palästinaforschung im 19. Jahrhundert* (Schriftenreihe des Instituts für Deutsche Geschichte, Universität Tel Aviv Bd. 23), Göttingen 2003, 10 (= Zuckermann, Vorwort).

[137] Markus Kirchhoff, *Text zu Land. Palästina im wissenschaftlichen Diskurs 1865–1920*, Göttingen 2005, 174 (= Kirchhoff, Palästina).

[138] Ebd., 11.

[139] Khaled M. Safi, »Territorial Awareness in the 1834 Palestinian Revolt«, in: Roger Heacock (Hg.), *Temps et Espaces en Palestine. Flux et Résistances Identitaires*, Beyrouth 2008, 81–96, 81.

[140] Johann Büssow, »Mental Maps: The Mediterranean Worlds of Two Palestinian Newspapers in the Late Ottoman Period«, in: Biray Kolluoğlu/Meltem Toksözö (Hgg.), *Cities of the Mediterranean. From the Ottomans to the Present Day*, London/New York 2010, 100–115, 103.

Auch die anderen Termini für Palästina waren nicht klarer. Der Begriff des *Heiligen Landes* bezeichnet eine Region, die zwar durch vielfache religiöse Referenzen für alle monotheistischen Religionen geprägt ist, aber wiederum kein nach modernen politischen oder zumindest geographischen Grenzen definiertes Gebiet.[141] Dieser Begriff wird auf die Bibelstelle Gen 15,18 zurückgeführt, in der Gott Abraham folgendes Land verspricht: »An diesem Tag schloss der Herr mit Abraham folgenden Bund: Deinen Nachkommen gebe ich dieses Land vom Grenzbach Ägyptens bis zum großen Strom Eufrat [...].« Auch diese Bestimmung genügte den modernen Kriterien nationaler Grenzziehung nicht. Unter Palästina war nach wie vor ein »Gebiet zu verstehen, für das [...] recht verschiedene Grenzen angegeben werden«.[142] *Eretz Israel* meinte und meint das Land Israel. Dieser Begriff bezieht sich auf das Heilige Land, das in den Traditionen aller drei monotheistischen Religionen existiert, aber ebenso keine festen Grenzen hat. In der Bibel wird es als »von Dan bis Beersheva« reichend bezeichnet.

Für die Zionisten waren Palästina, Eretz Israel oder das Heilige Land (Begriffe, die nicht identisch sind, aber im Wortgebrauch der Akteure dieser Arbeit üblicherweise als Synonyme gebraucht wurden – dies wird in der Untersuchung übernommen) eher Konstrukte als ein konkreter politisch oder geographisch umrissener Raum.

Vor dem Zionismus war Palästina in der Diasporakultur der Juden kein klar definiertes politisches Gebiet, keine »historisch praktische Herausforderung«, sondern eine abstrakte, deterritorialisierte Idee.[143] Das Heilige Land war der Auferstehung des jüdischen Volkes nach Ankunft des Messias vorbehalten. Auch das Christentum betonte die enge Verbindung zu Palästina als Heiligem Land. Diese Verbindung bestand nicht nur physisch, zum Beispiel durch die Besitznahme heiliger Stätten, sondern auch symbolisch durch theologische Interpretationen oder Gebete.[144]

Die Unschärfe der Terminologie setzte sich im Zionismus fort. Während des siebten Zionistenkongresses 1905 wurden Palästinas Grenzen großzügig gezogen. Schon aus Platzgründen, so hieß es, müssten auch die Nachbarländer miteinbezogen werden. Diese Vergrößerung Palästinas sei nicht weiter problematisch, gehörten die Nachbarländer ohnehin zu den »historischen Judensitzen«, weiter seien sie teilweise politisch autonom und müssten eben als »Ausflussgebiet« für die Millionen im jüdischen »Proletariat« geschaffen werden.[145]

---

[141] Vgl. hierzu aus jüdischer Sicht: Hirsch Hildesheimer, *Beiträge zur Geographie Palästinas*, o. O. 1885.

[142] Davis Trietsch, *Palästina-Handbuch*, Berlin 1910, 13 (= Trietsch, Palästina-Handbuch).

[143] Zuckermann, Vorwort, 10.

[144] Neil Asher Silberman, *Digging for God and Country. Exploration, Archeology, and the Secret Struggle for the Holy Land, 1799–1917*, 1. Aufl., New York 1982, 9.

[145] Protokoll VII. Zionistenkongress, 51.

Dies meinte: Palästinas Grenzen sollten weiträumig definiert werden, um Platz zu schaffen für eine große Anzahl verarmter jüdischer Einwanderer.

Der Zionist Davis Trietsch begriff Palästina nicht nur als Gebiet »›von Berseba bis Dan‹, sondern im Süden bis nach El-Arisch, am Bache Ägyptens, und bis nach Aleppo, der Königin des Nordens«.[146] Auch Warburg bezog in seinen Veröffentlichungen wie selbstverständlich Syrien oder Libanon in das jüdische Siedlungsprojekt mit ein.[147]

Palästina war für die Zionisten, wie wir im folgenden Kapitel sehen werden, oft ein imaginiertes[148] Land. Die Zionisten brachten nach Palästina ein ganzes Inventar an Sehnsüchten, Vorstellungen und Fantasien mit, die aus unterschiedlichen Quellen gespeist wurden.[149] Realpolitik und die hier beschriebenen symbolische Beziehungen zum Lande spielten eine Rolle, doch die entscheidenden Maßnahmen zur Schaffung eines Judenstaates konnten für die Botanischen Zionisten nur wissenschaftlich sein. Wissenschaft und Politik sollten dabei Hand in Hand gehen, wie die folgenden Kapitel demonstrieren sollen.

---

[146] Davis Trietsch, *Bilder aus Palästina*, Berlin o. J., 7–54 (= Trietsch, Bilder). Trietsch publizierte rastlos über Palästina, sein »Palästina-Handbuch« wurde als Reiseführer für Zionisten gehandelt, so wird die Anschaffung des »Trietsch und Bädeker« empfohlen. O. A., Sitzung, 1104.

[147] Otto Warburg, *Syrien als Wirtschafts- und Kolonisationsgebiet*, Berlin 1907; ders., *Deutsche Kolonisations-, Wirtschafts- und Kulturbestrebungen im türkischen Orient*, Berlin 1905.

[148] Zur Verbindung von Volk und Landschaft: Thomas Zeller/Thomas M. Lekan, »Introduction. The Landscape of German Environmental History«, in: dies. (Hgg.), *Germany's Nature. Cultural Landscapes and Environmental History*, New Brunswick 2005, 1–14; Mitchell, Landscape.

[149] Dietrich Denecke, »Die deutsche Missionstätigkeit und die räumliche Entwicklung der Kulturlandschaft in Palästina«, in: Jakob Eisler (Hg.), *Deutsche in Palästina und ihr Anteil an der Modernisierung des Landes*, Wiesbaden 2008, 89–101.

3 Vorstellung und Ideal: Die Botanischen Zionisten in Palästina

> »Was wissen wir hier im trüben Nebelland von der überwältigenden Herrlichkeit eines orientalischen Panoramas!«[1]

Der Schriftsteller Alexander Aaronsohn (1888–1948) wuchs, wie sein älterer Bruder Aaron, der bedeutende Botanische Zionist, in Sichron Jaakow auf. Diese zionistische Siedlung hatten seine Eltern mitgegründet, nachdem die Familie aus Rumänien nach Palästina migriert war. Alexander Aaronsohn war selbst zwar kein Botanischer Zionist, aber er stammte aus dem direkten Umfeld der Gruppe. Sein Bruder Aaron Aaronsohn war bis zu seinem Tode im Jahr 1917 der verlängerte Arm Warburgs in Palästina (s. Kapitel 4). Im Gegensatz zu den ausnahmslos in Europa geborenen Botanischen Zionisten war Alexander Aaronsohn ein Sohn Eretz Israels: In Palästina geboren, hatte Alexander als junger Mann in der landwirtschaftlichen Versuchsstation seines großen Bruders gearbeitet und beteiligte sich später auch an dessen politischer Aktion.[2] Alexander beschrieb auf den ersten Seiten seiner Memoiren das vom Pioniergeist beseelte Leben in Sichron so detailliert, dass es sich lohnt, ihn länger zu zitieren:

> Here I was born; my childhood was passed here in the peace and harmony of this little agricultural community, with its whitewashed stone houses huddled close together for protection against the native Arabs who, at first, menaced the life of the new colony. The village was far more suggestive of Switzerland than of the conventional slovenly villages of the East, mud-built and filthy; for while it was the purpose of our people, in returning to the Holy Land, to foster the Jewish language and social conditions of the Old Testament as far as possible, there was nothing retrograde in this movement. No time was lost in introducing progressive methods of agriculture, and the climatological experiments of other countries were observed and made use of in developing the ample natural resources of the land. Eucalyptus, imported from Australia, soon gave the shade of its cool, healthful foliage where previously no trees had grown. In the course of time dry farming (which some people consider a recent discovery, but which in reality is as old as the Old Testament) was introduced and extended with American agricultural implements; blooded cattle were imported, and poultry-raising on a large scale was undertaken with the aid of incubators – to the disgust of the Arabs, who look on such usurpation of the

[1] Elias Auerbach, »Altneuland«, *Jüdische Rundschau* 9 (26.02.1904), 81–83, 82 (= Auerbach, Altneuland).

[2] Aaronsohn gründete die probritische Untergrundorganisation N. I. L. I., die von 1915 bis 1917 Spionage gegen das Osmanische Reich betrieb; vgl. Kapitel 5.

hen's functions as against nature and sinful. Our people replaced the wretched native trails with good roads, bordered by hedges of thorny acacia which, in season, were covered with downy little yellow blossoms that smelled sweeter than honey when the sun was on them.[3]

Diese Wahrnehmung Palästinas verrät mehr über das Projekt des Botanischen Zionismus, als Alexander Aaronsohns Beschreibung weißer Steinhäuschen, neu gepflanzter Bäume und ausgebauter Straßen zunächst vermuten lässt. Sie hilft uns, die *Mission* der Botanischen Zionisten zu begreifen. Die Maßnahmen, die Aaronsohn nannte, stammten sämtlich aus einem wissenschaftlichen und technischen Repertoire und zielten auf die Veränderung der Natur ab. Aaronsohn schilderte indirekt auch, was der Zionismus in seinen Augen der autochthonen Bevölkerung anzubieten hatte: Dank der zionistischen Maßnahmen wurde ein kleiner Teil Palästinas in kurzer Zeit grün, gesund und produktiv – auch wenn das Werk der Zionisten von den arabischen Bewohnern keineswegs positiv bewertet wurde.

3.1 Palästina als Landschaft

In diesem Kapitel wird in einem ersten Teil gezeigt, wie die Warburg-Gruppe und andere Zionisten Palästina beschrieben, kritisierten, aber auch in seiner idealen zukünftigen Form antizipierten. Die Landschaft und die Natur Palästinas dienten, wie es der Historiker Shaul Cohen formuliert, als »Bühne des Zionismus«.[4] Palästina wird in diesem Kapitel, wie vom britischen Historiker Simon Schama vorgeschlagen, als *Landschaft*[5] untersucht. Dieser Begriff verbindet Natur und deren menschliche Wahrnehmung. Der Fokus auf Landschaft macht Palästina zwar nicht in seiner Materialität untersuchbar; dafür können aber kulturelle Vorstellungen, Vorurteile und Werte in die Beurteilung Palästinas durch historische Akteure wie die Botanischen Zionisten einbezogen werden. Dieses Vorgehen gestattet auch eine Einbettung in einen breiteren Rahmen aus

---

[3] Alexander Aaronsohn, *With the Turks in Palestine*, Boston/New York 1916, 1f (= Aaronsohn, Turks).

[4] Cohen, Environmentalism, 248. Vgl. auch Mitchell, Landscape, 262.

[5] »[L]andscape is the work of the mind. Its scenery is built up as much from strata of memory as from layers of rock.« Simon Schama, *Landscape and Memory*, 1. Aufl., New York 1996, 7, vgl. auch 10. Auch sind die Ansätze der historischen Geographie nützlich, um sich mit Landschaftswahrnehmung zu beschäftigen. Die historische Geographie betont, dass Landschaften eine materielle, natürliche Grundlage haben. Aber sie sind »nicht das Rohmaterial topographischer Beschreibungen – sie sind deren Produkt.« Gemeint ist, dass Landschaft nicht unabhängig von Kultur betrachtet, begriffen oder beschrieben werden kann. Sie drückt auf einer materiellen Ebene nicht zuletzt gesellschaftliche Ideen aus. David Gugerli/Daniel Speich, *Topografien der Nation. Politik, kartografische Ordnung und Landschaft im 19. Jahrhundert*, Zürich 2002, 212 (= Gugerli/Speich, Topografien). Vgl. auch George L. Mosse, *Confronting the Nation. Jewish and Western Nationalism* (The Tauber Institute for the Study of European Jewry Series 16), Hanover 1993, 29f (= Mosse, Nation).

Abb. 3: Aaronsohns Elternhaus in Sichron Jaakow.[6]

Kolonial- und Orientdiskursen. Im zweiten Teil des Kapitels soll es weniger um die abstrakten Konzepte hinter der Wahrnehmung Palästinas gehen, sondern um die Vorstellung eines idealen Palästinas, wie Warburg und seine Mitstreiter sie vor Augen hatten. Die Idealvorstellung, die Warburg und Andere von Palästina entwarfen, hatte in der Frühphase des Botanischen Zionismus noch keine realen Auswirkungen auf Palästina. Doch sie ebnete den Weg für die profunden Veränderungen, die die Botanischen Zionisten sich erhofften.

Dieses Kapitel beginnt mit der mentalen oder realen Ankunft der Botanischen Zionisten in Palästina. Wie nahmen sie die Natur Palästinas wahr? Es wird sich zeigen, dass die Botanischen Zionisten Palästina gleichermaßen als desolat[7] wie als vielversprechend betrachteten. Sie waren davon überzeugt, das

[6] Aaronsohn, Turks, o. S.

[7] »Desolat« war Palästina aus der Perspektive einer zivilisatorischen, vielleicht auch anthropozentrischen Interpretation – Palästina war dem Menschen schlichtweg nicht von Nutzen. Von einem anderen Blickwinkel aus wäre auch ein alternatives Verständnis möglich gewesen: Man hätte

Land verbessern zu müssen, um ihren Bedürfnissen als Siedlergesellschaft zu genügen. Otto Warburg benannte die Aufgabe der Juden in Palästina als »durch Jahrtausende geheiligte, traditionelle Pflicht des ›Ischuw‹«. Der Jischuw hatte, so Warburg, nach »einem jüdischen und allgemein-menschlichen Ideal der Selbstvervollkommnung« zu streben, dem zufolge menschlicher Geist über Naturkräfte siegen und für Kultur sorgen sollte.[8]

Die progressiven Methoden der Zionisten, die Aaronsohn erwähnte, waren Kopfgeburten des Kolonialismus. Nicht nur betrachteten die Botanischen Zionisten Palästina als unschön, sie hielten es auch für unfähig, der (zukünftigen) jüdischen Bevölkerung ihre selbstständige Versorgung oder ein angenehmes Leben zu ermöglichen. Wie gezeigt werden wird, war die Idee der Hebung Palästinas Teil eines breiten, europäischen Diskurses um den als verwahrlost wahrgenommenen *Orient*, der von kolonialen Motiven[9] durchsetzt war. Für die Botanischen Zionisten um Warburg wurde es zur praktischen Mission und moralischen Aufgabe, Palästina zu begrünen. »Denn die Besiedlung und die Urbarmachung Palästinas war seit jeher ein Gebot, eine Pflicht!«, wie Warburg diesen Gedanken 1908 formulierte.[10] Das Mittel zur Hebung war die Wissenschaft. Die europäische Verbindung von Kolonialismus und Wissenschaft wurde zum Kernelement des Botanischen Zionismus. Natur sollte durch Kultur gebändigt werden.

Für die Botanischen Zionisten war die vermeintliche Tatsache, dass nur sie in der Lage waren, Palästina zu einem besseren, produktiveren Land zu machen, überhaupt Legitimation für ihre kolonialen Tätigkeiten in Palästina. Ihrem Selbstverständnis nach waren sie Teil einer europäischen, wissenschaftlichen Elite, die ihr Wissen zum Nutzen der Allgemeinheit diffundieren ließ.

Die Hebung Palästinas hatte einen weiteren Zweck: Das Land sollte verbessert werden, um in Europa für die Idee des Zionismus zu werben. Es sollten sowohl Juden, die man als potentielle Bewohner eines Judenstaates sah, als auch die politischen Großmächte angesprochen werden. Zahllose Publikationen, Bilder und Fotos nahmen Palästina als produktives, beinahe europäisches Land vorweg. Die Diasporajuden sollten ihren bis dato nur in kleiner Zahl ansässigen Brüdern nach Palästina folgen. Zugleich war beabsichtigt, durch die Wahrnehmung eines Palästinas, das als arm, schmutzig und rückständig charakterisiert wurde, die

---

Palästina als funktionierendes Ökosystem deuten können. Vgl. Alan R. H. Baker, »Introduction: On Ideology and Landscape«, in: Gideon Biger/Alan R. H. Baker (Hgg.), *Ideology and Landscape in Historical Perspective. Essays on the Meanings of some Places in the Past*, Cambridge 1992, 1–14, v. a. 7.

[8] Warburg, Pflichten, 1.

[9] Vgl. Barbara M. Parmenter, *Giving Voice to Stones. Place and Identity in Palestinian Literature*, Austin 1994, 30f; Presner, Body, 159. S. auch Jürgen Osterhammel, *Die Entzauberung Asiens. Europa und die asiatischen Reiche im 18. Jahrhundert* (C.-H.-Beck-Kulturwissenschaft), München 1998, 16f (= Osterhammel, Entzauberung).

[10] Warburg, Pflichten, 1.

Notwendigkeit des Botanischen Zionismus zu unterstreichen: Ohne die pejorative Beschreibung hätte es keine Grundlage, aber auch keine Rechtfertigung für den Botanischen Zionismus gegeben, der massiv in die Landschaft Palästinas eingriff.

Der Blick auf Palästina barg damit eine inhärent politische Dimension: Durch ihn wurde das Wirken der Botanischen Zionisten – und des Zionismus insgesamt – legitimiert. Das Palästina, das den Akteuren als Ideal vorschwebte, war in ihren Augen schlichtweg *besser* als das Land, das sie vorfanden. Ihre Mission war damit nicht nur gerechtfertigt, sondern auch gut.

3.2 Der Segen von Wissenschaft und Technik in Sichron Jaakow, 1916

Zurück zu Aaronsohns Kindheitserinnerungen. Schon in den ersten Zeilen tritt der starke Kontrast zwischen Juden und Arabern und deren Umgebung eklatant hervor. Der Gegensatz zwischen Juden, die friedlich in ihrer modernen landwirtschaftlichen Siedlung lebten, und gefährlichen »native Arabs« prägte Aaronsohn zufolge das Leben in Sichron. Den Juden attestierte er Friede und Harmonie, die Araber hingegegen nahm er als Gefahr von außen wahr. Um Sichron Jaakow als Ort näher zu beschreiben, verglich Aaronsohn das Städtchen mit einer Schweizer Bilderbuchlandschaft: ordentlich, grün, harmonisch. Die Häuser der Juden waren aus Stein gebaut, die der sie umgebenden arabischen Bevölkerung aus Lehm. Die Juden bauten für die Ewigkeit, die Araber hausten in dreckigen und vermutlich nicht besonders soliden Hütten. Die arabische Umgebung wurde als »slovenly«, nachlässig oder dreckig, beschrieben – in schroffem Gegensatz zu den idyllischen, ordentlichen Schweizer Welten, in denen nur noch geranienbehangene Holzbalkone zu fehlen scheinen.

Aaronsohn beschrieb auch seine Vorstellung vom Zionismus: Die Rückkehr in das *Heilige Land* habe den Zweck, die hebräische Sprache wiederzubeleben und die soziale Realität des Alten Testaments wiederherzustellen. Doch betonte er, dass der Pfad zu diesem Glück alles andere als rückwärtsgewandt sei.

An dieser Stelle nannte Aaronsohn das Mittel der Wahl, Antike und Moderne zu verbinden. Um den Orient nicht nur in eine Schweizer Bilderbuchlandschaft, sondern auch in eine Vision alttestamentlichen Lebens zu verwandeln, wurde die Kraft der Wissenschaft benötigt. Aaronsohn dachte dabei vor allem an jene Wissenschaften, die sich mit dem Boden und der Natur des Landes beschäftigen. So beschrieb er den Segen innovativer, progressiver Technik, die den Juden den großen moralischen und auch praktischen Vorsprung vor der arabischen einheimischen Bevölkerung sicherte.

Aaronsohn erwähnte zum einen die Einführung des Eukalyptus. Der Eukalyptus ersetzte eine Leere, eine Stelle, an der früher *nichts* war, und hatte einen gesundheitsfördernden Effekt. Das »Nichts« aber, das Aaronsohn in der palästinensischen Flora vor dem Anpflanzen des Eukalyptus sah, war bezeichnend für seine Wahrnehmung: Die ursprüngliche, einheimische Flora war für Aaronsohn entweder nicht beschreibbar oder schlichtweg nicht vorhanden.[11]

Der Eukalyptus wurde im Zionismus zum Symbol des Sieges über die Natur. Der aus Australien stammende Baum spendete seit dem späten 19. Jahrhundert nicht nur in Sichron Jaakow Schatten. Dank seines schier unendlichen Durstes half er, die malariaverseuchten Sumpfgebiete Palästinas trockenzulegen. Auf alle Fälle »werde ein Wald von Eukalypten weit gesunder sein, als die tropische Vegetation, wie sie die Natur ohne Eingriff des Menschen hervorbringe«[12], so ein Beobachter in der von Warburg mitherausgegebenen Zeitschrift *Altneuland*. Eine Pflanze wurde zum Symbol für das siegreiche Projekt des Zionismus.

Aaronsohn fuhr fort, die »segensreiche« Veränderung Palästinas durch die jüdische Immigration zu loben. Die Zionisten hätten die Natur und die Landschaft Palästinas *verbessert*: Das Land sei gesünder, produktiver, schöner und wissenschaftlicher geworden. Das zweite Beispiel für die gelungene Anwendung von Technik und Wissenschaft war ebenfalls mit der Natur Palästinas verknüpft: Auch Nutztierrassen konnten laut Aaronsohn verbessert und produktiver werden. Die Araber Palästinas hatten laut Aaronsohn indes keinerlei Verständnis dafür. Die »Usurpation« der Natur, für die beispielhaft die Henne stand, deren Produktion rationalisiert und gesteigert wurde, betrachteten sie als »sündhaft« und »widernatürlich«. Für diese »zurückgebliebene« Sichtweise hatte Aaronsohn nur Hohn übrig. Die Attribute sündhaft und widernatürlich, mit denen die Araber die Nutzung eines Inkubators in der Geflügelzucht beschrieben, sind aufschlussreich, weisen sie doch auf ein religiöses Verständnis der Natur hin, deren Manipulation gegen den Willen Gottes sei. Religiöse und wissenschaftliche Argumentationen wider und für den Fortschritt unterstrichen den Gegensatz zwischen Juden und Arabern und schienen unauflösbar. Der Gegensatz zwischen der jüdischen Oase Sichron Jaakow und dem sie umgebenden orientalischen, dreckigen, faulen Palästina konnte kaum schroffer sein.[13]

Aaronsohn stand beispielhaft für eine weit verbreitete negative Wahrnehmung Palästinas. Ganz Europa, so schien es, konnte dem Orient in seinem gegenwärtigen Zustand nichts Positives abgewinnen. Wissenschaft und Technik hatten ihre segensreiche Wirkung im Fruchtbaren Halbmond noch nicht entfaltet.

---

[11] Zur Deutung von Bäumen als topographisch sichtbare Landmarken: Long, Diaspora, 61; Cohen, Politics, 2 f.

[12] L. Sofer, »Die Bekaempfung der Malaria«, *Altneuland. Monatsschrift für die wirtschaftliche Erschließung Palästinas* 3 (September 1906), 257–263, 259.

[13] Die Stereotypisierung des Orients zielte auch auf die Bevölkerung ab, der oft »orientalische Opulenz«, eine Haltung des Laissez-Faire und Unproduktivität attestiert wurde. Vgl. Sufian, Healing, 146.

3.2.1 *Palaestina desolata* und die heilsame Kraft des Westens

Die Vorstellung eines Sieges der Kultur über die Natur hatte historische Vorläufer.[14] Die Botanischen Zionisten ordneten sich mit diesen Ideen in eine lange Tradition ein, die der britische Geograph Derek Gregory erforscht: Seit dem 16. Jahrhundert wurde der Triumph europäischer Modernität als der Sieg von *Kultur* über *Natur* dargestellt.[15] Ab dem 18. Jahrhundert spielte dann der »imperialism of ›improvement‹« in erster Linie in Europa eine wichtige Rolle. Menschen und Objekte sollten besser administriert werden, und zwar von jenen, die die »Gesetze der Natur« zu verstehen in der Lage waren. Damit meinten sich die europäischen Mächte, die die Natur durch Wissenschaft beherrschen wollten, selbst.[16] In diese Debatte spielte auch ein Aspekt hinein, der spätestens seit John Lockes *Second Treatise of Government*[17] in Europa und im europäischen Imperialismus wichtig war: die Idee, dass Boden und Grund durch staatliche Gewalt dirigiert dem Menschen nützlich zu sein hatten.[18]

Die massiven Umwälzungen in der Wissenschaft und der Industrie trugen dazu bei, eine imaginierte Distanz zwischen einem selbstbewussten, modernen Europa und dem Rest der Welt zu kreieren. Es wurde angenommen, dass moderne Kulturen die Natur bereits so tief analysiert und sich dabei kraftvoll über sie erhoben, dass sie nicht länger in ihrer Gewalt standen. Wissen wurde, wie in den letzten Jahren zahlreiche Publikationen aufzeigten,[19] zu einem zentralen Faktor

[14] Diese Wahrnehmungen speisten sich aus kulturellem und kollektivem Gedächtnis. Zionistische Phantasien über Palästina waren auch durch biblische und historische Vorstellungen geprägt; vgl. Shelley Egoz, »Altneuland. The Old New Land and the New-old Twenty-first Century Cultural Landscape of Palestine and Israel«, in: Maggie H. Roe/Ken Taylor (Hgg.), *New Cultural Landscapes*, London 2014, 175. Solche Phantasien kollidierten mit der tatsächlichen Wahrnehmung Palästinas. Diese Wahrnehmung ist umstritten, und auch sie spiegelt oftmals das problematische Verhältnis zwischen Juden und Palästinensern wider. So betont Buheiry, dass Palästina (Syrien) auch vor zionistischer Besiedlung ein landwirtschaftlich produktives Gebiet gewesen sei: Marwan R. Buheiry, »The Agricultural Exports of Southern Palestine, 1885–1914«, *Journal of Palestine Studies* 10 (1981), 61–81, 64–74.

[15] Derek Gregory, »Postcolonialism and the Production of Nature«, in: Noel Castree/Bruce Braun (Hgg.), *Social Nature. Theory, Practice, and Politics*, Malden, Mass. 2001, 84–111, 87 f.

[16] Drayton, Government, xv. Vgl. auch Hodge, Triumph, 24–39. Klassisch: David Arnold, *The Problem of Nature. Environment, Culture and European Expansion*, Oxford/Cambridge, Mass. 1996, v. a. 10 f.

[17] Hodge, Triumph, 25.

[18] Drayton, Government, xv. Vgl. auch Zeller, Inventing Canada, 6.

[19] Vgl. etwa Ballantyne, Colonial Knowledge; Fischer-Tiné, Pidgin-Knowledge; Mitchell G. Ash/Jan Surman (Hgg.), *The Nationalization of Scientific Knowledge in the Habsburg Empire, 1848–1918*, Basingstoke et al. 2012; Philip, Science; Tilley, Africa; Carsten Gräbel, *Die Erforschung der Kolonien. Expeditionen und koloniale Wissenskultur deutscher Geographen, 1884–1919* (Histoire 75), 1. Aufl., Bielefeld 2015 (= Gräbel, Erforschung); Dirk van Laak, *Imperiale Infrastruktur. Deutsche Planungen für eine Erschließung Afrikas 1880 bis 1960*, Paderborn et al. 2004, v. a. 68. Klassisch: Bernard S. Cohn, *Colonialism and Its Forms of Knowledge: The British in India*, Princeton 1996 (= Cohn, Colonialism).

des Imperialismus. Der Wissensvorsprung der europäischen Mächte legitimierte deren koloniale Unterfangen.[20]

Die Idee der westlichen Überlegenheit wurde im Laufe der europäischen Expansion auf die überseeischen Kolonien übertragen. Auch koloniale Völker und Länder rückten als verbesserungswürdige Objekte in den Blick. Im späten 19. Jahrhundert begann eine neue Phase der imperialen Expansion simultan in Großbritannien, Belgien, Frankreich, Deutschland und den Niederlanden. Nun war das Augenmerk zunehmend auf die systematische Entwicklung der Kolonien gerichtet. Wissenschaft und Technologie sollten dazu dienen, Kolonien in ihrem kulturellen und wirtschaftlichen Rang zu »heben«, zu »zivilisieren«[21] und zu »verbessern«. Von diesen Maßnahmen sollte nicht nur die Wirtschaft der Mutterländer profitieren, sondern auch die kolonialisierten Länder und deren Bevölkerungen.[22]

Die Argumentation, nach der eine zivilisierte Nation einer kulturell unterlegenen den Fortschritt durch den Transfer von Wissen und Wissenschaft bringen sollte, vertrat Warburg schon 1899. Auf der Hauptversammlung des kolonialwirtschaftlichen Komitees äußerte er diesen Gedanken, um für die Kolonisierung Deutsch-Südwestafrikas zu argumentieren.[23] Auf dem Kolonialkongress 1905 äußerte er, dass es »sehr unwahrscheinlich« sei, »dass die Eingeborenen unserer Schutzgebiete nun aus sich selbst heraus grössere Strecken Landes unter Kultur bringen werden; dazu sind sie, mit wenigen Ausnahmen, vorläufig noch nicht weit genug in der Kultur fortgeschritten, oder besser gesagt, bisher noch zu bedürfnislos«.

Warburg setzte eigener Einschätzung nach nicht auf Zwang, sondern auf Anleitung. Um die deutschen Kolonien produktiv zu machen und »schnell steigende Exporte« zu generieren, forderte er »Belehrung in der landwirtschaftlichen Technik«. Wie viele Deutsche[24] war Warburg überzeugt, »dass noch für längere Zeit hinaus Plantagenkulturen unter Leitung von Weissen für unsere Kolonien

---

[20] Adas, Machines, 33.

[21] Zivilisation und Kultur bedeuten bei den Protagonisten des Botanischen Zionismus das Gleiche und werden hier aus Gründen der sprachlichen Varianz abgewechselt.

[22] Hodge, Triumph, 7.

[23] Otto Warburg, »Die Hauptversammlung des Kolonial-wirtschaftlichen Komitees«, *Deutsche Kolonialzeitung. Organ der Deutschen Kolonialgesellschaft* 16 (25.05.1899), 181f, 181: »Eine Hauptthätigkeit, die schon jetzt besonders gute Erfolge gezeigt hat, und welche auch die weiteste Unterstützung findet, besteht darin, das von der Wissenschaft für die wirtschaftliche Entwicklung der Kolonien als wünschenswert Erachtete in die Praxis umzusetzen sowie die wissenschaftlichen Grundlagen für später durchzuführende praktische Aufgaben zu schaffen, sei es durch Aussendung von Sachverständigen, sei es durch Sammeln und Verarbeitung von Gutachten seitens Gelehrter und Praktiker über den betreffenden Gegenstand.« Darüber hinaus plädierte Warburg für die Errichtung einer Versuchsfarm in »Südwest-Afrika« und schlug vor, dass botanische Experten die zu unternehmenden Expeditionen begleiten sollten.

[24] Vgl. z. B. Birthe Kundrus, *Moderne Imperialisten: das Kaiserreich im Spiegel seiner Kolonien*, Köln 2003 (= Kundrus, Imperialisten).

notwendig sind«. Ziel war einerseits, die autochthone Bevölkerung an »geregelte Arbeit« und an warenförmige, zu befriedigende Bedürfnisse (»die als Stimulans zur Arbeit nötigen Bedürfnisse«) zu gewöhnen. Andererseits sollten die Kolonien wirtschaftlich produktiv werden und unter Anleitung weißer Kolonialisten neue Pflanzenkulturen eingeführt und rentabel gemacht werden. Erst in der Zukunft waren »Eingeborene« für diese Aufgaben vorgesehen.[25] Von der Dominanz weißer Kolonialherren profitierten alle, so Warburg: Die autochthone Bevölkerung, die Natur und natürlich das Kaiserreich. Produktivität zahle sich für alle aus.[26]

Auch der Blick auf die Umwelt war durch die koloniale Situation beeinflusst. Die Sichtweise der Botanischen Zionisten auf Palästina war Teil eines breiteren Diskurses, in dem die Landschaft und Natur Nordafrikas und des Nahen Ostens negativ konnotiert waren. Die Umwelt der Region, überwiegend Wüstenregion, wurde im Westen seit dem Aufstieg anglo-europäischer Imperialmächte in der Region als »ökologisch marginal«[27] beschrieben.[28] Der Westen, besonders Großbritannien und Frankreich, nahm den Orient im Vergleich zu Europa als »seltsame und defekte« Natur wahr, die es ebenso zu »verbessern«, »wiederherzustellen«, zu »normalisieren«, »reparieren« oder »produktiv zu machen« galt.[29] Das Narrativ eines desolaten Landes diente in der Geschichte oft als Anlass für koloniale Intervention. Wissenschaft und landwirtschaftliche Verbesserungen veränderten spätestens seit der Industriellen Revolution Landschaft nachhaltig. Diese wurde seitdem nicht mehr als Teil göttlicher Schöpfung betrachtet[30], sondern als Potential, das es auszunutzen galt (und gilt), um das menschliche Zusammenleben möglichst effizient und angenehm zu gestalten.

---

[25] Otto Warburg, »Die Landwirtschaft in den deutschen Kolonien«, *Verhandlungen des Deutschen Kolonialkongresses 1905 zu Berlin am 5., 6. und 7. Oktober 1905* (1906), 587–604, 592, 600.

[26] Vgl. auch Aaron Aaronsohn/Jitzchak Wilkansky, »Memorandum [Jaffa-Rafah Land Scheme]«, CZA, A111/77 (28.05.1918), v. a. 4.

[27] Davis, Imperialism, 1 f. Eine analoge Argumentation findet sich bei Juhani Koponen, *Development for Exploitation. German Colonial Policies in Mainland Tanzania, 1884–1914*, Helsinki/Hamburg 1994, 176.

[28] Vermutlich war Edward Said der erste, der auf den engen Zusammenhang von Imperialismus und Landschaft hinwies. Nach ihm ist kulturelle Imaginationskraft (cultural imaginary) durch Nation-Building eng mit der Geographie verbunden: »Imperialism and the culture associated with it affirm both the primacy of geography and an ideology about control of territory. The geographical sense makes projections – imaginative, cartographic, military, economic, historical, or in a general sense cultural. It also makes possible the construction of various kinds of knowledge, all of them in one way or another dependent upon the perceived character and destiny of a particular geography.« Edward W. Said, *Culture and Imperialism*, New York 1994, 78 (= Said, Culture).

[29] Davis, Imperialism, 1–4, vgl. auch Priya Satia, »›A Rebellion of Technology‹. Development, Policing, and the British Arabian Imaginary«, in: Diana K. Davis/Edmund Burke (Hgg.), *Environmental Imaginaries of the Middle East and North Africa*, Athens, Ohio 2011, 23–59.

[30] Eric Hirsch, »Landscape: Between Place and Space«, in: ders./Michael O'Hanlon (Hgg.), *The Anthropology of Landscape. Perspectives on Place and Space*, Oxford/New York 1995, 1–30, 6.

Ziel war stets eine nach westlichen ökonomischen Kriterien produktive Natur. Mittel zur Verbesserung waren neu einzuführende Pflanzen- und Tierrassen, asphaltierte Straßen, Dämme und Stauseen sowie viele andere koloniale Großprojekte im Nahen Osten und Nordafrika.

Die Imperialmächte waren überzeugt, mit ihren Eingriffen in die Landschaft der Kolonien ein gutes Werk zu tun. Die Konstellation von Vorstellungen, die innerhalb einer Gruppe über eine bestimmte lokale oder regionale Landschaft entwickelt wird, nennt die Umwelthistorikerin Diana Davis *environmental imaginary*.[31] Diese Vorstellungen hatten das Potential, operationalisiert zu werden. Nicht nur die Interpretation der Natur als eine sich stetig verschlechternde Umwelt, sondern auch die daraus abgeleitete Bedeutung dieses Befundes für die Gegenwart und die Zukunft lag in den Händen der westlichen Mächte: Sie konnten in Nordafrika und im Nahen Osten ein Narrativ durchsetzen, aus dem Maßnahmen resultierten; nicht zuletzt, um Agrarpolitik, Aufforstung oder umwelt- oder wirtschaftspolitische Entwicklungspläne in der jeweiligen Region zu legitimieren. Dieser Idee zufolge waren die indigenen Bevölkerungen nicht gewillt oder in der Lage, die Natur ihrer Länder selbst auf westliches Niveau zu heben. Nichtwestliche Kulturen wurden in Europa als Kreaturen der sie umgebenden Natur gesehen, deren Institutionen, Praktiken und Möglichkeiten durch die kapriziöse Natur konditioniert und beschränkt wurden. Deswegen sahen sich die westlichen Imperialmächte selbst in der Verantwortung.

3.2.2 Das westliche Auge

Die Wahrnehmung Palästinas als verwahrlostes Land war schon im 19. Jahrhundert verbreitet. Von der Faszination für die öde Region zeugt eine Vielzahl von Werken aus dem Genre der Reiseliteratur. Der US-amerikanische Schriftsteller Mark Twain begab sich mit einer Gruppe Amerikanern auf eine *Great Pleasure Excursion* und beschrieb Europa und das Heilige Land. *The Innocents Abroad*, wie das fertige Werk heißt, wurde zum Bestseller und ist heute noch eines der populärsten Bücher des Genres. Das Werk wurde schon von den Zeitgenossen euphorisch aufgenommen. Twain beschrieb in seinen 1867 veröffentlichten Reiseerinnerungen Palästina als deprimierende, heruntergewirtschaftete Öde. Das Land war in seinen Augen ein »desolate country whose soil is rich enough, but is given over wholly to weeds – a silent mournful expanse […] a desolation«.[32]

Ob Twains Wahrnehmung, die bis heute in praktisch jeder Darstellung zur Geschichte Palästinas zu finden ist, der Realität entsprach, sei dahingestellt.

[31] Davis, Imperialism, 3.

[32] Mark Twain, *The Innocents Abroad*, Newark et al. 1869, 488. Online verfügbar unter: http://www.gutenberg.org/files/3176/3176-h/3176-h.htm (29.10.2018).

Repräsentativ war Twains Wahrnehmung dennoch, wenn sie auch nicht unwidersprochen blieb. Twain reiste zur Sommerzeit, zu der in der Levante Dürre herrscht, rekapitulierte rassistische Stereotypen, verglich das Land mit seiner blühenden amerikanischen Heimat und verfügte auch nicht über den wissenschaftlichen Hintergrund oder das Interesse, um Palästinas Natur die nötige Aufmerksamkeit zu schenken.[33]

Naturforscher kritisierten, dass Twain wie viele andere Besucher Palästinas zu sehr von den eigenen Sehgewohnheiten geleitet war. Das »westliche Auge«[34] trug dazu bei, dass die Landschaft des Heiligen Landes als karg wahrgenommen wurde.

George Adam Smith, ein Geograph, der zu Ende des 19. Jahrhunderts viel in Palästina forschte, schrieb hierzu: »It has grown the fashion to despise the scenery of Palestine. The tourist, easily saddle-sore and missing the comforts of European travel, finds the landscape deteriorate from the moment he leaves the orange groves of Jaffa behind him, and arrives in the north with a disappointment which Lebanon itself cannot appease.«[35] Nicht nur war es für westliche Reisende laut Smith in Mode gekommen, Palästina zu verachten. Das »westliche Auge« beurteilte eine Landschaft automatisch negativ, sofern sie im Vergleich zur europäischen Heimat fremd erschien und als unproduktiv wahrgenommen wurde. Sobald westliche Reisende die vertraut wirkenden Orangenhaine Jaffos verlassen hatten, waren sie von der Landschaft des Nahen Ostens enttäuscht.

Diesen Effekt beschrieb auch Henry Baker Tristram (1822–1906), ein britischer Bibelgelehrter, Naturforscher und Palästinareisender. Bereits in den 1860er Jahren erwähnte er, dass in den Palästinaberichten vor einer Enttäuschung ob der Landschaft gewarnt werde. Besonders der Wald auf dem Berg Carmel werde als »sehr bedeutungslos« beschrieben, so Tristram. Zwar musste auch er zugeben, dass der Wald eher kümmerlich sei, doch die Gebirge enttäuschten den britischen Reisenden nicht – zumindest solange er sich der Versuchung entzog, Palästina mit Europa zu vergleichen: »Certainly, the top of Carmel is not the place on which to recall the sublimity of the Alps, or the Pyrenees; but for ordinary hill-scenery, it is, undoubtedly, fine – almost grand. The part that fails is *forest* scenery.«[36] Auch die Zionisten nahmen die Wälder Palästinas als mangelhaft wahr, wie das sechste Kapitel dieser Arbeit beschreibt.

---

[33] Vgl. Michael Press, How a Mark Twain Travel Book Turned Palestine into a Desert, in: Hyperallergic (20.09.2017), https://hyperallergic.com/400528/how-a-mark-twain-travel-book-turned-palestine-into-a-desert/ (29.10.2017).

[34] George Adam Smith, *The Historical Geography of the Holy Land Especially in Relation to the History of Israel and the Early Church*, New York 1897, 84.

[35] Vgl. auch Gordon Smith, »The Geography and Natural Resources of Palestine as Seen by British Writers in the Nineteenth and early Twentieth Century«, in: Moshe Ma'oz (Hg.), *Studies on Palestine During the Ottoman Period*, Jerusalem 1975, 87–102, 95 (= Smith, Geography).

[36] Henry Baker Tristram, *The Land of Israel. A Journal of Travels in Palestine, Undertaken with Special Reference to its Physical Character, London 1865*, 110f (= Tristram, Land).

So war auch der Blick der Zionisten auf Palästina westlich: Sie sahen das Land, bewerteten, was gut und schlecht war, und überlegten, was verändert werden musste. Das dominierende Narrativ, die *environmental imaginary*, war im Falle Palästinas das einer desolaten Landschaft, deren Glanzzeiten tief in der Vergangenheit lagen. Hier griffen die Zionisten meist auf die Zeit jüdischer Herrschaft in der Antike als Beispiel für einen Zustand idealer Natur zurück. Einst Heimat der großen antiken Zivilisationen, war das Land trotz fruchtbarer Böden nun verwahrlost, wie Alexander Aaronsohns Bruder Aaron, Botaniker und Agronom, 1911 in einem Aufsatz feststellte. Er beschrieb den Boden Palästinas nicht nur als Ursprung der Zivilisation, sondern auch als durch eine segenhafte Fruchtbarkeit gekennzeichnet, die durch menschliche Misswirtschaft beschränkt werde:

> Thanks to the extraordinary fertility of their soil, these regions were the cradle and centre of the great civilizations of antiquity, and scientists agree that they have lost none of those qualities which then constituted their fruitfulness. Their present economic inferiority is entirely to be ascribed to the political and administrative systems to which all these countries are subjects.[37]

Die zunehmende Verwahrlosung der Natur war nach Aaronsohn im Laufe der Jahrhunderte von der indigenen Bevölkerung oder den lokalen orientalischen Autoritäten zu verantworten. Das Land Palästina, das nicht nach westlichen Standards kultiviert war, wurde als unsachgemäß genutzt betrachtet. Diejenigen, die sich der Kultivierung des Bodens annahmen, seien die rechtmäßigen Besitzer.[38] Dies meinte nicht nur einen moralischen Anspruch auf das Land. Auch nach

---

[37] Aaron Aaronsohn, »The Jewish Agricultural Station and its Programme«, in: Israel Cohen (Hg.), *Zionist Work in Palestine*, London 1911, 114–120, 116f (= Aaronsohn, Station). Vgl. auch Max Blanckenhorn, »Die nutzbaren Mineralien u. Gesteine Palästinas. Berichte über Reisen v. Dr. M. Blanckenhorn nach Palästina. 1904–1909.«, CZA, A12/68 (1919) (= Blanckenhorn, Mineralien).

[38] Ruth Kark, die sich mit der historischen Geographie Palästinas beschäftigte, macht folgende Einflüsse auf die Bedeutung von Landwirtschaft und Boden im Zionismus aus: 1. Die Physiokratie, eine aus Frankreich stammende aufklärerische Lehre aus dem 18. Jahrhundert, die sich in ganz Europa ausbreitete. Der Physiokratie zufolge war die Landwirtschaft der wichtigste Wirtschaftszweig, weil allein die Natur Werte hervorbringe und so Grund und Boden der einzige Ursprung von Wohlstand seien. Die landwirtschaftliche Produktivität verbessere letztlich auch die Gesellschaft. 2. Puritanische Einflüsse aus England und ein Amalgam aus ursprünglich aus Russland stammenden Agraridealen. Kark führt vor allem die Idee, nach der das Land demjenigen, der es bearbeitet, gehören solle, hierauf zurück. 3. Eine Enttäuschung über die Industrielle Revolution. 4. Rückgriffe auf diverse Agrarreformen. Auch Ideen der Narodniki und säkularisierte religiöse Konzepte spielten Kark zufolge eine Rolle. S. Ruth Kark, »Land-God-Man: Concepts of Land Ownership in Traditional Cultures in Eretz-Israel«, in: Gideon Biger/Alan R. H. Baker (Hgg.), *Ideology and Landscape in Historical Perspective. Essays on the Meanings of Some Places in the Past*, Cambridge 1992, 63–82, 71–74 (= Kark, Land-God-Man). Da die Botanischen Zionisten an keiner Stelle explizit diese Inspirationsquellen nennen, ist es schwer, deren tatsächliche Einwirkung abzuschätzen. Kark übersieht zudem den Einfluss des europäischen Kolonialismus auf den Zionismus. Vgl. die Diskussion in Kapitel 1.

osmanischer Rechtsauffassung gehörte der Boden dem, der ihn bearbeitete.[39] Diese Rechtsauffassung mag auch ein Grund dafür gewesen sein, weshalb die arabische Bevölkerung die Maßnahmen der Zionisten nicht schätzte.

3.2.3 Palästina als Ruine, Palästina als Schatzkammer

Die Zionisten begannen, sich mit der Natur Palästinas vertraut zu machen. Für den deutschen prozionistischen Agronomen Hubert Auhagen etwa war es eine zweijährige Aufgabe, die Rätsel der palästinensischen Flora zu entschlüsseln. Darunter verstand er die wundersame Eigenschaft der orientalischen Pflanzen, im Sommer ohne Regen und Bewässerung zu wachsen, und das Vorkommen von Brunnenwasser während der regenlosen Zeit, selbst in der Wüste. Auch die traditionelle Anbauweise im Orient ohne Dünger erstaunte Auhagen sehr. Zudem entdeckte er, dass viele der vermeintlichen Stein- und Steppenböden Palästinas eigentlich verkrustete Nariböden waren, die ohne großen Aufwand wieder kultiviert werden konnten.[40]

Auhagens Faszination nahm proportional zu seinem Verständnis der palästinensischen Natur zu. Mit diesem vertieften Einblick wuchs auch die Zuversicht, Palästina zu einer Heimstätte der Juden machen zu können. Das ungünstige Urteil, das Palästina-Skeptiker gefällt hatten und nach dem Palästina wegen seiner Natur nicht zum Judenstaat taugte, wurde angefochten: Entweder wussten die Kritiker Palästinas zu wenig von dessen Landwirtschaft, um das wahre Potential des Landes zu würdigen, oder, spekulierte Auhagen, sie setzten einen inadäquaten, nämlich westeuropäischen Erwartungshorizont, an. Letztlich berge das Land einige Geheimnisse für Westeuropäer, die durch wissenschaftliche Arbeit gelüftet werden könnten.

Doch Auhagen betonte auch, dass der Weg zum jüdischen Staat steinig sein werde. Die Natur Palästinas war noch nicht bezwungen und es war dementsprechend schwer, ihr ihre Gaben für die Menschen zu entlocken. So berichtete Auhagen etwa, dass es in Palästina noch keine domestizierten Bienenvölker gebe. Die Gewinnung von Honig sei deshalb mühsam und sogar gefährlich:

---

[39] Vgl. den Redebeitrag Richard Lichtheims: o. A., Sitzung, 1102. Richard Lichtheim (1885–1963) war zionistischer Funktionär, der zeitweise Warburg und dessen praktischem Zionismus nahestand. Für Informationen zur Person Lichtheim danke ich herzlich Andrea Kirchner. Zu Lichtheim vgl. auch Kirchner, Kapitel. Zum osmanischen Recht: Cohen, Politics, 2 f. Vgl. auch J. Ettinger, »Cultivation of Land on a large scale between Jafffa and Rafah«, CZA, A111/77 (03.07.1918), 2 f.

[40] Hubert Auhagen, »Jüdische Kolonisation in Palästina«, *Neue Jüdische Monatshefte* 1 (25.02. 1917), 269–274, 271 (= Auhagen, Kolonisation). Eine andere, tendenziell positive Auffassung von Palästina vertrat der englische Pastor und Naturforscher Henry Tristram: Henry Baker Tristram, *The Survey of Palestine. The Fauna and Flora of Palestine*, London 1884. Vgl. dazu: Yoram Yom-Tov, »Human Impact on Wildlife in Israel Since the Nineteenth Century«, in: Char Miller/Alon Tal/Daniel E. Orenstein (Hgg.), *Between Ruin and Restoration. An Environmental History of Israel*, Pittsburgh 2013, 53–81, 53 f.

In einsamen Felspalten gibt es hin und wieder sehr starke Bienenvölker, die große Massen Honig ansammeln, doch ist er schwer zu bekommen. Die deutschen Kolonisten in Haifa hatten die Absicht, auf dem Karmel einen solchen wilden Bienenstock auszunehmen. […] Nachdem man lange mit Schwefel und Dampf in dem schwierigen Terrain gearbeitet hatte, mußte man doch schließlich die Flucht ergreifen, ohne Honig mitzunehmen. Die Bienen waren so bösartig geworden und bedeckten die Teilnehmer der Expedition in so gewaltigen Mengen, daß der Aufenthalt in der Nähe des Honigschatzes unmöglich wurde.[41]

Auhagens Metaphern, »Expedition« und »Honigschatz«, waren nicht zufällig in den Text eingeflossen. Ein Grundgedanke des rationalisierten Fortschrittglaubens der europäischen Moderne war, dass man mit zivilisatorischem Fortschritt und Technik – analog einer Forschungsexpedition – der Natur die Schätze, mit denen sie geizte, entlocken konnte. Europäische Forschungsexpeditionen in andere Flecken der Welt hatten meist einen ökonomischen Hintergrund: Es sollten Produktionsmittel, meist in Form von Pflanzen, für das Mutterland, das koloniale Machtzentrum, generiert werden.[42]

Auch die Bodenkultur war Auhagen zufolge in Palästina nicht ausreichend entwickelt. Seiner Meinung nach waren Heuschreckenplagen in nicht bestelltem Ackerbogen begründet, »so ist ihr massenhaftes Auftreten auch ein Zeichen mangelhafter Bodenkultur«.[43] Ein Palästina, das man der einheimischen Bevölkerung überließ, blieb in den Augen der Botanischen Zionisten in einem Zustand, der dem Gedeihen menschlicher Kultur zuwiderlief und die gefährliche Natur nicht in ihre Schranken wies.

Noch 1937 schrieb der Agronom Jitzchak Wilkansky, wie durch Wissen und Einblicke in die »Geheimnisse des Landes« Palästina zum Blühen gebracht werden könne:

The wisdom of man, the power of his vigor, the fire of his belief, the persistence of his love, the wealth of his strength and fortune – these are the ones that will change the face of the earth and will transform the desert into a garden of beauty. Even those who know the secret of the land, […] its spirit, are surprised from time to time when its secrets are revealed to them during work and research.[44]

Wie Warburg setzte Wilkansky auf Wissenschaft, um das zionistische Unterfangen zu einem produktiven und nachhaltigen Ergebnis zu bringen.

---

[41] Hubert Auhagen, *Beiträge zur Kenntnis der Landesnatur und Landwirtschaft Syriens*, Berlin 1907, 30 (= Auhagen, Beiträge).

[42] Vgl. z. B. Pratik Chakrabarti, *Medicine and Empire: 1600–1960*, Basingstoke 2013; Londa L. Schiebinger/Claudia Swan (Hgg.), *Colonial Botany. Science, Commerce, and Politics in the Early Modern World*, Philadelphia, Pa./Bristol 2007; McCook, Scientific Representations.

[43] Auhagen, Beiträge, 30.

[44] Elazari-Volcani, I. [= Jitzchak Wilkansky], *The Design of Agriculture in the Land (of Israel)* (Rehovot Experimental Station), Tel Aviv 1937, 5. Zit. n. Tamar Novick, *Milk & Honey. Technologies of Plenty in the Making of a Holy Land*, 1880–1960, unveröffentlichte Dissertation, vorgelegt an der University of Pennsylvania 2014, 77 (= Novick, Milk).

Ein Beispiel für die »falsche« Nutzung Palästinas betraf die angebauten Kulturen. Statt Ölbäume, Weintrauben und andere Obstbäume anzubauen, wurden etwa weite Teile des Ostjordanlandes als Getreideland genutzt – und verfehlten damit ihren »eigentlichen Zweck«[45], wie Auhagen feststellte. Eines seiner Rezepte zu einer optimalen Nutzung beinhaltete den Vorschlag, Obstbäume und als Zwischenkulturen Gemüse und Luzerne zu pflanzen. Nur große, ebene Flächen sollten dem Getreideanbau dienen. Auf diese Weise könne das Land den »besten Böden Deutschlands« gleichkommen oder diese sogar übertreffen.[46]

Selig Soskin und Aaron Aaronsohn, Warburgs engste Mitarbeiter zu Beginn seiner zionistischen Karriere, formulierten, wie agronomisches Wissen das Land zum Vorteil aller verändern könnte:

Das Land ist dürr, man muss es zugeben, sogar sehr dürr in gewissen Gegenden. Dies liegt aber nur am Zustande der Cultur oder, richtiger gesagt am Zustande der Uncultur, in dem sich das Land befindet. Indes ist die Erde in Palästina überall freigebig, die Sonne überall befruchtend. Ueberall dort, wo man die Art des Anbaues anwenden wird, die durch eine tiefere Untersuchung, unter Zugrundelegung der gesunden Grundsätze der Agronomie, angezeigt ist, wird man sich seine Mühe reichlich bezahlt machen.[47]

Wissenschaftliches, hier agronomisches Wissen, sollte, korrekt angewandt, wahre Wunderkräfte entfalten. Soskin und Aaronsohn wollten so nicht nur die wirtschaftliche Leistungsfähigkeit des Landes verbessern, sondern auch das Klima und die »physische Entwicklung der Völker, der Rassen, die es bevölkern werden«. Alle Unternehmungen, die das zionistische Projekt entsprechend vorantreiben sollten, bezeichneten sie als »vom allgemein zionistischen Standpunkte von eminenter Bedeutung«.[48] Die Genesung Palästinas war möglich. Das war die Aufgabe, der die Botanischen Zionisten sich stellen wollten.

Der Diskurs um den »verwahrlosten« Orient und dessen mögliche, aber schwierige Revitalisierung hatte eine Vorgeschichte, die lange vor Warburg und seinen Mitstreitern begann, wie der Rekurs auf den deutsch-baltischen Kulturhistoriker Victor Hehn (1813–1890) zeigt. Hehn veröffentlichte bereits 1883 ein Werk zur Kulturgeschichte von Pflanzen und Tieren, in dem er auch auf die einst so ruhmvolle, zu seiner Zeit jedoch trostlose Situation des Orients zu sprechen kam:

Wie viele Menschenalter nöthig wären, den Orient wieder zu belauben, ist schwer zu bestimmen, doch ist unter diesem Himmel die Zeugungs- und Heilkraft der Natur erstaunlich. [...] Man sieht, ob Griechenland, Kleinasien, Syrien, Palästina, diese jetzt so verwahrlosten Länder, einer neuen Blüte sich erfreuen sollen, hängt allein von dem Gange der Welt- und Kulturgeschichte ab: die physische Natur würde kein unübersteigliches Hinderniss in den

[45] Auhagen, Beiträge, 270.
[46] Ebd.
[47] Selig Soskin/Aaron Aaronsohn, »Beiträge zur Kenntnis Palästinas. (Mittheilungen des Agronomisch-culturtechnischen Bureaus für Palästina)«, *Die Welt* 5 (15.11.1901), 9.
[48] Ebd.

Weg stellen. Auch liegt dem Urtheil, dass diese Gegenden für immer ausgenutzt seien, keine wissenschaftliche oder naturwissenschaftliche Beobachtung, vielmehr nur falsche geschichtsphilosophische Theorie zu Grunde.[49]

Hehn sah das Potential des Orients und beschrieb die Möglichkeit, ihn wieder zu »belauben«, wenn diejenigen, die dazu in der Lage waren, sich seiner annähmen. Der Mensch hatte den Orient ausgelaugt, aber er konnte ihn auch wieder revitalisieren, so Hehn. Die Vorstellung, dass er »ausgenutzt« auf alle Zeiten sei, sei falsch.

Hehn war kein Zionist, auch erschien sein Text vor dem Beginn der zionistischen Bewegung, so dass Juden darin nicht auftauchten. Doch zeigt der kurze Ausschnitt, dass die Art und Weise, in der Palästina von Aaronsohn, Warburg und anderen Zionisten wahrgenommen wurde, keineswegs untypisch war, sondern die Sicht auf den Orient insgesamt reflektierte.[50] Auch wenn Hehn, die Zionisten und die zionistischen Pflanzenforscher zunächst wenig über Palästina wussten, war der Blick auf Palästina und auch dessen Einwohner aus unterschiedlichen Quellen gespeist; aus kulturellen Prägungen, aus Vorurteilen, aus Anschauung und Untersuchung, aber auch aus Ignoranz und Nichtwissen.

Keiner, der sich um 1900 mit Palästina beschäftigte, kam um die vermeintliche Verfallsgeschichte des Landes und der Region herum. Man war sich sicher: Die Wiederbelebung des brachliegenden Palästinas würde nicht ohne Hilfe von außen gelingen. Der Geologe Max Blanckenhorn (1861–1947), der Palästina mehrmals in Zusammenarbeit mit den Botanischen Zionisten erforschte (s. Kapitel 2), brachte diese Vorstellung auf den Punkt:

Im Orient ist der Glanz der Weltgeschichte das entscheidende Moment bei der bestehenden Verwahrlosung. Nicht die Natur hat sich geändert, sondern die Menschen haben vielfach sinnlos darin gewütet. Auf Schritt und Tritt kann der einsichtige Reisende die Beobachtung bestätigt finden, dass im Boden Syriens wunderbare Kräfte schlummern, die der menschliche Fleiß nur zu wecken braucht, um das Land seiner Verwahrlosung zu entreißen.[51]

Aaronsohn, Warburg, Hehn und Blanckenhorn gingen wie selbstverständlich davon aus, dass der bedauernswerte Zustand der Natur in der Region durch die heilsame Kraft der Kultur aufzuheben sei. Sollte Europa sich entschließen, sich Palästinas anzunehmen, wäre die »physische Natur« kein Hindernis für eine erneute Begrünung des Landes, denn der Mangel Palästinas sei nicht inhärent, sondern menschengemacht.

[49] Victor Hehn, *Kulturpflanzen und Haustiere in ihrem Übergang aus Asien nach Griechenland und Italien sowie in das übrige Europa*, Berlin 1883, 7.

[50] Zachary Lockman, *Comrades and Enemies. Arab and Jewish Workers in Palestine, 1906–1948*, Berkeley 1996, 30.

[51] Max Blanckenhorn, »Aus dem Geologenarchiv: 50 Jahre Freiburger Geologenarchiv Ein facettenreicher Reisebericht aus dem Bestand«, o. D., https://web.archive.org/web/20160529125531/http://www.g-v.de/content/view/490/57/ (29.10.2018), 7 (= Blanckenhorn, Geologenarchiv).

3.3 »Fortschrittlicher, rationeller und besser«: Eine »mission civilisatrice« für Palästina

Eine Frage beschäftigte Palästinareisende, Naturforscher, Kulturwissenschaftler und Zionisten gleichermaßen: Wie konnte das Land, in dem einst »Milch und Honig« flossen, so verwahrlosen? Der Protagonist in Theodor Herzls *Altneuland* formulierte es so: »Die Geschichte von Milch und Honig ist doch nicht mehr wahr!«[52]

Auch Warburg setzte sich mit dem vermeintlichen Niedergang Palästinas auseinander, schließlich galt dieser als eine der größten Hürden für das zionistische Projekt: Wie sollte ein desolates Land den Judenstaat nähren? Für Warburg, der mehr auf praktische Palästinaarbeit als auf die diplomatische Karte setzte, war der Zustand der palästinensischen Natur – und die Möglichkeiten, sie zu formen und zu verbessern – von besonderer Relevanz. Er wollte den »massgebenden Kreisen der Culturvölker den Beweis liefern […], dass es den Juden ernst« war mit der »Hebung des Landes«.[53] Warburg war überzeugt, dass Palästina »dank dem Fleiss und der Energie der jüdischen Einwohner und mit Hilfe der bedeutenden Gelder, die sie in ihre Unternehmungen zu investieren imstande sind«, zweifelsohne binnen kürzester Zeit »zu einer der reichsten und wohlhabensten Provinzen des Osmanischen Reiches werden« würde.[54] Kurzum: Die Botanischen Zionisten sahen ihr Werk in Palästina als mission civilisatrice.[55] Warburg interpretierte die Kultivierung Palästinas sogar als Gottesdienst:

> Daß Juden, die als Schmarotzer verschrien waren, neues und Konkretes schaffen, daß sie unter den Kulturpionieren der Erschließung vernachlässigter Länder, die jeder seinem Ziel, jeder seinem gesegneten Wirken zueilen, eifrig, pflichttreu, stark und zuversichtlich als Schaffende, als Städtebauende, als Gemeinschaftenbildende die Hände emporstrecken, den Pflug in die Erde

[52] Herzl, Altneuland, 52.

[53] Otto Warburg, »Ueber die Zukunft der Cultur von Handelspflanzen in Palästina«, *Die Welt* 6 (14.02.1902), 6–7 (= Warburg, Zukunft).

[54] Otto Warburg an Unterstaatssekretär Zimmermann vom Auswärtigen Amt, CZA, Z3/5 (14.11. 1916), 3 f.

[55] Die mission civilisatrice war eine moralische – zwar rationalisierende, aber doch ernst gemeinte – Rechtfertigung für imperiale Projekte. Sie tauchte als Idee erstmals im 16. Jahrhundert auf und fand während der revolutionären Ära in Frankreich Verbreitung. Kerngedanke war eine Assimilierung und Emanzipation kolonisierter Völker durch Bildung. Im Laufe der Zeit wandelte sich der Begriff der mission civilisatrice und zielte zunehmend auf die Beherrschung von Naturressourcen und Gesellschaften durch Technologietransfer ab. S. Adas, Machines, 190–241. Diese Art der Kolonialpolitik nennt Joseph Morgan Hodge »constructive exploitation«, weil sie etwas behutsamer als andere Formen des Kolonialismus vorging. S. für eine kurze Zusammenfassung: Hodge, Triumph, 42 f. Eine zeitgenössische Kritik findet sich bei Kundrus, Imperialisten, 29. Für den zionistischen Kontext vgl. Penslar, Zionism and Technocracy; Ivan Davidson Kalmar/Derek Jonathan Penslar, *Orientalism and the Jews* (The Tauber Institute for the Study of European Jews Series, Waltham 2005 (= Kalmar/Penslar, Zionism); Derek Jonathan Penslar, *Israel in History. The Jewish State in Comparative Perspective*, New York 2007, 108; A. L. Conklin, *A Mission to Civilize: The Republican Idea of Empire in France and West Africa, 1895–1930*, Stanford 1997, 2–6.

senken und die Dächer zum Himmel heben, Bogen über die Wasser spannen, sich vereinigen und einander helfen, ein Land – das Land ihrer Väter – immer fortschrittlicher, rationeller und besser auszubauen, nach der Eingebung ihres Geistes und einem historischen Willensdrang folgend, – wer wird darin nicht einen wahren Kiddusch ha-Schem, eine Verherrlichung des Gottesnamen erblicken?[56]

Nicht nur parallelisierte Warburg, wie im Zionismus typisch, die Hebung des Landes mit der Hebung des jüdischen Menschen; aus »Parasiten« würden produktive, schaffende Leute. Die jüdische Gabe zur Schaffung, so ließ Warburg durchblicken, sei seinem Volk inhärent, aber im Laufe der Zeiten verschüttet worden.

Die Tatsache, dass die Juden nach Palästina zurückkehrten, nannte Warburg eine »Verherrlichung des Gottesnamen[s]«, schließlich begab man sich, der biblischen Genealogie folgend, ins Land der Väter. Doch nicht die Heimkehr nach Palästina, sondern die Erschließung des Landes, der Versuch, es »fortschrittlicher, rationeller [zu machen] und [Palästina] besser auszubauen«, war der eigentliche Gottesdienst für Warburg. Die koloniale Erschließung dank der »Kulturpioniere« bildete für ihn das eigentliche Argument für eine Rückkehr nach Palästina. Damit spielte er auf die tradierte, religiöse Heimkehr in das Land der Väter an, variierte dieses Narrativ aber gleichzeitig. Doch Warburg setzte religiöse Elemente vor allem rhetorisch ein. Die Botanischen Zionisten nahmen selten Bezug auf die Bibel. Metaphern, die im Kontext der Transformation Palästinas suggestiv gewesen wären, wie »Garten Eden«, »Paradies«, »Milch und Honig« fielen kaum. Dennoch hatten auch die Botanischen Zionisten eine symbolische Verbindung zu Palästina, die über Nutzenkalküle weit hinausging. Die Bibel verlor also nicht komplett an Bedeutung; aber sie war in den Augen Warburgs nurmehr dazu geeignet, ein wissenschaftliches Projekt argumentativ zu unterstützen.[57]

Der Fortschritt, den Warburg propagierte, zielte zunächst auf die Natur Palästinas ab. Warburg beklagte die »tausendjährige Misswirtschaft«, die in seinen Augen in Palästina geherrscht hatte. Sein Augenmerk lag auf Natur und Flora des Landes, die er als vernachlässigt betrachtete:

---

[56] Warburg, Pflichten, 3.

[57] Im Gegensatz dazu war die Bibel für Christen mit Palästinabezug weiterhin wichtig, wie Tamar Novick am Beispiel der französisch-schweizerischen Missionarsfamilie Baldensperger um die Jahrhundertwende beschreibt. Die Familie begründete die moderne Imkerei in Palästina. Wie Novick zeigt, wurde sie dabei vom Interesse getrieben, das als desolat wahrgenommene Palästina in ein Heiliges Land zu transformieren – dabei ließ sie sich vom biblischen Ausspruch »vom Land, in dem Milch und Honig fließen« leiten: »Specific practices, notably beekeeping and dairy farming, were chosen to demonstrate the sacredness of the land. From the turn of the century, with growing Christian settlements, the expanding Jewish settlements and the success of the Zionist movement, these efforts became crucial for the creation of the Holy Land. Settlers quite literally adopted the biblical metaphor of a ›land flowing with milk and honey,‹ as the conceptual model for revealing the essence of the land.« Novick, Creation, 295.

Den Bestrebungen, die jüdische Kolonisation nach dem Orient und speziell nach Palästina zu lenken, wird neben den ja tatsächlich vorhandenen politischen und wirtschaftlichen Schwierigkeiten vor allem der Einwand entgegengehalten, dass das Land sich für die Kolonisation nicht eigne, es sei durch die 1000jährige Vernachlässigung und Misswirtschaft in eine hoffnungslose und kaum mehr besserungsfähige Verfassung geraten, die zunehmende Devastierung der Wälder habe das Klima verändert, die geringe Erdkrume, welche sich auf den an sich schon dürren Berghängen gebildet hatte, sei durch die winterlichen Sturzregen, die nicht mehr von den Waldungen aufgehalten werden, herabgespült, während die Täler und Ebenen durch das Fehlen jeglicher Flussregulierungen versumpften und Brutstätten der schlimmsten Fiebermiasmen wurden.«[58]

In Palästina hatte sich, so Warburg, durch menschliches Fehlverhalten sogar die Natur genuin verändert. Jahrhundertelange fehlgeschlagene Bewirtschaftung durch arabische Fellachen, politische Misswirtschaft und die Vernachlässigung wissenschaftlicher Methoden in der Landwirtschaft hätten zum Kollaps des Landes geführt. Das Klima sei verschlechtert worden, Erosionen seien erzeugt worden und Sümpfe entstanden. Palästina war in Warburgs Augen desolat, dysfunktional und krank.

Palästina konnte westlichen Produktivitätskriterien nicht genügen – die Bevölkerung umfasste einige Hunderttausend Araber, von denen der Großteil als einfache Fellachen lebte. Die wesentlich kleinere jüdische Bevölkerung lebte eher schlecht als recht, war arm und unproduktiv. Doch der Zionismus hatte es sich zur Aufgabe gemacht, einige Millionen Juden in diesem kleinen Land anzusiedeln. Ohne massive Lebensmittelimporte würden die Neuankömmlinge in Altneuland aber nicht satt werden.

Palästina wurde als Potential gesehen, als Raum für Möglichkeiten, den es zu füllen galt, und als Experimentierfeld für wissenschaftliche Ideen. Obwohl nicht klar definiert war, welchen geographischen Raum Palästina ausfüllen sollte, wurde es als beengt wahrgenommen. Dies trug dazu bei, die Ressourcen des Landes als begrenzt zu sehen.[59] Auch deswegen war eine effiziente Nutzbarmachung des Landes nötig.

Als Vorbild diente Warburg das produktive Europa[60] – der Kontinent, der die Natur bezwungen hatte. Warburg war zu Beginn des Jahrhunderts überzeugt, dass Palästina zukünftig sechsmal so viele Einwohner fassen, mindestens dreieinhalb Millionen Menschen versorgen und an Produktivität sogar das fruchtbare Sizilien überholen könnte.[61] In Herzls *Altneuland* ruft einer der Protagonisten

[58] Warburg, Palästina als Kolonisationsgebiet, 3.
[59] Yaron, Arabesques, 37. S. auch Herzl, Tagebuch 1895–1899, 90.
[60] Vgl. Osterhammel, Entzauberung, 250, 390, 400.
[61] Otto Warburg, »Die Zukunft Palästinas«, *Die Welt* 11 (04.01.1907), 8–11, 9. Andere Zionisten gingen noch weiter: Davis Trietsch sprach etwa von 5 Millionen anzusiedelnden Juden. Trietsch, Palästina-Handbuch, 331.

aus: »Hol mich der Deibel, das ist ja Italien!«, als er nach langer Abwesenheit in ein gewandeltes, nun produktives Palästina zurückkehrt.[62]

Im oben zitierten Artikel sprach Warburg jene Punkte an, die später als Herzstücke zionistischer Landschaftstransformation gelten sollten: Der zerstörte Wald wurde aufgeforstet und Teile Palästinas erschienen als dichter, grüner Forst; die malariaverseuchten Sümpfe wurden trockengelegt und besiedelt. Aufforstung und Trockenlegung wurden – wie der Eukalyptus – Symbole des zionistischen Erfolges. Die Botanischen Zionisten waren »bewaffnet mit modernem Wissen und moderner Technik«.[63] Die Kraft westlicher Wissenschaft und Technik wurde anhand dieser beiden Beispiele besonders deutlich. Diese Sichtweise auf Palästina teilten auch die anderen Botanischen Zionisten. Aaron Aaronsohn und Jitzchak Wilkansky beschrieben die Übertragung von westlicher »Wissenschaft und Technik«, die »Fortschritt« mit sich in den Osten brachten, als »Western stimulus« für die Landwirtschaft.[64]

Theodor Herzl stellte Palästina in seinen Schriften ähnlich verwahrlost dar wie Alexander Aaronsohn oder Warburg. Ein prägnantes Beispiel hierfür sind die Beschreibungen Palästinas in Herzls 1902 erstmals erschienenem utopischen Roman *Altneuland*. Obwohl Herzl über ein Palästina schrieb, das er zum Zeitpunkt des Abfassens des Romans aus eigener Anschauung nicht kannte, ähnelt die Schilderung des Landes jener Alexander Aaronsohns. Ein kurzer Dialog aus Herzls Roman veranschaulicht dies. Darin unterhalten sich die Hauptpersonen; der junge, jüdische, lebensmüde Jurist Friedrich lässt sich vom Millionär Kingscourt seine angebliche Heimat Palästina zeigen:

›Wenn das unser Land ist‹, sagte Friedrich melancholisch, ›so ist es ebenso heruntergekommen wie unser Volk.‹

›Ja, es ist einfach scheußlich, geradezu polizeiwidrig–,‹ erklärte Kingscourt, ›und es ließe sich da viel machen. Aufforsten müßte man. So eine halbe Million junge Riesentannen – – die schießen hoch wie Spargel. Das Land braucht nur Wasser und Schatten, dann hätte es noch eine Zukunft, wer weiß wie groß!‹

›Wer soll da Wasser und Schatten herbringen?‹

›Die Juden, Kreuzschockschwerenot!‹[65]

Wasser und Schatten, Juden und Tannen waren laut den Protagonisten des utopischen Romans die Rezeptur zum Erfolg. Palästina sollte, wie bei Alexander Aaronsohn auch, zunächst in seiner Natur verändert werden.

Herzl schrieb aus einer Perspektive, die weder von persönlichen Erfahrungen in Palästina noch von einem profunden wissenschaftlichen Verständnis geprägt war. Beides unterschied ihn von Alexander Aaronsohn – das Resultat der

---

[62] Herzl, Altneuland, 132.

[63] Aaron Aaronsohn/Jitzchak Wilkansky, »Memorandum [Jaffa-Rafah Land Scheme]«, CZA, A111/77 (28.05.1918), 5.

[64] Ebd., 4.

[65] Herzl, Altneuland, 48.

Beobachtungen war indes erstaunlich ähnlich. Doch wird aus dem Abschnitt klar, dass Herzl zwar die Vision eines grünen Palästinas mit europäischen Beobachtern (und zahllosen anderen Zionisten) teilte, allerdings über den Weg zu einer »großen Zukunft« weniger wusste als etwa Warburg. Rasant wachsende »Riesentannen« sollten von den Botanischen Zionisten jedenfalls nicht eingesetzt werden, um Palästina zu manipulieren, zu begrünen oder zu verbessern. *Dass* aber etwas geschehen musste mit dem Land, war zionistischer Konsens.

In Herzls Darstellung Palästinas wird nicht nur die Natur verändert, sondern auch die Menschen, die sie umgibt, erfahren eine Transformation – Juden wie Araber. Die Situation der Natur Palästinas ist ein Abbild der Judennot; Herzl parallelisierte die schwierige Lage der Diasporajuden mit der als desolat wahrgenommenen Landesnatur. Bei ihm ist das Land »ebenso heruntergekommen« wie das jüdische Volk selbst. Mit diesem Vergleich konnte er ein weiteres Leitmotiv des Zionismus einfließen lassen: Die Parallelisierung von Land und Leuten, die sich beide gleichermaßen in einer bedauernswerten Lage befanden und durch das zionistische Siedlungswerk erlöst werden sollten. Ein verbessertes Palästina der Juden sollte auch einen verbesserten Menschenschlag hervorbringen. In erster Linie waren damit die Juden gemeint (s. Kapitel 5), doch auch die arabische einheimische Bevölkerung sollte von der Wandlung des Landes nicht ausgeschlossen werden. Wie Herzl ging es Warburg nicht nur um die Hebung der Natur, sondern auch um eine sittliche und körperliche Verbesserung der indigenen Bevölkerung, »damit eine gesunde Bauernschaft sich anstelle der durch Armut zerlumpten Fellachen entwickeln kann«.[66] Eine »moderne« Elite sollte die Geschicke eines jüdischen Staates lenken: »Die Rückkehr selbst der halbasiatischen Juden unter der Führung vollständig moderner Menschen müsste zweifellos die Assanierung dieses verwahrlosten Orientwinkels bedeuten [...].«[67]

Warburg betrachtete Araber und Juden als »stammesverwandt« und war überzeugt, dass diese zukünftig gut miteinander auskommen würden: »Dass eine starke jüdische Bevölkerung sich sehr gut mit der arabischen verträgt, zeigt die bisherige Kolonisation. Die Juden sind den Arabern stammverwandt, sie gewöhnen sich leicht aneinander, und vielfach betrachten Araber die Juden wie ihre älteren Brüder, die nach langer Abwesenheit im Ausland reich an Erfahrungen zurückkehren.«[68] Dank »dem Fleiss und der Energie der jüdischen Einwohner« sollte Palästina bald verbessert werden. Kurzum: Warburg beteuerte, dass es den Juden »ernst [war] mit der wirtschaftlichen Hebung des Landes, dass sie hierfür keine Opfer scheuten, und nicht nur durch Gebete, sondern durch intensive und ernste Arbeit im Sinne moderner Technik und Wissenschaft den Boden hierzu

---

[66] Otto Warburg an Baron Louis von Rothschild, CZA, A12/177 (28.10.1924), 2.

[67] Herzl, Tagebuch 1895–1899, 125 f.

[68] Otto Warburg, »Redebeitrag über die praktische zionistische Tätigkeit in Palästina auf dem 12. Delegiertentag der ZVfD in Frankfurt a. M.«, *Die Welt* 14 (16.09.1910), 891f, 892.

vorbereiten« würden.[69] Ihr zivilisatorischer Fortschritt beruhte auf der reichen Erfahrung, die die Juden in der Diaspora gesammelt hatten. Die Juden sollten in Palästina zur Macht werden, die dank ihres wissenschaftlichen und technologischen Erbes das Lande Palästina seiner wahren Bestimmung als produktive Landschaft zuführen konnten.[70]

Während die meisten derjenigen, die über den Verfall Palästinas nachdachten, keine konkrete Vision für die Zukunft des Landes entwickelten, war dies für die Zionisten eine wichtige Aufgabe. Gerade für einen praktischen Zionisten wie Otto Warburg war es naheliegend, sich mit der zukünftigen Gestaltung des Landes auseinanderzusetzen. Um den Orient zu heben, sollten die Botanischen Zionisten vor allem europäische Technologien nutzen (s. Kapitel 5). Ein wichtiger Schritt zur Verbesserung des Orients war für die Botanischen Zionisten etwa die Einrichtung einer landwirtschaftlichen Versuchsstation,[71] um so die vermeintlichen Fehler der Vergangenheit zu beheben, Palästinas Potential zu nutzen und das Land zur Produktivität zu führen. Warburg stellte schon nach wenigen Jahren des Engagements für den Zionismus eine überraschend optimistische Prognose: »Allen diesen Hypothesen werde aber der Boden entzogen durch die Forschungen der Gelehrten und die Erfahrungen der ersten Siedler. Diese zeigten, daß das Land überhaupt nicht verwüstet sei, daß es, richtig behandelt, gute, zuweilen sogar glänzende Erträge abwirft, und daß es selbst klimatisch zu den begünstigteren Teilen des Mittelmeergebietes gehört [...].« Palästina war, davon war Warburg überzeugt, tauglich für die Kolonisation – zumindest, solange diese gut angeleitet war.[72]

Ein weiteres Motiv, das den Botanischen Zionismus in die Nähe der europäischen »mission civilisatrice« rücken ließ, war die Wahrnehmung Palästinas als leeres Land, dem es nicht nur an Fortschritt, sondern auch an Bevölkerung mangelte. Palästina verfügte nicht über die nötige Population, die in den Augen vieler Zionisten notwendig war, um das Land zur Blüte zu bringen. Nach Auhagens Ansicht waren »sämtliche« Völker der Türkei nicht imstande, »die erforderlichen Bauern für das menschenleere Syrien zu liefern«.[73] Auhagen wurde vom zionistischen Aktionskomitee mit der Aufgabe betraut, den Stand der jüdischen Ansiedlungen in Palästina zu überprüfen. Er stellte fest, dass sich der Großteil der palästinensischen Gesellschaft vor allem aus verarmten muslimischen Fellachen

---

[69] Warburg, Zukunft, 7.

[70] Diese Argumentation findet sich auch bei anderen führenden Zionisten wie dem Soziologen und »Vater der Siedlungsbewegung« Arthur Ruppin (1876–1943): Arthur Ruppin, *Der Aufbau des Landes Israel: Ziele und Wege jüdischer Siedlungsarbeit in Palästina*, Berlin 1919, 72.

[71] Protokoll VII. Zionistenkongress, 197–200; Aaron Aaronsohn, »Die jüdische landwirtschaftliche Versuchsstation und ihr Programm«, *Die Welt* 14 (17.10.1910), 1068–1071 (= Aaronsohn, Versuchsstation); Otto Warburg an Baron Louis von Rothschild, CZA, A12/177 (28.10.1924), 2.

[72] Warburg, Zukunft Palästinas, 8.

[73] Auhagen, Jüdische Kolonisation, 269 f.

zusammensetzte, die keinen Grund und Boden besaßen.[74] Für Auhagen war es gesichert, dass nicht nur die Juden, sondern auch das Lande Palästina samt seiner Natur von einer zionistischen Immigration nur profitieren würden: »Also Menschen und Geld sind nötig, die großen Steingebiete Syriens ihrer naturgemäßen Bestimmung, ein blühender Öl- und Obstgarten zu sein, zuzuführen. Beides können diesem Lande auf der ganzen Welt nur die Juden liefern.«[75] Ähnlich formulierte es Oppenheimer in *Altneuland*:

> Diesem Lande der Verheissung fehlen nur die Menschen, um gross und blühend wiederaufzuleben – dieselben Menschen, die jetzt als Völkersplitter über die Erde gefegt werden, um unter tausend Leiden ihrem Glauben, ihrer Nationalität, ihrer geschichtlichen Aufgabe verloren zu gehen. Sollte es nicht Pflicht aller Juden der Welt sein, die noch daran glauben, dass Israel sich erhalten muss, um jene grosse, jene furchtbar grosse und schwere Aufgabe zu erfüllen, dem Lande zu den Menschen, den Menschen zu dem Lande zu verhelfen?[76]

Gemäß dieser Sichtweise war es vorgesehen, dass die Juden, die in der Diaspora ohnehin nur Leid erwartete, ihrer historischen Aufgabe nachgingen und Palästina besiedelten. In der aphoristischen Bemerkung in der letzten Zeile hieß es: Man solle dem Lande zu den Menschen verhelfen und umgekehrt. Oppenheimer verknüpfte das Motiv eines leeren Landes mit dem – in der zionistischen Ideologie sehr präsenten – Motiv einer körperlichen und beruflichen Umstrukturierung der Juden. Aus Juden sollten Bauern und Arbeiter werden. Wollten die Juden nach Palästina und dieses bevölkerungsreich machen, so mussten sie körperliche Arbeit verrichten, um dem Land seine Gaben zu entlocken (s. Kapitel 5). Volk und Land waren verbunden. Mit der Hebung des Landes ging die Produktivierung des Menschen Hand in Hand. Warburg sah seine Mission in Palästina dann auch nicht nur als Gelegenheit, die Juden landwirtschaftlichen, körperlichen Berufen zuzuführen, sondern auch als Werk von historischer Bedeutung:

> Der Jude ist ein guter Gärtner und Pflanzer, der nach den von Herrn Aaronsohn in Kalifornien gemachten Erfahrungen den dortigen Obstbauer an Intelligenz, Fleiß und Geschicklichkeit wohl noch übertrifft. [...] Sollte es uns gelingen, diesen Umwandlungsprozeß Palästinas durch unsere Arbeiten zu fördern, so würden wir unsern Bestrebungen in der Kulturgeschichte Palästinas einen Ehrenplatz geschaffen haben.[77]

Warburg wollte das Land heben, indem er es fruchtbar machte. Zudem wollte er aus Diasporajuden »Gärtner und Pflanzer« machen – Berufe, zu denen die Juden schon perfekte Anlagen zu haben schienen.

---

[74] Ebd., 270 f.

[75] Ebd., 272.

[76] Franz Oppenheimer, »Pflanzungsverein ›Palaestina‹«, *Altneuland. Monatsschrift für die wirtschaftliche Erschließung Palästinas* 3 (Dezember 1906), 353–355.

[77] Otto Warburg, »Ueber die Kulturpflanzen Palästinas«, *Die Welt* 14 (17.10.1910), 1023–1027, 1027.

Von der »mission civilisatrice«, die die Botanischen Zionisten für Palästina vorsahen, sollten alle profitieren. Ihr Einsatz ergab nur Sinn, nachdem man Palästina als desolates Land imaginierte, das dringend Hilfe von außen benötigte.

3.4 Palästina als Land der Juden

Wie die Wahrnehmung Palästinas mit kolonialen Diskursen verknüpft war, wurde im ersten Teil dieses Kapitels gezeigt. Nun soll nachgezeichnet werden, wie die Botanischen Zionisten sich ein ideales Palästina vorstellten.

Die frühzionistischen Protagonisten stammten aus Europa. Palästina war ihnen kein vertrautes Land. Wie auch? Als überwiegend europäisches Kollektiv waren sie von ihrer angestrebten Heimstätte völlig entfremdet, durch große Distanzen getrennt und von einer authentischen Erfahrung Palästinas ausgeschlossen.

Dass Palästina den Zionisten und denen, die es werden sollten, nicht unbedingt bekannt war, war ein Umstand, der vielerorts beklagt wurde. In der *Welt*, dem bedeutendsten Pressewerkzeug des deutschen Zionismus, kritisierte man das Fehlen von Palästinakenntnissen unter deutschen Juden und machte vor allem einen Mangel an »popularisierenden literarischen und technischen Hilfsmitteln«[78] verantwortlich. Der Schreiber fand den Zustand, in dem »eine sehr grosse Zahl westlicher Zionisten das Land ihres nationalen Ideals recht wenig kennt und die unklarsten Vorstellungen von Land und Leuten hat«, beschämend. Seiner Meinung nach führte diese Unwissenheit zwangsläufig zu polarisierten, entweder sehr pessimistischen oder allzu optimistischen Vorstellungen vom Land.

Als Theodor Herzl seinen Roman *Altneuland* schrieb, musste er auf die Landschaft Zions genauer eingehen, um die neue Heimat der Juden plastisch und überzeugend darzustellen. So wollte er möglichst viele Juden von der Bedeutung des Zionismus, dessen Realisierbarkeit und der Rückkehr nach Zion überzeugen.

Denn so, wie Palästina sich den Zionisten zeigte, war es kaum in der Lage, den geplanten Judenstaat zu beherbergen. Die Juden, die Europa verließen, sahen in Palästina zu Beginn des 20. Jahrhunderts keine Heimat. Dieses Problem wurde anhand des Schicksals der Ostjuden diskutiert. Während der katastrophalen Verfolgungen zwischen 1881 und 1914 wanderten zwei Millionen nach Nordamerika aus.[79] Von dem »gewaltigen Auswandererstrom« konnte nur ein kleiner Teil nach Palästina gelenkt werden. Auf der Sitzung des *zionistischen Zentralkomitees*[80] wurde diskutiert, warum. Der Zionist Richard Lichtheim sah

[78] R. Nss, »Palästinareisen«, *Die Welt* 8 (23.09.1904), 6f.

[79] Dirk Hoerder, *Geschichte der deutschen Migration: Vom Mittelalter bis heute*, München 2010, 74–77.

[80] Diese repräsentierte die Landesorganisation der Zionistischen Vereinigung für Deutschland.

keinen Grund zur Annahme, dass Palästina sich in ein Migrationsziel für Ostjuden wandeln würde. Palästina war, so Lichtheim, unattraktiv. Das Land war klein, es gab kaum Industrie, sondern fast nur Landwirtschaft. Für ihn war es nur folgerichtig, dass die Juden Osteuropas alleine aus wirtschaftlichen Gründen begannen, sich »in den Industrieländern des Westens so rasch wie möglich neue Erwerbsquellen zu suchen«. Lichtheim betonte die sozial-ökonomisch bestimmte »Richtung der jüdischen Masseneinwanderung«: »Die Juden sind das ärmste Volk der Erde und da die Menschen sich stets von den Ländern höheren ökonomischen Druckes nach denen geringeren Druckes bewegen«, musste Palästina sich verwandeln.[81]

Warburg hatte klare Vorstellungen, wie das Heilige Land auszusehen hatte, ein Land, das ein großer Teil seiner Mitstreiter und auch seiner Illustratoren zu Beginn des 20. Jahrhunderts nicht kannte. Zunächst wurde es als schöne, üppige Landschaft imaginiert, in die die Zionisten sich langsam einbrachten.

3.4.1 »Herrlichster Blütenflor«: Warburg und Herzl konstruieren Palästina, 1902

In Herzls Roman *Altneuland* lesen wir davon, dass überall »ein Grünen und Blühen, eine junge duftende Welt« herrschte, ein wahrhafter »Garten Eden«.[82] Dort ist die Rede von einer »Niederung, reichbebaut mit Weizen und Gerste, Mais und Hopfen, Mohn und Tabak« – kurzum; »[I]n der Sonne dieses Frühlingstages machte die ganze Landschaft einen unsagbar friedvollen und glücklichen Eindruck.«[83]

Nun war Herzl kein Experte für die Flora Palästinas. In den Archiven des Zionistischen Zentralarchives Jerusalem ist ein Briefwechsel[84] archiviert, der uns zeigt, wie Herzl zu seiner Landschaftsbeschreibung in *Altneuland* kam. Herzl plagte sich mit der »Unsicherheit des Unwissenden«[85] und bat Warburg um Rat: »Ich möchte die zwischen Haifa und Tiberias südlich von der Ebene El Battouf gelegene Fläche (Wadi el Jeraban) schildern, wie sie Ende März aussieht, wenn Weizen und Gerste, Mais und Hopfen, Mohn und Tabak angebaut sind. Wollen Sie mir mit ein paar Worten sagen, wie es da richtig aussieht?«[86] Warburg

---

[81] O. A., Sitzung, 1101. Das Zitat in Lichtheims Rede bezieht sich auf ein Werk Franz Oppenheimers: Franz Oppenheimer, *Schriften zur Soziologie (Hrsg. von Klaus Lichtblau)*, Wiesbaden 2014, 75–77.

[82] Herzl, Altneuland, 124.

[83] Ebd., 149.

[84] Tatsächlich hatte Herzl Warburg auch zuvor schon kontaktiert, um Artikel für seine Zeitschrift *Die Welt* zu erbitten, in denen Warburg über die Bewaldung Eretz Israels schreiben sollte. Warburg lehnte diesen Auftrag aus Zeitgründen und mangelnder Kenntnis ab – im Jahre 1900 bereiste er erstmalig Palästina. Thon, Warburg, 21–23.

[85] Herzl war 1898 nach Palästina gereist, hatte aber der palästinensischen Natur wohl nicht genug Aufmerksamkeit geschenkt.

[86] Theodor Herzl an Otto Warburg, CZA, HNIII/50 (24.10.1900).

antwortete im Jahr 1900 (im möglicherweise poetischsten Brief der Botanikgeschichte):

Ende März ist jedenfalls die Ebene von lachendem Grün bedeckt, an manchen Stellen mag die Gerste sich schon anschicken, ihre lang begrannten Blüthenähren zu entfalten (reift erst Ende April), während der Weizen noch in der vegetativen Entwicklung begriffen ist. [...] Daher sind alle [...] Wegränder bedeckt mit dem herrlichsten Blütenflor, namentlich mit kleinen blauen Iris und schönen Tulpen, und in den Feldern die hochragende Schwertblüte, wahrscheinlich die Lilie des Feldes der Alten (Gleichnis), da die echten Lilien dort nicht vorkommen.[87]

War das die Öde Palästinas? Oder steckte hinter Warburgs Beschreibung eher die Projektion eines idealen Palästinas? Herzl übernahm Warburgs Schilderung fast wörtlich, die damit Aufnahme in eines der wichtigsten zionistischen Werke fand.[88]

Eine Bildquelle aus Warburgs Umfeld illustriert ebenfalls die Konstruktion der palästinensischen Landschaft. Am Beispiel der Titelgestaltung der von Warburg herausgegebenen Zeitschrift *Altneuland* kann nachvollzogen werden, wie sich das Making-of der palästinensischen Landschaft vollzog. Das alte Titelblatt der Zeitschrift gab der Flora einen prominenten Platz. Zwei kräftige Figuren, möglicherweise Muskeljuden[89], tragen ein landwirtschaftliches Produkt, eine überproportionierte Traubenrebe. Diese Darstellung zeigt einem Artikel zufolge »ein altes biblisches Bild: Zwei der Kundschafter« seien zu sehen, sie tragen eine Traube »schwer von Wein und Hoffnungen«[90] umher. Das Titelbild wurde von Ephraim Moses Lilien gezeichnet, dem Künstler, der die zionistische Bildersprache wie kein zweiter geprägt hat. Ein Rezipient betonte den »Wille[n], dieses Land einst zu bewohnen« und zu diesem Zwecke Männer zu dessen Erforschung zu entsenden.[91] Der Autor parallelisierte die dargestellten neuen Hebräer mit Warburg und seinen Mitstreitern, die auszogen, um Palästina zu durchforschen. Er war von der Vorstellung, das Altneuland über Bilder und Texte kennenzulernen, entzückt: »Was wissen wir hier im trüben Nebelland von der überwältigenden Herrlichkeit eines orientalischen Panoramas!«[92] Repräsentationen der Landschaft Palästinas spielten, obwohl oft stereotyp, falsch oder oberflächlich, eine wichtige Rolle in politischen Diskursen – innerhalb des Zionismus wie auch nach außen.[93]

Warburg trieb die Schöpfung einer zionistischen Bildsprache weiter voran. 1907 schrieb seine *Kommission zu Erforschung Palästinas* in Kooperation mit der Kunstgewerbeschule *Bezalel* einen Wettbewerb aus zur Neugestaltung des

---

[87] Zit. n. Leimkugel, Warburg, 55.

[88] Herzl, Altneuland, 173.

[89] Max Nordau, »Muskeljudentum«, in: Alfred Nossig (Hg.), *Die Zukunft der Juden. Sammelschrift*, Berlin 1906, 35 f.

[90] Auerbach, Altneuland, 81.

[91] Ebd., 81.

[92] Ebd., 82.

[93] Vgl. Mitchell, Landscape.

Abb. 4: Das ursprüngliche Titelblatt der von Warburg herausgegebenen Zeitschrift *Altneuland.*[95]

Titelblatts von *Altneuland.* Warburg war sowohl Vorsitzender der 1903 gegründeten Kommission, als auch in die Gründung des Bezalel involviert. Zum Zeitpunkt der Ausschreibung war die Zeitschrift schon eingestellt worden, vermutlich plante Warburg eine Wiederbelebung des Formats. Die Erläuterungen zur erwünschten Gestaltung des Titelblattes sind aufschlussreich:

Die Zeichnung soll etwas weniger weit herunter reichen als die bisherige und muss ebenso breit sein; sie soll im wesentlichen bestehen aus den Zweigen der drei Pflanzen Oelbaum, Feige und Wein, wozu ev. auch noch Weizen- und Gerstenähren hinzutreten können, eine mehr oder weniger angedeutete Landschaft ist nicht ausgeschlossen, darf aber keinesfalls die Einfachheit des Ganzen stören. Zu strake [sic] Stilisierung und namentlich Verschnörkelung ist nicht erwünscht, das ganze soll vielmehr einen einigermassen natürlichen und vor Allem einfachen Charakter zeigen. Ein passender Bibelspruch würde nicht unerwünscht sein, ist aber nicht nötig.[95]

[94] *Altneuland. Monatsschrift für die wirtschaftliche Erschließung Palästinas* 1 (Januar 1904). Mit freundlicher Genehmigung der J. C. S. Universitätsbibliothek Frankfurt a. M., Hebraica- und Judaica-Sammlung.

[95] O. A., »Preisausschreiben zur Titelgestaltung von Altneuland«, CZA, L1/59-14 (1907), 1f, 2.

Hier balancierte Warburg zwischen zwei Welten. Einerseits war er wohl bemüht, »orientalische« Pflanzen wie Ölbaum und Feige (die übrigens zu den sieben Pflanzen der Bibel, also den Pflanzen, die im Alten Testament eine besondere Stellung einnehmen, gehören), andererseits aber trotzdem vertraute, europäische, frugale Pflanzen miteinzubeziehen. Dazu verlangten die Herausgeber der Zeitschrift eine möglichst naturalistische Darstellung, die weder stilisiert noch »verschnörkelt« sein sollte. Auch ein Bibelspruch, der zwischen Vertrautheit und Exotik vermitteln sollte, wurde als möglich erachtet. Leider waren in den Archivquellen keine Einsendungen zum Wettbewerb auffindbar.

Mit dem neuen Titelblatt versuchte Warburg, die Schaffung einer neuen palästinensischen Landschaft vorwegzunehmen, bevor sie materielle Realität war. Diese Landschaft war direkt mit der Flora verbunden, die Warburg mit Palästina assoziierte: Exotische wie heimische Pflanzen fanden dort ihren Platz, die Umgebung sollte trotzdem europäisch aussehen.[96] Alles hatte »natürlich und vor Allem einfach« zu sein. Der Orient sollte, wie die von Aaronsohn herangezogene Schweizer Landschaft, diszipliniert und produktiv werden und gleichzeitig doch seine Eigenart und Exotik behalten. Offensichtlich war Palästina für die Botanischen Zionisten vieles, Wüste und Oase, Tohuwabohu und Garten Eden.

Das Palästina eines Otto Warburg war ein paradoxes Land: Zum einen hatte Warburg die Vision einer üppigen grünen Region vor Augen wie in *Altneuland*. In den Vorwegnahmen Palästinas hatte die heilende Wirkung des Zionismus schon eingesetzt.[97] Die Juden hatten in der zionistischen Ikonographie den Status eines »gesunden, normalen« Volkes erreicht, den etwa der russische Zionistenführer Menachem Ussischkin (1863–1941) an den Kriterien Boden, produktive Arbeit und Kultur festgemacht hatte.[98]

In anderen Darstellungen war Palästina verkommen, ein zu verbesserndes Land. Diese Sichtweise sollte zeigen, warum der Botanische Zionismus an der richtigen Stelle ansetzte: weil das Land der Verbesserung bedürftig war. In den zahlreichen Aufsätzen, die Warburg zum Thema in Zeitschriften wie *Altneuland*, *Palästina* oder auch in Herzls *Welt* veröffentlichte, wurde die desolate Seite Palästinas exponiert, andererseits aber auch Hoffnung zur Revitalisierung begründet. Warburgs Intention war es, andere Zionisten von der Bedeutung des oft als nebensächlich oder obskur verstandenen Botanischen Zionismus zu überzeugen. Einige Publikationen platzierte Warburg auch in deutschen Organen, öfter in einschlägigen kolonialwissenschaftlichen Publikationen, selten auch in Zeitungen. Hier sah Warburg eine ähnliche Aufgabe: Er wollte auch die deutsche Öffentlichkeit – zumindest jenen Teil, der sich mit kolonialen Unterfangen beschäftigte – über die Bedeutung des Zionismus informieren.

[96] Vgl. Zeev Sternhell, *The Founding Myths of Israel. Nationalism, Socialism, and the Making of the Jewish State*, Princeton 1998, 25–226 (= Sternhell, Myths).

[97] Vgl. auch Sufian, Healing.

[98] StPZK 1913, 295.

Massenpublikationen wie Herzls Roman können hingegen als Medien gesehen werden, die ihren Beitrag zu einer zionistischen Mission innerhalb des europäischen Judentums leisten sollten.

Europäische Juden, die Palästina nur aus ihrem liturgischen Alltag als Metapher kannten, waren für bereitgestellte Bilder besonders empfänglich. Warburg richtete sich an ein großes, potentiell auswanderungsfreudiges Publikum und war deshalb bemüht, Palästina als schön, ordentlich und mit europäischen Blumen wie Tulpen bedeckt darzustellen. Diese Landschaft hatte nichts Verwegenes, Wildes oder übermäßig Exotisches, das einen deutschen Juden hätte verstören können. Hinter dem imaginierten Heiligen Land steckte also auch eine emotionale Motivation – ein ideales Palästina hatte immer ein wenig wie Europa auszusehen.

Die »Hebung« Palästinas sollte praktischen Nutzen bringen und einen zukünftigen Judenstaat in Richtung Autarkie lenken. Nebenbei ging es auch darum, Eingriffe in die palästinensische Natur zu rechtfertigen. Bilder von Palästina wurden verbreitet. In den zionistischen Medien tauchten Reiseberichte, Wirtschaftsnachrichten, Fotos und Sensationen aus Palästina auf. Diese sollten den europäischen Juden an Palästina gewöhnen. Ziel war, die Verbindung zwischen Volk und Land wiederherzustellen. So lässt sich auch erklären, warum sich die Zionisten so obsessiv mit der palästinensischen *nationalen* Landschaft beschäftigten, wovon zahllose Postkarten, Plakate, Fotografien, Buchcover, Tagebuchniederschriften und Artikel zeugen.[99]

Auf dem achten Zionistenkongress wurde bereits 1907 die Vision einer »neuen Lebensanschauung« diskutiert. Diese sollte nicht nur eine Erschließung der »Produktionsquellen« vornehmen – in erster Linie Naturschätze wie Pflanzen[100] – sondern betonte auch die Aufgabe, »Kultur« und »Zivilisation« nach Palästina bringen. All dies stand im Zeichen der wirtschaftlichen Verbesserung und der kulturellen Förderung der Bevölkerung. Parallel zum Erwecken des Landes zu »neuem Leben« äußerte sich der Redner, Nachum Sokolow (1859–1936), euphorisch über die parallelisierte Entwicklung der Juden: Das »Schmarotzertum« (wohl eine abwertende Äußerung über den Alten Jischuw, der vor allem von Spenden lebte, und die philanthropischen Projekte in Palästina) sei einer »neuen Lebensanschauung« gewichen:

> Ein Arbeiterelement, das sich noch in der Gärung der ersten Gestaltung befindet, wächst langsam heran. Es entwickeln sich die ersten Keime eines modernen Naturjuden; die lieben hebräischen Laute klingen über die Ebenen Israels und der früher in einem würdelosen Dasein gebückte Goluth-Jude schreitet als regenerierter Hebräer stolz und begeistert über seine Scholle.[101]

---

[99] Berkowitz, Palästina-Bilder.

[100] Ein anderes Beispiel sind die Thermalquellen von Tiberias, deren Erwerb »im nationalen Sinne« geschehen sollte: Otto Warburg an die Mitglieder des Engeren Actions-Comitees, CZA, Z2/630 (13.10.1906), 1.

[101] StPZK 1907, 53. Nicht von ungefähr kann das Titelblatt der Zeitschrift *Altneuland* als Illustration dieses Gedankens gelten.

Würde und Stolz siegten in dieser Vision über das traditionelle jüdische Leben, Äcker über Bücher. Der neue Hebräer symbolisierte die gleichzeitige Wiederauferstehung von Land und Leuten. Wie die Juden Teil der palästinensischen Landschaft werden sollten, wird im folgenden Abschnitt gezeigt.

3.4.2 Ein kleines Stück palästinensischen Bodens: Der Pflanzungsverein Palästina, 1906

Den Zionisten missfiel Palästina nicht nur aus ästhetischen Gründen; sie zweifelten vor allem seine landwirtschaftliche Produktivität an. Für einen Kolonialbotaniker wie Warburg war es nur folgerichtig, die natürlichen Ressourcen eines Landes zu nutzen. Doch war dieser Gedanke nicht nur mit wirtschaftlichen (wie dem Ertrag von Ressourcen oder Pflanzen) und politischen Fragen (etwa nach Besitzverhältnissen), sondern auch mit zionistischer Ideologie verknüpft. Ein Beispiel hierfür war der 1906 von der *Kommission zur Erforschung Palästinas*, der Warburg vorstand, gegründete *Pflanzungsverein Palästina.*[102] Dieser Verein war nach genossenschaftlichen Prinzipien organisiert. Gegen Zahlung von 80 Mark konnten Diasporajuden Besitzer einer palästinensischen Parzelle werden und im Gegenzug dafür Palästinagaben in Form von Früchten des Landes erhalten. Die Reklame für das Projekt las sich folgendermaßen:

> Die erstrebte Heimat soll kein Traumgebilde bleiben, sondern in ihrer Wirklichkeit vor uns stehen, und zu Taten uns bewegen. Wenn nicht alle, die dahin streben, auch schon die Möglichkeit haben, den Boden im Schweiße ihres Antlitzes zu pflegen und ihn damit immer mehr zu lieben, so soll doch jeder es versuchen, von der Ferne mit ihm in inniger Verbindung zu bleiben, sein Wachstum zu verfolgen, damit Hoffnung und Kraft zunehmen. Jeder soll sein Stück Erde in seinem Land haben. [...] Daß jeder, wenn auch nur ein kleines Stück palästinensischen Bodens sein eigen nennen kann, ist das Ziel des Pflanzungsvereins ›Palästina‹.[103]

Warburgs Pflanzungsverein sollte das zionistische Projekt gleich auf mehreren Ebenen vorantreiben: Zum einen sollte Palästina aufhören, eine jüdische Diasporachimäre zu sein und sich in einen produktiven Staat verwandeln. Palästina wurde greifbar, indem man Parzellen seines Bodens erwarb und diese bepflanzte. Gleichzeitig sollte das Projekt finanzielle Ressourcen bereitstellen, schließlich musste jeder Parzellenbesitzer eine nicht geringe Summe investieren. Und drittens war beabsichtigt, die emotionale Verbindung zu Zion enger werden zu lassen: Jeder Jude sollte ein Stück des Landes sein Eigen nennen; auch jene, die nicht den »Boden im Schweiße ihres Antlitzes zu pflegen« vermochten, denen also der Weg zur Arbeit auf palästinensischem Grund verwehrt blieb.

---

[102] Jaakov Thon, »Pflanzungsverein ›Palaestina‹«, *Altneuland. Monatsschrift für die wirtschaftliche Erschließung Palästinas* 3 (September 1906), 275–279, 276 f.

[103] Ebd.

Mit der emotionalen Verbindung der Juden zum Lande Palästina gingen zionistische Grundgedanken einher: die Eroberung der Heimat (*kibusch ha'aretz*) – durch den Parzellenkauf – und die Eroberung der Arbeit (*kibusch ha'avoda*). All diese Ideen waren mit dem Konzept der *geulat ha'aretz*, der Erlösung des Landes, verbunden.[104] Die Erlösung Palästinas war physisch durch Arbeit am Lande erfahrbar, wenn man Jitzchak Wilkansky folgt: »[L]and redemption can be smelled [...] This physical form of redemption occurs through labor: the legal concepts are transitory [...] and only ›Holding‹ rights last forever, and the holder is – the laborer [...].«[105] Auch tauchte in Wilkanskys Zitat der Gedanke auf, dass Arbeit am Lande ein Besitzrecht verschaffte, dessen Legitimität bloßes Besitzen in den Schatten stellte. Dieser Gedankengang verknüpfte das Projekt der Landschaftstransformation mit der Schaffung des »neuen Hebräers«: Der neue Jude oder neue Hebräer wurde nicht nur zur Symbolfigur des zionistischen Projektes,[106] sondern auch zum Bezwinger der Wildnis, der Natur durch Kultur maßregelte, und zum legitimen Eigentümer Palästinas. »Palästina soll wieder das Land der Juden werden; jeder Jude soll sein Stückchen des Heiligen Landes besitzen, wie es der fromme Glaube der Jahrtausende der Verbannung geblieben ist«, lautete der Tenor eines Artikels zum Pflanzungsverein von Franz Oppenheimer aus dem Jahr 1906. Das Land, »dessen Geschichte die Welt überstrahlt«, sollte

> einer repräsentativen Minderheit die Möglichkeit zu geben, wieder ein Volk im eigentlichen Sinne zu werden, ein Volk mit einer Heimat! Die halbverdorrten Stecklinge wieder einzupflanzen in Mutterboden, damit sie wieder Wurzeln schlagen, damit der alte starke Wald des unzerstörbaren Volktums wieder aufwachse auf dem verdorrten Boden, der verkam, seit die Mordaxt ihn rodete! [...] Legt den Menschen an die Brust der Mutter Natur und sie gibt ihm die Riesenkräfte zurück, die ihm verloren gingen![107]

Oppenheimer machte in seinem Text klar, dass die Hebung des Landes nicht ohne eine Hebung der Juden gedacht werden konnte: Aus »verelendeten Zwangshandwerke[rn] und Händlern Osteuropas« sollten Bauern werden; »nur in der Bauernschaft kann unser Volk gesunden und seinen Platz als gleichberechtigtes

---

[104] Meron Benvenisti, *Conflicts and Contradictions*, New York 1986, 21 (= Benvenisti, Conflicts). Der israelische Historiker Meron Benvinisti beschreibt, wie diese Konzepte gleichzeitig Machtpraktiken waren und Aneignung und sogar Enteignung generieren und legitimieren konnten: »When you hike in the desert you actively possess its wadis and rocky promontories. The circuitous mountain roads skirting dense pine forests become Jewish when you drive along them. Sighting gazelles, identifying wild plants, excavating archeological sites are all symbolic acts of possession. Caring about the homeland proves ownership.« Begehung und Erforschung der Landschaft konstituierten laut Benvenisti schon die Aneignung. Ebd., 23. Vgl. auch Bravermann, Planted Flags, 82, und David N. Myers, *Re-inventing the Jewish Past. European Jewish Intellectuals and the Zionist Return to History*, New York 1995, 89 f.

[105] Zit. n. Kark, Land-God-Man, 73.

[106] Sternhell, Myths, 25 f.

[107] Oppenheimer, Pflanzungsverein Palästina, 354.

Glied der grossen Völkerfamilie wiederfinden«.[108] Durch die Arbeit des Palästinavereins sollten die Juden wieder »ein Volk mit Heimat« werden. Motive aus Natur und Landwirtschaft nutzte Oppenheimer, um diese Botschaft zu unterstreichen. Wie die Natur des Landes waren auch die Juden im Begriff, zu genesen, aus »halbverdorrten Stecklingen« sollte Wald werden, aus Diasporajuden ein Volk, das beginnen sollte, Wurzeln in den palästinensischen Boden zu schlagen.

3.4.3 Der jüdische Körper und das palästinensische Klima

Warburg legitimierte einen jüdischen Besitzanspruch auf Palästina nicht nur durch eine Beschreibung zahlreicher Vorteile für die Einwohner und die Natur des Landes. Der Anspruch auf das biblische Territorium wurde auch aus biologistischen Erwägungen genährt. Dies war um 1900 kein Kuriosum, denn biologistische und eugenische Debatten zogen auch Juden an. So wurde den Juden aus rassischen Gründen eine gute Anpassung an das orientalische Klima zugestanden.[109] Sie waren, so das Argument, gemäß ihrer physischen Merkmale für das palästinensische Klima geschaffen. Spätestens die Kinder der Einwanderer würden im Lande »gedeihen«. Warburg formulierte diese Gedanken folgendermaßen:

> Daß die Juden das Klima Palästinas gut vertragen, kann einem Zweifel nicht unterliegen; ist es doch die ursprüngliche Heimat, und wenn sie sich jetzt teilweise an nordischeres Klima angepaßt haben, so fühlt sich die zweite Generation in dem palästinensischen Klima ebenso wohl wie die Araber, noch viel wohler als die Deutschen, obgleich auch diese, nachdem sie eine längere Akklimatisierungsperiode überstanden haben, jetzt viel besser in Palästina gedeihen, was sich schon in der großen Zahl von Kindern ausspricht.[110]

Warburg begriff die Juden als Volk, das bestens an den Orient akklimatisiert[111] sei und dort folglich am prächtigsten »gedeihen« könne. Er hatte nicht nur eine klare Vorstellung davon, wie die Pflanzen des Heiligen Landes auszusehen hatten oder wie die Landschaft zu transformieren war; er sah auch einen bestimmten »Menschenschlag« dort vor. Wissenschaftliche Argumentationen, die sowohl die Rückkehr nach Palästina als auch die Eingriffe in die Natur legitimieren sollten, wurden zu einer wichtigen ideologischen Ressource im Botanischen Zionismus.

Otto Warburg erklärte 1904, warum Nichtjuden, in diesem Fall schwäbische Templer, für eine Ansiedlung in Palästina aus rassischen Gründen nicht geeignet seien. Dieser germanische Stamm könne sich weder dem Klima anpassen

---

[108] Ebd., 353–355.

[109] Vgl. zu zeitgenössischen Diskussionen über die Anpassung von Juden an ihre »Umwelt«: Lipphardt, Biologie, 113–120.

[110] Warburg, Zukunft Palästinas, 9.

[111] Vgl. Michael A. Osborne, »Acclimatizing the World: A History of the Paradigmatic Colonial Science«, *Osiris* 15 (2000), 135–151 (= Osborne, Acclimatizing).

(zudem man ohnehin schwächliche, nämlich für den Militärdienst untaugliche Schwaben ausgewählt habe), degenerierte im Orient während kurzer Zeit und fiel zudem auch noch scharenweise der Malaria zum Opfer:

> Die Germanen repräsentieren aber eine ganz spezielle Anpassung der arischen Völkergruppe an mitteleuropäisches, d. h. nördlich gemässigtes Klima. Alle Versuche der Germanen, nach Süden vorzudringen, sind bisher gescheitert. [ ] Das Klima hat also schon in ein bis zwei Generationen dieses an sich so kräftige Völkchen zu degenerieren begonnen.[112]

Otto Warburg gestand der »germanischen Rasse« von seinem geodeterministischen[113] Standpunkt aus zumindest eines zu: eine wichtige Rolle in einem wichtigen Experimentierfeld.

Um die Jahrhundertwende waren biologistische Argumente für die Migration europäischer Juden nach Palästina nichts Ungewöhnliches. Diese Diskurse gingen häufig von Medizinern aus.[114] John Efron zieht ein Fazit, das auch Zionisten nicht ausnimmt: »And it was most often in the search for imaginary Urtypen that race scientists of all backgrounds were led wildly astray.«[115] Im Zionismus wurde die »Qualität des einwandernden Menschenmaterials« ausgiebig diskutiert, wie das Beispiel des zionistischen Arztes Mordechai Lansky zeigte: »In eugenischer Hinsicht müssen wir dafür sorgen, dass die Neueinwanderer einen gesunden Kern darstellen, aus dem sich ein gesundes und tapferes Volk entwickeln kann, wie wir uns die Juden in Palästina in Zukunft vorstellen.«[116]

Die hohe Anpassungsfähigkeit an Palästina war ein häufig genutztes Argument – obwohl von den dort ansässigen Juden das »Gedeihen« im Lande häufig durch Klagen über Krankheiten, Hitze und Fremde konterkariert wurde.[117] Politisch diente die »jüdische Anpassungsfähigkeit« an den Orient oft dazu, das Osmanische Reich und die in die Region involvierten Großmächte vom Nutzen eines Judenstaates zu überzeugen. Die Juden waren zugleich Nachfahren eines »alten Orientsvolks« und Europäer, sie waren »Brüder und Zivilisationsbringer«.[118]

---

[112] Otto Warburg, »Die nichtjüdische Kolonisation in Palästina«, *Altneuland. Monatsschrift für die wirtschaftliche Erschließung Palästinas* 2 (1904), 39–45, 43 f. Zum Kontext: Stephan Besser, »Die hygienische Eroberung Afrikas. 9. Juni 1898: Robert Koch hält seinen Vortrag ›Ärztliche Beobachtungen in den Tropen‹«, in: Alexander Honold/Klaus R. Scherpe (Hgg.), *Mit Deutschland um die Welt. Eine Kulturgeschichte des Fremden in der Kolonialzeit*, Stuttgart 2004, 217–225.

[113] Diese Auffassung sieht die menschlichen Verhältnisse (Kultur, Gesellschaft) vollständig und einseitig durch die außermenschliche Natur determiniert.

[114] Kirchhoff, Palästina, 293.

[115] John M. Efron, *Defenders of the Race. Jewish Doctors and Race Science in Fin-de-siècle Europe*, New Haven 1994, 102.

[116] Rakefet Zalashik, *Das unselige Erbe. Die Geschichte der Psychiatrie in Palästina 1920–1960*, Frankfurt am Main 2012, 35.

[117] Vgl. z. B. Aaron Aaronsohn, »Report of the Director of the Jewish Agricultural Experiment Station on the Malaria Campaign«, CZA, L1/67 (1912).

[118] Blumenfeld, Zionismus, 110.

3.5 Ausblick: Das Potential eines jüdischen Palästinas

Ben Gurion (1886–1873), der spätere Ministerpräsident Israels, beschrieb 1918 die von ihm wahrgenommene Vernachlässigung des ökonomischen Potentials des Landes – nur ein kleiner Teil der Gegend um Jerusalem sei kultiviert und damit produktiv:

The true aim and real capacity of Zionism is not to conquer what has already been conquered (e. g. land cultivated by Arabs), but to settle on those places where the present inhabitants of the land have not established themselves and are unable to do so. The preponderant part of the country's land is unoccupied and uncultivated. [...] only 5,28 percent of the land in the Jerusalem district is under cultivation. [...] The demand of the Jewish people is based on the reality of unexploited economic potentials, and of unbuilt-up stretches of land that require the productive force of a progressive, cultured people.[119]

Ben Gurion plädierte für eine Urbarmachung des Landes durch die Produktionskräfte des kultivierten, jüdischen Volkes, weil diese aufs engste mit dem zionistischen Projekt verknüpft war: Je mehr Agrarfläche das Land habe, desto mehr Juden könnten sich dort ansiedeln. Die bewässerbaren Ebenen des Landes seien in der Lage, sechs Millionen Menschen zu ernähren. Ben Gurions »unverkennbarer zionistischer Optimismus«[120] wurde auch von den Botanischen Zionisten eine Dekade früher geteilt.

Im selben Jahr, 1918, fasste auch Selig Soskin die Stationen auf dem Weg in den Judenstaat wie folgt zusammen: Zu seiner Gründung sollten infrastrukturelle Maßnahmen wie der Ausbau der Eisenbahnlinien und Häfen zählen. Zudem wollten die Botanischen Zionisten auf Industrie setzen, besonders auf »Rohstoff verarbeitende Industrien« wie »Mahlmühlen, Maccaronifabriken, Oelpressereien, Seifenfabriken, Gerbereien, Spinnereien, Webereien [handschriftlicher Zusatz], Konservenfabriken« oder Zuckerraffinerien.[121] Die natürlichen Ressourcen Palästinas sollten durch Bewässerungsanlagen und die »Erschliessung und Verwertung von Bodenschätzen und Mineralreichtümern« nutzbar gemacht werden. Diese Ideen, die so oder in ähnlicher Form schon seit etwa 1900 kursierten, formulierte Soskin 1918 erneut. Das Kriegsende war für ihn Anlass, den Zionismus als möglichen politischen Faktor für den Orient einzubringen:

Die Aufgabe Palästina wirtschaftlich aus dem Schlafe zu erwecken, es der Kultur zuzuführen, dort günstige Bedingungen für eine grosse jüdische Siedlung zu schaffen, fällt gerade jetzt, da dort politisch gesicherte Zustände schon in allernächster Zeit eintreten werden, den Juden zu. Andere Völker werden vollauf mit dem Wiederaufbau ihrer eigenen, vom Weltkrieg so stark

---

119 Zit. n. Daniel E. Orenstein, »Zionist and Israeli Perspectives on Population Growth and Environmental Compact in Palestine and Israel«, in: Char Miller/Alon Tal/Daniel E. Orenstein (Hgg.), *Between Ruin and Restoration. An Environmental History of Israel*, Pittsburgh 2013, 82–105.

120 Ebd., 87.

121 Arbeitsauschuss zur Vorbereitung der Gründung der Palästina-Industrie und Handels-Aktien-Gesellschaft, CZA, Z3/1667 (November 1918), 4.

mitgenommenen, Länder und Kolonien zu tun haben. Die deutschen Juden sind aber besonders dazu berufen, kraft ihrer Schulung, Erfahrungen und Kenntnisse auf dem Gebiete der Industrie und des Handels an der wirtschaftlichen Erschliessung Palästinas mitzuarbeiten, sie sind berufen und verpflichtet eine bedeutende Rolle bei dieser Arbeit zu spielen.[122]

Nach dem Krieg wiederholten die Botanischen Zionisten die Argumente, wieso gerade sie sich Palästinas annehmen sollten: Ihre Erfahrung sollte helfen, das Land aus dem Griff der Unproduktivität zu befreien.

In diesem Kapitel wurde gezeigt, wie sich der Blick der Botanischen Zionisten auf Palästina gestaltete. Es wurde argumentiert, dass Palästina zumeist negativ, als ödes und verfallenes Land, wahrgenommen wurde. Gleichzeitig barg es jedoch dank zahlreicher unentdeckter, jedoch nützlicher Arten Schätze für Naturforscher. Trotzdem war es für die Zionisten zweckdienlich, die Stereotype vom desolaten Palästina zu verbreiten. So konnten sie ihr Projekt rechtfertigen – im Zeitalter des (Spät-)Imperialismus wurde die »Kultivierung«, »Hebung« oder »Verbesserung« nichteuropäischer Landschaft als moralischer und praktischer Gewinn betrachtet. Schritt für Schritt verpflanzten die Zionisten sich selbst in die palästinensische Landschaft.

Die Prozesse, die hier beschrieben worden sind, bezeichneten meist keine konkreten Eingriffe in die Natur Palästinas – sie sind als Antizipierung eines Palästinas, wie es einmal sein sollte, zu verstehen. In den folgenden Kapiteln wird es darum gehen, wie es den Botanischen Zionisten langsam gelang, auch real in das Land Palästina einzugreifen.

[122] Ebd., 6 f.

4 Die Vermessung Palästinas: Expeditionen im Zionismus

»Die wenigen Männer, denen die ehrenvolle Aufgabe zugetheilt werden wird, im Auftrage des jüdischen Volkes die Rolle zu erfüllen, welche seinerzeit die Kundschafter Mosis übernahmen ...«[1]

Im zweiten Kapitel wurde beschrieben, wie Palästina im Zionismus, vor allem durch die Augen der Botanischen Zionisten, wahrgenommen und antizipiert wurde. Doch für die Zionisten stand fest: Ein kurzer Blick auf das Land genügte nicht, Palästina musste auch epistemisch erfasst werden.

In den zionistischen Journalen fand man enthusiastische Worte für diese Aufgabe: »So fest steht uns der Wille, dieses Land einst zu bewohnen, dass wir bereits Männer, die wir für die fähigsten halten, vor uns hersenden, um es zu erforschen.«[2] Die »fähigsten Männer« waren zum großen Teil mit dem Botanischen Zionismus verbunden. Dank ihrer wissenschaftlichen Expertise bildete die Gruppe um Warburg die Vorhut einer Besiedlung des Landes.[3] In diesem Kapitel sollen ihre Forschungsreisen im Auftrag des Zionismus im Vordergrund stehen.

Auf der Agenda der Botanischen Zionisten stand die Erforschung der natürlichen Gegebenheiten des Landes an erster Stelle. Die Wissenschaftler zogen in Expeditionen aus, um Böden, Klima, Flora und Fauna und zuweilen auch die indigene Bevölkerung Palästinas (und für kurze Zeit auch anderer Orte) zu untersuchen und zu inventarisieren.[4] Diese Expeditionen hatten eine offensichtliche praktische Ebene, denn man wollte das Siedlungspotential des Landes Palästina erforschen. Das Wissen, das die Botanischen Zionisten über Palästina generieren konnten, half aber auch dem Zionismus als Ganzem: Wissen wurde identitätsstiftend, indem es dazu beitrug, sich Palästina symbolisch anzueignen und so Ansprüche auf das Land zu verteidigen.

---

[1] A. Neufeld, »Zur wirtschaftlichen Erschliessung Palästinas«, *Die Welt* 5 (17.05.1901), 2–4, 3 (= Erschliessung II).

[2] Auerbach, Altneuland, 81.

[3] Vgl. auch Tilley, Africa, 43.

[4] Neufeld, Erschliessung I, 9f; Cohn, Colonialism, 1–15.

4.1 Von den »Vorarbeiten« zur Besiedlung: praktische Aspekte der Expeditionen

Eine grundlegende Fragestellung, die die Zionisten von Beginn an umtrieb, war die Produktivität Palästinas: Konnte ein solches Land überhaupt eine möglicherweise große Bevölkerung ernähren? Der Geologe und Paläontologe Max Blanckenhorn[5] war einer jener deutschen Wissenschaftler, die in enger Verbindung mit den Botanischen Zionisten standen und sich sehr engagiert für deren Ziele einsetzten.[6] Sein wissenschaftliches Vorhaben in Palästina formulierte er folgendermaßen: »Eine der brennendsten Vorfragen [...] ist die Frage, ob dieses ›Gelobte Land‹ überhaupt imstande ist, einen so erheblichen Bevölkerungszuwachs von mehreren (bis zu 6) Millionen Menschen, die man ihm zugedacht hat, in sich aufzunehmen und zu ernähren.«[7]

Konkret wollte Blanckenhorn herausfinden, ob »die Ertragsfähigkeit dieses Bodens, der bis jetzt nur zum geringen Teil einer intensiven Kultur unterliegt«, so gesteigert werden könnte, dass er drei- bis sechsmal so viele Menschen ernähren würde. Erst wenn man diese Fragen bejahen könne, sollte man dem »Gedanken eines allgemeinen Judenasyls in Palästina und der Aufforderung zur Einwanderung näher treten«. Eine genaue Kenntnis des Bodens gehöre zu den »ersten Erforschungszielen der Führer des Zionismus«.[8]

Das Wissen über Palästina sollte die Zukunft des Zionismus planbar machen; die Generierung von Wissen diente also unmittelbar praktischen Zielen. Auch andere konkrete Probleme mussten von den zionistischen Wissenschaftlern gelöst werden. Um Krankheiten[9] zu bekämpfen, wurden Mediziner und Biologen eingesetzt, um Berge und andere geographische Hindernisse zu überwinden, ließ man Ingenieure Eisenbahnen bauen. Die scheinbar unendlich wilde Landschaft wurde untersucht, um potentiell brauchbares oder lukratives Pflanzenmaterial ausfindig zu machen. Entomologen sollten die Gefahren der Insektenfauna für Mensch, Tier und Pflanze untersuchen. Botaniker wurden angestellt, um Floren zu erstellen, die die Vegetation einer bestimmten Gegend beschrieben.[10]

---

[5] Max Blanckenhorn erforschte schon zu Beginn des 20. Jahrhunderts die Levante. Er engagierte sich auch für den *Deutschen Palästinaverein*. Vgl. Goren, Palästinaforschung, 338. Max Blanckenhorn, *Der Boden Palästinas. Seine Entstehung, Beschaffenheit, Bearbeitung und Ertragfähigkeit* (Schriften des Deutschen Komitees zur Förderung der jüdischen Palästinasiedlung), Berlin 1918 (= Blanckenhorn, Boden); Blanckenhorn, Geologenarchiv.

[6] Blanckenhorn wollte sogar nach dem Ersten Weltkrieg nach Palästina einwandern, um dort wissenschaftlich für den Zionismus tätig zu sein. Vgl. Otto Warburg an Georg Schweinfurth, Historische Sammlungen der Universitätsbibliothek Freiburg, NL5/425 (23.11.1919).

[7] Blanckenhorn, Boden, 5.

[8] Ebd.

[9] Vgl. Aaronsohn, Report, sowie Sufian, Healing, zur ideologischen Auseinandersetzung mit der Malaria; Chaim Weizmann, *Israel und sein Land. Reden und Ansprachen*, London 1924, v. a. 29.

[10] Philip J. Pauly, *Biologists and the Promise of American Life. From Meriwether Lewis to Alfred Kinsey*, Princeton 2000, 17. Die Schaffung einer Flora meinte auch die Schaffung von politischen

Agrarwissenschaftler sollten für eine bessere Ernte und damit eine leistungsfähige Exportwirtschaft sorgen.[11] Herzl nahm in seinem Roman *Altneuland* diesen Gedanken vorweg: »[D]ie Wissenschaft hat uns gelehrt, wie wir uns den Aufenthalt auf der Erdoberfläche überall angenehmer und gesünder gestalten können.«[12]

Letztlich ging es bei all diesen Arbeiten um die Frage, ob Palästina zur Heimat der Juden werden könne. Zu Beginn des Botanischen Zionismus dämpften die praktischen Schwierigkeiten den Optimismus der Protagonisten allerdings.

Ein Problem, das die Botanischen Zionisten um 1900 besonders beschäftigte, war der Kampf gegen die Malaria. Die Krankheit, deren Name etymologisch auf *mal'aria*, schlechte Luft, zurückgeht, wütete in der Levante und auch in Europa noch bis in die 1960er Jahre. Der Zusammenhang zwischen Erreger und Insekt, dem Parasiten Plasmodium und der Anophelesmücke, war 1897 entdeckt worden. Doch Hunderte von jüdischen Siedlern waren auch nach der Entdeckung der Erreger der Krankheit zum Opfer gefallen, wie Aaron Aaronsohn berichtete. Auch der Arzt Hillel Joffe plädierte für die systematische Untersuchung der Krankheit, um das zionistische Siedlungsprojekt nicht zu gefährden:

> Wenn die Fieberanfälle auch nicht ernstlich gefährlich sind, so tragen sie bei einer Wiederholung doch leicht zur Schwächung und Entmutigung des Arbeiters bei. […] Das ist eine recht gefährliche Sache, denn wir dürfen nicht vergessen, dass jeder ernstliche Fortschritt der jüdischen Kolonisation Palästinas notwendigerweise auch die Ansiedlung einer grösseren Zahl Proletarier mit sich bringt.[13]

Dementsprechend wurde die wissenschaftliche Untersuchung der Malaria eine wichtige Aufgabe der von Aaronsohn geleiteten landwirtschaftlichen Versuchsstation in Athlit.[14] Palästina war, laut Aaronsohn, wissenschaftlich betrachtet eine Brachfläche: Selbst die jüdischen Ärzte, die seit 20 Jahren in Palästina lebten und praktizierten, wussten zu Beginn des 20. Jahrhunderts nichts über die Anophelesmücke.[15] Deswegen machte Aaronsohn sich selbst auf die Suche nach dem Insekt: »My investigations were limited to Zichron Jacob and Athlit, and it was not long before I discovered, in each of these two localities, the breeding-places of the Anopheles in spots where they had been least suspected, and quite close to dwellings. Thus the origin of evil was discovered.«[16] Auch den Lebenszyklus der Mücke musste Aaronsohn erst durch eigene Beobachtung begreifen lernen. Als beste Methoden zur Bekämpfung der Insekten erwiesen sich die in der Levante

---

Fakten – die Floren verkörperten nicht nur wissenschaftliche und sprachliche Deutungshoheit, sondern etablierten auch geographische Grenzen.

[11] McCook, States, 2.

[12] Herzl, Altneuland, 182.

[13] Hillel Joffe, »Aerztliche Aufgaben in Palästina«, CZA, A31/42 (11.10.1910), 1 f.

[14] Aaronsohn, Report, 1.

[15] Ebd.

[16] Ebd., 4, 11.

bereits lange praktizierte Drainage und außerdem eine Vorgehensweise, nach der Petroleum in Wasserstellen gekippt wurde, um die Larven abzutöten.[17]

Aaronsohn forderte die Landarbeiter zu einem vorsichtigen Umgang mit der Tropenkrankheit auf: Neue Arbeiter wurden vertraglich verpflichtet, zweimal täglich Chinin zu sich zu nehmen. Wer mehr als drei Krankheitstage im Monat aufwies, dessen Gehalt wurde gekürzt. Laut Aaronsohn waren diese Maßnahmen sehr erfolgreich: Es gab keine neuen Malariafälle unter den Arbeitern, selbst nicht unter jenen Ägyptern, die den ganzen Tag im Wasser standen und bislang eine 30-prozentige Mortalitätsrate aufgewiesen hatten.

Wie bereits angedeutet, sollten die Expeditionen der Botanischen Zionisten das Potential Palästinas – beziehungsweise der anderen, für kurze Zeit diskutierten möglichen Siedlungsgebiete wie Uganda oder Sinai – erschließen.[18] Was Aaronsohn im Kleinen unternahm, sollte im Botanischen Zionismus durch wissenschaftliche Entdeckungsreisen auf ganz Palästina angewandt werden.

Teile des in den Expeditionen generierten Wissens sollten die Voraussetzung für die späteren erfolgreichen botanischen und landwirtschaftlichen Forschungen bilden: Ohne Böden, Klima, Pflanzen und Tiere zu kennen, wäre es kaum möglich gewesen, die Ergebnisse aus der experimentellen Forschung praktisch anzuwenden.[19] Hier unterschied sich die Methodik der Botanischen Zionisten nicht von anderen kolonialen Kontexten. Warburg hatte schon während seiner Arbeiten für das deutsche »Mutterland« betont, wie wichtig Vorarbeiten seien, um ein profundes Verständnis Palästinas zu entwickeln, das das Gelingen des Siedlungsprojektes kalkulierbar machen konnte. Er plädierte dafür, dass die Zionisten »beträchtliche Streifzüge in den Kolonien« unternehmen sollten, um »wissenschaftlich in den Kolonien Fuss zu fassen«.[20] Doch gleich, wie groß der praktische Wert der Expeditionen auch war: Sie verwiesen stets auch auf eine politische Ebene.

4.2 Ideologische Aspekte der Expeditionen

Die wissenschaftliche Erfassung Palästinas hatte also eine zweite Komponente. Das Wissen, das in den Expeditionen generiert wurde, konnte auch politisch genutzt werden, um den Botanischen Zionismus zu unterstützen. Die Expeditionen der Botanischen Zionisten sind ein instruktives Beispiel für die politische Anwendung von wissenschaftlichem Wissen – die Bedingungen, unter denen Wissen geschaffen wurde, die Argumentationen, die es stützen sollte und schließlich

[17] Vgl. auch Fritz Bodenheimer, »Die Aufgaben der Angewandten Entomologie in Palaestina (Schluß)«, *Volk und Land* 1 (1919), 1611–1618.

[18] Bein, Return, 19.

[19] Katz/Ben-David, Research, 156–158.

[20] Warburg, wissenschaftliche Institute, 193. Vgl. auch Warburg, Kolonie Kamerun, 312.

die Zwecke, für die es Anwendung fand, waren nie neutral. Anhand von Expeditionen soll gezeigt werden, wie Wissen im Zionismus auf dreierlei Weise politisch nutzbar gemacht wurde.

Erstens war der Entschluss, Expeditionen im Rahmen des Zionismus zu unternehmen, eine innerzionistische Angelegenheit. Dadurch sollte der Zionismus, der bis dato ein ätherisches, diplomatisches Projekt war, auf eine praktische Ebene gehoben werden: In Palästina ging es darum, Fakten zu schaffen. Die Generierung von Wissen erschien harmlos genug, um die praktische Arbeit in Palästina zuzulassen, ohne all jene zu verärgern, die für die Gründung des Judenstaates auf politische Strukturen setzen wollten. Diese Funktion von Wissen wird anhand der ersten zionistischen Expedition nach El-Arisch erläutert.

Zweitens soll die Funktion von Wissen in politischen Diskursen anhand eines Beispiels diskutiert werden. Die Informationen, die die botanischen Zionisten während der Expeditionen über ein Gebiet sammelten, rechtfertigten nie ein klares Ja oder ein klares Nein auf die Frage nach der Eignung für eine mögliche Besiedlung. Dieses Wissen war stets für Interpretationen offen, die wiederum häufig von einer politischen Agenda gelenkt waren. So ignorierte Warburg wissentlich Funde, die seinen politischen Ideen widersprachen. Wissen war also nicht per se nützlich oder gut, sondern in ein Spannungsfeld aus politischen Interessen eingebunden. Die politische Nutzung von Wissen wird am Beispiel der 1904 erfolgten Uganda-Expedition untersucht.

Drittens soll analysiert werden, wie die Botanischen Zionisten durch Erkenntnis und Wissenschaft einen Anspruch auf Palästina glaubhaft zu machen versuchten. Nachdem die Zionisten die Gründung eines Judenstaates außerhalb Palästinas verworfen hatten und sich wieder ausschließlich auf Zion besannen, wurde wissenschaftliches Wissen zu einem Mittel der symbolischen Aneignung des Landes und diente direkt dem politischen Projekt des Zionismus. Wissenschaft und jüdisch-national konnotiertes Wissen über Palästina schürte Besitzansprüche.[21] Das Ziel der Expeditionen war ein Inventarium Palästinas, ein »Palästina-Archiv«, »Palästina-Register« oder »Palästina-Cataster«[22]: Palästina sollte durch die Mittel der Wissenschaft eine greifbare, lesbare und nicht zuletzt jüdische Landschaft werden. Durch die Erforschung konnte gezeigt werden, dass die Zionisten als Erste in der Lage waren, sich tief und ernsthaft mit dem Land auseinanderzusetzen. Wissen eignete sich ideal, um die intellektuelle Deutungsmacht über Palästina zu erlangen, wie Warburg betonte: »Das Land Palästina wird erst wieder unser sein, wenn wir es nicht nur nach dem Herzen, dem Schweiß und Geld, sondern auch nach dem Geiste zurückerobert haben werden.«[23]

---

[21] Vgl. etwa die Vermessungsarbeiten des britischen *Palestine Exploration Funds* und deren strategischer Wert: Kirchhoff, Palästina, 250–253.

[22] Neufeld, Erschliessung II, 2.

[23] Otto Warburg, »Der Zionismus und die mikro-biologische Versuchsstation«, *Die Welt* 13 (23.07.1909), 664–667, 667 (= Warburg, Zionismus).

Für Warburg und seine Mitstreiter war Wissenschaft mit dem Nation-Building-Projekt des Zionismus unmittelbar verbunden: Die Expeditionen nach Palästina waren der erste Vorstoß einer zionistisch konnotierten Wissenschaft – solange man Zion nicht auf rechtlich politischer Grundlage erwerben konnte, sollte Palästina zumindest wissenschaftlich erobert werden. Die Wiederentdeckung Palästinas durch wissenschaftliche Expeditionen ersetzte zunächst politische Arbeit. Die »Kenntnis Palästinas« war »ein hochbedeutendes Moment für die Verbreitung und Vertiefung« der zionistischen Idee, wie Selig Soskin es auf dem siebten Zionistenkongress formulierte.[24]

Dies schlug sich auch auf territorialer Ebene nieder. Wissen schuf Besitzansprüche. Diese sollten, so Warburgs Ansicht, auch leicht durchzusetzen sein, wenn erst einmal jene, die über die Besitzverhältnisse Palästinas zu entscheiden hatten, die Nützlichkeit des Zionismus erkennen würden. Dessen wissenschaftliche und wirtschaftliche Leistungen sollten sogar die türkische Obrigkeit überzeugen, Palästina den Zionisten und deren Fortschrittsethos zu überlassen. Otto Warburg formulierte diesen Gedanken 1905 auf dem siebten Zionistenkongress:

> Aber ist es denn nicht eine allgemeine Wahrheit, dass man, bevor man eine Sache beginnt, sie erst studiert, und wenn man sie genügend erforscht hat, sie erst in kleinem Masstabe ausprobiert? (Lebhafter Beifall.) Der Rechtstitel, dass wir vor 2000 Jahren Palästina besassen, ist bei den Mächten an sich und allein nicht wirksam genug, wir müssen uns dazu auch noch moderne Rechtstitel schaffen, und diese bestehen darin, dass wir den Beweis führen, dass wenn auch nicht de jure, so doch de facto Palästina wirtschaftlich unserem Einfluss untersteht (Beifall), und dass alle wesentlichen grösseren Fortschritte des Landes unserer Initiative und unseren ökonomischen Machtmitteln ihren Ursprung verdanken. (Stürmischer Beifall und Händeklatschen.)[25]

Die Forschungsreisen machten die politische Dimension des Botanischen Zionismus deutlich. Nicht nur konnten dessen Protagonisten zeigen, dass sie in der Lage waren, das Land in einer bis dato unerhörten Tiefe wissenschaftlich zu begreifen. Wenn allein sie fähig waren, Palästina zu verstehen, sollten sie auch diejenigen sein, in deren Hand die Zukunft des Landes lag. Das Wissen über die Natur – etwa in Form einer genauen Kenntnis des palästinensischen Bodens – sollte helfen, diese zu bezwingen und Palästina in einen menschenfreundlichen Raum zu verwandeln.

Die Generierung von Wissen war in praktischer Hinsicht nützlich, schuf gleichzeitig aber auch Legitimation und Hegemonie: Wissen war im imperialen Zeitalter eine Ressource.[26] Dieser Aspekt rückte die Botanischen Zionisten in die Nähe europäisch-kolonialer Praktiken.

---

[24] StPZK, *Stenographisches Protokoll der Verhandlungen des VII. Zionisten-Kongresses in Basel vom 27. Juli bis inklusive 2. August 1905*, Berlin 1905, 194f (= StPZK 1905).

[25] Ebd., 200 f.

[26] Vgl. Kap. 1.4.

Die Idee, dass das jüdische Volk durch Wissen über die Natur Palästinas dem Lande wieder angenähert werden könne – eine Art der symbolischen Besitzergreifung, wie es bei Carl Schmitt heißt[27] –, wurde auch von den Mitarbeitern Warburgs diskutiert.[28] Eine solche symbolische Aneignung war auch durch epistemische Prozesse möglich. Zwar war ein großer Teil des Wissens, das Warburg sammelte, technisch verwertbar und damit praktisch mittel- oder sogar unmittelbar anwendbar; so etwa die Erstellung eines botanischen Inventariums, das für landwirtschaftliche Zwecke genutzt werden konnte. Doch darüber hinaus waren Warburg und seine Mitstreiter überzeugt, dass das Wissen vom Lande nötig sei, um Palästina zum Judenstaat zu machen.

4.3 Otto Warburg setzt den »Practical Turn« durch

Die wissenschaftliche Erfassung des Heiligen Landes stand nicht von Anfang an auf der Agenda des Zionismus. Zunächst hatte sich der größte Teil der Zionisten, allen voran Theodor Herzl selbst, geweigert, in Eretz Israel »praktisch[e] Palästinaarbeit«[29] zu leisten, bevor politische Konzessionen erworben waren.[30] Dem Kolonialbotaniker Warburg war dieser Gedanke jedoch fremd (siehe erstes Kapitel).

Die Frage, ob man in Palästina nun praktisch arbeiten solle oder nicht, war in den zionistischen Debatten des beginnenden 20. Jahrhunderts kein Detail, sondern eine Wasserscheide, die zur Bildung von unversöhnlichen Lagern führte und letztlich die zionistische Bewegung in praktische und politische Zionisten spaltete.

Herzl und die Anhänger des politischen Zionismus sträubten sich gegen Eingriffe auf palästinensischem Boden, solange die politische Situation nicht hinreichend geklärt war. So erfüllten die Expeditionen auch innerzionistisch eine wichtige Funktion: Durch sie konnte Wissen generiert werden, das die Realitäten in Palästina zunächst nicht veränderte. Die Forschungsreisen griffen nicht

[27] Schmitts Überlegungen handeln vom Erwerb kolonialen Bodens: Im 19. Jahrhundert »wurden Entdeckungen, Erforschungen und symbolische Besitzergreifungen als Ansätze zu einer Okkupation, als inchoative [den Anfang bedeutende] Titel von praktischer Bedeutung. Sie sollten dem Entdecker und ersten Erforscher für eine gewisse Zeit, a reasonable time, eine Priorität auf den Erwerb des entdeckten Landes durch effektive Okkupation geben.« Carl Schmitt, *Der Nomos der Erde im Völkerrecht des jus publicum Europaeum*, 4. Aufl., Berlin 1997, 189.

[28] Sebastian Conrad macht die Ursprünge der Idee, nach der Arbeit Herrschaft und sogar Annexion legitimiert, in Gustav Freytags 1854 erschienenem Werk *Soll und Haben* aus: »Nicht Krieg und Eroberung, sondern ›Deutsche Arbeit, Bildung und Kultur‹ berechtigten aus seiner Sicht zur Ausübung der Rechte über Territorium und Bevölkerung.« S. Sebastian Conrad, *Globalisierung und Nation im Deutschen Kaiserreich*, München 2010, 305 (= Conrad, Globalisierung).

[29] Warburg, Pflichten.

[30] Vgl. auch Shilony/Seckbach, Ideology, 91.

in die Landschaft ein: Suchen, sammeln, beschreiben und katalogisieren schafften keine Transformationen wie etwa Häuser-, Straßen- oder Ackerbau. Auf diese Weise konnten praktische Zionisten wie Warburg politische Zionisten dazu bringen, erste Vorarbeiten zuzulassen, die – so dachte Warburg – die Siedlungstätigkeit einleiten sollten. Die wissenschaftliche Erforschung des Landes hatte ein harmloses Antlitz.

Warburg betrachtete sich selbst erst seit dem fünften Zionistenkongress 1901 als überzeugten Zionisten. Während dieses Kongresses wurde der *Charterismus* der politischen Zionisten eingeschränkt, und auch Herzl erklärte sich zu »Vorarbeiten« in Palästina bereit.[31] Diese Wendung formulierte Warburg auch während einer Rede auf dem siebten Zionistenkongress 1905. Er betonte, wie viel Mühe man in die »Erforschungs- und Erschliessungsarbeit« in Palästina auf den verschiedenen Gebieten gesteckt habe. Diese Mühen sollten sich bezahlt machen, indem sie auch die Anhänger des politischen Zionismus von der Bedeutung der praktischen Arbeit überzeugten: »Nur das hoffen wir durch unsere zweijährige Tätigkeit erreicht zu haben, dass auch der engagierteste rein politische Zionist anerkennen wird, dass die Arbeiten, wie sie die Palästina-Kommission in Angriff genommen hat, für die Partei absolut nötig und unentbehrlich sind. (Beifall und Händeklatschen.)«[32]

Die Palästina-Kommission war zur wissenschaftlichen Erforschung und wirtschaftlichen Erschließung Palästinas auf dem sechsten Zionistenkongress eingesetzt worden. Sie bestand aus Otto Warburg, Selig Soskin und Franz Oppenheimer. Auf ihrer Agenda standen zuvorderst wirtschaftliche und wissenschaftliche »Forschungs- und Erkundungsreisen in Palästina durch Gelehrte und Fachleute«.[33] Außerdem gab die Kommission die Monatsschrift *Altneuland* heraus. Warburg sorgte in diesen Medien für die Propagierung seiner Mission: Das Land Palästina lasse sich anders als durch praktische Arbeit gar nicht in Altneuland verwandeln.

Erschließung und *Erforschung* meinten keine tieferen Eingriffe in Palästina, wie sie die politischen Zionisten fürchteten. So sollte eine Basis für das weitere Wirken der Botanischen Zionisten geschaffen werden, ohne die politischen Zionisten zu verschrecken oder zu verärgern. Dies war die praktische Wende, die von Warburg durchgesetzt wurde.

---

[31] StPZK 1909, 132.

[32] Ebd., 199 f. Für eine detaillierte politische Deutung des Konfliktes: J. Frankel, *Prophecy and Politics: Socialism, Nationalism, and the Russian Jews, 1862–1917*, Cambridge 1984, 397–400. Auf dem folgenden, 1907 stattfindenden Zionistenkongress wurden die Ausgaben für die *Palästina-Kommission* offengelegt: Von etwa 81.000 Mark Gesamtbudget der WZO wurden ihr etwa 2.550 Mark zur Verfügung gestellt. Dies waren keine sehr hohen, aber doch signifikante Ausgaben. S. StPZK 1907, 45.

[33] Zionistische Vereinigung für Deutschland, *Zionistisches ABC-Buch*, Berlin 1908, 215.

4.3.1 Otto Warburg als Expeditionsexperte

Auch wenn Otto Warburg sich erst ab 1901 als überzeugten Zionisten bezeichnete, stand er schon vorher in Verbindung mit den wichtigsten Protagonisten des Zionismus und avancierte vor der Jahrhundertwende zum Experten für wissenschaftliche Expeditionen. Herzl und die WZO waren einige Jahre zuvor auf den erfahrenen Kolonialbotaniker und Forschungsreisenden aufmerksam geworden.

Aus einem Briefwechsel aus dem Jahr 1899, in dem Herzl Warburg dafür dankte, einer »gemeinschaftliche[n] Arbeit« bei einer »practischen Aufgabe« zugestimmt zu haben, geht hervor, seit wann Herzl Warburg für praktische Aufgaben vorsah. Herzl benannte die genaue Angelegenheit in diesem Brief nicht, Anspielungen auf die »praktische« Arbeit und den *Colonisationsausschuss* der Zionistischen Organisation legen aber nahe, dass sie mit einem potentiellen Siedlungsprojekt zu tun hatte. Der Colonisationsausschuss war ein Unterausschuss des Zionistenkongresses, der sich schon vor Warburgs Beschäftigung mit dem Zionismus mit Fragen der praktischen Siedlungstätigkeit in Palästina auseinandergesetzt hatte.[34]

Einige Jahre später, 1902, nahmen Herzls Pläne für eine Zusammenarbeit mit Warburg Gestalt an: Warburg erhielt einen aufgeregten, als streng geheim bezeichneten Brief von Herzl, der »alle[m] Anscheine nach knapp vor der Erlangung eines Charters für ein Gebiet welches dem in ›Altneuland‹ phantastisch geschilderten in Wirklichkeit sehr nahe« war, stand[35] Damit meinte Herzl den Wadi El-Arisch auf der Sinai-Halbinsel – ein damals vielversprechendes Siedlungsgebiet,[36] das eng mit Geschichte und politischer Mythologie der Juden verknüpft war und auch Ägyptisch-Palästina[37] genannt wurde.[38]

Die Idee, den Wadi zu besiedeln, wurde von manchen Zionisten als »Anfang für die zionistische Action«[39] gehandelt, denn mit El-Arisch sollte eine größere Siedlungstätigkeit eingeleitet werden. Wie genau Herzl die Ähnlichkeit zwischen

---

[34] Theodor Herzl an Otto Warburg, CZA, HNIII/50 (20.11.1899).

[35] Theodor Herzl an Otto Warburg, CZA, *HNIII*/50 (22.12.1902). Vgl. auch Theodor Herzl, *Zionistisches Tagebuch. Briefe und Tagebücher.* Hrsg. von Alex Bein, Bd. 3 (1899]1904), Berlin/Frankfurt/Wien 1985, 484, 484 (= Herzl, Tagebuch 1899–1904).

[36] Vgl. Tagebucheintrag vom 30.12.1902: ebd., 497.

[37] Eine andere Expedition ging auf die Initiative des Christen Paul Friedmann zurück. Dieser hatte die bizarre Idee, einen Judenstaat auf der arabischen Halbinsel zu verwirklichen. Friedmann war »gekleidet in eine Uniform, die Brust mit Orden behangen, eine Goldkrone auf dem Haupt, die linke Hand auf das Schwert gestützt, in der rechten einen Revolver«, und soll »sich als König und Pascha von Midian vorgestellt haben«. Julius H. Schoeps, *Der König von Midian. Paul Friedmann und sein Traum von einem Judenstaat auf der arabischen Halbinsel*, Leipzig 2014, 46. Die Idee eines jüdischen Militärstaates fand wenig Zuspruch.

[38] Theodor Herzl, *Briefe.* Hrsg. von Alex Bein, Berlin 1993 (1900–1902, 279. Bein zufolge ging die Idee für El-Arisch auf Davis Trietsch zurück (= Herzl, Briefe 1900–1902).

[39] B. Ebenstein, »Aegyptisch-Palästina«, *Die Welt* 5 (15.11.1901), 4f, 5 (= Ebenstein, Aegyptisch-Palästina).

dem Sinai und dem in seinem Roman geschilderten Altneuland beurteilte, ist schwer zu sagen: Herzl kannte den Sinai aus eigener Betrachtung nicht und musste sich auf Berichte Dritter verlassen. Er notierte am 30. Dezember 1902 in seinem Tagebuch, wie er sich die Einrichtung des Judenstaates in El-Arisch vorstellte: »Vielleicht können wir das Wüstenland durch den Nil befruchten!« Herzl erwog, die trockene Region des Sinais durch Aquädukte zu bewässern oder »durch Boote oder spezielle Filterschiffe«. Diese Überlegungen wie auch »die Phosphatfrage«, also die Suche nach Rohstoffen, gab Herzl Warburg, der die »Mission angenommen« hatte, »als Geheimaufgabe« mit.[40]

Im erwähnten Brief bot Herzl Warburg die Teilnahme an einer »Mission« an, bei der Warburg den »botanischen Bereich« übernehmen sollte. Für Herzl stand fest: »Die Sache ist gross, ernst und erfordert unsere besten Kräfte, unsere völlige Hingebung.«[41] In diesem Moment, so scheint es, ernannte Herzl Warburg zu seinem Mann für Expeditionen, Wissenschaft und, vor allem, für Botanik. Herzl bat Warburg »um möglichst baldige Einsendung eines Apercus, wie Sie sich die Expedition vorstellen, deren Zweck es ist, die Möglichkeiten einer grossen Niederlassung programmatisch zu entwerfen«. Herzl bat um absolute Geheimhaltung, selbst seine Frau sollte Warburg nur wissen lassen, dass er an einer wissenschaftlichen Expedition in »jene Gegenden« teilnehme.[42] Herzl war so besorgt um die Geheimhaltung der eigentlichen Expeditionszwecke, dass er für den Austausch mit seinem wissenschaftlichen Stab via Telegramm Codenamen nutzte. »Rabbis« etwa stand für »Expeditionsteam«.[43]

Warburg willigte zwar ein, schien jedoch nicht sehr angetan von der Idee, El-Arisch zu besiedeln. In einem Brief an Herzl – der vor der Expedition geschrieben wurde – kam Warburg zu dem Schluss, dass im Sinai »nicht [viel] zu machen sei«.[44] Die Natur großer Teile des Sinais sei derart menschenfeindlich, dass sie ausreiche »wohl nur für einige Yemeniter, die absolut wie die anspruchslosesten und ärmsten Beduinen leben müssen«[45] –, aber nicht für europäische Juden, die in Palästina ein neues Leben beginnen wollten und den europäischen Lebensstandard gewohnt waren. Eine größere Kolonisation auf dem Sinai sei »offenbarer Selbstmord«.[46] Doch so schnell gab Herzl seine Idee nicht auf. Man entsandte eine Expedition, die der Zionistenführer mit folgenden Worten ermahnte: »Zeigen Sie sich als grosse Mitarbeiter der historischen Aufgabe gewachsen, die wir in Ihre Hände legen […].«[47]

---

[40] Herzl, Tagebuch 1899–1904, 483.
[41] Theodor Herzl an Otto Warburg, CZA, HNIII/50 (22.12.1902), 484.
[42] Ebd.
[43] S. Tagebucheintrag vom 26.12.1902, in: Herzl, Tagebuch 1899–1904, 523.
[44] Otto Warburg an Theodor Herzl, CZA, H1/852 (1902/1903), 4.
[45] Ebd.
[46] Ebd.
[47] Herzl, Tagebuch 1899–1904, 498.

Die Expedition nach Ägypten war ein großer Schritt – es gab erste, vorsichtige, dennoch konsensfähige Annäherungen an die Ideen des praktischen Zionismus.

4.3.2 El-Arisch wird evaluiert

El-Arisch lag, so ein Chronist in der zionistischen Zeitschrift *Palästina*,

> anderthalb engl. Meilen ins Land hinein auf dem Rücken eines der zahlreichen Sandhügel, welche diesen Teil der Wüste charakterisieren. Die Stadt ist von der See aus nicht zu sehen, und man erreicht sie von der Küste aus über eine Reihe Dünen von Treibsand, der über einem weissen, brennbaren Kalkstein liegt; letzterer tritt da, wo der Wind den Sand fortgeweht hat, zu Tage.[48]

Der Autor widmete nicht grundlos der Beschreibung der Naturphänomene viel Platz. Der Sinai war sehr bevölkerungsarm. In der Stadt El-Arisch lebten knapp 3.500 Menschen, im gleichnamigen Verwaltungsbezirk fast 17.000, darunter befand sich nur ein einziger Ausländer. Die Mehrzahl der Bevölkerung lebte unter sehr ärmlichen Bedingungen in »jämmerlichen Schlammhütten«, wie berichtet wurde. In der Stadt arbeitete der größte Teil der Erwerbstätigen als Kameltreiber.[49] War diese Wüstenstadt und die Region um sie der Ort, auf den sich die zionistischen Hoffnungen richten sollten? Die Expedition hatte den Auftrag, das Potential der Sinaihalbinsel für eine jüdische Siedlung abzuschätzen.

Die Wissenschaftler, die diese Aufgabe zu bewältigen hatten, waren meist Forschungsreisende, die strukturiert, routiniert und analytisch vorgingen, ihre wissenschaftliche Mission in verschiedene Aufgaben aufteilten und Aspekte wie Boden, Klima und Flora untersuchten. Ihre Aufzeichnungen sind zur Rekonstruktion der Expeditionen die wertvollste Quelle. Das Logbuch des El-Arisch-Expeditionsteams findet sich im Bestand des in Preußen geborenen, nach Südafrika ausgewanderten Zionisten und Ingenieurs Leopold Kessler (1864–1944).[50] Unterzeichnet wurde der Bericht von den Expeditionsteilnehmern: Kessler, dem

---

[48] Rev. Strange, »Notizen über einen Besuch von El-Arisch im Juli 1901«, *Palästina: Zeitschrift für den Aufbau Palästinas* (Januar 1902), 31–34, 32.

[49] Ebd., 32–33.

[50] O. A., »Log Book of the Commission Appointed to Report on the Practicability of Establishing Settlements on the Land under Egyptian Administration East of the Suez Canal and Gulf. February 11th 1903 – March 25th 1903«, Middle East Centre Archive, St Antony's College, GB165-0170 Kessler (1903). Kessler war Ingenieur und hatte an der Technischen Universität Bergakademie Freiberg studiert, vgl. den Lebenslauf von Joseph Fraenkel, »Leopold Kessler Collection«, Leo Baeck Institute Archives, New York City, AR11199 (undatiert), online verfügbar unter: http://digital.cjh.org/R/YH7TTTA9FB8XUN87FTR1KQEEPGCG12RVBEF6K236J6FGIMA4IH-04350?func=Dbin-jump-full&object_id=1769615&local_base=GEN01&pds_handle=GUEST (29.10.2018). Ein weiteres Logbuch in deutscher Sprache und zwei Gutachten finden sich in den Beständen des Zionistischen Archivs: o. A., »Tagebuch der Reise nach der Sinai-Halbinsel«, CZA, H1/855 (1903); Selig Soskin, »Bericht und Gutachten von Dr. S. Soskin zum El Arisch Projekt 1903. Agronomisch-Culturtechnisches Bureau für Palästina«, CZA, H1/838 (August 1903) (= Soskin, Bericht und Gutachten). Auch Veröffentlichungen aus zionistischen Zeitschriften und die Protokolle des Zionistenkongresses

britisch-jüdischen Militär Albert Goldsmid[51] (der laut Herzl eher »decorativen Charakter« hatte)[52], dem Bauingenieur George Stephans (der an einem der technischen Wunderwerke der Zeit, dem Assuan-Staudamm, mitgewirkt hatte), drei weiteren zionistischen Teilnehmern, nämlich dem Agronomen Selig Soskin (der auf einem Kamel aus Gaza angeritten kam), dem Arzt Hillel Joffe und dem Architekten Oskar Marmorek sowie dem belgischen Kolonialbotaniker und Agronomen Emile Laurent.[53] Soskin war zu diesem Zeitpunkt der engste Mitarbeiter Warburgs.

Untersucht wurden die Mittelmeerküste und die Ebene von Pelusium, das »Hinterland« bis zum Tih-Gebirge und der südliche Teil der Halbinsel. Das Expeditionsteam war insgesamt 43 Tage unterwegs und brachte 962 Kilometer hinter sich.[54] Neben den sieben Expeditionsteilnehmern nahmen mehr als drei Dutzend Ägypter teil, der größte Teil davon als Kameltreiber.[55] Im Vergleich zu anderen Expeditionen der Zeit muss dieses Team als sehr klein gegolten haben, denn die deutsche Ostafrikaexpedition 1904, die zahlreiche »Boys«, 56 Träger, Trägeraufseher usw. miteinschloss, galt bereits als recht überschaubare Gruppe.[56]

Aus dem Logbuch wird ersichtlich, welche Aspekte man für das Siedlungsprojekt der Zionisten als relevant betrachtete: Die Forscher untersuchten die Population, das Tier- und Pflanzenleben, den Boden, Mineralien, Brennstoffe, Wasser, Wasserläufe, die Hygiene und das Klima der Sinai-Halbinsel.

Um das Fazit der Expedition vorwegzunehmen: Es war ambivalent, der Sinai war gut und schlecht zugleich. Prinzipiell schienen sich weite Teile der Böden Ägyptens für die Landwirtschaft zu eignen, so ist im Logbuch Kesslers von einer vielfältigen Landschaft die Rede; ebenso werden vielerorts Tier- und Pflanzenzucht geschildert sowie prachtvolle antike Stätten.[57]

Im Logbuch wurden auch Gespräche zwischen den Expeditionsteilnehmern skizziert, in denen diese vor allem hinsichtlich des landwirtschaftlichen Potentials des Sinais eine optimistische Zukunft prophezeiten:[58] Der Sinai wies Oasen

---

dienen als Quellenmaterial, etwa A. R. Guest, »Der Reiseweg von Kantara nach El-Arisch«, *Palästina: Zeitschrift für den Aufbau Palästinas* (Januar 1902), 34–37 (= Guest, Reiseweg).

[51] Vgl. auch Josef Fraenkel, »Colonel Albert E. W. Goldsmid and Theodor Herzl«, *Herzl Yearbook* 1 (1958), 145–153.

[52] Herzl, Tagebuch 1899–1904, 494.

[53] Laurent wurde von Herzl in einem Brief an Max Nordau bespöttelt, obwohl er, zumindest nach formal-akademischen Kriterien, das erfahrenste Mitglied der Expedition war. Herzl schrieb: »Von der Expedition ziemlich freundliche Nachrichten. […] Nur Laurent scheint keine gute Acquisition gewesen zu sein. Er sieht selbst dort nichts, wo der landkundige Agronom Soskin sich befriedigt erklaert.« Theodor Herzl an Max Nordau, CZA, H1/3845 (06.03.1903).

[54] G. H. Stephans, »Report by Mr. G. H. Stephans, C. M. G., Memb. Inst. C. E., Late P. W. D. Egyp.«, CZA, H1/838 (10.04.1903) (= Stephans, Report).

[55] Stephans, Reports, 9.

[56] Gräbel, Erforschung, 128.

[57] O. A., Log Book.

[58] O. A., Log Book, 58 f.

auf. Ähnliches berichtete Selig Soskin, er verfasste für das *agronomisch-culturtechnische Bureau für Palästina*, das er zusammen mit Aaron Aaronsohn leitete, einen Bericht über die Sinai-Halbinsel. Im Artikel betonte er, dass der Sinai als echte subtropische Region die Vorteile der gemäßigten und tropischen Zonen vereine und somit großes Potential für eine breite Varietät an Pflanzen biete, die dort »erfolgreich gedeihen« könnten.[59] Die prächtigen Dattelpalmen der Region hatten es Selig Soskin angetan.[60] Nördlich sichtete man zahlreiche Feigenbäume, die wie die Palmen nur von Regen bewässert wurden. Das Bild, das der Zeitschriftenartikel zeichnete, war optimistisch und farbenfroh: »Oestlich und westlich von der Stadt mischen viele Tausende von Dattelpalmen und Feigenbäume ihre lachenden Farben mit dem Gelb des Sandes und dem Blau und Weiss des Meeres und seiner Brandung.«[61] Manchmal vermochte die Vegetation des Sinais Soskin ob ihrer Üppigkeit zu überraschen: »Auf vielen Punkten war aber auch diese wilde Vegetation von einer solchen überraschenden Entfaltung, dass wir es auf wenige Augenblicke vergessen durften, dass wir uns in einer vegetationslosen Wüste befinden.« So konnte Soskin nicht nur seinen zunächst negativ voreingenommenen Blick auf den Sinai zurechtrücken, sondern sogar der botanischen Wissenschaft einen Dienst erweisen: Einige der Pflanzenfunde wurden zur Bestimmung in den Berliner Botanischen Garten nach Dahlem geschickt.[62]

Laut Soskin waren die Oasen im Sinai ein Hinweis darauf, dass der Boden im Untergrund Wasser enthielt (denn die Palmen wurden nicht bewässert). Ein interner Bericht Soskins schloss mit dem Satz »[S]chafft Wasser herbei und das Land wird aufhören Wüste zu sein […].«[63] Zudem eröffneten die Oasen wirtschaftliche Potentiale, waren Datteln doch gefragte Handelsgüter.[64]

Selig Soskin zeigte sich begeistert und erörterte sofort Möglichkeiten, das Land produktiv zu machen. Er zog Trauben als mögliche Kulturen für Rosinen und Wein in Betracht, zudem versprach er sich von Pinien und Eukalyptus eine Festigung des losen Sandbodens. Auch die Holzkultur des Sinais wollte er ausbauen.[65] Soskin bewertete den Sinai aus einer Perspektive, die dem Potential mehr Wert zuschrieb als dem Zustand. Soskin war in einige deutsche Kolonialunternehmen involviert gewesen. Er war es gewohnt, Natur zu optimieren, und gewillt, dieses Prinzip auch auf den zu schaffenden Judenstaat anzuwenden.

Doch die anderen Forscher fanden am Sinai weniger Gefallen als Soskin. Die Halbinsel krankte in ihren Augen vor allem an ihrer Kargheit: Sie verfügte

[59] Soskin, Bericht und Gutachten, 1.

[60] In einer anderen Veröffentlichung in *Palästina* wurde ein östlich von der Stadt gelegener großer Palmenhain beschrieben, der 10.000 bis 12.000 Bäume umfasste: Guest, Reiseweg, 35–37.

[61] Ebd.

[62] Soskin, Bericht und Gutachten, 12.

[63] Ebd., 21.

[64] Ebd., 6 f.

[65] Ebd., 9 f.

streckenweise kaum über Vegetation.[66] Dies war ein ästhetischer Mangel, aber auch ein Hinweis auf schlechte Kolonisationsaussichten.

Der Sinai, als Wüste naturgemäß ein sprödes Gebiet, war in den Augen eines Teilnehmers der El-Arisch-Expedition leer; die »sogenannte« Vegetation war dem *Nichts* sehr nahe. Zuweilen nahm der Reisende das Gebiet als völlig desolat wahr. Ihm zeigte sich

> hier eine sog. Vegetation; niedriges Gesträuch, das durch die Sonne gänzlich verdorrt ist. Und doch ist die Gegend viel trauriger als die frühere – alles ist versandet und so tief man graben mag, nichts als Sand. Wir haben den Canal ganz aus den Augen verloren. Wie um den Menschen über die Traurigkeit der unmittelbaren Umgebung zu trösten, malt ihm die Natur ringsum Phantasiegebilde vor. Man glaubt ringsherum Flüsse und Wälder zu sehen, die als ersehnbares Ziel gelten können, wenn nicht alles Fata Morgana wäre. Wir nahmen mehrmals Proben des Bodens, aber es ist überall dasselbe: Sand. Das thierische Leben ist hier so spärlich, dass man förmlich erfreut ist, einmal einen Vogel in der Luft fliegen zu sehen.[67]

Die Fata Morgana, von der der Expeditionsteilnehmer sprach, entsprach den europäischen Vorstellungen einer idealen Landschaft – sie war schön und beruhigend okzidental, Flüsse und Wälder bargen zudem hohes ökonomisches Potential. Die reale Wüstenlandschaft aber war öde, leer und traurig. Für den Expeditionsteilnehmer war die »sog. Vegetation« prägendes Element der Landschaft. Ein Land ohne Pflanzen wurde als marode wahrgenommen – wie das »judäische Bergland, das ob seiner vegetabilischen Abgestorbenheit einem Totenfelde gleiche«.[68]

Die Natur des Sinai zeigte sich den zionistischen Forschern gegensätzlich: Sie war zuweilen grün und verheißungsvoll, aber auch menschenfeindlich und desolat.

Ebenfalls in die veröffentlichten Expeditionsberichte ging eine Betrachtung der landwirtschaftlichen Aktivitäten auf dem Sinai ein. War die autochthone Bevölkerung der Natur Herr? Die Beduinen lebten in Subsistenzwirtschaft, bauten nur Gerste für den Eigenbedarf an und verwehrten sich dem Wirtschaften nach den Gesetzen der globalen Ökonomie. Vor allem die Anbaumethoden hielt der britische Bauingenieur Stephans für problematisch. Die Beduinen steckten die Saat einfach in den Sand, ohne den Boden zu pflügen. Außer den winterlichen Regenfällen könne ihre Landwirtschaft auf keine gesicherte Wasserversorgung setzen. Der Anbau des Getreides wurde als unprofessionell empfunden; man kritisierte, dass die Beduinen sich den Launen der Natur überließen.[69] Auch wurde insgesamt für den Geschmack der Forscher zu wenig Fläche auf dem Sinai kultiviert, manchmal reisten sie tagelang, ohne domestizierte Natur zu sehen.[70]

[66] Stephans, Report, 3, 6.
[67] O. A., Tagebuch der Reise, 12.
[68] Ebd., 19.
[69] Stephans, Report, 4.
[70] Ebd., 5.

Für die Wissenschaftler sah es so aus, als sei auch dieser Teil des Orients zur Stagnation verdammt. Die Forschungsreisenden waren sich sicher, dass der Sinai durch die einheimische Bevölkerung, Beduinen, die überwiegend von der Viehzucht lebten, nicht verändert werde: »I think it could be safely predicted that if left to the Bedawins it would be in the same condition a century hence as it is to day.«[71] Stillstand wurde verurteilt, Stagnation widersprach dem Ethos der Botanischen Zionisten, die die Natur urbar machen wollten, um sie den menschlichen Bedürfnissen ideal anzupassen. Den Zionisten sollte gelingen, was die einheimische Bevölkerung in ihren Augen bisher vernachlässigt hatte.

Man war sich zwar sicher, dass das Land eine größere Anzahl an Menschen als die damals 16.000 einheimischen Beduinen ernähren konnte, war aber vorsichtig mit konkreten Vorhersagen.[72] Vor allem das ungelöste Problem der Bewässerung beunruhigte die Experten; mit unbewässerter Landwirtschaft waren die europäischen Forscher nicht vertraut.

Allerdings konnte das zionistische Expeditionsteam auch bei optimistischer Beurteilung für das sogenannte Hinterland nur festhalten, dass die grundsätzlichen Eigenschaften des Landes kaum zu ändern seien, die Inkulturnahme schien nur in einem begrenzten Ausmaß möglich und eine Aufforstung ganz außer Frage.[73] Der Sammelbericht kam zu dem Fazit, dass Teile des Sinais »quite unsuitable«[74] für europäische Siedler seien. Diese Einschätzung stimmte letztlich mit Warburgs Sichtweise überein: Der Sinai war nicht gerade »Selbstmord«[75], aber von der Vision eines fruchtbaren Altneulandes weit entfernt. Die Natur des Sinais erwies sich als zu widerspenstig.

El-Arisch sollte nur kurz Furore machen; bald schon verschwand die Region als mögliche Beherbergung eines Judenstaates in der Versenkung. Die ägyptische Regierung lehnte letztlich den zionistischen Plan für den Sinai sowieso ab, weil sie dessen Realisierung für undurchführbar hielt.[76] Diese Einschätzung stützte sich vor allem auf die praktischen Schwierigkeiten, die Herzls Expeditionsteilnehmer

---

[71] Ebd., 12.

[72] Ebd.

[73] Ebd., 10.

[74] O. A., »Report on the Commission Appointed to Enquire Into the Practibility of Establishing Settlements From European Countries in the Land Under the Egyptian Jurisdiction, Lying to the East of the Suez Canal and Gulf«, CZA, H1/819 (März 1903), 6.

[75] Otto Warburg an Theodor Herzl, CZA, H1/852, CZA, H1/852 (1902/1903), 4.

[76] Raphael Patai, »Herzl's Sinai Project: A Documentary Record«, *Herzl Yearbook* 1 (1958), 107–144. Wie Patai zeigt, gab es auch voher schon unter den Briten kritische Stimmen, v. a. Lord Kromer und Lansdowne, doch auch die ägyptische Regierung sah wenig Erfolgsaussichten. Keine der beiden Parteien wollte für ein Scheitern verantwortlich sein. Es wurde betont, dass diese Skepsis nichts mit antisemitischen Vorurteilen zu tun hatte, vgl. ebd., 123–125. Die ägyptische Regierung hielt die geringen Erfolgsaussichten, die sie in einer jüdischen Siedlung im Sinai sah, schon als ausreichend, um die Verfolgung des Projekts keinesfalls zu ermutigen. Der Report der jüdischen Kommission sollte – gleichgültig, zu welchem Resultat er kommen würde – wenig daran ändern, vgl. ebd., 126. Doch den Zionisten war die Erforschung des Sinais ernst; Kessler betonte später vor Herzl, dass er

geschildert hatten.[77] Herzl notierte am 16. März 1903 niedergeschlagen in seinem Tagebuch: »Ich hielt die Sinai-Sache für so fertig, dass ich keine Familiengruft mehr auf dem Döblinger Friedhofe kaufen wollte, wo mein Vater provisorisch ruht. Ich halte die Sache jetzt für so gescheitert, dass ich schon auf dem Bezirksamt war u. die Gruft Nr 28 erwerbe.«[78]

Schenkt man dem Herzl-Biographen Alex Bein Glauben, sollten El-Arisch und weitere extrapalästinensischen Gebiete, mit denen Herzl zwischendurch geliebäugelt hatte, generell keine Aufgabe Zions markieren, sondern als strategische Umwege nach Palästina verstanden werden.[79] Obwohl Herzl an El-Arisch Gefallen gefunden habe, sei es nur als zeitlich begrenzte Notlösung in Frage gekommen. Dennoch war die Expedition für den Zionismus ein wichtiger Schritt. Obgleich das Siedlungsprojekt gescheitert war, stellte El-Arisch den Durchbruch zu praktischer Kolonisationstätigkeit dar – und darüber hinaus den Beginn des Engagements Warburgs.

Auch die nächste Expedition, die die Zionisten wagten, führte nicht nach Palästina, sondern nach Uganda. Obwohl Uganda Palästina aus dem Blickwinkel des Naturforschers in nichts nachstand, überwiegend als grün und gesund betrachtet wurde, wurden in der Bewertung dieser Expedition wissenschaftliche Funde bewusst ignoriert, um alle Bestrebungen des Zionismus wieder auf Palästina zu lenken.

4.4 Der Traum von *Jewganda*[80]: Zedern gegen Dschungel

Dass das zionistische Projekt 1948 mit der Gründung des israelischen Staates offiziell geglückt war, bedeutet nicht, dass der Zionismus eine geradlinige Entwicklung durchlaufen hätte. Zur Jahrhundertwende war nicht einmal klar, auf welches geographische Gebiet seine Bestrebungen sich richten sollten. Palästina war – wie der Name der Bewegung schon sagt – das naheliegende Ziel der Zionisten. Als diese sich kurzzeitig nach El-Arisch wandten, konnten sie jenes Gebiet zumindest noch als palästinensische Peripherie definieren, als *Beinahe-Palästina*. 1903 hingegen wurde ein weit entfernteres Gebiet diskutiert: Uganda.

---

keine Expedition durchgeführt hätte, wenn er eine jüdische Sinai-Siedlung nicht für möglich gehalten hätte, vgl. ebd., 140.

[77] Herzl, Briefe 1900–1902, 292.

[78] Ders., Tagebuch, 1899–1904, 564.

[79] Ders., Briefe 1900–1902, 280. Zur Diskussion dieser Argumente: Gur Alroey, *Zionism without Zion. The Jewish Territorial Organization and its Conflict with the Zionist Organization*, Detroit 2016, 10–14 (= Alroey, Zionism).

[80] So spöttelten die Journalisten von *The African Standard* über den geplanten Judenstaat in Afrika. Zit. n. Adam L. Rovner, *In the Shadow of Zion. Promised Lands before Israel*, New York 2014, 61 (= Rovner, Shadow).

Der Name ist allerdings irreführend.[81] Es handelte sich um eine Region im Uasin Gishu im heutigen Kenia.[82]

Die Einrichtung einer Kommission zur Untersuchung des Gebietes wurde auf dem sechsten Zionistenkongress 1903 mit 295 zu 177 Stimmen beschlossen.[83] Eine der zumindest symbolisch wichtigsten zionistischen Expeditionen fand somit in eine Region statt, die geographisch und mental noch weiter von Europa entfernt war als Palästina selbst.

Uganda wurde zwischen 1888 und 1895 von der *Imperial British East Africa Company* verwaltet und war danach Teil des britischen Empires, das den Zionisten diese Region 1903 anbot. Uganda war kein unumstrittenes Ziel für eine zionistische Staatsgründung.[84] Sollte es der zionistischen Bewegung um das territoriale oder das ethnische Prinzip gehen?[85] Hatte sich der Zionismus notwendigerweise gen Zion zu wenden oder möglichst schnell möglichst viele Juden, die vielerorts Diskriminierung und Gewalt ausgesetzt waren, an einem sicheren Ort zu versammeln – auch wenn das eine Abweichung bedeutete von dem auf dem ersten Zionistenkongress formulierten *Basler Programm*, in dessen Zentrum die Rückkehr nach Palästina stand?[86] Genereller formuliert: Was war die spirituelle Verbindung zum Heiligen Land dem Zionismus überhaupt wert? Anhand von Uganda wurden diese hochpolitischen Fragen diskutiert.[87]

Die Crux an Uganda wurde während des Kongresses formuliert. Der Zionismus »konnte entweder an Palästina festhalten, dann musste er das Programm [des von Herzl vertretenen politischen Zionismus] einer im Vorhinein gesicherten, politischen Autonomie aufgeben und eine andere Taktik einschlagen, oder aber er konnte an dem Prinzip der politisch im Vorhinein zu sichernden Autonomie festhalten, dann musste er Palästina aufgeben.«[88] In anderen Wor-

---

[81] Vermutlich lag der Irrtum an einer Verwechslung mit der auch dieses Gebiet zerschneidenden Uganda-Bahn, ebd.

[82] Robert G. Weisbord, *African Zion. The Attempt to Establish a Jewish Colony in the East Africa Protectorate 1903–1905*, Philadelphia 1968, 9 (= Weisbord, African Zion).

[83] StPZK 1903, 230. Vgl. auch Shilony/Seckbach, Ideology, 91. Zu den britischen Interessen an der Uganda-Expedition vgl. Gur Alroey, »Journey to New Palestine. The Zionist Expedition to East Africa and the Aftermath of the Uganda Debate«, *Jewish Culture and History* 10 (2008), 23–58, 25 (= Alroey, Journey).

[84] Eine minutiöse Darstellung des Konfliktes um Uganda innerhalb des Zionismus findet sich bei Michael Heymann (Hg.), *The Uganda Controversy. The Minutes of the Zionist General Council*, Jerusalem 1977, 5–93 (= Heymann, Uganda Controversy).

[85] Yitzhak Conforti, »Ethnicity and Boundaries in Jewish Nationalism«, in: Jennifer Jackson/Lina Molokotos-Liederman (Hgg.), *Nationalism, Ethnicity and Boundaries. Conceptualising and Understanding Identity through Boundary Approaches*, Abingdon 2015, 142–162.

[86] Shmuel Almog, »People and Land in Modern Jewish Nationalism«, in: Jehuda Reinharz/Anita Shapira (Hgg.), *Essential Papers on Zionism*, New York 1996, 46–62, 46–48.

[87] David Vital, »The Afflictions of the Jews and the Afflictions of Zionism: The Meaning and Consequences of the ›Uganda‹ Controversy«, in: Jehuda Reinharz/Anita Shapira (Hgg.), *Essential Papers on Zionism*, New York 1996, 119–132, 122.

[88] Redebeitrag Alfred Nossigs auf dem 7. Zionistenkongress. StPZK 1905, 48.

ten: Mit Diplomatie und Antichambrieren kam man in Palästina vorläufig nicht weiter – und dies ergab ganz neue Möglichkeiten für jene Zionisten, die sowieso vom praktischen Zionismus und der Idee des *Faktenschaffen* überzeugt waren.

Der Schritt nach Uganda erforderte Courage. Herzl haderte zunächst mit der Idee, den Zionismus in ein Gebiet außerhalb Palästinas zu leiten. Für ihn kam lange nur die »Urheimat Palästina« in Frage.[89] Doch die politischen Realitäten drängten ihn immer mehr zu einer positiven Haltung gegenüber Uganda. Das dringlichste Problem war die dramatische Situation vieler Glaubensgenossen: In Osteuropa kam es zu brutalen Ausschreitungen.[90] Dem offenkundigen Leid der Juden in Osteuropa sollte Abhilfe geschaffen werden. Im Jahr 1903 hatte das Kischinew-Pogrom fast fünfzig Juden das Leben gekostet und weltweit Empörung hervorgerufen.

Auch hatte Herzl sich einst die Gründung eines Judenstaates im Osmanischen Reich leichter vorgestellt, doch dieses Projekt krankte an praktischen, politischen und finanziellen Problemen.[91] Auch die überzeugtesten Palästinazentristen mussten um 1900 zugeben, dass der Traum vom Heiligen Land zu diesem Zeitpunkt in weiter Ferne lag: Palästina gehörte zum Osmanischen Reich, wurde von einer Administration verwaltet und einer Regierung beherrscht, der man wenig vertraute. Abgesehen davon war Palästina zwar im symbolischen Sinne Heimat der Juden, faktisch war es trotz einiger kleinerer Expeditionen und der oben erwähnten, 1903 erfolgten El-Arisch-Expedition aber *Terra incognita* geblieben. Von Klima- und Bodenverhältnissen, Flora und Fauna wusste man nicht allzu viel, jedenfalls nicht mehr als über Afrika.

Uganda schien eine einfache Lösung zu sein: Es war zwar unerforscht und rätselhaft, aber immerhin konnte der schwierige politisch-diplomatische Weg umgangen werden. Der damalige britische Kolonialminister Joseph Chamberlain[92] überbrachte den Vorschlag 1903 persönlich an Herzl. Chamberlain leitete seinen Vorschlag folgendermaßen ein: »Ich habe auf meiner Reise ein Land für Sie gesehen.« Dann fuhr er fort, das Land zu beschreiben. »An der Küste ist's heiß, aber dem Innern zu wird das Klima vorzüglich auch für Europäer. Sie können dort Zucker und Baumwolle pflanzen. Da habe ich mir gedacht, das wäre ein Land für Dr. Herzl. Aber der will ja nur nach Palästina oder in dessen Nähe gehen.« Laut dem Herzl-Biographen Bein lautete Herzls Antwort schlicht: »Ja, ich muss.«[93]

Herzl gewöhnte sich nur langsam an den Gedanken, einen – zumindest temporären – Judenstaat in Afrika zu errichten. Uganda sollte ein Stützpunkt und eine Ausbildungsstätte sein, hier sollten Erfahrungen für die angestrebte Kolonisation

---

[89] Herzl, Briefe 1900–1902, 572.
[90] Ebd., 278.
[91] Ebd., 278–291.
[92] Zu Chamberlain: Hodge, Triumph, v. a. 21–24; zu britischen Ostafrika-Diskursen: ebd., 39–47.
[93] Herzl, Briefe 1900–1902, 291.

in Palästina gesammelt werden. Für Herzl waren alle Gebiete außerhalb Palästinas bestenfalls zeitlich begrenzte Notlösungen.[94] Außerdem sah Herzl im Uganda-Programm politische Anerkennung. In seinen Augen hatten die Briten den Zionismus als nationale Idee durch den Vorschlag bestätigt:[95] Endlich wurde die Bewegung auf internationaler Ebene ernst genommen.

Die Argumente für oder gegen Uganda wurden abgewogen. Uganda-Gegner verwiesen vor allem auf die Fremdheit Afrikas. So war der Afrikadiskurs um 1900 von einer negativen, kolonialen Wahrnehmung des Kontinents bestimmt, die auch viele Juden teilten.

Beispielsweise wurde im Londoner *Jewish Chronicle* die Angst vor Uganda geschürt und vor »halbwilden Stämmen« fernab der Zivilisation gewarnt. Die Zeitung fragte rhetorisch: »Is Zion to be exchanged for Kikuyu and the cedars of the Lebanon for the Tarujungle?« Man kam zu dem Schluss, dass die Zukunft der Juden nicht in den Tropen liegen könne. Die Angst vor Uganda spiegelte sich im Befremden über die unheimliche Flora und wurde anhand botanischer Elemente emotional diskutiert: Der Dschungel in Taru sei kein gleichwertiges Tauschobjekt für die libanesischen Zedern, auf denen die Hoffnungen der Zionisten ruhten.[96] Der zionistische Mediziner und Publizist Max Nordau (1849 1923)[97] schrieb einen Brief an Herzl, um ihn von der Uganda-Idee abzubringen. Er betrachtete das Land nicht nur als ungeeignet, sondern als regelrecht lebensfeindlich für »weisse Menschen«: »Der weisse Mensch kann dort allerdings leben, aber nur so, wie Ch.[amberlain, der britische Unterhändler] sich dies vorstellt, als Pflanzer oder Aufseher schwarzer Arbeit, der nach dreijähriger Verbannung immer auf mindestens ein Jahr zur Erholung nach Europa zurückkehrt.«[98] Das Afrikabild Nordaus war auf den kolonialen Diskurs reduziert, Weiße nur als Akteure einer Hegemonialmacht vorstellbar – und gerade deshalb wollte Nordau Herzl Uganda ausreden.

Dem größten Teil der praktischen Zionisten jedoch kam der Vorschlag gelegen: Die Briten boten, ohne eine Gegenleistung zu erwarten, ein Siedlungsgebiet an. Dabei hatten sie vermutlich Hintergedanken, wie der deutsche Afrikaforscher Kurt Toeppen in der jüdischen Kulturzeitschrift *Ost und West* vermutete:

Wenn wir die Zionisten aufnehmen, wird sich Mr. Chamberlain gedacht haben, ziehen wir eine fleissige, ruhige und vor allen Dingen sesshafte Bevölkerung ins Land, das sind keine Plantagen-Leute und keine Kaufleute, welche kommen, das Land und die Einwohner auszusaugen,

---

[94] Ebd., 573.

[95] Ebd., 296 f.

[96] *Jewish Chronicle* (21 February 1896), 13. Zit. n. Bar-Yosef, Spying, 184.

[97] Nordau wurde ungewollt zum Aushängeschild der Ugandabefürworter: 1903 verübte ein russischer Student in Paris ein Attentat auf Nordau wegen dessen Eintreten für Uganda. Nordau blieb unverletzt. Herzl vermutete eine Verschwörung Menachem Ussischkins, dem vehementesten Gegner des Uganda-Plans. Rovner, Shadow, 58–60.

[98] Max Nordau an Theodor Herzl, 17.07.1903, zit. n. Heymann, Uganda Controversy, 121.

sondern solche, die selbst produzieren und das spärlich bewohnte Land von Leikipia, von Kikuju oder Mau bevölkern […].[99]

Toeppens Charakterisierung des zionistischen Siedlungsprojektes ist aufschlussreich: Er betrachtete die Zionisten nicht als potentiell brutale Vertreter einer Kolonialmacht, sondern als Siedler, die im Sinne einer mission civilisatrice den europäisch-zivilisierten Lebensstil nach Afrika bringen sollten und so dem Wohl des Landes verantwortlich waren. Die Zionisten sollten durch ihren guten Einfluss sogar das Volk der Massai in die Zivilisation führen. Diese sollten nicht nur sesshaft und friedlich werden, sondern auch mit dem Ackerbau beginnen (bisher ernährten sich die Massai angeblich beinahe ausschließlich von tierischen Produkten).[100] Ackerbau wurde schon um 1900 als Symbol der Zivilisation gewertet (s. Kapitel 4). Informiert über den Zionismus war Toeppen wohl durch seine Bekanntschaft mit Warburg, der ihn auch Wochen vor dem Erscheinen seines Artikels wegen Uganda aufgesucht hatte.[101]

Toeppen war durch und durch überzeugt von der Idee einer jüdischen Besiedlung Ugandas. Er hatte lange Jahre in dieser Gegend in Ostafrika gelebt und das Land als zunehmend zivilisiert empfunden.[102] In den letzten zwanzig Jahren sei der Fortschritt so drastisch über diesen Teil Afrikas gekommen, dass man sich kaum mehr vorstellen könne, wie rückständig das Land einst gewesen sei, »[w]enn man bequem in der Ecke des Coupees gelehnt, eine Zigarette rauchend, in der Hand den Feldstecher am Naiwasche-See vorbeisaust«.[103] Europäische Technik, hier durch die von den Briten gebaute Uganda-Bahn symbolisiert, stand für den Sieg der Zivilisation über die wilde Natur.

Toeppen zitierte einen »offiziellen Rapport«, in dem die Mau-Landschaften als »fast ohne gleichen« im tropischen Afrika beschrieben wurden: geräumig, »wunderbar bewässert«, fruchtbar, mit heilsamem Klima und »grossartigem Wald«, zudem unbewohnt; kurzum: als Land, das für Europäer und für »europäische Pflanzen« perfekt geeignet sei.[104] Afrika wartete nur auf die europäischen Siedler, die dieses »El Dorado« und seine Natur domestizieren sollten. Vielleicht, so Toeppen, »ist es nicht unmöglich, dass aus dem Zebra noch mal ein gutes, dem Menschen nützliches Haustier gemacht werden wird«.[105] In Uganda sollten die Zionisten experimentieren, wie man Land, Landschaft und Leute »zivilisieren« könne.

---

[99] Kurt Toeppen, »Das Gebiet des projektierten Judenstaates in Ostafrika«, *Ost und West* 3 (Oktober 1903), 681–704, 691 (= Toeppen, Gebiet).

[100] Ebd., 693.

[101] Otto Warburg an Theodor Herzl, CZA, H1/868 (16.09.1903).

[102] Toeppen, Gebiet, 687.

[103] Ebd., 691.

[104] Ebd., 696f, 701.

[105] Ebd., 703.

Doch waren, wie gesagt, nicht alle so begeistert von Uganda. Warburg war in der Diskussion einer der Wortführer und trat zunächst, wenn auch etwas verhalten, für Uganda als Judenstaat ein.[106] Doch intern äußerte er sich nicht nur kritisch, sondern abfällig über diese Idee. Schon im Jahre 1903 kritisierte Warburg den Uganda-Plan heftig, wie aus einer Korrespondenz mit dem jungen Chemiker und späteren israelischen Staatspräsidenten Chaim Weizmann (1874–1952) deutlich wird.

Weizmann suggerierte Warburg, dass die Briten die Gebiete, die sie den Zionisten vorgeschlagen hatten, in Wahrheit gar nicht abtreten wollten. Den Briten gehe es weniger um den Judenstaat als vielmehr um eine Stärkung ihrer Position im Protektorat. So hegten sie angeblich die Hoffnung, die Zionisten stattdessen in unerschlossene, »kriegerische« Zonen lenken zu können.[107] Das von den Briten bereitgestellte Gebiet um den Berg Elgon hielt Warburg dann auch für »völlig indiscutabel«[108], weil es dort kaum Infrastruktur gab und es weit von der Küste entfernt war. Warburg zeterte: »Es würde mir um jeden Pfennig leid thun, den wir auf dieses Projekt verwenden. Das wäre kein hochherziges Angebot mehr, sondern eine beleidigende Zumuthung, die meiner Ansicht nach auf das allerbestimmteste abgewiesen werden müsste.«[109]

Auch betrachtete er die anzusiedelnden Juden aufgrund ihrer körperlichen Konstitution als ungeeignet für die schwere Plantagen-Arbeit in Afrika. In einem Schreiben an Chaim Weizmann erklärte Warburg zwar seine Bereitschaft, eine Expedition zu entsenden; schon allein, um die Resultate dem Zionistischen Kongress vorzulegen: Uganda tauge vielleicht als philanthropisches Projekt für einige Juden, aber sicherlich nicht für den Zionismus. Warburg schlug den für ihn naheliegenden Weg vor. Das Gebiet sollte erst vermessen, untersucht und auf sein Potential hin geprüft werden, bevor an Siedlungsexperimente gedacht werden konnte.

Seine ablehnende Meinung äußerte Warburg öffentlich – allerdings erst nach der Expedition. Er war sogar als Mitglied einer Kommission direkt an den Planungen des Projektes beteiligt.

Das Ugandaprojekt stand von Anfang an unter einem unglücklichen Stern. Trotz bitterer Kontroversen kam es schließlich zu einer Expedition ins nicht ganz naheliegende Uganda.

---

[106] Vgl. z. B. Otto Warburg, »Einiges über die zionistische Ostafrika-Expedition«, *Ost und West* (März 1905), 152–162, 162.

[107] Otto Warburg an Chaim Weizmann, Sde Warburg, 8_91 (13.10.1903); s. auch Otto Warburg an Chaim Weizmann, Sde Warburg, 8_91 (14.11.1903).

[108] Otto Warburg an Chaim Weizmann, Sde Warburg, 8_91 (14.11.1903), 1.

[109] Ebd.

4.4.1 Eine Expedition nach Uganda: Warburgs Pläne

Die Meinungen über Uganda gingen, wie beschrieben, auseinander. Umso wichtiger war es Herzl, eine Expedition dorthin zu entsenden und herauszufinden, wo die Wahrheit über die von den Briten vorgeschlagene Region lag. Warburg war von Anfang an in die Planungen der Expedition involviert. Obwohl er von vornherein gegen Uganda war, brachte er sich und seine Kolonialerfahrung ein, um die Expedition möglichst sinnvoll zu gestalten.[110] Organisiert wurde die Reise von ihm und dem amerikanischen Zionisten Leopold Greenberg.[111]

Zunächst wurde das Expeditionsteam zusammengestellt: Für Warburg und seine Anhänger stand fest, dass eine naturwissenschaftliche Erfassung des Landes nötige Voraussetzung einer Besiedlung war. Dementsprechend setzten sie auf ein erfahrenes naturwissenschaftliches Expeditionskorps, von dem Teile geradezu märchenhafte Abenteuer auf dem unbekannten Kontinent erlebt hatten.

Jeder Teilnehmer sollte über Kolonisationserfahrung verfügen. Herzl und auch Warburg wollten unbedingt den oben zitierten Kolonialisten und Afrikaforscher[112] Kurt Toeppen einsetzen, der Uganda als »Zukunftslande der Zionisten«[113] handelte. Toeppen hatte schon als »Reisemarschall« auf einer Kilimandscharo-Expedition gedient, war mit Ostafrika, vielen »indischen und arabischen Firmen« sowie zahllosen Kolonialbeamten vertraut und verfügte über »ein offenes, bescheidenes Wesen und eine stattliche Erscheinung«. Zudem sprach Toeppen »englisch, deutsch, Suaheli, arabisch und etwas hindustani«.[114] Toeppens Teilnahme erschien jedoch bald problematisch, denn der Forscher war nicht nur deutsch, sondern angeblich auch »aus Überzeugung«[115] zum Islam konvertiert. So sah man von einer Rekrutierung ab. Den Einsatz eines Geologen wollte Warburg hingegen vermeiden: Zu offensichtlich sei dann, dass die Zionisten auch nach Bodenschätzen suchten.[116]

Die Expedition sollte sich sowohl wissenschaftlich mit Uganda vertraut machen, als auch das wirtschaftliche Potential des Landes abschätzen. Deswegen

---

[110] Dies belegt der Briefwechsel zwischen Herzl und Warburg, der in Thon, Warburg, 84–89 abgedruckt ist.

[111] Die Expedition sollte ausdrücklich nicht durch den Schekel, also den Fonds der Zionistischen Organisation bezahlt werden; stattdessen wurde sie von der englischen Christin Mrs. Gordon finanziert, die mit dem Zionismus sympathisierte. Die Finanzierung der Reise war nicht einfach gewesen: Zunächst wollte man mit der *Jewish Colonisation Agency* kooperieren, einer Aktiengesellschaft, die russische Juden in Nord- und Südamerika ansiedelte. Die Initiative scheiterte. Danach erwägte man einen südafrikanischen Juden als Financier, aber auch diese Kooperation war nicht erfolgreich. Vgl. Weisbord, African Zion, 200–207.

[112] Vgl. z. B. Carl Frenzel, *Deutschlands Kolonien. Kurze Beschreibung von Land und Leuten unserer außereuropäischen Besitzungen*, Paderborn 2015 (1889), 75 f.

[113] Toeppen, Gebiet, 691.

[114] Otto Warburg an Theodor Herzl, CZA, H1/868 (14.09.1903), 1–4.

[115] Otto Warburg an Theodor Herzl, CZA, H1/868 (06.09.1903), 3. Zu deutschen Wissenschaftlern, die zum Islam konvertierten: Goren, Palästinaforschung, 42 f.

[116] Weisbord, African Zion, 202.

legte Warburg besonderen Wert darauf, dass an der Expedition Wissenschaftler teilnahmen. Warburg sah eine »2malige Durchquerung des Mau-Plateaus« und des Leikipidia-Plateaus vor, für die er vier bis sechs Wochen in »meist unbevölkertem Land« vorsah. Die Reise betrachtete er als »eine wirkliche Erforschung«.[117]

Deswegen suchte er auch das Expeditionsteam gezielt aus, über dessen Zusammensetzung er schon vorher mit Leopold Kessler[118] diskutiert hatte, dem zionistischen Abenteurer aus der El-Arisch-Episode. Dieser schlug die Teilnahme eines »Politikers« vor. Warburg hielt von diesem Vorschlag nicht viel, das Land war in seinen Augen zu unzivilisiert, als dass man sich in komplexe politische oder ökonomische Realitäten hätte einarbeiten müssen: »Die momentanen wirtschaftlichen Verhältnisse in British-Ost-Afrika liegen so klar, dass jeder dort Angesessene die erwünschte Auskunft erteilen kann [...].« In Uganda ging es nicht um die Etablierung politischer Strukturen. Auch gab es – nach Ansicht der Zionisten – keine umfangreiche einheimische Bevölkerung im dünn besiedelten Land, mit der man sich hätte arrangieren müssen. Warburg plädierte deswegen für einen Wirtschafts-Geographen, den er als einen »wissenschaftliche [sic] vielseitig durchgebildeten Menschen« begriff, der gegebenenfalls zwei Fliegen mit einer Klappe schlagen könnte, und einen Agronomen. Warburg hätte zwar auch gerne einen Naturwissenschaftler und einen Arzt auf die Reise geschickt, kannte aber keine geeigneten Kandidaten.[119] Er schlug den Kartographen Joseph Treidel (1876–1927)[120] und Aaron Aaronsohn vor, hielt aber beide gleichzeitig in Palästina für unabkömmlich. Offensichtlich traute er beiden Forschern zu, Uganda in vielerlei Hinsicht zu erkunden – die beiden sollten später in Warburgs Auftrag Palästina erforschen.

Warburg unterstrich, dass es ihm weniger um eine politische als vielmehr um eine wissenschaftliche Erschließung des Landes ging. Eine Konzession auf das

---

[117] Otto Warburg an Leopold Kessler, »Über die Vorbereitungen zur Ostafrika-Expedition«, CZA, H1/868 (02.10.1903), 6. Kessler war, einer Einschätzung in einem Bericht von Chaim Weizmann zufolge, aus »nationalen und sachlichen Motiven« gegen Uganda. Im selben Dokument, das als vertraulich gekennzeichnet ist, schließt Weizmann eine jüdische Kolonisation Ostafrikas aus. Ihm zufolge würde das Expeditionsteam zu keinen positiven Resultaten kommen. Weizmann informierte sich in Nachschlagewerken und im Gespräch mit dem britischen Afrikaforscher Sir Henry Johnston über das angedachte Territorium für einen Judenstaat und versuchte, höchste politische Kreise Großbritanniens gegen Uganda aufzubringen. Warburg war sicherlich kein Empfänger dieses Berichtes, denn er wird in der dritten Person genannt. Doch aus dem zitierten Schreiben wird ersichtlich, dass Warburg und Weizmann sich weiter über Uganda austauschten. Chaim Weizmann, »Bericht 1«, Weizmann Archives (1903), 2 f.

[118] Kessler selbst war maßgeblich an der El-Arisch-Expedition beteiligt und verfügte über umfassende Reiseerfahrungen auf dem afrikanischen Kontinent.

[119] Otto Warburg an Leopold Kessler, CZA, H1/868 (02.10.1903), 1 f.

[120] Zu Treidels Afrikaerfahrung vgl. H. Glenk, *Shattered Dreams at Kilimanjaro. An Historical Account of German Settlers from Palestine who started a new Life in German East Africa during the late 19th and early 20th Centuries*, Victoria 2011, 27 f.

Land hatten die Zionisten ja bereits in der Hand. Trotzdem sollte die Erforschung politischen Zwecken dienlich sein, Sinn oder Unsinn des Projektes klären und es auf dieser Grundlage befürworten oder verwerfen. Warburgs Expeditionsteam sollte das *Mapping* Ugandas vornehmen: die Erdoberfläche vermessen, Karten anfertigen und vorhandene Siedlungen kennzeichnen. So erklärte sich auch die Zusammensetzung von Warburgs idealem Expeditionsteam. Der Agronom sollte die landwirtschaftlichen Potentiale bewerten und überprüfen, ob das Land überhaupt in der Lage war, eine große Menge von Menschen zu ernähren. Der Naturwissenschaftler hatte Flora und Fauna zu katalogisieren, nützliche von gefährlichen Spezies zu unterscheiden und zu beurteilen, wie die Natur Ugandas umgestaltet werden könne, um sie dem Menschen gefügig zu machen. Der Arzt war dafür zuständig, in Afrika potentiell gefährliche Krankheiten zu erkennen und zu beschreiben und so das Inventarium Ugandas zu vervollständigen.

In Uganda bereitete den Zionisten vorrangig die Natur Kopfzerbrechen. Israel Zangwill (1864–1922) war ein Vordenker und wichtigster Vertreter des sogenannten *Territorialismus*. Dies war eine Bewegung, die sich nach der Uganda-Episode vom Zionismus abspaltete und für den Judenstaat nach Alternativen zu Palästina suchte. Zangwill fasste 1905 retrospektiv zusammen, worin sich der *Ugandismus* von den anderen zionistischen Expeditionen unterscheiden sollte: »There are only two possibilities. Either you must have a developed land or an undeveloped land. Now, developed lands are inhabited – and you must fight the inhabitants and turn them out. But [...] if you cannot fight man, you must fight nature.«[121] Zangwill versuchte mit der Dichotomie vom Kampf gegen die Natur oder gegen eine einheimische Bevölkerung eine politische Kolonisierungsstrategie für Uganda zu benennen. Afrika sollte im Gegensatz zu Palästina durch ein Bezwingen der Natur kolonisiert werden – mit politischen und diplomatischen Komplikationen hätten die Zionisten sich nicht aufhalten müssen.

4.4.2 Uganda bewerten

Warburgs Pläne wurden nicht umgesetzt und ein ganz anderes Team zog nach Uganda. An der Expedition nahmen drei Männer teil: der Engländer Major Alfred St. Hill Gibbons (1858–1916), der Schweizer Botanikprofessor und Abenteurer Alfred Kaiser (1862–1930), der wie Gibbons ein erfahrener Reisender war, Afrika, vor allem den Sinai, wie seine Westentasche kannte und als naturkundlicher Sammler mit von der Partie sein sollte.[122] Der dritte Teilnehmer war ein junger russisch-jüdischer Ingenieur namens Nachum Wilbusch (1879–1970), der von Warburg ausgewählt wurde,[123] um die technischen Aspekte der Expedition

[121] *Jewish Chronicle* (01.07.1905), 14, zit. n. Bar-Yosef, Spying, 197.

[122] Alroey, Journey, 36.

[123] Weisbord, African Zion, 207. Als Quelle für diese Aussage führt Weisbord ein Interview aus dem Jahre 1964 mit Wilbusch an.

Abb. 5: Postkarte von Wilbusch an Warburg.[124]

abzudecken. Wilbusch verzichtete, im Gegensatz zu Gibbons und Kaiser, auch auf jegliche Bezahlung.[125] Von ihm stammt die abgebildete, an Warburg versandte Postkarte vom Beginn der Expedition (die für Wilbusch nur sehr kurz dauern sollte) zur Suche nach einem »Nachtazyl«.

Warburg schätzte Gibbons als sehr kundigen Forscher ein, da dieser einen »grossen Teil seines Lebens in Afrika zugebracht hatte« und zudem auch eine Reihe maßgeblicher Publikationen zu dieser Region verfasst hatte.[126] Alfred Kaiser verfügte ebenso über große Expeditionserfahrung, und zwar von Jugend an: »Alfred Kaiser ist von Geburt an Schweizer, der schon als junger Mann nach Afrika ging, von wo er, als Araber verkleidet, eine Forschungsreise nach dem ägyptischen Sudan unternahm, wobei er sich arabische Sitten und Sprache vorzüglich aneignete.« Kaiser studierte drei Jahre in Europa, arbeitete danach sowohl für die ägyptische Regierung als auch als Begleiter oder naturwissenschaftlicher Sammler auf Wüstenexpeditionen. Er war mit den bedeutendsten Afrikaforschern, darunter Georg Schweinfurth, bekannt. Am Roten Meer errichtete er nach einem längeren Aufenthalt im Sinai eine wissenschaftliche Station. Warburg war von Kaiser sehr angetan: »Durch seine vielfachen Erfahrungen, den Ernst, die

[124] Otto Warburg, »Einiges über die zionistische Ostafrika-Expedition«, *Ost und West* 3 (1905), 151–162, 155. Mit freundlicher Genehmigung der J. C. S. Universitätsbibliothek Frankfurt a. M., Hebraica- und Judaica-Sammlung.

[125] Alroey, Journey, 36.

[126] Ebd., 155 f.

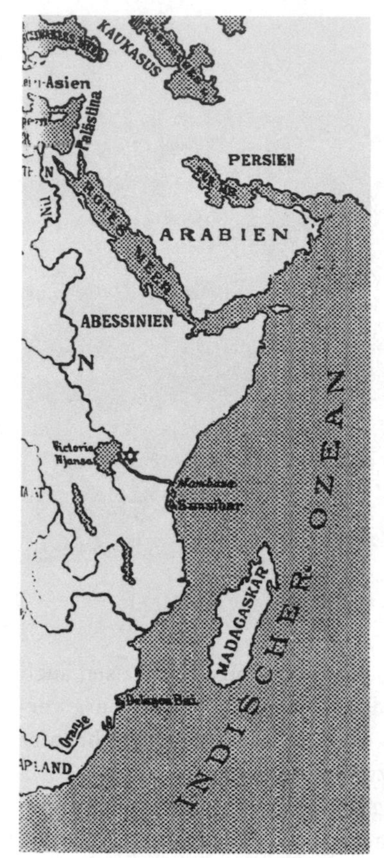

Abb. 6: Toeppen fertigte diese Karte von Uganda an. Der potentielle Judenstaat ist mit einem Davidstern gekennzeichnet.[127]

kritische Veranlagung und die praktische Nüchternheit, die diesen Forscher auszeichnen, erschien er in hervorragendem Masse geeignet, die wirtschaftlichen Fragen auf dieser Expedition zu bearbeiten.«[128] Über Wilbusch wusste Warburg immerhin zu berichten, dass er ein »jüngerer Herr«, Russe, Ingenieur und vor allem ein »energischer Zionist« war.[129] Er war zudem der einzige jüdische Teilnehmer unter den Experten der Expedition.

Jedes der Expeditionsmitglieder veröffentlichte am Ende einen Bericht in einem Gutachten, das die Expedition zusammenfassen sollte.[130] Diese drei Berichte bewerteten das Uganda-Projekt völlig unterschiedlich.

---

[127] Toeppen, Gebiet, 686. Mit freundlicher Genehmigung der J. C. S. Universitätsbibliothek Frankfurt a. M., Hebraica- und Judaica-Sammlung.

[128] Ebd.

[129] Ebd.

[130] Zuerst folgen englischsprachige Berichte, dann in der zweiten Hälfte des Buches Berichte auf Deutsch, die allerdings nicht genau deckungsgleich sind. Deswegen sind im Folgenden manche

Gibbons betonte schon zu Beginn seines Berichtes, wie wichtig ihm wissenschaftliche Genauigkeit sei – ganz im Gegenteil zu den beiden anderen Forschern, die, so Gibbons, nicht einmal wissenschaftliche Instrumente nach Uganda mitnahmen.[131] Gibbons ging auf jene Aspekte ein, die ihm wichtig erschienen, um das Land in seiner Vielfalt zu erfassen: Klima, Wasser, Boden, indigene Bevölkerung, landwirtschaftliches Potential, geographische Erreichbarkeit, kursierende Krankheiten sowie Flora und Fauna. Gibbons beschrieb die Flora des Landes ausführlich. Was in Palästina (das als leer und öde wahrgenommen wurde) fehlte, war in Uganda schon zu viel. Dort stieß er auf »Urwald« und Riesenfarne, »[m]itten in dem grossartigen Gewirr von tauähnlichen Reben, Lianen, Riesendisteln und sonstigem Dickicht ragen mächtige Bäume, manche von ihnen mehrere Fuss im Durchmesser, in einer Höhe von 80 Fuss und mehr, hervor«.[132] Gibbons beschrieb die Flora des Landes als brauchbar, nützlich und üppig. Insgesamt war sein Eindruck von Uganda mit wenigen Einschränkungen positiv: Der Boden sei produktiv, die Umwelt gesund, es gebe Wasser en masse und das Land eigne sich sehr gut für die Landwirtschaft.[133] Genau wie in Europa könne die Wissenschaft helfen, »natural and economic disabilities« zu beseitigen.[134] Uganda wurde als eine Art Filetstück Afrikas dargestellt.[135]

Kaiser gefiel Uganda weniger. Das Land eigne sich vielleicht für Siedler, die zurück zur Weidewirtschaft wollten, aber nicht für eine jüdische Masseneimmigration; Teile wie das Guas-Ngishu-Plateau waren »very unkindly treated by Mother Nature«, so dass die Entwicklung der Landwirtschaft dort beinahe unmöglich sei.[136] Das Land sei karg, von zahlreichen merkwürdigen und gefährlichen Insekten durchdrungen und die Ernten, die die wenigen Felder der europäischen Siedler einbrächten, seien dürr.

Wilbuschs Bericht fiel noch negativer aus, in Uganda gebe es »unfortunately little to be found or to investigate«.[137] Zwar sei das Land unbewohnt, doch dies nicht ohne Grund: Der Mangel an natürlichen Ressourcen und eine gefährliche Natur machten Uganda menschenfeindlich.

---

der Zitate auf Deutsch, manche auf Englisch wiedergegeben. Für den deutschen Teil beginnt die Seitennummerierung von vorne, weshalb dies in den Fußnoten angegeben wird. Die Berichte der Expeditionsmitglieder wurden auch in der zweiten Hälfte des Jahres 1905 in der *Welt* abgedruckt.

[131] Major A. St. Hill Gibbons/Alfred Kaiser/N. Wilbusch, »Report in the Work of the Commission sent out by the Zionist Organization to examine the Territory offered by H. M. Government to the Organization for the Purpose of a Jewish Settlement in British East Africa. NLI« (1905), 5 (= Gibbons/Kaiser/Wilbusch, Report).

[132] Ebd., 6 (im deutschsprachigen Teil). Es wurde vergessen, Materialien zum Botanisieren mitzunehmen.

[133] Ebd., 14 f.

[134] Ebd., 17.

[135] Ebd., 19.

[136] Ebd., 51.

[137] Ebd., 68.

Gibbons fügte seinem Bericht nachträglich noch eine Ergänzung hinzu – weil die drei Expeditionsteilnehmer sich aus Zeitgründen aufteilten, wurden ihm als Leiter der Expedition die anderen beiden Berichte vor der Veröffentlichung vorgelegt.

Offensichtlich fühlte Gibbons sich veranlasst, Stellung zu den beiden Berichten der anderen Forscher zu beziehen. Der Ergänzungsbericht sollte vor allem Wilbuschs Darstellung zurechtrücken. Denn Wilbusch, der jüdische Expeditionsteilnehmer, stichelte gegen Gibbons, der seiner Ansicht nach vor allem angenehmes Klima und unerschöpfliche Jagdgründe suchte, während die Zionisten ernsthaft nach einem möglichen Siedlungsgebiet Ausschau hielten.[138] Auch die Natur des Landes bewertete Wilbusch völlig anders als Gibbons: Die Böden seien schlecht, das Vieh würde je nach Saison verhungern, ertrinken, sich mit Infektionskrankheiten anstecken oder sich erkälten.[139]

In der Ergänzung kritisierte Gibbons auch Kaisers Sicht auf Uganda als *zu wissenschaftlich*. Kaiser sei als »man of science« zu sehr mit den Mysterien der Natur beschäftigt und deshalb zu wenig auf die praktischen Anforderungen der Kolonisation eingegangen. Die Untersuchung der »productive capacity« des afrikanischen Kontinents sei zu kurz gekommen.[140] Gibbons traute sich dieses Urteil zu, erstens, weil er mit eigenen Augen gesehen habe, welche erstaunlichen Resultate durch Siedlungsprojekte in Afrika erzielt worden seien; zweitens, weil der afrikanische Kontinent seiner Ansicht nach einfach noch in einem niedrigeren, »infantilem« Entwicklungsstadium stecke, das Europa dank der Wissenschaft schon überwunden habe. Die Erfahrung der Geschichte, so Gibbons, werde auch Afrika auf ein höheres Niveau heben.[141]

Am Ende der Debatte, das heißt während des siebten Zionistischen Kongresses 1905, wurde Wilbuschs Bericht zur autoritativen Version der Uganda-Expedition, obwohl der Autor der unerfahrenste und jüngste (aber auch der einzige jüdische) Teilnehmer war. Wilbusch sah, wie beschrieben, keine Möglichkeit für eine jüdische Besiedlung in Afrika; er erachtete Uganda in jeder Hinsicht für »wertlos«, »mit Ausnahme für die Eingeborenen und wilden Tiere«.[142] Dass Wilbusch dennoch zum wissenschaftlichen Experten für die Möglichkeiten zur Errichtung eines Judenstaates in Uganda werden konnte, ist überraschend. Gibbons beschrieb im Ergänzungsbericht den russischen Agronomen als »absolutely inexperienced in African travel, failing to find his camp, and finally, with questionable judgment [sic], electing to rush unsystematically about the country«.[143] Seiner Meinung nach ging Wilbusch nicht nur Orientierungssinn ab, er war

[138] Ebd., 72.
[139] Ebd., 90.
[140] Ebd., 16.
[141] Ebd., 17.
[142] Ebd., 68.
[143] Ebd., 10, 20.

außerdem weder in der Lage, das Land zu vermessen, noch die richtigen Schlüsse zu ziehen: »All things seem to have been looked on with the eyes of the son of a Russian landowner. The writer seems to have expected a Volga or a Danube on a plateau six to nine thousand feet above sea-level, and to have considered everything from the standard of a developed country.« Wilbuschs Bericht war für Gibbons eine einzige Enttäuschung und er empfahl den Zionisten, ihn gar nicht erst in Erwägung zu ziehen.[144]

Wilbuschs Bericht schloss mit den Worten »wo nichts ist, kann nichts werden«.[145] Dieses Fazit war vom palästinozentrischen Ethos des Autors geprägt. Sein Blick auf das Land war alles andere als unvoreingenommen, weil er sich schlichtweg keinen Judenstaat außerhalb Zions vorstellen *wollte*.[146] Was Wilbusch »nichts« nannte, war immerhin ein Land, in dem Menschen lebten, das Natur und eine rudimentäre Infrastruktur aufwies. Das Fehlen »westlicher Zivilisation« machte eine solche Interpretation für Wilbusch aber unmöglich. In den Augen des jungen zionistischen Ingenieurs war Uganda so weit von seinen Vorstellungen eines Judenstaats entfernt, dass es einem »nichts« gleichkam.

Wie wir im ersten Kapitel dieser Arbeit gesehen haben, fiel ein großer Teil der Beschreibungen Palästinas ebenso wenig schmeichelhaft aus. Ein »Ugandist« führte diesen Gedanken während der hitzigen Debatten auf dem Zionistenkongress 1905 aus: »Nehmen wir den Fall an, wir hätten zufälligerweise nach Palästina eine Expedition geschickt, und die brächte uns einen Bericht, in welchem es hiesse: ein Land, welches nicht mehr als 10 000 Quadratmeilen hat [...] ein Land, welches eine Einwohnerzahl von mehr als 600 000 hat, ein Land, welches kein Wasser hat.«[147] Der Ugandist wollte damit zeigen, dass Palästina Uganda hinsichtlich der Erfolgsaussichten eines potentiellen Siedlungsprojektes objektiv kaum überlegen war.

Offensichtlich wogen andere Kriterien schwerer als das tatsächliche Siedlungspotential: Nur in Palästina sollte eine Heimstätte geschaffen werden. Der entscheidende Unterschied zu anderen Optionen war der symbolische Bund, den der Zionismus mit diesem Land eingegangen war. Der »Ugandismus« konnte den Zionismus nicht ersetzen. An dieser Stelle waren Gibbons' erfahrungsgeleitete, praktische und auch wissenschaftlich fundierte Kriterien nicht mehr ausschlaggebend – nicht einmal für Warburg. Die Berichte zweier renommierter Forschungsreisender wurden zu Gunsten einer stark politisch gefärbten Darstellung ignoriert. Der Aufwand, den man betrieben hatte, um Uganda wissenschaftlich zu erforschen, wurde durch zionistische Motive hinfällig.[148]

---

[144] Ebd., 19.

[145] StPZK 1905, 69. Die deutsche Übersetzung des Reports endet mit: »ist nichts zu machen.« Gibbons/Kaiser/Wilbusch, Report, 94.

[146] Alroey, Journey, 37.

[147] StPZK 1905, 92.

[148] Herzls Zeitgenosse Adolf Friedemann vermutete hinter dem Ende des Uganda-Plans ein

4.4.3 Alle Augen auf Zion: Warburg setzt Palästina durch

Warburg, der von Anfang an gegen den Uganda-Plan war, setzte kraft seiner wissenschaftlichen Autorität durch, dass ausgerechnet Wilbuschs polemischer Bericht während des Zionistenkongresses 1905 zur Diskussionsgrundlage wurde. Warburg war zwischen 1903 und 1905, dem Zeitraum der Uganda-Debatten, zum wissenschaftlichen Experten der Zionistischen Organisation aufgestiegen – diese Stellung hatte ihm Herzl selbst verschafft. Deswegen befand Warburg sich in der Position, Einfluss auf den Ausgang der Uganda-Debatte zu nehmen und dafür zu sorgen, dass ausgerechnet jener Bericht, der Uganda am negativsten beschrieb, maßgebend wurde.

Warburg beging den »Uganda-Schwindel«[149] wissentlich, lautete ein Vorwurf der Ugandisten. Ein Redner auf dem Kongress brachte diese Anschuldigung auf den Punkt (in einem wiederum auf Seiten der Uganda-Gegner nicht unwidersprochenen Beitrag): »Ich stelle direkt die Frage an Herrn Professor Warburg: Ist es ein Faktum, dass er, als man ihn fragte, warum man einen solchen Mann ohne Erfahrung [hiermit ist Wilbusch gemeint] mit der Expedition hingeschickt hat, geantwortet hat: Lasst uns früher den Uganda-Schwindel loswerden?«[150] Der Sprecher fasste seine Kritik zusammen: Das Ergebnis der Expedition habe von vornherein schon festgestanden. »Die Herren wollten durch die Uganda-Expedition zeigen, dass Uganda nicht gut sei.«[151]

Die veränderten Konstellationen innerhalb der Zionistischen Organisation mögen Warburg tatsächlich gelegen gekommen sein. Zwischenzeitlich, das heißt noch vor der Veröffentlichung der drei Expeditionsberichte, war Herzl, die »ragende Mittelpunktgestalt mit dem schwarzbärtigen Assyrerkopfe«,[152] unerwartet gestorben. Warburg musste keine Rücksicht mehr nehmen und konnte seine Kritik am Uganda-Plan öffentlich äußern. Mit Erfolg – auf dem Zionistenkongress 1905 wurde beschlossen, dass die »Schaffung einer öffentlich-rechtlich gesicherten Heimstätte für das jüdische Volk in Palästina«[153] fortan fester Grundsatz der zionistischen Bewegung war. Jede Kolonisation außerhalb Palästinas wurde damit ein für alle Mal ausgeschlossen.[154]

---

gezieltes Vorgehen Herzls: Adolf Friedemann, *Das Leben Theodor Herzls*, Berlin 1914, 83 f. In zwei aktuellen Publikationen wird jeweils Wilbusch verdächtigt, den Uganda-Plan sabotiert zu haben. Rovner nimmt eine Manipulation durch Wilbusch an, die auf seinen engen Kontakt mit dem russischen Ugandagegner Ussischkin zurückzuführen sei. Rovner, Shadow, 76; s. auch Alroey, Zionism, 57 f. Ich stelle in meiner Argumentation Otto Warburgs Handeln in den Vordergrund.

[149] So lautete der Vorwurf eines Sprechers auf dem Kongress an Warburg: StPZK 1907, 91 und 94.

[150] StPZK 1905, 94.

[151] Ebd., 89.

[152] Ebd., 2.

[153] Ebd., 45.

[154] Ebd., 132.

Ob die Argumente, die auf dem Kongress 1905 gegen Uganda angeführt worden waren, der Wahrheit entsprachen, ist schwer zu entscheiden.[155] Der Historiker Gur Alroey ist – wie Warburgs Kritiker auf dem Kongress – der Ansicht, dass Afrika aufgrund der wissenschaftlichen Fakten, die auf der Expedition evaluiert worden waren, nicht schlechter als Palästina hätte bewertet werden dürfen.

Doch: Auch wenn Uganda aus praktischen Gründen einfacher hätte besiedelt werden können, *war* es nicht Palästina. Es ging den Zionisten, und auch der oft pragmatisch denkenden Gruppe der Botanischen Zionisten, nicht um irgendein Land, sondern um Palästina, das Heilige Land. Der Versuch, die zionistische Bewegung in andere Gebiete zu kanalisieren, wurde von nun an den Territorialisten überlassen. Derek Penslar interpretiert Warburgs Ablehnung des Uganda-Planes allerdings gänzlich unsentimental: »His scientific and entrepreneurial spirit, combined with his utter lack of spiritual or emotional ties to Palestine, led him to search for terrain anywhere within the Middle East that might support Jewish agricultural settlements.«[156] Uganda habe Warburg eher aus praktischen Schwierigkeiten abgelehnt. Doch gegen diesen Befund spricht der Briefwechsel zwischen Weizmann und Warburg, der der Expedition vorausging: Beide Männer wussten schon 1903, dass Uganda nicht zum Judenstaat werden sollte. Zudem erklärt Penslars These nicht, weshalb ausgerechnet auf Grundlage von Wilbuschs offensichtlich subjektivem und unwissenschaftlichen Gutachten über Uganda beschlossen wurde. Im Gegensatz zu Gibbons verbrachte Wilbusch übrigens nur eine Woche auf Expedition; zwei Wochen war er im Basislager und eine weitere Woche irrte er herum, weil er die Orientierung verloren hatte.

Uganda wurde so zum Moment der Wahrheit im Zionismus, zum Moment, in dem Ideologie und Mythos mit Wirklichkeit und Praktikabilität kollidierten.[157] Die Zionisten besannen sich nach der vermeintlichen »Hemmungsexpedition«[158] wieder auf Palästina und verwarfen von nun an die Idee, außerhalb Palästinas (das jedoch weder politisch noch geographisch klar umrissen war) zu siedeln. Damit war auch das Programm für die Botanischen Zionisten definiert: Sie wandten sich wieder Zion zu.[159]

---

[155] Bodenheimer, Anfang, 218 f. Das streng vertrauliche Schreiben des Engeren Actions Comitees vom 27.12.1903 legt nahe, dass die englische Regierung einen Rückzieher gemacht hat, v. a. wegen mangelndem Enthusiasmus und »Anfeindungen« auf zionistischer Seite. Das Schreiben ist hier nachzulesen: Heymann, Uganda Controversy, 199 f.

[156] Penslar, Warburg, 146 und 149 f. Ähnlich argumentiert Thon, der vor allem wirtschaftliche Gründe für Warburgs Uganda-Rückzug verantwortlich macht. Thon, Warburg, 59. Laut Warburgs Zeitgenossen Kurt Blumenfeld wurde Uganda abgelehnt, weil »außerhalb Palästinas eine für das Gesamtjudentum wertvolle Siedelung nicht denkbar wäre«. Blumenfelds Einschätzung war offensichtlich an die deutsche Öffentlichkeit gerichtet. Wohl sollte mit dieser Argumentation der Anschein einer homogenen zionistischen Position nach außen getragen werden. Blumenfeld, Zionismus, 92.

[157] Shapira, Israel, 23.

[158] StPZK 1907, 96.

[159] In der jüdischen Populärkultur war Uganda hingegen noch einige Jahre Thema. Der jiddische Autor Sholem Aleichem schrieb 1903 ein Stück namens *A Konsilium Fun Doktorim*, in dem ein

4.5 Expeditionen nach Palästina: Politische Konnotationen

Uganda, das »Nachtasyl«[160], wurde zu den Akten gelegt. Nun stand erneut Palästina als Siedlungsgebiet im Zentrum der zionistischen Debatten. Tatsächlich wussten die Zionisten vom Lande Palästina nicht unbedingt mehr als von El-Arisch oder Uganda. Dazu kam noch ein zweites Problem: Andere Gruppen hatten schon begonnen, Palästina zu erforschen. Es war für die zionistischen Pflanzenforscher um 1900 eine nur schwer zu akzeptierende Tatsache, dass der jüdische Beitrag zur Erforschung Palästinas bis dato eher marginal ausgefallen war. »Aber es giebt jüdische Forscher auf allen Gebieten menschlichen Wissens, die Hervorragendes in ihren Wissenschaften leisten, nur auf dem Gebiete der Palästinaforschung ist das Judentum unfruchtbar geblieben«, klagte ein Autor in der zionistischen Presse.[161] Im Jahr 1903 beschwerte sich Selig Soskin auf dem Zionistenkongress, dass über Palästina nach wie vor viele Irrtümer verbreitet und nicht einmal die klimatischen Bedingungen des Landes bekannt seien.[162] Dies habe schwerwiegende Folgen für das Kolonisationsprojekt der Zionisten, man habe infolge dieser Unkenntnis Sumpfgebiete gekauft und so schwere Erkrankungen der jüdischen Siedler in Kauf genommen.[163]

Die zionistischen Naturforscher waren, wie gesagt, keine Pioniere in Palästina. Vor allem christliche Gruppen, zumeist geleitet von religiösem Interesse, hatten sich die naturkundliche Erforschung des Heiligen Landes auf die Fahnen geschrieben.

Für Warburg war die jüdische Erforschung Palästinas eine »alte Ehrenschuld«.[164] Fritz Bodenheimer hingegen, ein Entomologe aus dem Kreis der Botanischen Zionisten, betonte die Pionierrolle der Zionisten bei der Generierung von Wissen über Palästina. Er nannte – entgegen aller Empirie – Wissen, das

---

sterbenskranker Patient namens Israel durch Medikamente wie *Zionisticus* und *Uganda Africanica* geheilt werden soll. Auch Aleichems 1905 veröffentlichtes Stück *Ugandiada* verarbeitet den Uganda-Stoff: Ein Matchmaker versucht hier, einen jungen Mann namens Zionism mit der *Black Beauty* Miss Uganda zu verkuppeln. Rovner, Shadow, 63 f. Die englische Übersetzung der Stücke findet sich in Sholem Aleichem, *Why do the Jews need a Land of their own?*, New York 1984, 154–159 und 131–138.

[160] StPZK 1907, 48. Dieser Begriff geht auf Nordau zurück, s. Zionistische Vereinigung für Deutschland: *Zionistisches ABC-Buch*, Berlin 1908. Möglicherweise spielte man auf Maxim Gorkis 1902 erschienenes gleichnamiges Schauspiel an.

[161] O. A., »Zur Erforschung von Palästina«, *Jüdische Rundschau* 7 (21.11.1902), 59f, 59.

[162] 1901 gestanden Aaronsohn und Soskin in ihrer Artikelreihe in Herzls *Welt*, oft nicht in der Lage zu sein, die verschiedenen wissenschaftlichen Disziplinen abzudecken: »[W]ir würden oft in Verlegenheit sein, wenn wir die Bodengestaltungen, deren genaue Beschreibung wir versuchen wollen, mit ihren geologischen Namen bezeichnen müssten.« Aaron Aaronsohn/Selig Soskin, »Beiträge zur Kenntnis Palästinas. Mittheilungen des ›Agronomisch-culturtechnischen Bureaus für Palästina‹«, *Die Welt* 5 (11.10.1901), 4f, 4.

[163] StPZK 1903, 271 f.

[164] O. A., »Gesellschaft für Palästinaforschung«, *Palästina: Zeitschrift für den Aufbau Palästinas* 7 (1910), 255f, 255.

vor den Zionisten über Palästina erworben worden war, »fragmentarisch«, und behauptete, »Wissenschaft« beginne erst mit den Zionisten.[165] Für das Selbstbild der Zionisten war es in der Tat auch Jahrzehnte später wichtig, darauf zu verweisen, dass die ernsthafte, systematische wissenschaftliche Erforschung des Landes erst mit den zionistischen Pionieren begonnen habe. Noch in den 1960er Jahren wurde dieses Narrativ in einer der ersten wissenschaftshistorischen Abhandlungen über Israel aufrechterhalten: »Until recently, the local inhabitants of the country contributed very little to its scientific study. The Bible and Talmud contain many references to plant and animal life, often illuminated with exquisite poetic descriptions, but, of course, with no attempt at a comprehensive study of the flora and fauna of the country.«[166]

Gegen diese These sprechen wissenschaftliche Pionierleistungen in Palästina durch christliche Forscher. Schon im 18. Jahrhundert reisten renommierte Wissenschaftler nach Palästina, die jenseits der klassischen Pilgerreise zu den heiligen Stätten Interesse am Land zeigten. Der Feldzug Napoleons in den Orient und nach Palästina 1798 bis 1799 belebte das Interesse an Palästina wieder. An dieser Reise nahmen auch viele Wissenschaftler teil, die in der Region die interdisziplinäre Ägyptologie begründeten.

Aus dieser Epoche stammen die ersten Karten der Region. Zu einer systematischen Erschließung kam es erst Jahrzehnte später, vor allem wurde diese durch die osmanische Machtübernahme in den 1840er Jahren katalysiert.[167] Die naturkundliche Erforschung Palästinas begann 1757 mit Frederick Hasselquist (1722–1753), einem Schüler von Linnäus, der zum Botanisieren kam und auf dem Rückweg nach Europa an Tuberkulose starb. Zahlreiche weitere Wissenschaftler sollten ihm in die Region folgen (und nicht wenige darunter auch in den Tod). Vor allem im 19. Jahrhundert setzte sich das Interesse an Palästina fort, angeregt durch die bahnbrechenden naturkundlichen Arbeiten von Henry Baker Tristram, dem »Father of the Natural History of Palestine«[168] (der 1884 in Palästina war), fort. Vor allem christliche bzw. protestantische Organisationen erforschten

---

[165] Bodenheimer, Biologist, 439.

[166] Moshe Prywes, *Medical and Biological Research in Israel*, Jerusalem 1960, 8 (= Prywes, Biological Research). Zudem: Bei wissenschaftlichen Expeditionen spielte der Gedanke, der *Erste* zu sein, der ein Gebiet betrat und erforschte, oft eine Rolle, vgl. etwa die Erstbesteigung des Kilimandscharos durch Hans Meyer, 1889: »Mit dem Recht des ersten Ersteigers taufe ich diese bisher unbekannte, namenlose Spitze des Kibo, höchsten Punkt afrikanischer und deutscher Erde: Kaiser-Wilhelm-Spitze«; zit. n. Gräbel, Erforschung, 257. Tatsächlich wurden die deutschen Besitzrechte am Kilimandscharo-Gebiet ein Jahr später bei den deutsch-britischen Verhandlungen um Helgoland und Sansibar nicht in Zweifel gezogen. Meyers »symbolische Inbesitznahme des Berges hatte selbst das geographische Faktum geschaffen, das sie zu rapportieren vorgab«. Alexander Honold, »Kaiser-Wilhelm-Spitze. 6. Oktober 1889: Hans Meyer erobert den Kilimandscharo«, in: ders./Klaus R. Scherpe (Hgg.), *Mit Deutschland um die Welt. Eine Kulturgeschichte des Fremden in der Kolonialzeit*, Stuttgart 2004, 136–144, 137.

[167] Goren, Palästinaforschung, 13.

[168] Bodenheimer, Biologist, 439.

das Heilige Land, so der 1865 gegründete *Palestine Exploration Fund* oder der 1877 ins Leben gerufene *Deutsche Palästinaverein*, der ein Forum bilden sollte für »wissenschaftliche Abhandlungen über topographische, ethnographische, naturwissenschaftliche, historische und archäologische Fragen aus dem Gebiet der Erforschung Palästina's und der angrenzenden Länder, soweit sie für die Förderung der Bibelkunde in Betracht kommen«.[169]

Auch bei diesen Forschungen verschwammen die Grenzen zwischen Wissenschaft und Politik. Die Erforschung der biblischen Vergangenheit[170] des Heiligen Landes war ein wissenschaftliches und religiöses Projekt, gleichzeitig dienten die Erkenntnisse auch politischen Regimes wie dem Empire; sie hatten strategische und administrative Bedeutung[171] und demonstrierten nationale Präsenz im Land. Forschung und Institutionen in Form von Wissenschafts- und Missionsvereinen trugen, wie auch Konsulate, zum Ausbau der indirekten Herrschaft über Palästina bei. Die Botanischen Zionisten hingegen wandten wissenschaftliche Strategien an – nicht zuletzt, weil sie anders als die von den Großmächten entsandten Forscher keinerlei politische oder finanzielle Macht besaßen.

4.5.1 Palästina als epistemische Landschaft: Die Kartierung

In der zionistischen Zeitschrift *Die Welt* fand sich im Jahr 1904 eine Polemik, die das Problem der Unkenntnis und die »ungenaue Vorstellung« über Palästina beklagte[172]:

> Noch immer ist für uns Palästina ein wenig bekanntes Land. Und es ist in der Tat sehr merkwürdig. Ein ganzes Volk, das von einem Land, vom Lande seiner Väter, vom Lande par excellence träumt, mit dem die schönsten Ideale, die der Vergangenheit, der Gegenwart und der Zukunft aufs engste verbunden sind, hat von eben diesem Lande eine ungenaue Vorstellung. Viele träumen noch von einem Palästina, wie es in der Bibel beschrieben ist, und nur wenige kennen das heutige Land mit seinen wirklichen Verhältnissen. [...] Ja, solange die Palästinaidee nur ein schöner Traum blieb, nur ein Ideal, welches umso erhabener ist, je weniger man an seine Verwirklichung glaubt, begnügte man sich mit der blossen phantastischen Vorstellung vom Lande. Nicht der Boden und seine Beschaffenheit, nicht die agrikolen, klimatischen und wirtschaftlichen Verhältnisse dieses Landes zogen das jüdische Gemüt an, interessierten die Zionsschwärmer, sondern der Oelberg und die Klagemauer. Palästina blieb ein Land der

[169] Kirchhoff, Palästina, 165. Vgl. auch Haim Goren, »Wissenschaftliche Landeskunde: Palästina-Deutsche als Forscher im Heiligen Land«, in: Jakob Eisler (Hg.), *Deutsche in Palästina und ihr Anteil an der Modernisierung des Landes*, Wiesbaden 2008, 102–120.

[170] Smith, Geography, 90.

[171] Nadia Abu El-Haj, *Facts on the Ground. Archaeological Practice and Territorial Self-Fashioning in Israeli Society*, Chicago 2001, 23 (= Abu El-Haj, Facts). Vgl. auch allgemein für die These, dass es rein wissenschaftliche Expeditionen gar nicht gebe, weil diese immer eng mit imperialistischen Kategorien verflochten seien und wirtschaftliche und machtpolitische Komponenten stets im Vordergrund stünden: Fiedler, Afrikadiskurs, 111.

[172] Schon Leopold Zunz (1794–1886), einer der Gründerväter der Wissenschaft des Judentums, beklagte das Unwissen über Palästina. Kirchhoff, Palästina, 174–178, 315–319.

Ruinen, der Vergangenheit. Interessieren sich doch auch Dichter nicht für die astrophysischen Eigenschaften des Mondes und der Sterne, die sie in den schönsten Worten besingen.[173]

Der Autor kritisierte, dass Palästina als religiös bedeutsames Land zwar hohe symbolische Strahlkraft hatte, aber wissenschaftlich Terra incognita geblieben war. Als Ideal oder Vision für den Judenstaat sei es interessant – doch mit den Fakten auf dem Boden halte man sich nicht auf, so das Fazit des Autors.

Die Überführung Palästinas in eine epistemische Landschaft beschäftigte auch andere Disziplinen.[174] Laut dem Historiker Markus Kirchhoff vollzog sich mit der der Wissenschaftlichkeit verpflichteten historischen Geographie ein Paradigmenwechsel: Palästina wurde zu einer geographisch distinkten Einheit, die mentale, imaginierte Topographie des Heiligen Landes konkret.[175] Palästina wurde von einem Traum über die wissenschaftlich-geographische Erfassung zu einer territorial gefassten Provinz. Man dachte, »Palästina wissenschaftlich rekonstruieren, durchdringen und erst dadurch real konstituieren zu können«.[176]

Metaphern, nach denen sich Palästina von einer »Fata Morgana« in ein »wegsames Gelände« gewandelt habe, verweisen darauf, dass auch den Zionisten die wissenschaftliche Erforschung Palästinas wie eine Überführung in eine reale Landschaft erschien. Diesen Wandel beschrieb der Wiener Schriftsteller und Verleger Davis Erdtracht:

Nachdem er [Herzl] trunken an der von ihm selbst heraufbeschworenen zauberschönen Fata Morgana gehangen hatte, richtete er den Blick auf das Gelände, das sich vor ihm ausbreitete und suchte es als geduldiger, geschickter, energischer Straßen- und Brückenbauer wegsam zu machen. Aus der Fabelinsel, dem Traumkontinent ›Irgendwo‹ wurde Zion, die genau begrenzte ottomanische Provinz Palästina, und aus dem mythischen Auszug der Judenkolonne, die langsame Vorbereitung der Besiedlung von Erez Israel mit Hilfe der zionistischen Weltorganisation, ihrer Finanz- und Kulturinstitute.[177]

---

[173] Abraham Coralnik, »Zur Erforschung Palästinas«, *Die Welt* 8 (12.02.1904), 5f, 5.

[174] Ein Beispiel für einen nichtjüdischen Versuch, die Landschaft Palästinas zu verwissenschaftlichen, war der Appell des deutschen protestantischen Theologen und Orientalisten Gustaf Dalman (1855–1941), in Palästina Fotografien einzusetzen. Er griff zurück auf jene Fotos, die die bayerische Fliegerabteilung in den letzten beiden Jahren des Ersten Weltkrieges geschossen hatte. Dalman kontastierte: »Etwas anderes als mangelhafte Skizzen einiger Gebäude und Orte scheinen die Pilger als Material für ihre Bilder nicht besessen zu haben.« Für Dalman war es die Fotografie, die dank ihrer »ungeschminkten Bodenaufnahmen« den »Nimbus der romantisch zugestutzten Landschaftsbilder rücksichtslos« zerstört hatte. Sie sollte die Wirklichkeit zeigen und Palästina von einer mystisch verzerrten Landschaft in eine reelle transformieren. Gustaf Dalman, *Hundert deutsche Fliegerbilder aus Palästina*, Gütersloh 1925, 3.

[175] Kirchhoff, Palästina, 230.

[176] Ebd., 19.

[177] Davis Erdtracht (Hg.), *An der Schwelle der Wiedergeburt. Theodor Herzl und der Judenstaat*, Wien 1920–1921, 13 f. Zum Werk Erdtrachts vgl.: Murray G. Hall, *Geschichte des österreichischen Verlagswesens*, Bd. 2, Köln 1985, online unter: http://verlagsgeschichte.murrayhall.com/?page_id=464 (29.10.2018).

Aus Sehnsucht wurde ein wissenschaftlich durchdrungener Raum, der auf die jüdische Migration vorbereitet werden sollte.

Ein unerlässlicher Schritt zur epistemischen Erfassung Palästinas lag in der Herstellung verlässlichen Kartenmaterials.[178] Ohne eine Vorstellung von der Räumlichkeit des Landes wäre kein Siedlungswerk möglich gewesen. Die Gruppe um Warburg stellte hier Defizite fest, weshalb sie selbst Kartenmaterial in Auftrag gab. Für die Kartographie des frühen Zionismus war ein Mann verantwortlich, der eng mit Warburg zusammenarbeitete: Joseph Treidel, ein »Kulturingenieur«, der angeblich jedes Stück des Landes vermessen hatte,[179] zuverlässig und laut Warburg »besser als jeder andere«.[180] Treidel erarbeitete 1907 die erste Liegenschaftskarte Palästinas, in der er die Besitzverhältnisse der einzelnen »Nationalitäten, Kirchen, Gemeinden und Personen, der Dorfgemeinden und Großgrundbesitzer« verzeichnete.[181] Diese Karten waren für den Jüdischen Nationalfonds von großer Bedeutung, da sie die Planung geplanter Siedlungen unterstützten.[182] Den Zionisten wurde Palästina greifbar, zudem konnten sie sich so über die Besitzverhältnisse im Land informieren.

Der Kartograph Treidel war meist mit einem Übersetzer unterwegs und stand in Kontakt mit der Bevölkerung, um seine Karten möglichst korrekt anzufertigen. Die früheren Vermessungen durch die Briten waren in Treidels Urteil zu ungenau.[183] Zwar lagen auch Pläne von »einheimischen« Landvermessern vor (hierbei ist unklar, ob Treidel von Arabern oder aus Europa stammenden Christen sprach), die in den Augen Treidels jedoch nachlässig und fehlerhaft gezeichnet waren. Außerdem bemängelte er die Grenzführung dieser Karten: Die Grenzlinien seien krumm und stünden einer rationellen Bewirtschaftung des Terrains im Wege. Und auch die Grenzgräben waren so nachlässig gezogen worden, dass sie nach Regenschauern nicht mehr zu sehen waren.[184] Otto Warburg lobte die Arbeit Treidels. Für ihn war es besonders wichtig, einen »europäisch geschulten und europäisch denkenden, absolut verlässlichen Landvermesser« in Palästina »an der Hand zu haben«. Unkenntnis und Unzuverlässigkeit würden

---

[178] Vgl. zur geographischen Repräsentation nationaler Räume: Iris Schröder, »Die Nation an der Grenze. Deutsche und französische Nationalgeographen und der Grenzfall Elsaß-Lothringen«, in: Ralph Jessen/Jakob Vogel (Hgg.), *Wissenschaft und Nation in der Europäischen Geschichte*, Frankfurt am Main/New York 2002, 207–234.

[179] Lydia Treidel, Lebenserinnerungen, LBI NYC, http://www.lbi.org/digibaeck/results/?qtype=Pid&term=407384 (29.10.2018).

[180] Otto Warburg an Theodor Herzl, CZA, H1/852 (1902/1903), 1 f.

[181] Vgl. Joseph Treidel/Verband Jüdischer Ingenieure für den Technischen Aufbau Palästinas (Hgg.), *Die Aufgaben des Vermessungswesens für den wirtschaftlichen Aufbau Palästinas*, Berlin 1919 (= Treidel, Aufgaben).

[182] Joseph Treidel an die Kommission zur Erforschung Palästinas, CZA, A121/55 (26.12.1905), 1.

[183] Treidel beklagte sich zudem über einen Mangel an jüdischen Vermessern, denen seiner Meinung nach für das zionistische Projekt große Bedeutung zukam. Juden in der Diaspora war diese Disziplin so gut wie unzugänglich, s. Treidel, Aufgaben, 15.

[184] Joseph Treidel an die Kommission zur Erforschung Palästinas, CZA, A121/55 (26.12.1905), 2.

sich in Palästina bitter rächen: »das, was man einem guten Landvermesser mehr zahlt, büsst man im anderen Falle an Prozessen oder durch fehlerhafte Messungen leicht vielfach ein«.[185]

Treidels Pläne zeigten zum Beispiel Dorfgrenzen, Grundstücke, Liegenschaften, und gaben auch Hinweise zur komplizierten osmanischen Rechtslage und zu Besitzern – schließlich war Landkauf in großem Stil das Ziel.[186] Weil kein kaiserliches Ferman vorlag, das die Kartierung Palästinas gestattet hätte, musste Treidel seine Vermessungsarbeit heimlich durchführen und auch die Pläne geheim halten.[187] Treidels Tätigkeit setzte also ein intimes Wissen vom Land und seiner Bevölkerung voraus,[188] schuf umgekehrt aber auch für die anderen wissenschaftlichen Disziplinen Grundvoraussetzungen, um effektiv und systematisch arbeiten zu können.[189]

Die Rolle der Kartographie war im Zionismus so bedeutend wie in anderen historischen Kontexten:[190] Erst durch eine Karte, die Palästinas Besitzverhältnisse, seine geologische Formation, seine Natur oder Wälder zeigte, konnte klar benannt werden, was zu verändern war – Land, das zu jüdischem Besitz werden sollte, Flächen, die zu Wald werden sollten; diese Wünsche nach einer Transformation des Landes Palästina konnten mithilfe von Karten artikuliert werden.[191]

4.5.2 Palästina inventarisieren: Zoologie und Botanik

Treidels Maßnahmen zur Kartographierung Palästinas waren nur ein Teil der wissenschaftlichen Erschließung des Landes. Die ersten Expeditionen waren vor allem zwei Männern zu verdanken: dem deutschen Geologen Max Blanckenhorn (1861–1947) und Aaron Aaronsohn (1876–1919).

---

[185] Warburg, Bericht, 226.

[186] Vgl. Kirchhoff, Palästina, 340.

[187] Otto Warburg, »Memorandum. Praktische Arbeit in Palästina [streng vertraulich]«, CZA, A12/100 (o. J.), 4.

[188] Shilony/Seckbach, Ideology, 99 f.

[189] Treidels Karte ist leider nicht mehr auffindbar: ebd., 101.

[190] Zur Geographie als wissenschaftliche Disziplin, die nie frei von Politisierung und Ideologisierung ist: Said, Culture, 78; zu ihrer imperialistischen Dimension: Presner, Body, 78; zu ihrer Funktion als Machtinstrument: Izhak Schnell, »Israeli Geographers in Search of a National Identity«, *The Professional Geographer* 56 (2004), 560–573; ders., »Narratives and Styles in the Regional Geography of Israel«, in: Anne Buttimer (Hg.), *Text and Image. Social Construction of Regional Knowledges*, Leipzig 1999, 215–225; im selben Sammelband: Lorenza Mondada/Jean-Bernard Racine, »Ways of Writing Geography«, 266–280, 267; Tom Selwyn, »Landscapes of Liberation and Imprisonment: Towards an Anthropology of the Israeli Landscape«, in: Eric Hirsch/Michael O'Hanlon (Hgg.), *The Anthropology of Landscape. Perspectives on Place and Space*, Oxford/New York 1995, 114–135; Gugerli/Speich, Topografien, 75; Benvenisti, Conflicts, 192. Vgl. auch Güttler, Kosmoskop, 370.

[191] Benvenisti, Conflicts, 192.

Schon bevor er sich mit dem Zionismus auseinandersetzte, war Blanckenhorn auf Expedition in Palästina.[192] Im Jahr 1904 schloss er im Auftrag der Zionistischen Organisation mit Warburg einen Vertrag über eine dreimonatige Expedition nach Palästina, um das Vorkommen von Phosphaten und anderen Mineralien zu untersuchen. Aaronsohn sollte ihn hierbei unterstützen.[193]

Die Kooperation Blanckenhorn-Aaronsohn erwies sich als Erfolgskonzept und die beiden setzten ihre gemeinsamen Expeditionstätigkeiten 1908 fort. Darüber erschien im Jahr 1912 Blanckenhorns Publikation mit dem sperrigen Titel: »Naturwissenschaftliche Studien am Toten Meer und im Jordantal: Bericht über eine im Jahre 1908 (im Auftrage S. M. des Sultans der Türkei Abdul Hamid II. und mit Unterstützung der Berliner Jagor-Stiftung) unternommene Forschungsreise in Palästina«. Er erforschte zusammen mit Aaronsohn, dem Zoologen Israel Aharoni und einigen türkischen Teilnehmern und Dragomanen, die aber keinen dezidiert wissenschaftlichen Aufgaben nachgingen,[194] die Judäische Wüste, genauer: die Region um das Tote Meer. Diese Region zeichnete sich durch ihre besondere Fremdartigkeit aus, in den Augen von Reisenden wie Leopold Kessler etwa ließ sie jegliches Tier- und Pflanzenleben vermissen.[195] Die Expedition ans Tote Meer war keine zionistische Auftragsarbeit. Bezahlt wurde sie vom türkischen Sultan[196] und einer Berliner Stiftung. Das wissenschaftliche Team der Expedition bestand aus der Forschungselite des praktischen Zionismus: Aaronsohn war ein mittlerweile international bekannter Botaniker und Agronom; Aharoni war 1906 der einzige und später der bedeutendste Zoologe Palästinas. Blanckenhorn, dessen wissenschaftliche und persönliche Biographie noch aussteht, war ein nichtjüdischer Philozionist. Er unterstützte die zionistische Idee und die Projekte der Botanischen Zionisten von einem frühen Zeitpunkt an.

Blanckenhorn war dank seiner Forschungen in Palästina gut vernetzt – dies war typisch für dort arbeitende deutsche Forscher, die ihre wissenschaftlichen

---

[192] Offensichtlich waren Blanckenhorn und Aaronsohn schon 1905 zusammen in Palästina auf Expedition. Vgl. Shilony/Seckbach, Ideology, 95.

[193] »Vertrag zwischen Dr. Blanckenhorn einerseits und Dr. Klee, Prof. Aarbord und Dr. Allen andererseits«, CZA, L1/1 (1903/1904). Vgl auch folgenden Bericht: Blanckenhorn, Mineralien.

[194] So Muharram Effendi, ein Arzt, der als Vertreter der osmanischen Regierung entsandt wurde. Shilony und Seckbach schreiben hingegen, dass diese Expedition von der WZO gesponsert und vom Jüdischen Nationalfonds finanziert gewesen sei, s. Shilony/Seckbach, Ideology, 97. Ich folge Blanckenhorns Veröffentlichung.

[195] S. Leopold Kessler Collection, LBI New York, http://www.lbi.org/digibaeck/results/?qtype=Pid&term=1769615 (29.10.2018).

[196] Zumindest teilweise, nachdem Blanckenhorn wegen ausstehender Geldbeträge zunehmend in Rage geriet. Max Blanckenhorn/Israel Aharoni, *Naturwissenschaftliche Studien am Toten Meer und im Jordantal. Bericht über eine im Jahre 1908 (im Auftrage S. M. des Sultans der Türkei Abdul Hamid II. und mit Unterstützung der Berliner Jagor-Stiftung) unternommene Forschungsreise in Palästina*, o. O. 1912, 369f, 384 (= Blanckenhorn/Aharoni, Studien). S. auch Ellsworth Huntington, »›Naturwissenschaftliche Studien am Toten Meer und im Jordantal‹ by Max Blanckenhorn. Review«, *Science* 37 (1913), 635–637, 635.

Kontakte gut nutzten.[197] Er besuchte während der Reise auch andere Forscher, so etwa den »gelehrten Assumptionistenpater[198] Germer-Durand« im Hospice de Notre Dame de France in Jerusalem.[199] Vom Pater lieh er sich auch Teile der noch unbestimmten geologisch-paläontologischen Fossiliensammlung aus, um sie in Deutschland zu bearbeiten. Sein Ziel war eine monographische Darstellung der Geologie und Paläontologie Palästinas. Auch aus anderen Sammlungen hatte er Teile geliehen, gesammelt und gekauft, so dass er für sich beanspruchen konnte, die zu Beginn des 20. Jahrhunderts »vollständigste Lokalsammlung Palästinas« zu besitzen. Damit dürfte Blanckenhorn das erste palästinensische naturkundliche Inventarium erstellt haben. Später, 1925, verkaufte Blanckenhorn dieses Inventarium an die neu eröffnete Hebräische Universität.[200]

Nach dem Ende der Expedition kehrte das palästinensische Forschertriumvirat nach Konstantinopel zurück. Die Wissenschaftler richteten dort ein Palästina-Museum ein. Dass die Expedition im Auftrag des Sultans geschah, war dabei unverkennbar. Die Sammlung palästinensischer Schmetterlinge wurde so »künstlerisch gruppiert von Aharoni in Form eines türkischen Wappens (Mond mit Stern) und eines Riesenschmetterlings«.[201] Auch für den Sultan lag der politische Wert von Wissen auf der Hand. Das zoologische Inventar wurde zum Missfallen der Forscher mit der politischen Mission der Auftraggeber verknüpft, die in den Augen der Zionisten dessen wissenschaftlichen Wert entstellte.

Nach der Expedition wurde den Forschern angeboten, in die Dienste des sultanischen Palastes zu treten. Aaronsohn und Blanckenhorn wurden bei Ankunft sogar von einem osmanischen Beamten begrüßt, der den beiden mitteilte, dass er ihnen eine hohe Auszeichnung des Osmanischen Reiches, die Liakat-Medaille, überreichen wolle.

Blanckenhorn erwog eine Stellung am Sultanspalast nicht ernsthaft. Nach der Expedition empfand er die türkischen Behörden als schikanös, misstrauisch und unzuverlässig; kurzum, so schrieb er, war ihm »bereits die Lust vergangen, mich länger als unbedingt notwendig mit ihnen herumzuschlagen«. Die Osmanen seien nicht in der Lage, seine »ernsten Bestrebungen« und seine »Wissenschaft« zu begreifen. Er empfand die ihm angebotene Stellung als nicht standesgemäß und charakterisierte das osmanische Wissenschaftsverständnis folgendermaßen: »[N]icht Verständnis für die Forderungen der Gegenwart, sondern reaktionäre Bekämpfung des Fortschritts, das war ja das Hauptcharakteristikum des Sultans Abdul Hamid und auch seiner Günstlinge«. Die reaktionäre osmanische

---

[197] Vgl. z. B. Goren, Palästinaforschung, 165.

[198] Im Jahre 1850 in Frankreich gegründeter Männerorden.

[199] Blanckenhorn/Aharoni, Studien, 76.

[200] O. A., »Kontrakt zwischen Professor Dr. Max Blanckenhorn, Marburg a. d. Lahn, Barfuesserstrasse 25 und dem Universitaets-Komitee, London, 77, Great Russell Street, W. C. U. betreffend Verkauf von Steinsammlungen«, HUJA, 80/3 Gan Botani 1925–30 (März 1925).

[201] Blanckenhorn/Aharoni, Studien 369f, 384, 382.

Wissenschaft war in den Augen Blanckenhorns nicht mit seinem Forscherethos vereinbar: »[W]er bürgte für eine stetig ruhige Weiterentwicklung im Einklange mit den Fortschritten und Forderungen der Naturwissenschaften?«[202] Zudem seien der Sultan und seine »Günstlinge« ihren »augenblicklichen Laune[n]« unterworfen. Aaronsohn sah sich dank seiner vielen »Freunde und Unterstützer« nicht gezwungen, aus monetären Gründen eine Stellung beim Sultan anzunehmen, nur Aharoni versprach sich eine Besserung seiner Situation, verwarf diese Idee dann aber doch.

Da die politischen Allianzen der Zionisten in der Zeit vor dem Ersten Weltkrieg unstetig waren, ist es kein Widerspruch, dass die in Palästina ansässigen Botanischen Zionisten auch in den Diensten des Sultans standen. Bis zu Beginn des Ersten Weltkriegs erhofften sich die Zionisten Hilfe für den Aufbau des Judenstaates auch vom Osmanischen Reich. Doch das Wissen, das durch die Expeditionen entstand, war für Männer wie Aharoni erst innerhalb eines nationalen Rahmens wichtig. Für ihn war die Erforschung Palästinas eine Herzensangelegenheit und ein nationales Projekt. Die Tatsache, dass das »Land nur von Nichtjuden durchforscht« wurde, hielt er schlichtweg für eine »Schmach«: »Und es war immer mein sehnlichster Wunsch gewesen, auch in unserm Volke Männer zu sehen, die, ganz selbstständig und von fremden Einflüssen unabhängig, alles, was unser Land enthält, ernst und gründlich […] erforschen.«[203] Sollte das jüdische Volk sich entschließen, die Naturforschung anderen zu überlassen, würde es »zeigen, wie wenig Interesse es für das Land seiner Väter hat, und damit hinter andern Völkern in der Naturerkenntnis seines Landes weit zurückstehen.« Dies berge die Gefahr, dass das Land der Väter von anderen Völkern durch- und entforscht würde und für die Juden nichts mehr übrig bliebe.[204]

Die Juden sollten sich laut Aharoni darum bemühen, in diesem epistemischen Wettrennen eine Spitzenposition einzunehmen und schleunigst mit der Erforschung Palästinas, dem »schönsten aller Länder«, zu beginnen, statt »als müßige Zuschauer« nur aus der Ferne zuzusehen, wie die großen Imperialmächte oder die zahlreichen christlichen Palästinavereine die Levante erforschten. Aharoni vertiefte diese Gedanken anhand seiner Sammlung von Schmetterlingen, Zweiflüglern und Vogelbälgen aus dem Nahen Osten:

Wenn auch unser Museum heute schon neue Funde aufzuweisen hat, wie z. B. Schmetterlinge, Dipteren, und sogar Vögel wie der Caprimulgus nubicis, der hier von mir zum ersten Male

[202] Ebd., 369f, 384.

[203] Israel Aharoni, »Zwei Forschungsreisen in Nordsyrien«, *Die Welt* 14 (17.10.1910), 1027–1031 (= Aharoni, Forschungsreisen). Zu den deutschen Templern als Vorbild für den Jischuw: Uri R. Kaufmann, »Kultur und ›Selbstverwirklichung‹: Die vielfältigen Strömungen des Zionismus in Deutschland 1897–1933«, in: Andreas Schatz/Christian Wiese (Hgg.), *Janusfiguren. »Jüdische Heimstätte«, Exil und Nation im deutschen Zionismus*, Berlin 2006, 43–60, 47.

[204] Israel Aharoni, »Ein jüdisches naturhistorisches Museum in Jerusalem«, *Die Welt* 13 (20.08. 1909), 750–752, 752 (= Aharoni, Museum).

entdeckt wurde, und sogar eine sehr große Chreule, ein großer Vogel, der, so wunderbar es beinahe klingt, bisher übersehen werden konnte, so dürfen wir uns damit absolut nicht zufrieden geben, sondern müssen der ganzen Welt zeigen, daß wir die Natur unseres Landes allein zu erfassen und zu fördern vermögen.[205]

Der Tenor von Aharonis Aussage war, dass nur Juden selbst – und selbstständig – Palästina wissenschaftlich durchdringen sollten. Warburg sorgte schließlich dafür, dass Aharoni von seiner Lehrtätigkeit an der Kunstgewerbeschule *Bezalel* in Jerusalem entbunden werden konnte, um seinem »Lebensideale«, der zoologischen Erforschung Palästinas, folgen zu können.[206]

Israel Aharoni berichtete in der *Welt* von einigen seiner Expeditionen. Einmal verschlug es ihn ins syrische Palmyra, wo er mit einheimischen Jägern nach Tieren suchte. Gefahr und Wissenschaftsenthusiasmus lagen bei Aharoni nah beieinander:

Wie aber alles Wasser der Wüste vertrocknete, begann der Brunnen alles mögliche Gesindel herbeizulocken, und es kam zu mehrfachen Zusammenstößen mit unsern Jägern und zum Austausch von Schüssen usw. Hätten die Beduinen, – ich weiß nicht warum, – keinen Respekt vor Europäern, so hätte die Sonne der Syrischen Wüste schon längst unsere Knochen gebleicht. Ich möchte noch die herrlich marmorierten, metallschillernden Eidechsen erwähnen, die ich für unser Museum sammelte. Solche Prachtexemplare sieht man bei uns nie.[207]

Auch Blanckenhorn beschrieb in seinem Reisetagebuch Aharonis obsessive Sammlungstätigkeit in der Nähe von Jericho:

Dann ging es in den Dschiftlik-Garten zur gemeinsamen Besichtigung der Menagerie Aharonis. Wir fanden jetzt einen Hasen und ca. 40 verschiedene Vögel vor, die nach ihrer Lebensweise in mehrere Volieren und Käfige verteilt waren. Dann führte uns Aharoni ins Hotel Bellevue, wo sein enges Zimmer schon derartig mit Präpariermaterial, Gift, gefüllten Vogelnestern, präparierten Vogelbälgen, Schlangen, Insekten, auch einigen lebenden Tieren usw. angefüllt war, daß für ihn selbst kaum noch Platz zum Arbeiten und Schlafen übrig blieb. Als die wertvollste Beute erschien bis jetzt ein lebendes winziges Vögelchen, das in besonderem Bauer neben andere [sic] Sachen auf seinem Bette untergebracht war und dem er seine ganze rührende Liebe zuwandte. Auf den Antrag Aaronsohns bat ich den Wirt des Hauses, Herrn Aharoni noch auf meine Verantwortung ein zweites Zimmer wenn irgend möglich zur Verfügung zu stellen, damit er wenigstens in seinem Bett schlafen könnte, was er in den letzten Tagen auf dem Fußboden liegend besorgt hatte, da sein Bett ihm als Tisch und Schrank für alle wertvollern [sic] und zerbrechlichen Objekte diente.[208]

Aharoni hatte all seine zoologischen Funde, präpariert oder lebendig, in seinem Hotelzimmer zusammengetragen. Blanckenhorn beschrieb ihn als wahre Forscherseele, die seine eigenen Bedürfnisse der Wissenschaft unterordnete; Aharoni hatte in seinem Zimmer kaum noch Platz zum Schlafen. Gleichzeitig

---

[205] Ebd.

[206] Aharoni, Forschungsreisen, 1027.

[207] Ebd., 1031.

[208] Blanckenhorn/Aharoni, Studien, 247.

war er seinen Forschungs- und Sammelobjekten liebevoll zugetan. Für Aharoni war das Werk erst getan, wenn »alle palästinensischen Tiere«, von *Mus musculus*, der Hausmaus, bis zu *Cinnyris oseas*, dem Palästina-Honigsauger, gesammelt seien.

Die Lehre dieser Sammlung ging über ein taxonomisches Interesse hinaus: »Und die Juden Jerusalems werden einmal einsehen lernen, dass auch im Heiligen Lande alles mit natürlichen Dingen zugeht.«[209] Die wissenschaftliche, hier zoologische, Erfassung des Landes, sollte Palästina von einer spirituellen Heimat in eine weltliche Heimstätte verwandeln. Hierzu sollte auch ein zoologisches Inventarium einen Beitrag leisten. Für sein Ziel erschien Aharoni kein Opfer zu groß: »Nach mehrjähriger anstrengender und aufopferungsvoller Arbeit« konnte er beruhigt feststellen, dass die ihm nachfolgenden »Ornithologen, Oologen, Säugetierforscher usw. nicht selbst die gefährlichen und äußerst kostspieligen Reisen werden machen müssen«. Aharonis Inventarium war fast vollkommen, denn es gelang ihm, »das reichste Tiermaterial unserer Fauna« zu bündeln. Für ihn war diese Tatsache der Beweis jüdischer epistemischer Fähigkeiten: »Und da wird die ganze Welt sehen, daß auch wir Juden unser Judenland zu erforschen vermögen.«[210]

Aharoni setzte sich auch für die Gründung eines zoologischen Museums[211] ein, in dem er »eines der wichtigsten und stärksten Mittel für die Annäherung des jüdischen Volkes an die Natur seines Landes, die eben nur durch das Erkennen bewirkt werden kann«, sah.[212] Aharoni wähnte den jüdischen Anteil bei der wissenschaftlichen Erfassung Palästinas zugleich von einem Wettlauf mit »andere[n] Völker[n]« bedroht. Aharonis Ansicht nach befand man sich »in einer Zeit, wo alle Völker die Ausbeute der Natur hierzulange mit wahrem Fiebereifer betreiben«.[213]

Das »Wissen vom Land« war, wie Aharoni sagte, »schön«, gleichzeitig diente es jedoch dazu, den Anspruch auf Palästina zu rechtfertigen. Auch Aharoni plädierte für dessen epistemische Durchdringung.[214] Durch Ausflüge, Wanderungen und *le'hagdir tsmachim* (das Auffinden und Bestimmen von Pflanzen)

[209] Israel Aharoni, »Die naturhistorische Abteilung am ›Bezalel‹«, *Palästina: Zeitschrift für den Aufbau Palästinas* (1908), 158–160, 160.

[210] Aharoni, Forschungsreisen, 1031. Aharonis wissenschaftliche Leidenschaft sollte ihn später noch berühmt machen: Jahre später entdeckte er den sogenannten syrischen Hamster. Auf die wenigen Exemplare, die Aharoni von dieser Expedition zurückbrachte, gehen alle weltweit verbreiteten Hamster, die als Haus- oder Labortiere gezüchtet und gehalten werden, zurück.

[211] Dieses Museum war zunächst an den Bezalel angeschlossen, eine Einrichtung, die vor allem die kunsthandwerkliche Ausbildung ärmerer Bevölkerungsschichten förderte. An der Gründung 1906 war Warburg beteiligt und stand so zumindest Aharoni als Betreuer der naturkundlichen Sammlung vor.

[212] Aharoni, Museum, 750.

[213] Ebd., 752.

[214] Alon Tal, *Pollution in a Promised Land. An Environmental History of Israel*, Berkeley 2002, 29.

sollte die Verbindung zwischen Land und Volk aufgebaut werden. Geographie, Geologie, Geschichte, Ethnologie, Zoologie und auch Botanik sollten nicht nur zu einem erweiterten Wissen führen und damit die Verbindung zum Lande stabilisieren. Eretz Israel wurde so von einem spirituellen Heimatland, *moledet*, zu einer natürlichen, greifbaren Realität.

Auch die Flora Palästinas wurde inventarisiert, vor allem durch Aaron Aaronsohn.[215] Aaronsohn nutzte laut seinem eigenen Logbuch (das posthum herausgegeben wurde) jede freie Minute, um seinen botanischen Aufgaben nachzugehen.[216] Er notierte dabei auch Pflanzenfunde wie Weizen, Gerste, Bohnen, Wicken, Linsen, Sesam und Hirse. Von der Bevölkerung des Ortes erfuhr er über deren problematische wirtschaftliche Lage.[217] Üblicherweise verwendete er die Expeditionsabende, um seine Funde, manchmal auch mit Unterstützung eines Helfers, zu sortieren, manchmal stundenlang.[218] Das Klima und die Strapazen der Expedition zerstörten Teile des gesammelten Pflanzenmaterials, auch Nässe und Schimmel setzten ihm zu.[219] Manchmal blieb Aaronsohn allein zurück, um sich der Flora Palästinas zu widmen.[220] Überhaupt gewinnt man den Eindruck, dass Aaronsohn am Botanisieren weit mehr als etwa an den geologischen Funden interessiert war, die Blanckenhorn so fesselten; dies sorgte bei Letzterem oft genug für Unmut.[221]

Auch wenn es Aaronsohn während der Blanckenhornschen Expedition nicht gelungen war, die Botanik des Landes in ihrer ganzen Fülle zu erfassen, gewann er wertvolles Wissen über die Flora Palästinas. Als die Botanischen Zionisten auszogen, um das Land zu vermessen, waren sie oft überrascht von der Fülle der Naturschätze. Das botanische Palästina war überaus reich und viel weniger erforscht als angenommen.[222] Aaronsohn hatte schon 1910, wenige Jahre nach der ersten Expedition mit Blanckenhorn, von über 3.000 botanischen Arten gesprochen. Dies hatte in seinen Augen nicht nur mit den mannigfaltigen Naturgegebenheiten zu tun, sondern auch mit der soziopolitischen Geschichte des Landes: Kriege, Migration und Kolonisierung hatten ganz unterschiedliche Methoden der Kultivierung nach Palästina überführt, so hätten sich vor allem die

[215] Auch Warburg hatte den Plan, eine Flora Palestinae zu schreiben; vermutlich wurde dieser aber nicht umgesetzt. Otto Warburg an die Hebrew University/Registrar's Office, HUJA, A310 (09.10.1929).

[216] Vgl. z. B. Heinz Oppenheimer (Hg.), *Florula Cisiordanica: révision critique des plantes reécolteées et partiellement déterminées par Aaron Aaronsohn au cours de ses voyages (1904–1916) en Cisjordanie, en Syrie et au Libanon*, Genf 1940, 8 (= Oppenheimer, Florula Cisiordanica).

[217] Ebd., 28.

[218] Vgl. etwa Heinz Oppenheimer (Hg.), *Nachlass Aaronsohns* [hebr.], Jerusalem 1930, 60 und 68 (= Oppenheimer, Aaronsohn).

[219] Ebd., 119.

[220] Ebd., 62.

[221] Ebd., 65.

[222] Aaronsohn, Station, 118.

Abb. 7: Das Expeditionsteam Aaronsohn-Blanckenhorn inmitten ihres Lagers.[223]

kultivierten Varietäten entwickelt. Palästina war für Aaronsohn ein Land »full of promise«[224] – dies hatten die ersten Schritte der Inventarisierung gezeigt.

Die Entdecker, die sich im Auftrag des Zionismus auf Expedition begaben, hegten epistemische Eroberungsphantasien,[225] aber sie generierten kein klassisches Herrschaftswissen; sie ließen sich kaum auf Abenteuer mit wilden Tieren und »unzivilisierten« Völkern ein. Sie waren im Auftrag des Zionismus unterwegs, betrachteten sich als seriöse Wissenschaftler, kauerten an Bäumen und beobachteten stundenlang kleine Lebewesen, sie sammelten Pflanzen, die sie trockneten und ordneten. Sie mussten nicht erst, wie in Uganda, herausfinden, ob das Land überhaupt tauglich war für die Realisierung der zionistischen Idee. Diesmal waren die Vorzeichen anders: Palästina und seine Natur sollten passend gemacht werden. Die feindliche Natur musste ihr friedliches, nützliches Potential offenbaren und den zionistischen Wissenschaftlern offenlegen, was sie zu bieten hatte, um ein jüdisches Volk in Eretz Israel zu ernähren.

---

[223] Blanckenhorn/Aharoni, Studien, 77.

[224] Ders., *Agricultural and Botanical Explorations in Palestine. U. S. Department of Agriculture. Bureau of Plant Industry,* Bulletin Nr. 180, 1910, 13 (= Aaronsohn, Explorations).

[225] Vgl. etwa Pratt, Eyes; kritisch dazu: Klaus Hock/Gesa Mackenthun, »Introduction«, in: dies. (Hgg.), *Entangled Knowledge. Scientific Discourses and Cultural Difference,* Münster et al. 2012, 7–30, 14.

4.6 Ausblick: Expedition in den Sinai II

Wie wir in den vorherigen Kapiteln gesehen haben, war zu Beginn des 20. Jahrhunderts nicht klar, ob Palästina genügend Möglichkeiten bot, um einen Judenstaat zu ernähren. Grundlegende Fragen wie diese sollten nun Expeditionen klären. Naturkundliche Forschungen wurden auch in anderen Kontexten zur Grundlage der wissenschaftlich basierten Landwirtschaft.[226] Doch dies war nur eine Funktion der Expeditionen, die unter der Flagge des Zionismus durchgeführt worden sind. Der ideologische Gehalt von Forschung wurde, nachdem Palästina als Siedlungsgebiet nicht mehr in Frage gestellt wurde, manchmal noch sichtbarer als in El-Arisch, Uganda oder in den frühen Palästinaexpeditionen.

El-Arisch wurde, ein Vierteljahrhundert nach der ersten von Herzl geplanten Expedition, wieder zum Ziel einer wissenschaftlichen Forschungsreise aus dem Umfeld Warburgs. Zwei seiner Kollegen, der Entomologe Fritz Bodenheimer (1897–1959) und der Mikrobiologe Oskar Theodor (1898–1987),[227] waren auf der Suche nach Pflanzen und Insekten.

Hauptziel der Sinai-Expedition der Hebräischen Universität Jerusalem im Jahre 1927 war die Klärung des Ursprungs des Tamariskenmannas.[228] Über die Entstehung dieser Substanz, die meist als biblisches Manna identifiziert wurde, gab es zwei Vorstellungen: Sie wurde entweder als physiologische Ausschwitzung der Manna-Tamariske oder als Sekret aus den Stichkanälen einer Schildlaus interpretiert. Auch wenn das Ziel der Expedition vordergründig die Erforschung eines Naturphänomens war, ist diese Reise doch in eine andere Kategorie einzuordnen als die vorherigen Streifzüge durch Palästina, Ägypten und Afrika. Diesmal galt es, wissenschaftliches Wissen traditionellem Wissen entgegenzustellen: Entomologie und Botanik sollten einen biblischen Stoff evaluieren. Paradoxerweise war die biblische Vergangenheit Palästinas – auch mehr als 25 Jahre nach den ersten wissenschaftlichen Erforschungen – noch immer viel besser untersucht als das real existierende Palästina.

Das Manna hatte für die jüdische Siedlung keinerlei ökonomische Relevanz, denn auch wenn es der biblischen Überlieferung zufolge vierzig Jahre lang das israelitische Volk ernährt hatte, und als »etwas Feines, Knuspriges, fein wie Reif« (2 Mos 16,14), »weiß wie Koriandersamen« und nach »Honigkuchen« (2 Mos 16,31) schmeckend beschrieben wurde, war klar, dass im Jahr nur wenige Kilo der Substanz entstanden. Bodenheimer und sein Assistent kamen zum

---

[226] Katz/Ben-David, Research, 158.

[227] Friedrich S. Bodenheimer, »Hoda'a rischona rashmit mita'am ha'universita ha'ivrit b'davar ha'mischlachat le'sinai leschem chekirat haman [= Erster bestätigter Bericht der Hebräischen Universität zur Expedition in den Sinai zur Erforschung des Mannas]«, HUJA, Machon le'chekirat teva (o. D.)

[228] Vgl. Friedrich S. Bodenheimer an Otto Warburg, »Antrag Manna-Expedition«, HUJA, Machon le'chakirat teva (29.04.1926).

Ergebnis, dass das biblische Manna tatsächlich ein Exkret zweier Cocciden und zweier Homopteren war – also ein Insektenprodukt. Die Ergebnisse der Expedition von 1927 wurden von der Hebräischen Universität in Jerusalem publiziert.[229]

Am 3. Juli 1927 wurden die Autoren zum ersten Mal des Phänomens gewahr:

> Zum ersten Male sahen wir das Mannaphänomen am 3. Juli in einem kleinen Wadi nördlich Tor, bei der heißen Klosterquelle ›Hamam‹. Um 3 Uhr nachmittags waren die Tamariskenbüsche von kleinen stecknadelkopf- bis erbsgroßen wasserklaren süßen Mannatröpfchen wie bedeckt, die aus der am Hinterende des kautschukartigen Gehäuses der zahlreich vorhandenen Trabutina mannipara (Ehr.) [dies ist das Insekt] befindlichen Öffnung austraten. Die Tiere saßen stets an den kleinen Zweigen der Tamarisken. Die Exkretion fand sich nur dort, wo Mannaläuse saßen, von denen aber die meisten Büsche dicht besetzt waren.[230]

Dieses Insekt sei der Hauptproduzent des Mannas. Vor allem sich im Wachstum befindende Larven und junge weibliche Tiere sonderten das Sekret ab, um ihren Stoffwechsel auszugleichen. Dank der trockenen Luft verhärte sich dieses Produkt rasch. Nach einiger Zeit nähmen die Mannastücke dann eine weißliche, gelbliche oder bräunliche Farbe an.[231]

Es ist kein Zufall, dass Bodenheimer nur zwei Jahre nach der Eröffnung der Hebräischen Universität (1925) die Manna-Expedition in die Wege leitete. Die Botanischen Zionisten waren auf der Suche nach internationaler Reputation, schließlich wollten sie der Welt zeigen, dass sie als Juden am besten in der Lage waren, Palästina zu erforschen, zu begreifen und zu verwissenschaftlichen. Auch die wissenschaftliche Evaluierung eines biblischen Stoffes[232] diente dazu, Palästina symbolisch zu erobern.

Die Experten, die Palästina durchstreiften, sollten eruieren, inwiefern es für die angestrebte Ansiedlung von Millionen europäischer Juden geeignet war. Konnte der palästinensische Boden das jüdische Volk ernähren? War es möglich, die gefährliche Natur des Landes zu bändigen? Konnte man ökonomisch relevante Pflanzen finden? Palästina war verheißungsvoll, aber auch desolat und manchmal gefährlich. Doch die Botanischen Zionisten waren gewillt, alles zu tun, um Palästina in den Judenstaat zu verwandeln. Im folgenden Kapitel wollen wir sehen, wie eine Pflanze ihnen dabei behilflich sein sollte.

---

[229] Fritz Bodenheimer/Oskar Theodor, *Ergebnisse der Sinai-Expedition. Herausgegeben von der Hebräischen Universität*, Jerusalem 1927, Leipzig 1929, 1 (= Bodenheimer/Theodor, Ergebnisse).

[230] Ebd., 54.

[231] Bodenheimer, Biologist, 95.

[232] Ebd., 92.

5 Die wissenschaftliche Eroberung Palästinas: Die Entdeckung des Urweizens

> »[E]in Land, darin Weizen, Gerste, Weinstöcke, Feigenbäume und Granatäpfel sind; ein Land darin Ölbäume und Honig wachsen […].«[1]

Auf der Weltausstellung Expo, die 2015 unter dem Motto *Feeding the Planet, Energy for Life* in Mailand stattfand, war auch der Staat Israel durch einen Pavillon vertreten. Wie schon während der in der Einführung erwähnten Ausstellung, die über einhundert Jahre zuvor stattgefunden hatte, spielten auch 2015 die landwirtschaftlichen Produkte des israelischen Staates eine besondere Rolle.

Eigens für die Expo wurde ein Kurzfilm mit dem Titel *Land of Israel: Aaron Aaronsohn and the History of Modern Wheat* gedreht. Darin wird in knapp zwei Minuten die Geschichte der Entdeckung des »Vorfahrens des modernen Weizens«, wie die Pflanze im Film genannt wird, erzählt. Der Film beginnt mit einer knappen Darstellung des Jischuws Ende des 19. Jahrhunderts: Palästina ist unter osmanischer Herrschaft. Die jüdischen Siedler suchen nach Möglichkeiten, Getreide unter widrigen klimatischen Bedingungen anzubauen. Das Jahr 1906 wird im Film als Zäsur dargestellt. In diesem Jahr entdeckt der jüdische Kolonist, Botaniker und Agronom Aaron Aaronsohn in Obergaliläa den wilden Weizen. Dieser Weizen ist für die jüdischen Siedler verheißungsvoll, gilt er doch als resistent und anspruchslos im Anbau. Nach Aaronsohns Entdeckung, so der Film, wird eine intensive Forschungstätigkeit in Bewegung gesetzt. Diese Forschungen kulminieren in den Arbeiten des Jahres 2015. In diesem Jahr beginnt das israelische Startup *NRGene*, Gene des wilden Weizens in moderne, kultivierte Pflanzen einzubauen, um verbesserte Sorten zu erzielen – so wie es Aaronsohn schon über einhundert Jahre vorher geplant hatte. Die Vision, die der Film vom wilden Weizen und dessen Manipulation im Jahre 2015 schafft, ist indes global: Der resistente, nährstoffreiche Weizen soll weltweit die Ernährung verbessern. Der Film endet mit den Worten: »Israel is proud of its contribution to feeding the planet.«

Hier wird an das Argument aus dem vorherigen Kapitel angeknüpft: Wissen diente den Botanischen Zionisten zur symbolischen Aneignung Palästinas. Anhand eines Fallbeispiels soll gezeigt werden, wie ein botanischer Fund politisch genutzt wurde. Das Narrativ von der Entdeckung des wilden Weizens ist im

---

[1] 5 Mose 8.

knapp zweiminütigen Film naturgemäß verkürzt dargestellt, doch zeigt die Darstellung die Implikationen des Fundes. Zum einen war der praktische Wert des Weizens hoch. In ihn wurde viel Hoffnung gesetzt, weil man mit seiner Hilfe die Ernährungslage des Jischuws optimieren wollte. Andererseits hatte der wilde Weizen eine Dimension, die über den praktischen Nutzen weit hinausging: Er war eine *jüdische* Entdeckung, die dem Jischuw politisch zuspielen sollte. Darauf ist Israel noch im Jahre 2015 stolz. Der Staat will, wie der Jischuw 1906, einen Beitrag zum globalen Ernährungsproblem leisten.

Im zweiten Kapitel wurde gezeigt, wie die Botanischen Zionisten Palästina wahrnahmen und im dritten, welche Bedeutung Expeditionen im Zionismus hatten. In diesem Kapitel wird nachgezeichnet, wie eine Pflanze, der wilde Weizen, zur praktischen und ideologischen Ressource werden konnte. Einerseits sollte der Weizen dem Jischuw als Ernährungsgrundlage und Exportgut dienen, andererseits die zionistische Nationalbewegung unterstützen. Im Folgenden steht jene naturwissenschaftliche Disziplin im Vordergrund, der die Gruppe der Botanischen Zionisten ihren spöttischen Namen verdankte: die Wissenschaft von der Pflanze. Dank Aaronsohns Fund konnte sie sich als Leitdisziplin im Jischuw etablieren und beeindruckende politische Kräfte entfalten. Die Geschichte vom Urweizen ist auch deshalb instruktiv, weil sie innerhalb eines größeren Kontextes zu sehen ist, der den Jischuw mit Europa verband – die durch Wissenschaft vorangetriebene Suche nach dem Ursprung der Zivilisation.

5.1 Aaron Aaronsohn: ein Sohn des Landes

Die Geschichte der Auffindung des wilden Weizens – oder Urweizens, wie er im deutschsprachigen Diskurs genannt wurde – ist eng mit dem Entdecker des Getreides Aaron Aaronsohn verknüpft (1876 in Rumänien geboren, 1919 über Großbritannien verunglückt).

Er kam im Alter von sechs Jahren aus Rumänien nach Palästina, zu Beginn der ersten Alija (1882–1903). Die Familie ließ sich in der neu gegründeten Siedlung Sichron Jaakow nieder, wo sich Aaronsohn schon als Kind mit der systematischen Erfassung der Flora des Landes und anderen naturwissenschaftlichen Untersuchungen beschäftigte. »Außerordentlich begabt, die wichtigsten europäischen Sprachen, sowie Hebräisch, Türkisch und Arabisch beherrschend, mit den Landessitten vertraut, von sehr kräftiger Konstitution, war er zum Forscher in den entlegensten und wüstesten Gebieten der damaligen Türkei prädestiniert«[2], hieß es über Aaronsohn in einem Nachruf. Aaronsohn arbeitete angeblich von fünf Uhr morgens bis Mitternacht.[3]

---

[2] A. B., »Aaron Aaronsohn zum Gedächtnis«, *Palästina* 16 (1933), 108f, 108.

[3] Aaron Aaronsohn/Judah Leon Magnes et al., »Frühe Jahre der Versuchsstation« (1911–12), CAHJP, P3/792, 6 (= Aaronsohn/Magnes, Versuchsstation).

Diese Eigenschaften und Talente haben wohl dazu beigetragen, dass der Urweizen auch im Jahr 2015 noch mythologisiert wird: Der Entdecker des Urweizens war Jude und Zionist, galt als Pionier und als Sohn des Landes,[4] der sich problemlos in Palästina zurechtfand. Aaronsohn wurde schon von den Zeitgenossen verehrt und mystifiziert. So hieß es über ihn, dass er so stark gewesen sei, dass er ein Pferd habe hochheben können.[5] Der Urweizenfund war nicht zuletzt so eng mit der Person Aaronsohns verknüpft, weil dieser den Idealtypus des neuen Hebräers verkörperte: Aaronsohn war stark und ungeduldig, wissbegierig und robust.

Aaronsohn war auch dank seiner Vertrautheit mit dem Osmanischen Reich ideal für eine Karriere im Zionismus geeignet. Nicht nur war er osmanischer Staatsbürger, er kooperierte auch viele Jahre mit den türkischen Autoritäten. Noch während der ersten Jahre des Ersten Weltkrieges versuchte Aaronsohn, in osmanischer Mission eine Heuschreckenplage zu verhindern;[6] in den Jahren zuvor hatte er im Auftrag des Sultans botanische Expeditionen unternommen. Aaronsohn kannte Palästina bestens und musste aufgrund seiner Verbindungen nicht – wie etwa der deutsch-jüdische Kartograph Treidel – befürchten, mit seinen botanischen Arbeiten Misstrauen und Ärger bei der Obrigkeit zu erregen.

Aaronsohn setzte sich schon früh für den Botanischen Zionismus ein.[7] Ab 1901 arbeitete er mit anderen zionistischen Pflanzenforschern und Kolonisten zusammen, unter ihnen Otto Warburg. Warburg war auf die lokale Kenntnis des jüngeren Kollegen angewiesen, denn Aaronsohn galt als der beste Kenner der natürlichen Gegebenheiten Palästinas.[8] Ab 1903 war Aaronsohn Mitglied der auf dem sechsten Zionistenkongress eingesetzten Kommission zur Erforschung Palästinas;[9] danach arbeitete er für das agronomisch-culturtechnische Bureau für Palästina, das im Auftrag der von Otto Warburg geleiteten Kommission zur Erforschung Palästinas Projekte wie die *Palestine Land Development Company* betreute. Das Büro bestand aus einer Abteilung für Landwirtschaft, die Aaronsohn und Selig Soskin leiteten, sowie einer Abteilung für Geodäsie und Culturtechnik, die durch Treidel besetzt wurde. Zu den Aufgaben des Büros gehörten vielerlei »landwirtschaftlich[e] Unternehmungen« wie die Anlage von Pflanzungen und botanische Experimente, aber auch die Organisation wissenschaftlicher

---

[4] Louis Dembitz Brandeis, *Brandeis on Zionism. A Collection of Addresses and Statements*, N.J 1999, 39.

[5] Gabriel Davidson/Max J. Kohler, »Aaron Aaronsohn, Agricultural Explorer«, *Publications of the American Jewish Historical Society* (1928), 197–210, 208 (= Davidsohn/Kohler, Aaronsohn).

[6] Davidson/Kohler, Aaronsohn, 207. Wie Kohler und Davidson berichten, war Aaronsohn der einzige Mann, der in Frage kam, eine Heuschreckeninvasion in den Griff zu bekommen. Unter der Anleitung Aaronsohns hoben angeblich Tausende arabische Soldaten mitten im Ersten Weltkrieg Gräben aus, um der Heuschreckenplage Herr zu werden.

[7] Vgl. Katz, Aaronsohn.

[8] Katz, Wings, 14.

[9] Vgl. StPZK 1905, 197; Penslar, Warburg, 152–157.

Expeditionen und handfeste Eingriffe in die Flora wie Rodungen, Urbarmachungen oder die Trockenlegung von Sumpfländereien. In Treidels Aufgabenbereich fielen vor allem die Parzellierung des Landes und die Erstellung von Karten für topographische, agronomische und administrative Zwecke. Beide Abteilungen gaben zudem kostenlos Auskunft an interessierte Siedler.[10]

Aaronsohn leistete auch als Botaniker viel für den Jischuw. Ein sehr umfangreiches Herbarium, das heute noch in der Hebräischen Universität in Jerusalem erhalten ist, geht auf ihn zurück. Sein wissenschaftliches Werk ist nach seinem Tod weitgehend in Vergessenheit geraten. In aktuellen (populärwissenschaftlichen) Publikationen wird Aaronsohn wahlweise als charismatischer Haudegen,[11] mythische Heldenfigur und genialer Stratege[12] oder als »obskurer Agronom«[13] dargestellt. Erst in den letzten Jahren, als in Israel akademische Einrichtungen und private Start-ups sich an der landwirtschaftlichen Nutzung des 1906 entdeckten wilden Weizens versuchten, wurde Aaronsohns Name wieder mit seinem botanischen Werk verbunden.

5.2 Der zionistische Weizen

Bevor die Geschichte des Urweizenfundes erzählt wird, soll eine naheliegende Frage geklärt werden: Wieso hatte der Jischuw Interesse daran, ein naturwissenschaftliches Problem wie den Ursprung einer in Kultur genommenen Pflanze zu lösen? Das Phänomen Zionismus lässt sich in den breiteren historischen Kontext des Nationalismus um 1900 einordnen. Der Nationalismus musste nicht nur die Konstruktion einer »imagined community« leisten,[14] sondern auch die Verbindung dieser Gemeinschaft mit einer geographischen Entität. Nationalismen waren bemüht, einen Zusammenhang zwischen Volk und Land zu konstruieren; es mussten also, folgt man der Argumentation Hobsbawms, »Traditionen erfunden werden«,[15] um die zu schaffende Nation zu einen.

Die Zionisten waren als europäisches Kollektiv mit der paradoxen Situation konfrontiert, einerseits in ihre spirituelle Heimat zurückkehren zu wollen,

---

[10] O. A., »Ein agronomisch-culturtechnisches Bureau in Palästina«, *Die Welt* 5 (02.08.1901), 7f, 7.

[11] Vgl. etwa Katz, Saga.

[12] Vgl. Patricia Goldstone, *Aaronsohn's Maps. The Untold Story of the Man who might have created Peace in the Middle East*, San Diego 2007 (= Goldstone, Maps).

[13] Daniel Allen Butler, *Shadow of the Sultan's Realm. The Destruction of the Ottoman Empire and the Creation of the Modern Middle East*, Washington, D.C 2011.

[14] Ein Konzept von Benedict Anderson, das erklären soll, wie sich Menschen, ohne einander persönlich zu kennen, als Teil einer Gemeinschaft verstehen – wie etwa in der Nation. Vgl.: Benedict Anderson, *Imagined Communities. Reflections on the Origin and Spread of Nationalism*, London/New York 2006, 4–7.

[15] Eric Hobsbawm, »Introduction«, in: ders./Terence Ranger (Hgg.), *The Invention of Tradition*, New York 1983, 1–14. Vgl. auch Shapira, Israel, 15, 23.

andererseits diese Heimat aber überhaupt nicht zu kennen. Die Verbindung zwischen Heimat und Volk musste deswegen artifiziell hergestellt werden – wozu auch wissenschaftliche Disziplinen wie die Biologie einen Beitrag leisten sollten; auch Natur und Pflanzen wurden in den Nation-Building-Prozess eingebunden.

Die israelische Historikerin Anita Shapira argumentiert, dass der Zionismus stets seine eigene Legitimität zu beweisen hatte. Es ging also nicht nur darum, die Zionisten an ihre neue Heimat zu binden, sondern auch darum, das zionistische Unterfangen nach außen hin zu legitimieren. Zu diesem Zwecke wurde oft, analog zu anderen Nationalbewegungen, auf eine (zuweilen krude) Genealogie zurückgegriffen, die das »Bewusstsein einer besonders langen Geschichte«[16] einer Nation bezeugen, ihr historisches Recht auf ein bestimmtes Territorium begründen und das Erhabene der Nationalkultur und deren Beitrag zur Weltkultur betonen sollte.[17] Was hätte sich für die Botanischen Zionisten besser angeboten als ein wissenschaftlicher Beweis, der gleichzeitig eine alte Genealogie zeigen, Palästina als jüdische Landschaft kennzeichnen und den Wissenshunger des Jischuws befriedigen konnte?

Vor diesem Hintergrund wird deutlich, weshalb im Botanischen Zionismus das Motiv des Urweizens aufgegriffen wurde. Aaronsohn und andere prozionistische Forscher deuteten die Pflanze als Signum der Kulturgeschichte und setzten deren Fundort mit der Wiege der menschlichen Zivilisation gleich.[18] Es gelang den Botanischen Zionisten, den Urweizen als ideologische und praktische Ressource zu aktivieren. Zugleich versuchten sie, die Botanik als *national konnotierte* Forschungsdisziplin[19] zu etablieren. Die Botanik spielte nach der Entdeckung des Urweizens 1906, und vor allem nachdem Aaronsohn sich in die Diskussion eingebracht hatte, eine Schlüsselrolle in der kulturellen Konstruktion des Jischuws. Dies gelang nur, weil die Botanik selbst im Umbruch begriffen war. Sie konnte als »Wissenschaft der Ursprünge«[20] neuerdings Deutungspotentiale postulieren, die zuvor nur den Geisteswissenschaften zugebilligt worden waren.

Für die Botanischen Zionisten war der Urweizen auch deshalb ein Glücksfund, weil er zeigte, dass botanisch und landwirtschaftlich nützliche Maßnahmen sich mit der politischen Agenda des Zionismus verbinden ließen. Die Botanik sollte

---

[16] Brenner, Propheten, 12.

[17] Shapira, Israel, 15. Vgl. zur Bibel: Yaakov Shavit/Mordechai Eran, *The Hebrew Bible Reborn. From Holy Scripture to the Book of Books: A History of Biblical Culture and the Battles over the Bible in modern Judaism* (Studia Judaica: Forschungen zur Wissenschaft des Judentums Bd. 38), Berlin/New York 2007, 437 (= Shavit/Eran, Hebrew Bible).

[18] Vgl. Aaron Aaronsohn/Georg Schweinfurth, »Die Auffindung des Wilden Emmers (Triticum dicoccum) in Nordpalaestina«, *Altneuland. Monatsschrift für die wirtschaftliche Erschließung Palästinas* 3 (1906), 213–220 (= Aaronsohn/Schweinfurth, Auffindung).

[19] Ralph Jessen/Jakob Vogel, »Die Naturwissenschaften und die Nation. Perspektiven einer Wechselbeziehung in der europäischen Geschichte«, in: dies. (Hgg.), *Wissenschaft und Nation in der Europäischen Geschichte*, Frankfurt am Main/New York 2002, 7–37, v. a. 13, 22 f.

[20] Torma, Kulturgeschichte, 67.

drängende praktische Fragen lösen wie die nach der Ernährung eines Judenstaates, gleichzeitig formte sie die Identität des Jischuws als wissenschaftlichen Staat. Die Botanik wurde zum Element einer sich abzeichnenden wissenschaftlich geprägten Nationalkultur.

Dass die Debatte eine hohe Schlagkraft entfaltete, lag nicht nur in der Entschlossenheit der Botanischen Zionisten begründet, sondern auch in der inhärenten Logik der Botanik als wissenschaftliches Fach. Wie kaum eine andere Disziplin vermochte sie, ideologische und praktische Anforderungen zu verbinden.[21] Die Botanischen Zionisten waren stets bemüht, die Wissenschaftlichkeit ihres Werks herauszustellen. Wissenschaft sollte, wie Moshe Prywes in den frühen 1960er Jahren retrospektiv über die Hebräische Universität schrieb, die Juden von ihrem Galut-Status als Parias befreien, den jüdischen Geist stärken und nicht nur wissenschaftlich, sondern auch moralisch erbauen. Die Juden sollten nicht mehr von der Gunst der europäischen Akademien abhängig, sondern sich in der Lage sein, den »jüdischen Geist« frei zu entfalten und zudem geistige Orientierung und moralische Inspiration für die Erbauer des neuen Zions geben.[22] Dass der Urweizen zum Glücksfund wurde, lag also nicht nur an dem freudigen Zusammenspiel von Entdecker, Territorium und Zeitpunkt, sondern auch am Willen der Zionisten, dem Jischuw ein wissenschaftliches Antlitz zu geben.

5.3 Die Suche nach dem Urweizen: Eine Kooperation zwischen Berlin und Palästina

An der Entdeckung des Urweizens war nicht nur Aaronsohn beteiligt. Die Fahndung nach dem Getreide war ein gemeinsames Vorhaben zwischen Berlin und Sichron Jaakow: Eine dreiköpfige Gruppe prominenter deutscher Botaniker um Otto Warburg schickte Aaronsohn auf die Suche: Georg Schweinfurth, Paul Ascherson und Otto Warburg. Die Initiative ging von Warburg aus, wie wir aus einem Bericht von Schweinfurth erfahren.[23] Für die Zeitgenossen war der Afrikaforscher und Botaniker Georg Schweinfurth (1836–1925) das prominenteste und auch schillerndste Mitglied der Gruppe. Dieser legendenumwobene Mann war im letzten Drittel des 19. Jahrhunderts als Entdecker von »Kannibalen«- und

[21] In einem Brief an Warburg schreibt Aaronsohn zur Übernahme wissenschaftlicher Praktiken aus Europa und Nordafrika: »Seule la botanique nous permet des comparaisons et des conclusions larges et cependant sûres.« Vgl. Aaron Aaronsohn an Otto Warburg, Beit Aaronsohn (24.04.1909), 2.

[22] Prywes, Biological Research, 18.

[23] Georg Schweinfurth, »Über die von A. Aaronsohn ausgeführten Nachforschungen nach dem wilden Emmer«, *Berichte der deutschen Botanischen Gesellschaft* (1908), 309–324, 309 (= Schweinfurth, Emmer).

»Zwergstämmen« in die Geschichtsbücher eingegangen.[24] Auch der Botaniker (und konvertierte Jude) Paul Friedrich August Ascherson (1834–1913) wirkte mit bei der Entsendung des damals noch gänzlich unbekannten jüdischen Agronomen Aaronsohn nach Palästina. Der Urweizen, auch *Wilder Weizen* oder *Emmer,* botanisch *Triticum dicoccum* genannt, wurde im Fruchtbaren Halbmond vermutet.[25] Vermutlich geht die Tatsache, dass in diesem Gebiet gesucht wurde, auf Schweinfurth zurück, der auch Ägyptologe war und den Ursprung der Pflanzenkultivierung in jener Region vermutete.

Die Berliner Gruppe stattete Aaronsohn mit »botanischen Winken und Ratschlägen«[26] aus und stellte für ihn eine Liste von Pflanzen zusammen, nach denen er suchen sollte; dies berichtete Aaronsohn in einer späteren Korrespondenz[27] mit Körnicke, (1828–1908), dem »Altmeister der Zerealienkunde«[28].

Wieso war der Urweizen für die Berliner Gruppe überhaupt von Interesse? Zur Klärung dieser Frage muss kurz die Vorgeschichte der Expedition betrachtet werden. Im Jahr 1855 hatte der österreichische Botaniker Theodor Kotschy (1813–1866) ein einzelnes Exemplar dieser Pflanze am Hang des Berg Hermon gefunden. 1873 wurde Friedrich Körnicke auf das im Wiener Herbarium konservierte Exemplar aufmerksam und erklärte es »in einer sehr kurze[n] Mitteilung«[29] zur Stammform des Kulturweizens.[30] Für diese Kategorisierung war die leicht zerbrechliche Ährenspindel und der feste Verschluss der Samenkörner durch die Spelzen ausschlaggebend[31] – jene Teile des Weizens, die durch Kultivierung im Laufe der Jahrtausende modifiziert worden sind.

Doch wurde Körnickes Spekulation kaum beachtet,[32] da das einzige vorhandene Exemplar nicht nur als wilder Ahn, sondern ebenso als verwilderter Zivilisationsflüchtling gedeutet werden konnte. Auch die Region, in der der vermeintliche

---

[24] Georg Schweinfurth, *Im Herzen von Afrika*, Leipzig 1874 (= Schweinfurth, Afrika). Vgl. auch Bernhard Ankermann, »Georg Schweinfurth und die Völkerkunde«, *Die Naturwissenschaften. Organ der Gesellschaft Deutscher Naturforscher und Ärzte* (1926), 565–568.

[25] Seit Mitte des 19. Jahrhunderts ließen die Kolonialmächte systematisch nach ökonomisch verwertbaren wilden Pflanzen suchen. Üblicherweise waren das Gewächse wie Kautschuk, Kaffee oder Sisal. Headrick, Tentacles, 211.

[26] Schweinfurth, Emmer, 309.

[27] Aaron Aaronsohn an Friedrich Körnicke, Beit Aaronsohn (28.03.1907), 1.

[28] Georg Schweinfurth, »Die Entdeckung des wilden Urweizens in Palästina«, *Königlich privilegierte Berlinische Zeitung von Staats- und gelehrten Sachen* 442 (21.09.1906), o. S. (= Schweinfurth, Entdeckung 1).

[29] August Schulz, *Die Geschichte der kultivierten Getreide*, Halle a. d. S. 1913, 12f (= Schulz, Getreide).

[30] Friedrich J. Zeller, »Wildemmer (Triticum turgidum ssp. dicoccoides): seine Entdeckung und Bedeutung für die Weizenzüchtung«, *Mitteilungen der Gesellschaft für Pflanzenbauwissenschaften 20 und Vorträge für Pflanzenzüchtung* (2008), 123–127, 124.

[31] Aaron Aaronsohn, »Über die in Palästina und Syrien wildwachsend aufgefundenen Getreidearten«, *Verhandlungen der k. k. zoologisch-botanischen Gesellschaft in Wien* 59 (1909), 485–509, 488 (= Aaronsohn, Getreidearten).

[32] Schulz, Getreide, 12 f.

Urweizen gesucht wurde, bewies dessen historische Rolle nicht stichhaltig. Der Ursprung des Getreideanbaus war bis zu Beginn des 20. Jahrhunderts nicht abschließend geklärt – auch die Herkunft aus dem geographischen Norden statt aus dem Fruchtbaren Halbmond war für die Zeitgenossen denkbar.[33] Erst Aaronsohns Fund 1906 sollte beweisen, dass wir »dem Osten unser Brot« verdanken.[34]

Das Interesse am Urweizen um 1900 war in eine breite gesellschaftliche Debatte eingebettet, die weiter unten nachgezeichnet wird.[35] Zunächst soll die Geschichte des Fundes rekapituliert werden, um diese in einen breiteren Kontext aus wissenschaftsinternen und disziplinären Konkurrenzen um Weltdeutungsmonopole einordnen zu können. Danach wird gezeigt, wie Aaronsohns Weizen nicht nur dem jungen Jischuw als ideologisches Rüstzeug dienen konnte, sondern auch praktische Hoffnungen schürte.

5.3.1 Aaronsohn findet, Schweinfurth interpretiert

Aaronsohns Rolle war zunächst auf die eines lokalen Sammlers in Palästina beschränkt. Die wissenschaftliche Interpretation wurde den wissenschaftlichen Koryphäen überlassen. Die erste Beschreibung des Urweizens stammte von Schweinfurth und wurde in *Palästina* veröffentlicht.[36] Wir erfahren hier, dass Aaronsohn zunächst nach der Pflanze in Gebieten gesucht hatte, die ihm von den Berliner Botanikern als vielversprechend nahegelegt worden waren. Er fand den Urweizen dann durch Zufall, als er sich in einem Weingarten in Rosch-Pinah von der anstrengenden Suche erholte. Dort, Schweinfurth zitierte hier Aaronsohn,

> gewahrte er nämlich inmitten der Weingärten dieser Kolonie in der Spalte eines Kalkfelsens eine Pflanze, die ganz wie eine Getreidepflanze aussah und sich bei näherer Betrachtung als eine Triticum-(Weizen-)art erwies, deren Spindel brüchig war und deren reife Aehrchen sich bei der geringsten Erschütterung lockerten.[37] Dies waren die Eigenschaften, durch welche sich die wilden Formen auch anderer Getreidearten von den kultivierten Formen vor allem unterscheiden.[38]

Mit diesem Exemplar vor Augen konnte Aaronsohn nun auch anderenortes diese Form des Weizens aufspüren. Mit einem besonders wohl geformten Exemplar

[33] Ludwig Geisenheyner, »Von der Wanderlust der Pflanzen«, *Gartenflora. Zeitschrift für Garten- und Blumenkunde* 67 (1918), 319–324, 322.

[34] Ebd.

[35] Vgl. auch Kärin Nickelsen/Dana von Suffrin, »Die Pflanzen, der Zionismus und die Politik: Aaron Aaronsohn auf der Suche nach dem Urweizen«, *Münchner Beiträge zur jüdischen Geschichte und Kultur* 8 (2014), 48–65.

[36] o. A., »Wildwachsende Getreidearten in Palästina und Syrien«, *Palästina* 8 (1911), 24–25 (= O. A., Getreidearten).

[37] Lockere Spelzen sind ein Hinweis auf Wildpflanzen; erst durch die Selektion in Folge der Inkulturnahme einer Pflanze bleiben die Ähren mit den Körnern bis zur Ernte zusammen. Hansjörg Küster, *Am Anfang war das Korn.* Eine andere Geschichte der Menschheit, München 2013, 55 (= Küster, Korn).

[38] O. A., Getreidearten, 24.

aus Rosch-Pinah sowie vielen weiteren aus der Nähe von Raschaya und vom Berg Hermon kehrte er schließlich zurück.

Die Begeisterung über die Pflanze, die Aaronsohn gefunden hatte, war groß. Schweinfurth zeigte sich sehr erleichtert, dass das »Indigenat des Urweizens« offensichtlich endgültig geklärt war. Für ihn war der Fund »von keiner während unserer Lebzeiten gemachten Entdeckung« zu übertreffen. Der Weizen war für ihn nicht irgendeine Pflanze, sondern die, welche die größte Bedeutung für die Menschheit hatte.[39] Auch Körnicke, so zitierte Aaronsohn, war von dem Fund sehr angetan und ließ ein begeistertes »hourra« vernehmen.[40]

Doch die wissenschaftliche Untersuchung der vielversprechenden Entdeckung stand noch aus. Aaronsohn schickte seinen Fund nach Berlin, um die Pflanze von Körnicke und Schweinfurth untersuchen zu lassen; nicht zuletzt, weil ihm vor Ort einerseits die nötige Fachliteratur fehlte und ihm andererseits keine botanischen Vergleichsexemplare zur sicheren Bestimmung vorlagen.[41] Aaronsohn hatte kaum Möglichkeiten, seinen Fund in Palästina zu diskutieren und sich darüber auszutauschen, wie sein Biograph Eliezer Livneh erklärt: »Wie konnte er sich ausbilden lassen, seine Funde untersuchen, seine Definitionen abklären, seine Annahmen beweisen – er war doch der einzige [Botaniker] in Israel [...].«[42] In einem Brief an Körnicke beklagte Aaronsohn genau diese Umstände: In Palästina gebe es keine Bibliothek, so dass er jedes Buch und jedes einfache Instrument aus dem Ausland bestellen musse. Zudem sei er darauf angewiesen, sich stets umständlich und langwierig mit Botanikern aus Montpellier zu beratschlagen,[43] wohin Aaronsohn Kontakte hatte; schließlich sei er in Besitz des einzigen Herbariums »von einigem Wert«[44] in ganz Palästina und könne sich deswegen innerhalb der Region nicht austauschen.

Doch nicht nur praktische Schwierigkeiten machten Aaronsohn zu schaffen. Aaronsohn, der keine formale botanische Ausbildung hatte, musste den akademischen Konventionen entsprechend seinen Fund erst durch wissenschaftliche Autoritäten bestätigen lassen.[45]

---

[39] Schweinfurth, Emmer, 310.

[40] Georg Schweinfurth an Aaron Aaronsohn, Beit Aaronsohn (28.08.1906), 1.

[41] Aaron Aaronsohn an Friedrich Körnicke, Beit Aaronsohn (28.03.1907), 1 f.

[42] Eliezer Livneh, *Aaron Aaronsohn, his Life and Time* [hebr.], Jerusalem 1969, 92 (= Livneh, Aaronsohn).

[43] Damit meinte Aaronsohn wohl den Botaniker Charles Flauhalt (1852–1935).

[44] Aaron Aaronsohn an Friedrich Körnicke, Beit Aaronsohn (38.03.1907). Vavilov berichtet von einem sehr bedeutenden Herbarium in Beirut, das auf den Jesuitenpater Bouloumou zurückging. Vavilov fand es allerdings in desolatem Zustand vor. Ihm zufolge war es einst das beste Herbarium der reichen syrischen Flora. Nicolay Ivanovich Vavilov, *Five Continents*, Rome/Virginia et al. 1997, 81 (= Vavilov, Continents).

[45] Katz, Wings, 10. Shaul Katz verweist an dieser Stelle auf die Deutungsmacht kolonialer Denkmuster und Perspektiven, die dazu führen, dass zwischen Zentrum und Peripherie hierarchisiert wird. Katz bezieht sich dabei auf folgenden bedeutenden, aber auch umstrittenen Aufsatz: George Basalla, »The Spread of Western Science«, *Science* 156 (1967), 611–622.

So kam Aaronsohn zunächst in der Debatte um den Urweizen nur als Entdecker vor, nicht aber als Interpret. Die Berliner Botaniker sorgten dafür, dass der Urweizenfund öffentlich diskutiert wurde. Aaronsohn sollte erst etwas später die Implikationen des Urweizens für den Zionismus nutzen. Innerhalb kurzer Zeit wurde seine Entdeckung in einer breiten wissenschaftlichen Öffentlichkeit diskutiert, und zahlreiche bedeutende Naturwissenschaftler trugen zur Interpretation bei, vor allem Schweinfurth.[46]

Schweinfurth erweiterte die Rezipientenschaft und publizierte in zionistischen Fachjournalen,[47] aber auch in der *Vossischen Zeitung* über den Urweizen. Diesen Bericht des »berühmten greisen Gelehrten in der sonst antizionistischen Zeitung« fand Otto Warburg besonders erwähnenswert.[48] Es war dann auch Schweinfurth, der Aaronsohns Fund nicht nur in seiner Bedeutung richtig eingeschätzt hatte, sondern auch die Benennung der Art als *T. dicoccoides Körnicke* beschloss, wie die Kulturpflanzenforscherin Elisabeth Schiemann berichtet.[49] Aaronsohn fügte später zusätzliche Exemplare und Daten über Verbreitung und Variabilität der Pflanze hinzu.[50] Aber wieso fand sich Schweinfurth – und bald daraufhin viele weitere Forscher – wegen einer Ähre in helle Aufregung versetzt?

5.3.2 Schweinfurths sprechende Pflanzen

Die Aufregung um den Urweizen wird verständlich, wenn man die Figur Georg Schweinfurth genauer betrachtet. Der letzte »Polyhistor humboldter Prägung«, wie es in einem wissenschaftlichen Nachruf hieß, war mit einer Vielzahl naturwissenschaftlicher Disziplinen vertraut, aber auch mit Ethnologie, Linguistik, Kulturgeschichte, Vorgeschichte und Archäologie.[51] Obwohl er vor allem durch die Entdeckung der »Pygmäen« bekannt wurde, schlug sein Herz für eine andere Disziplin: Schweinfurth verstand sich in erster Linie als Botaniker. Darüber

---

[46] Georg Schweinfurth, »Über die Bedeutung der ›Kulturgeschichte‹«, in: Freie Vereinigung für Pflanzengeographie und Systematische Botanik (Hg.), *Bericht über die Zusammenkunft der Freien Vereinigung für Pflanzengeographie und Systematische Botanik* 1910, 28–38, 31 (= Schweinfurth, Kulturgeschichte).

[47] Georg Schweinfurth, »Die Entdeckung des wilden Urweizens in Palästina«, *Altneuland. Monatsschrift für die wirtschaftliche Erschließung Palästinas* 3 (1906), 266–275 (= Schweinfurth, Entdeckung 2).

[48] Otto Warburg an David Wolffsohn, CZA, Z2/630 (23.10.1906). Schweinfurth scheint sonst keine besonderen Sympathien für den Zionismus gehegt zu haben. An Blanckenhorn schrieb er etwa, dass er die Einrichtung der Hebräischen Universität vor allem wegen der Schaffung einer »Kunstsprache«, des Hebräischen, für unnütz hielt. Georg Schweinfurth an Max Blanckenhorn, Historische Sammlungen der Universitätsbibliothek Freiburg, NL5/337 (20.07.1919).

[49] Elisabeth Schiemann, *Weizen, Roggen, Gerste. Systematik, Geschichte und Verwendung*, Jena 1948, 14.

[50] Katz, Wings, 10.

[51] W. Busse, »Georg Schweinfurth«, *Berichte der deutschen Botanischen Gesellschaft* (1925), 74–112, 74 (= Busse, Schweinfurth).

hinaus war er ein bedeutender Afrikaforscher, der ab den 1860er Jahren den Kontinent im Auftrag der privaten Humboldt-Stiftung bereiste. Im Anschluss an eine Notiz über seine erste Afrikareise von 1863 bemerkte er:

Der einzige Zweck, den ich unablässig verfolgte, die botanische Erforschung dieser Länder, gestaltete sich immer mehr zur Aufgabe meines Lebens. [...] Wer die harmlose Habgier des Pflanzenjägers kennt, wird begreifen, wie diese Studien, in der Zeit zwischen der ersten und der zweiten Reise, in mir nur das Verlangen nach neuer Beute wachrufen mußten; harrte doch noch der bei weitem größte Teil des Nilgebiets, die geheimnisvolle Flora seiner südlichsten Zuflüsse, der botanischen Erforschung.[52]

Schweinfurth hatte also eine Affinität zur Botanik, die sich in nicht zu stillendem Wissenshunger und Sammelwut manifestierte. Zwar kam in seinem Hauptwerk *Im Herzen von Afrika*[53] die Flora des Kontinents recht kurz, denn Schweinfurth konzentrierte sich auf die anthropologischen Aspekte der Reise. Trotzdem blieben Pflanzen Schweinfurths Hauptinteresse. Besonders die Kulturpflanzen hatten es ihm angetan, ihnen widmete Schweinfurth vor allem gegen Ende seines langen Lebens viel Aufmerksamkeit.[54] Dies äußerte sich während Schweinfurths Karriere auch in seiner wissenschaftlichen Praxis: Seine Forschungen waren nicht »Produkte der Studierstube«, sondern fußten vielmehr auf »fortgesetzten Beobachtungen in der freien Natur, also auf dem Kontakt mit der lebenden Pflanze und auf der eigenen Untersuchung der Denkmaler der Vergangenheit«. Eine rein »theoretisch-konstruktiv[e] Untersuchung von Naturphänomenen« lehnte er einem Nachruf zufolge ab.[55]

Für Schweinfurth waren Pflanzen nicht nur botanische oder agronomische Objekte – ihr kulturhistorischer Wert war ihm gleichfalls bewusst. Er betrachtete Pflanzen als Reste alter Kulturen, deren Geschichte man entschlüsseln konnte: »Man suchte die Enthüllung der Geschichte vorherrschend in der Unterwelt, während doch auf der Erdoberfläche die Saaten reifen, wo jede Ähre in sich den Nachweis für Jahrtausende darbieten könnte.«[56] Mit »Unterwelt« verwies Schweinfurth sowohl auf die Welt der Mythen und antiken Überlieferungen als auch auf die archäologische Praxis der Ausgrabung, bei der Schicht um Schicht unsere Vorgeschichte enthüllt werden sollte. Denn: »Es hat Völker gegeben, die keinerlei Denkmäler hinterließen, keinen beschriebenen Stein; aber wo Steine schweigen, da haben Pflanzen geredet.«[57]

Schweinfurths Interesse am Urweizen kam demzufolge nicht von ungefähr. Mit dieser Pflanze war er wohl spätestens vertraut, nachdem er sich mit den

---

[52] Schweinfurth, Afrika, 4.

[53] Ebd.

[54] Elisabeth Schiemann, »Georg Schweinfurths Bedeutung für die Kulturpflanzenforschung«, *Der Züchter* (1938), 18–21, 20.

[55] Busse, Schweinfurth, 96.

[56] Ebd., 98.

[57] Ebd., 96.

Forschungen des österreichischen Botanikers Kotschy auseinandergesetzt hatte. Er veröffentlichte 1868 ein Buch, in dem er wenig und überhaupt nicht bekannte Pflanzenfunde, die Kotschy in Afrika gesammelt hatte, kommentierte und abbilden ließ.[58] Der Urweizen wurde in diesem Band nicht thematisiert, aber es ist unwahrscheinlich, dass jemandem, der sich in so hohem Maße für die Geschichte der Kulturpflanzen interessierte, Kotschys Fund von 1855 und Körnickes Notiz aus den 1870er Jahren unbekannt waren.

Schweinfurths Interesse wurde spätestens durch Aaronsohns Wiederentdeckung entflammt. Er betonte, dass er sich mit dem »Nestor der Getreidekunde«, Körnicke, in zahlreichen Briefen über den Ursprung des Weizens austauschte – der Kulturweizen war eigener Aussage zufolge der »Hauptgegenstand« Schweinfurths.[59] In seinen Augen war die Geschichte des Urweizens die »wichtigste aller Geschichtsfragen«.[60] Seiner Analogie von der Bedeutung der Pflanzen für die Geschichte des Menschen folgend, war der Urweizen nicht nur für die Erforschung der Pflanzengeographie bedeutend, sondern direkt mit der Kulturgeschichte der Menschheit verknüpft. Der Urweizen war ein Hinweis auf den ältesten Triumph der Kultur über die Natur.

Die Logik hinter dieser Überlegung war folgendermaßen: Die ersten Menschen, die das »vornehmst[e] Symbol der menschlichen Kultur«[61] anbauten, seien zugleich diejenigen, die die Zivilisation begründeten.[62] Schweinfurth war sich sicher,

> daß botanisch gesicherte Tatsachen unter Umständen mehr Wert beanspruchen können als undeutliche Inschriften und die häufigen Mißdeutungen unterliegenden Texte alter Autoren. [...] [D]enn die Pflanzenarten, wenn auch verhältnismäßig selten als Petrefakte dem Felsen für ewig eingeprägt, sind oft doch von sehr dauernder Beständigkeit, und selbst die dem Fleiße des Menschen ihr Dasein verdankenden Formen gehen in vielen Fällen weit über die Grenzen der geschichtlichen Zeit hinaus, bezeugen gewöhnlich also ein höheres Alter als das geschriebene Wort.[63]

Schweinfurth wollte mit seinen Überlegungen eine Debatte über das epistemische Potential wissenschaftlicher Disziplinen anstoßen. Er beschäftigte sich schon als junger Mann mit dem Verhältnis von Natur- und Geisteswissenschaften und war seit Studentenzeiten versucht, den Naturwissenschaften eine Vorreiterrolle zu geben. Schon während des Studiums weigerte er sich angeblich,

---

[58] Georg Schweinfurth, *Beschreibung und Abbildung einer Anzahl unbeschriebener oder wenig gekannter Pflanzenarten, welche Theodor Kotschy auf seinen Reisen in den Jahren 1837 bis 1839 als Begleiter Joseph's von Russegger in den südlich von Kordofan und oberhalb Fesoglu gelegenen Bergen der freien Neger gesammelt hat*, Berlin 1868.

[59] Schweinfurth, Emmer, 309.

[60] Ebd., 310.

[61] Schweinfurth, Entdeckung 2, 268.

[62] Übrigens eine These, die auch in aktuellerer Forschung noch herangezogen wird: Simcha Lev-Yadun/Avi Gopher/Shahal Abbo, »The Cradle of Agriculture«, *Science* 288 (2000), 1602 f.

[63] Schweinfurth, Kulturgeschichte, 28.

sich in Philosophie prüfen zu lassen, weil er nur die Naturwissenschaften als wissenschaftlich anerkannte.[64] Schweinfurth und die anderen Berliner Botaniker wie Ascherson und Körnicke wollten mit ihrer Arbeit die Bedeutung der Botanik gegenüber anderen Disziplinen betonen.

So sind Schweinfurths Polemiken gegen wissenschaftliche Disziplinen auch im Kontext von deren Konkurrenz untereinander zu verstehen. Er kritisierte jene Disziplinen, die bisher kulturhistorisch das Deutungsmonopol innehatten. Dies waren in erster Linie Philologie, Geschichte und Archäologie.[65] Obwohl auch »zum Teil hoch gefeierte Gelehrte« den Ursprung der Kulturpflanzen behandelten, waren sie, so Schweinfurth, nicht in der Lage, damit verknüpfte Fragen abschließend zu klären. Schweinfurth beklagte, dass dies vermutlich am »mangelnde[n] Zusammenwirken der einzelnen Disziplinen« lag.[66] Das Problem war also auf beiden Seiten zu suchen. Weder die Geisteswissenschaftler noch die Naturwissenschaftler gingen in ausreichendem Maße aufeinander ein. Letztere vernachlässigten, so Schweinfurth, die historischen Forschungen und die altklassische Literatur, etwa in der »Erdbeschreibung«, also in der Geographie. »In früheren Zeiten holten sich Sprachforscher, Historiker und Geographen bei den Botanikern Rat, heute vermeidet selbst innerhalb einzelner Disziplinen der spezielle Fachmann, Belehrung zu holen bei dem Nachbar auf wissenschaftlichem Gebiet, und manch dem erschient ein solches Aushorchen« als der individuell-selbstständigen Forschung unwürdig. Resultat sei, so lautete Schweinfurths bedauerndes Fazit, »wissenschaftliches Banausentum«.[67]

Um die Lösung zur Frage nach dem Ursprung der Kulturpflanzen zu finden, forderte Schweinfurth ein interdisziplinäres Vorgehen, bei dem Botaniker, Geographen, Historiker, Archäologen und Philologen kooperieren sollten. Trotzdem war Schweinfurth der Ansicht, dass die Naturwissenschaftler gegenüber den Geisteswissenschaftlern ein Vorrecht hatten: Sie sollten dank genauester »Beobachtungen am Standort und Sammlung vollständiger Belege« dafür sorgen, Formen und Wildzustand der Kulturgetreide genau zu definieren. Sie arbeiteten in den Augen Schweinfurths exakt und waren deswegen in der Lage, klare Antworten auf die Frage nach dem Ursprung zu geben.[68] Schweinfurth agierte am

---

[64] Vgl. Cornelia Essner, *Deutsche Afrikareisende im neunzehnten Jahrhundert. Zur Sozialgeschichte des Reisens* (Beiträge zur Kolonial- und Überseegeschichte Bd. 32), Stuttgart 1985, 82. Fiedler, Afrikadiskurs, 98, FN 265. Vgl. auch Christoph Gradmann, »Naturwissenschaft, Kulturgeschichte und Bildungsbegriff bei Emil du Bois-Reymond. Anmerkungen zu einer Sozialgeschichte der Ideen des deutschen Bildungsbürgertums in der Reichsgründungszeit«, *Tractrix* (1993), 1–16, 4 f.

[65] Forscher der klassischen Sprachen und Interpreten klassischer mythologischer und historischer Texte genossen seit dem 18. Jahrhundert hohes wissenschaftliches Ansehen: *Katz, Wings, 8.*

[66] Schweinfurth, Emmer, 310.

[67] Ebd., 311.

[68] H. Harms, »Georg Schweinfurths Forschungen über die Geschichte der Kulturpflanzen«, *Die Naturwissenschaften* 10 (29.12.1922), 1113–1116, 1113.

»Grenzgebiet zwischen Botanik und Geschichte im weitesten Sinne«.[69] Fragen nach der Kultur- und Menschheitsgeschichte ließen sich nur abschließend klären, »wenn, um es mit einem Wort zu sagen, an Stelle der jetzigen Gleichung mit vielen Unbekannten eine vereinfachte Berechnung aller Kulturfaktoren, die dabei mitgewirkt haben, gestattet ist. Diese Faktoren sind in erster Linie Ackerbau, Schrift und Religion.«[70] So wurde eine Pflanze als Signum des Ackerbaus neben Schrift und Religion zu einem gleichwertigen »Faktor« in der Frage nach dem Ursprung der Kultur. Aus heutiger Sicht war der wissenschaftliche Umbruch, der sich durch Schweinfurths Anliegen, Geschichte durch botanische Artefakte zu deuten, ein wichtiger Schritt. Eine 2013 erschienene Monographie des Ökologen Hansjörg Küster beginnt mit den Worten: »Ohne Kulturpflanzen wäre die Geschichte der Menschheit völlig anderes verlaufen. Vielleicht hätte sie gar nicht stattgefunden: Menschen wären Jäger und Sammler geblieben, die sich die Erde nicht untertan gemacht hätten.«[71]

5.3.3 Babel gegen Bibel

Letztlich ging es bei der Rekonstruktion von Geschichte durch botanische Funde um die gleichen Probleme, die die Forscher anderer »Ur-Sachen« wie Urheimat und Ursprache umtrieben: gesellschaftlich relevante Fragen der kulturellen Selbst- und Fremdverortung.[72] Um 1900 wurde das Rätsel des Ursprungs der Kultur und kultureller Errungenschaften hitzig debattiert. Die prominenteste Kontroverse dieser Art war der Babel-Bibel-Streit um die »biblischen Urgeschichten«.[73] Eine kurze Rekapitulation soll helfen, sich in das kulturelle Klima, in dem der Urweizen zur Sensation werden konnte, einzufinden.

Der Babel-Bibel-Streit brach in einem Stadium großer wissenschaftlicher Orient-Begeisterung in Deutschland aus. Im 19. Jahrhundert wurde die Erforschung des Orients immer spektakulärer, vor allem nach der Entzifferung der Keilschrift und des Gilgamesch-Epos. Disziplinen wie die Archäologie, Philologie, Theologie, Ägyptologie und vor allem die Assyriologie widmeten sich der altorientalischen Geschichte. Zu Beginn des 20. Jahrhunderts wurde dieser Forschungszweig explizit in Verbindung gebracht mit dem Alten Testament.[74]

Im Jahre 1902 trug der deutsche Assyriologe Friedrich Delitzsch (1850–1922) in Gegenwart Kaiser Wilhelms II. vor der Deutschen Orient-Gesellschaft die

[69] Ebd., 1116.

[70] Aaronsohn/Schweinfurth, Auffindung, 219.

[71] Küster, Korn, 7.

[72] Katz, Wings, 7.

[73] Friedrich Delitzsch, *Babel und Bibel. Ein Rückblick und Ausblick*, Stuttgart 1904, 24 (= Delitzsch, Babel und Bibel). Vgl. auch Yaacov Shavit, »Babel-Bibel«, in: Dan Diner (Hg.), *Enzyklopädie jüdischer Geschichte und Kultur*, Darmstadt 2011, 224–226.

[74] Sascha Gebauer, Babel-Bibel-Streit, in: *Das wissenschaftliche Portal der deutschen Bibelgesellschaft*, Mai 2015, http://www.bibelwissenschaft.de/stichwort/14345/ (29.10.2918).

These vor, dass sowohl die jüdische Religion als auch das Alte Testament babylonischen Ursprungs seien. Delitzsch betonte, in »wie vielen und mannigfachen Fragen geographischer, geschichtlicher, chronologischer, sprachlicher und archäologischer Art sich Babel als ›Interpret und Illustrator‹ der Bibel, speziell des Alten Testaments bewährt«.[75] Delitzsch wollte zeigen, dass »eine Reihe biblischer Erzählungen jetzt auf einmal in ihrer ursprünglichen Gestalt aus der Nacht der babylonischen Schatzhügel ans Licht treten«.[76] Die Bibel war in den Augen Delitzsch' ein Produkt Babylons. Den Juden sprach Delitzsch so indirekt ihre Einzigartigkeit als Volk ab.[77]

Immer klarer trete, so Delitzsch, die Erkenntnis ans Tageslicht, dass die fünf Bücher Mose Produkt »sehr verschiedenartiger Quellenschriften« seien. Dies sei »wissenschaftlich unerschütterlich«, auch wenn »man gleich diesseits und jenseits des Ozeans die Augen noch gewaltsam dagegen verschliess[e]«.[78] Diese These rief vor allem konservative christliche wie jüdische Kritiker auf den Plan.[79] Delitzsch spitzte daraufhin seine Aussagen noch weiter zu: Die babylonische Kultur sei in sittlicher, kultureller und religiöser Hinsicht der alttestamentlichen sogar überlegen.[80] Er veröffentlichte weitere Schriften zu seiner Rechtfertigung, in denen er etwa die »Läuterung« des christlichen Kanons durch eine Zensur jener Teile vorschlug, die keinen sittlich-religiösen, sondern nur »literarischen Wert« hatten.[81]

Die Debatte, die Delitzsch anstieß, war nicht nur auf einer materiellen Ebene ungeheuer.[82] Delitzsch selbst berichtete im September 1903 von der schieren Anzahl der Publikationen seit seinem ersten Vortrag (und das »nach Ausscheidung alles völlig Wertlosen«): »circa 1350 kleinere und über 300 grosse Zeitungs- und Zeitschriftsartikel, dazu 28 Broschüren«, »eine nicht zu bewältigende Fülle ausländischer Zeitungsausschnitte« sowie zahllose Briefe, darunter auch eine große Anzahl von Schmähbriefen, aus der ganzen Welt.[83] Bibel-Babel hatte »die ganze, für religiöse Dinge sich interessierende Menschheit ergriffen«, obwohl die »christlichen« und »jüdischen«[84] Kritiker einmütig versicherten, dass De-

[75] Delitzsch, Babel und Bibel, 29.

[76] Ders., *Babel und Bibel. Erster Vortrag*, 5. Aufl., Leipzig 1905, 32.

[77] Suzanne L. Marchand, *German Orientalism in the Age of Empire. Religion, Race, and Scholarship*, Washington, D. C./Cambridge/New York 2009, 247 (= Marchand, Orientalism). Später delegitimierte Delitzsch auch den Zionismus, ebd., 248.

[78] Delitzsch, Babel und Bibel, 35.

[79] Eine prominente Antwort eines jüdischen Gelehrten, der Delitzsch' Thesen Innovation absprach: Max Klausner, *Hie Babel – Hie Bibel! Anmerkungen zu des Professors Delitzsch 2. Vortrag über Babel und Bibel*, Berlin 1903.

[80] Vgl. etwa: Delitzsch, Babel und Bibel, 39 f.

[81] Ebd., 37 f. S. auch Friedrich Delitzsch, *Zweiter Vortrag über Babel und Bibel*, Stuttgart 1903.

[82] Explizit zu den jüdischen Reaktionen: Shavit/Eran, Hebrew Bible, 195–255.

[83] Delitzsch, Babel und Bibel, 3.

[84] Diese dürften wohl durch Delitzsch' These, nach der sich der Sabbat auf babylonische Ursprünge zurückführen ließe, verstimmt worden sein: ebd., 27 f. Delitzsch schreibt zudem über das Nordreich

litzsch' Thesen »nichts Neues« seien[85] – die Fakten seien schon vorher auf dem Tisch gewesen. Delitzsch berief sich zunehmend auf antijudaische Argumente[86] und betonte, dass die jüdische Theologie für seine Einsichten blind sei, weil sie »an dem göttlichen und darum kritisch unanfechtbaren Charakter der Thora aus nationalen Gründen« festhielte und sich deswegen wissenschaftlicher Einsicht verweigere.[87]

Bemerkenswert sind für unser Thema an dieser Stelle zwei Befunde: Zum einen wird aus Delitzsch' Argumentation ersichtlich, dass religiöse Argumente zum Zeitpunkt des Disputs, 1903, keine Autorität über wissenschaftliche besitzen sollten. Besonders der dritte, 1904 erschienene Delitzsch-Band zeigt, dass dessen als wissenschaftlich gekennzeichnete Befunde theologisch von allen Seiten attackiert wurden.[88] Argumente, die als wissenschaftlich galten, genossen keine allgemeine Autorität, obgleich sie von Wissenschaftlern wie selbstverständlich als sich kategorisch von religiösen oder theologischen Argumente unterscheidend eingeführt wurden. Wissenschaft siegte nicht automatisch über geoffenbarte Wahrheit. Delitzsch selbst war als Wissenschaftler die Frage, ob Bibel und Babel nun voneinander abhängig waren oder nicht, wie er betonte, »total gleichgiltig«.[89] Der Babel-Bibel-Streit markierte so eine epistemologische Deutungsdebatte um Wissenschaft versus Offenbarung. Darüber hinaus skizziert sie das Spannungsfeld, in dem auch der Urweizen diskutiert wurde. Welche Rolle sollte wissenschaftlichen Funden in Debatten um Selbst- und Fremdverortung zugestanden werden?

Zum anderen wird, obgleich knapp dargelegt, aus dem Delitzsch-Streit deutlich, dass auch Juden sich zur Geschichte zu positionieren hatten. Delitzsch warf der jüdischen Theologie unverhohlene nationale Interessen vor, die er sogar als Ursache ihres Widerwillens gegen seine Babel-Bibel-Logik anführte. Auch wenn Delitzsch in keiner direkten Verbindung zu den Botanischen Zionisten stand, steht er doch stellvertretend für einen gesellschaftlichen Kontext, in dem jüdische Geschichte zunehmend gegen die antike und auch die deutsche Geschichte ausgespielt wurde.[90]

Israel: »Es ist die ruhmlose Geschichte eines politisch wie religiös und sittlich in sich haltlosen Kleinstaates, regiert von Königen, von denen keiner sich über das Durchschnittsmass eines grösseren Beduinenscheichs erhob.« Ebd., 39. Die Geschichte vom Königreich führt Delitzsch als Beispiel für eine nicht offenbarte, sogar moralisch verwerfliche Stelle voller »echt orientalische[r] Bluttaten« an, die aus dem christlichen Kanon verschwinden sollte. Den Wert für die jüdische Tradition erkannte Delitzsch zwar an, ironisierte ihn aber: vgl. ebd., 41.

[85] Ebd., 4.

[86] Delitzsch verstand sich selbst nicht als Antisemiten, er äußerte sich allerdings offen antisemitisch, ebd., 63 f.

[87] Ebd., 6.

[88] Vgl. Shavit/Eran, Hebrew Bible, 256–259.

[89] Delitzsch, Babel und Bibel, 30.

[90] Marchand, Orientalism, 246 f.

5.4 Die kulturhistorische Karriere einer Pflanze

Das kulturelle Klima des Deutschen Reiches um 1900, in dem die Rolle der Naturwissenschaften verhandelt wurde, formte auch den Jischuw. Die Debatte um den Urweizen wäre ein Gelehrtendiskurs über die Erklärungsmonopole wissenschaftlicher Disziplinen geblieben,[91] hätten die Botanischen Zionisten nicht gewusst, aus Aaronsohns Fund ideologisches und praktisches Kapital zu schlagen. Die Zionisten konnten zwar durch den Rekurs auf eine »mission civilisatrice« den Orient heben und dadurch die Besiedlung Palästinas legitimieren; doch ebenso geschickt war es, sich in den kulturgeschichtlichen Debatte um den Ursprung der Zivilisation zu platzieren. *Kultur* und *Zivilisation* waren Sinnbilder europäischen Selbstbewusstseins.[92] Die damit verknüpften Debatten, die den Versuch europäischer Nationen und Gruppen darstellten, im Wettstreit um kulturelle und auch »rassische« Überlegenheit die Oberhand zu gewinnen, waren für die Zeitgenossen legitime wissenschaftliche Dispute. Die aus dem Präfix Ur- konstruierte Genealogie sollte durch Bezug auf Urheimat und Rasse kulturelle Superiorität bezeugen und schloss damit eine Wertung ein.[93] Völkische Denker etwa vertraten die Idee, dass die germanisch-nordische Rasse in ihrer kulturellen Leistungsfähigkeit anderen Rassen überlegen sei. Nach dieser germanozentrischen Geschichtsauffassung waren es die Germanen, die als Kulturträger die Weltgeschichte bestimmt hatten.[94]

Die Suche nach den nationalen Ursprüngen wurde von einigen wissenschaftlichen Disziplinen wie der Archäologie oder der Philologie unterstützt. Auch sie thematisierten die jüdische Rolle in der Kulturgeschichte. So sprach der Ingenieur Ernst Hiller 1910 vor der *Gesellschaft für Palästina-Forschung* von der Bedeutung archäologischer Forschung für das Judentum:

> Das Interesse der ganzen Kulturwelt hat sich seit einigen Jahrzehnten auf den Osten gelenkt, die Wiege jener Weltanschauung, die Bedeutung für die ganze Welt gewann. Es ist selbstverständlich, dass das jüdische Volk von diesen Forschungen nicht unberührt bleibt und daß es einen warmherzigen Anteil nimmt an allen Arbeiten und Entdeckungen, die ihm Wahrheiten aus seiner Geschichte enthüllen. Denn diese haben nicht nur ein sensationelles Interesse – nein – diese Wahrheiten, die der Forscher aus Schutthügeln scharrt, geben gerade dem Juden immer mehr das Recht, sein Volk als dasjenige zu betrachten, dessen Geisteskultur der Mutterboden für die gesamte moderne Ethik wurde.[95]

---

[91] Vgl. Wolfgang J. Mommsen, »Kultur und Wissenschaft im kulturellen System des Wilhelmismus. Die Entzauberung der Welt durch Wissenschaft und ihre Verzauberung durch Kunst und Wissenschaft«, in: Rüdiger vom Bruch/Friedrich Wilhelm Graf/Gangolf Hübinger (Hgg.), *Kultur und Kulturwissenschaften um 1900. Idealismus und Positivismus*, Stuttgart 1995, 24–40.

[92] Fisch, Zivilisation, 680.

[93] Ingo Wiwjorra, »Völkische Konzepte des Aristokratischen«, in: Eckart Conze/Wencke Meteling/Jörg Schuster/Jochen Strobel (Hgg.), *Aristokratismus und Moderne. Adel als politisches und kulturelles Konzept, 1890–1945,* Köln 2013, 298–318 (= Wiwjorra, Konzepte).

[94] Ebd., 302.

[95] Ernst Hiller, *Die archäologische Erforschung Palästinas. Vortrag, gehalten am 12. Dezember 1910*, Wien 1910, 1. Vgl. auch Kirchhoff, Palästina, 19.

Hiller betonte also die jüdische Rolle in der Kulturgeschichte. Dass der Nahe Osten angeblich die Wiege der Zivilisation war, sollte den Juden zum Vorteil gereichen.

Juden waren in Hillers Text zwar eher Objekte als Subjekte der Forschung, die allemal »warmherzigen Anteil« an dieser nehmen konnten. Doch gestand ihnen Hiller zu, dass ihre Geschichte eng verknüpft sei mit den Ursprüngen der Zivilisation. Die Historikerin Nadja Abu El-Haj demonstriert, welche Rolle die Archäologie im Kontext des Zionismus gespielt hat, indem diese Disziplin dafür sorgte, Evidenz für die Beschaffenheit des alten Israels und jüdische Präsenz in Eretz Israel zu produzieren und so durch empirisches Wissen den Ursprungsmythos der modernen Nation festigen konnte.[96] Franziska Torma beschreibt archäologische Deutungspraktiken als »kolonial[e] Allmachtsfantasien, über Zeit und Geschichte verfügen zu können«.[97] Dieses Zitat zu den deutschen archäologischen Expeditionen nach Turkestan[98] beschreibt eine mögliche Rolle von Wissenschaft im imperialen Kontext. Die Archäologie war laut Torma eines der »kulturimperialistischen Prestigeobjekte«.[99] Sie sollte nicht nur helfen, die Vergangenheit zu rekonstruieren, sondern auch den Deutschen zu einem ersten Platz im Wettlauf um das antike Wissen verhelfen. Eine ähnliche Rolle sollte die Botanik für sich beanspruchen, denn die Suche nach Getreide stand bis dato noch nicht auf der Agenda all jener, die versuchten, die Urgeschichte zu rekonstruieren.

Aaronsohn war es nicht nur gelungen, ein kulturgeschichtlich hochrelevantes, botanisches Objekt zu finden. Der Urweizen sollte als »botanische gesicherte Tatsach[e]«[100] den Ursprung der Zivilisation auf dem Boden Palästinas nachweisen.[101] Die beiden Ebenen Botanik und Kulturgeschichte wurden schon in

---

[96] Abu El-Haj, Facts, 3.

[97] Torma, Kulturgeschichte, 64.

[98] Auch Aaronsohn wollte die Suche nach dem Urweizen nach Turkestan ausdehnen. Offenbar kam diese Reise aus finanziellen Gründen nicht zustande. Aaron Aaronsohn an David Fairchild, Beit Aaronsohn (20.06.1911). Den Nutzen einer solchen Reise konnte er dem amerikanischen Botaniker Fairchild gegenüber offenbar nicht explizit zu benennen: »[A]i-je besoin d'insister auprès des vous sur les horizons nouveaux que la decouverte du blé sauvage en Turkestan part example nous ouvrirait [Fehler im Original]?« Ebd., 4. Ein Empfehlungsschreiben, um das Aaronsohn Schweinfurth gebeten hatte, erläuterte diesen »Nutzen«. Schweinfurth schrieb an Daniel Gilmann, den Präsidenten des Carnegie Institute, Washington: Die Erforschung Vorderasiens würde »ebenso grossen Ruhm für ihn selbst wie Ehre für das Institut, auch dauernden Gewinn nicht allein für die Wissenschaft, sondern auch für den weiteren Fortschritt der Landwirtschaft von Amerika« bringen. Georg Schweinfurth an Daniel Gilmann, Beit Aaronsohn (06.10.1909), 1.

[99] Für eine aktuelle Debatte sind im *Biblical Archeology Society Online Archive* zahlreiche Artikel einsehbar: http://members.bib-arch.org/collections-temple.asp?mqsc=E3854204&utm_source=WhatCountsEmail&utm_medium=BHDLibrary%20Explorer%20Newsletter&utm_campaign=E6LO20 (29.10.2018). Oft wird in den Artikeln der symbolische und reale Besitz des Jerusalemer Tempelberges, den Anhänger aller drei monotheistischer Religionen für sich beanspruchen, diskutiert.

[100] Schweinfurth, Kulturgeschichte, 29.

[101] Dies freilich lange vor den Israeliten, man vermutet, dass Getreide seit 10- oder 11.000 Jahren kultiviert werden. Küster, Korn, 53.

dem Namen des Getreides verbunden – *Ur-* stand hierbei für eine lang zurückreichende Genealogie, der zufolge alle Weizenarten von dieser einen abstammten. Die Geschichte des Begriffes »Urweizen« ist indes unklar. Im Wörterbuch der Gebrüder Grimm und den gängigen Konversationslexika taucht der Begriff nicht auf, vermutlich geht er auf Friedrich Körnicke zurück.[102] Aaronsohn selbst, der den deutschen Wissenschaftlern stets auf Französisch schrieb und dem auf Deutsch geantwortet wurde, benutzte den Begriff Urweizen nicht, sondern die lateinische, linnäische Bezeichnung (Triticum dicoccoides respektive dessen Varianten) oder Übersetzungen. In anderen Sprachen klingt der Name des Weizens weniger archaisch als im Deutschen (hebr.: chitat habar: Wilder Weizen/em ha'chita: Mutter des Weizens, engl.: mother of wheat, frz.: blé sauvage). Der *Urweizen* weckt zudem ein ganzes Konglomerat von Assoziationen wie etwa an die goethesche *Urpflanze* oder den haeckelschen *Urorganismus*. Das Präfix *Ur-* erinnert auch an die zeittypischen deszendenztheoretischen Debatten um einen einheitlichen Ursprung oder mehrere Ursprünge der Arten. Auch die Urzeit wurde in dieser Periode zu Beginn des 20. Jahrhunderts historisch definiert. Wohl waren den Zeitgenossen die Konnotationen des Begriffes viel präsenter als uns heute, denn in der wissenschaftlichen Debatte standen Fragen nach der Urheimat oder der Ursprache der Menschen hoch im Kurs.[103] Mit diesen Diskursen wurde der Urweizen qua seiner Bezeichnung, aber auch durch seine angenommene historische Funktion verbunden: Er war ein kulturgeschichtliches Signum.

Schweinfurth hatte sich, wie oben beschrieben, schon lange vor dem Urweizenfund mit der Frage nach dem Ursprung der Zivilisation auseinandergesetzt, die für ihn aufs Engste mit der Kulturgeschichte der Pflanzen verknüpft war. Im Jahr 1906 schrieb er in einem Aufsatz zur Entdeckung des Urweizens, dass der Weg von Gerste und Weizen nach Ägypten noch nicht habe nachgezeichnet werden können. Sicher stammten, so Schweinfurth, die beiden Getreide aus Babylon, das für die »Protoägypter« kulturelle Lehrmeisterin gewesen sei. Auch die anderen Botaniker, Körnicke, Ascherson und Candolle, stimmten der Deutung zu, dass die Euphratländer die Heimat des Weizens waren.[104]

Im Text erklärte Schweinfurth auch, wie der Schritt von Zerealie zu Zivilisation geschah: In dem Lande, in dem zuerst versucht worden war, »den Weizen aus der freien Natur in den Dienst des Menschen zu stellen«,[105] fanden die ersten zivilisatorischen Entwicklungen hin zu einer sesshaften Gesellschaft statt. Der Urweizen war in den Augen Schweinfurths »theoretisch inzwischen zu dem Range eines Urahns unseres Weizens, dieses vornehmsten Symbols der menschlichen Kultur, emporgerückt«. Die Getreideart, »diese aus grauer Vorzeit in die Gegenwart

[102] Ich bin Shaul Katz (Jerusalem) für diesen Hinweis dankbar.

[103] Léon Poliakov/Margarete Venjakob, *Der arische Mythos. Zu den Quellen von Rassismus und Nationalismus*, Wien et al. 1977, 211–225 (= Poliakov, Mythos).

[104] Schweinfurth, Entdeckung, 268.

[105] Aaronsohn/Schweinfurth, Auffindung, 19.

herübergeflüchtete Reliktform des ältesten Getreidebaues«,[106] wurde auch im Disziplinenstreit zwischen den Geistes- und Naturwissenschaften eingesetzt.

Das »Artenstudium und die Geographie der Pflanzen«[107] sollten für andere Wissenschaften nutzbar gemacht werden und so zeigen, »daß botanisch gesicherte Tatsachen unter Umständen mehr Wert beanspruchen können als undeutliche Inschriften und die häufigen Mißdeutungen unterliegenden Texte alter Autoren«. Analog zur Geologie, die sich erst dank einer naturwissenschaftlichen Intervention, nämlich dem Rückgriff auf die zoologische Paläontologie, »zu einer Wissenschaft ausbauen« ließ, sollten die historischen Wissenschaften »auf den Beistand der Pflanzenkunde« setzen.[108]

Schweinfurths Interpretation des Urweizenfundes wurde von den Botanischen Zionisten bereitwillig aufgegriffen: Er hatte den Urweizen als bedeutenden kulturgeschichtlichen Fund markiert, und auch grundsätzlich die Etablierung botanischer und generell naturwissenschaftlicher Methoden in kulturhistorischen Debatten befürwortet. Seine Ideen waren für die Botanischen Zionisten wichtige Bezugspunkte, wie sich im Folgenden zeigen wird.

5.5 Aaronsohn als (erster) zionistischer Forscher

Aaronsohns Rolle wurde durch Schweinfurth eher gering geschätzt, er war nur der Entdecker, eine Art Sammler, wie Shaul Katz herausgearbeitet hat. So wurde Aaronsohn in einen kolonialen Kontext versetzt: Aus ihm wurde ein provinzieller »Reisender-Sammler«, der im Auftrag der metropolitischen Berliner Botaniker agierte.[109]

Mit dieser Rolle sollte Aaronsohn sich jedoch nicht lange begnügen. Spätestens in seinem 1909 veröffentlichten Bericht »Über die in Palästina und Syrien wildwachsend aufgefundenen Getreidearten«, der in den *Verhandlungen*

---

[106] Ebd., 217. Auch neuere Forschungen betonen die Bedeutung von Zerealien und anderer biologischer Artefakte für die Entwicklungsgeschichte der Menschheit. Die Neolithische Revolution beruhte, so der amerikanische Historiker Albert Crosby, nicht nur auf den Errungenschaften auf den Gebieten der Metallurgie, der Schrift, der Künste und anderen, sondern vor allem auf der »direkten Kontrolle und Ausbeutung der vielen biologischen Arten zu Nutzen und Frommen einer einzigen, des Homo sapiens. Die Menschen begannen, ganze Sektoren ihrer Lebensumwelt zu manipulieren: Weizen, Gerste, Erbsen, Linsen, Esel, Schafe, Schweine und Ziegen sind von den Völkern der Alten Welt vor nunmehr 9000 Jahren zwangsverpflichtet worden.« Noch 1991, dem Jahr, in dem Crosbys Werk zum ökologischen Imperialismus erschien und er die europäische Expansion auf biologische Tatsachen zurückführte, galt die Verbindung von Geistes- und Naturwissenschaften als exzentrisch. Crosby, Früchte, 26.

[107] Schweinfurth, Kulturgeschichte, 29.

[108] Ebd.

[109] Katz, Wings, 10. Vgl. auch Susan Sheets-Pyenson, *Cathedrals of Science. The Development of Colonial Natural History Museums During the Late Nineteenth Century*, Kingston, Ont. 1988, 15 (= Sheets-Pyenson, Cathedrals).

der Zoologisch-Botanischen Gesellschaft in Wien veröffentlicht wurde, profilierte sich Aaronsohn als Forscher. In der Zwischenzeit hatte er Vergleichsmaterial gesammelt und mehr über Morphologie, Taxonomie, Habitat und vor allem das Potential der als Urweizen gedeuteten Pflanze herausgefunden. Nicht nur inszenierte er sich nun als ein ernst zu nehmender Botaniker, der seinen Fund selbst klassifizieren und interpretieren konnte und sich auch nicht daran stieß, etwas gegen die Befunde der wissenschaftlichen Autoritäten einzuwenden. Noch wichtiger war, dass es ihm gelang, den Urweizenfund als dezidiert jüdisch zu interpretieren und ihn in einen Sinnzusammenhang mit dem Projekt der Botanischen Zionisten zu stellen. Deswegen soll Aaronsohns Entdeckung noch einmal genauer betrachtet werden.

Aaronsohns Narrativ begann zwar mit allerlei antiken und zeitgenössischen botanischen Größen, die sich über den Ursprung des Getreides Gedanken gemacht hatten. Der Heros der Erzählung aber war Aaronsohn selbst, denn Körnicke war es nicht gelungen, eine wissenschaftliche Expedition zu veranlassen, obwohl außer Kotschy kein »Botaniker der Neuzeit« die »Urform« des Weizens aufgefunden hatte.[110] Aaronsohn stützte sich bei der Beschreibung der Art auf die von Paul Ascherson und Paul Graebner herausgegebene *Synopsis der mitteleuropäischen Flora* von 1896. Darin wird *Tr. vulgare var. dicoccoides* als in der Gegend um den Hermon vorkommend beschrieben.

Aaronsohn wusste, dass vorherige Botanikergenerationen das Gebiet genau untersucht hatten und niemand den Urweizen dort entdeckt oder erwähnt hatte – auch Aaronsohn selbst fand zunächst »natürlich nichts« und betrachtete das Projekt vorerst als gescheitert.[111] Schweinfurth und Ascherson ließen jedoch nicht locker und kamen »oft auf diese Frage zurück«, so dass Aaronsohn schließlich die Suche nach dem Urweizen von Neuem aufnahm und dann tatsächlich die einzelne Pflanze und später eine große Anzahl von Urweizenpflanzen fand. Die Geschichte des Suchenden, der zufällig dort fündig wird, wo ein besonders schönes Exemplar der gesuchten Art wächst, ist fast zu schön, um wahr zu sein. Auch an dieser Stelle scheint durch, dass Aaronsohns Forscherglück kein Zufall war; vielmehr war er als Jude, Wissenschaftler und Abenteurer dazu prädestiniert, die größten Schätze Palästinas zu finden.

Das Exemplar von Rosch-Pina sollte dann auch, obwohl Aaronsohn bald noch viel mehr Urweizen finden sollte, das schönste seiner Art bleiben: Es hatte »10–12 gut ausgebildete Ähren, bei denen die starken Grannen 14 und sogar 15 cm Länge erreichten« und war 60 cm lang.[112]

Aaronsohn sah sich weiter um und je mehr er suchte, desto mehr Urweizen fand er:

---

[110] Aaronsohn, Getreidearten, 491.
[111] Ebd.
[112] Ebd., 492.

Als ich von der Spitze des Hermon nach Arny, einem kleinen, am Ostabhang gelegenen Dörfchen, herunterstieg, bemerkte ich in 1600–1800m Höhe das Triticum in außerordentlicher Fülle und großem Formenreichtum. Hier hatte die Pflanze bald ganz schwarze Ähren, bald lediglich schwarze Grannen, bald weiße Grannen mit schwarzen Hüllspelzen oder zeigte auch vollständig weiße Färbung. Auch die Art ihrer Behaarung war mannigfaltig und die Form der Hüllspelzen sehr verschieden. Bald zeigten die Hüllspelzen ein ähnliches Aussehen wie bei Tr. vulgare, bald war der Seitenzahn der Hüllspelze derartig entwickelt, daß man unwillkürlich an Tr. monococcum denken mußte. Aber bald wurde die Sache noch verwickelter. Ich hatte das Tr. monococcum var. aegilopoides angetroffen, und ich muß gestehen, daß ich mich nicht mehr auskannte. Ich begnügte mich mit dem Sammeln der Pflanzen und mit dem Aufnotieren des Habitus, des Standortes usw. Nach meiner Rückkehr hatte ich begreiflicherweise nichts Eiligeres zu tun, als meinen Fund meinen Berliner Freunden bekannt zu machen.[113]

Dass Aaronsohn die Suche glückte, war wohl sowohl seiner wissenschaftlichen Neugier und Rastlosigkeit zu verdanken; gleichzeitig aber auch der unbekümmerten Interdisziplinarität seiner Forschung. Agronomie hatte er einige Semester studiert, Botanik war seine Leidenschaft. Der amerikanische Botaniker und Agronom Charles Piper (1867–1926) brachte Aaronsohns Methode auf den Punkt: »As this country was long ago well explored botanically, the question at once arises – why were not these plants found? Aaronsohn offers a humorously simple explanation, namely, that no botanist ever collects a cultivated plant and no agronomist ever looks at a wild one.«[114] Weder Botaniker noch Agronomen suchten nach den ersten kultivierten Pflanzen, weil sie weder für das Herbarium noch für den Acker Nutzen versprachen. Aaronsohn war der Fund als Grenzgänger zwischen den Disziplinen gelungen.

Aaronsohn betonte, dass er seine Entdeckung sofort nach Berlin sandte. Doch im Laufe des Berichtes wird Aaronsohns eigene Position deutlich. Er fügte neue empirische Befunde ein (etwa dass die Gerste schon genauso lange kultiviert werde wie der Weizen und sie von unseren Ahnen gleichermaßen konsumiert worden sei[115]), wobei er betonte, dass es ihm fern liege, sich »in Widerspruch« gegen seinen »Nestor« Körnicke zu stellen – allerdings bestand er auf seinen eigenen Bestimmungen.[116] Aaronsohn hatte nämlich einen unerwarteten Formenreichtum des Urweizens festgestellt, von dem Körnicke erst noch zu überzeugen war.

Dass Aaronsohn zur Autorität für die morphologischen und phytogeographischen Details wurde, zeigen auch seine zahlreichen Korrespondenzen. Er stand sowohl mit dem Geologen Max Blanckenhorn im Austausch, den er von

[113] Ebd., 493.

[114] Charles Vancouver Piper, »Botany and Its Relations to Agricultural Advancement«, *Science* 31 (1910), 889–900, 896.

[115] Aaronsohn, Getreidearten, 495. Das wissenschaftliche Tagebuch jener Tage (1904–1908) wurde posthum von Oppenheimer veröffentlicht: Oppenheimer, Floruala Cisiordanica. Vgl. auch Oppenheimer, Aaronsohn; Hillel Oppenheimer (Hg.), *Wilder und kultivierter Weizen. Aufsätze und Forschungen zum Ursprung des Weizens* [hebr.], Jerusalem 1970.

[116] Aaronsohn, Getreidearten, 496.

gemeinsamen Expeditionen in Palästina kannte, als auch mit dem Leiter des Botanischen Institutes der Universität Genf, Robert Chodat (1865–1934). Auch der berühmte amerikanische Botaniker und Entdecker David Fairchild (1869–1954), der für das *United States Department of Agriculture* (USDA) arbeitete, gehörte zu Aaronsohns Netzwerk.[117]

Der Urweizen war für diese Forscher weniger als kulturwissenschaftliches Faktum denn als botanisches Forschungsobjekt interessant. Aaronsohn ließ Fairchild Urweizen und andere wilde und kultivierte Pflanzen nach Kalifornien senden, um dort Akklimatisierungsversuche zu betreiben.[118] Im Jahr 1910 reiste ein Angehöriger des USDA, Orator Fuller Cook, nach Palästina, um sich von Aaronsohn den Fundort des Urweizens zeigen zu lassen.[119] Theodore Roosevelt empfing Aaronsohn für eine Stunde, um sich über dessen Expeditionen und die Parallelen zwischen Palästina und Kalifornien aufklären zu lassen.[120] Man experimentierte mit dem Urweizen sowohl im texanischen San Antonio als auch im südkalifornischen Bard und in Kanada.[121] Von da an fiel Aaronsohns Name regelmäßig in den Publikationen des USDA.[122] Fairchild war von Aaronsohn so begeistert, dass er ihm in seinen berühmten Memoiren *The World was my Garden* einige Seiten widmete. Zumindest retrospektiv zeigte Fairchild sich skeptisch, was die praktische Bedeutung des Urweizenfundes betraf. Im Gegensatz zu Aaronsohn sah Fairchild keine Möglichkeit, den Getreideanbau durch den Urweizen zu revolutionieren.[123]

Auch nach Deutschland wurden Samen verschickt. Schweinfurth berichtete, dass die von Aaronsohn versandten Samen an der landwirtschaftlichen Hochschule in Bonn-Poppelsdorf vom Sohn des mittlerweile verstorbenen Körnicke erfolgreich ausgesät worden seien.[124]

Doch der Urweizenfund verhalf der wissenschaftlichen Welt nicht nur zu Experimenten. Auch Aaronsohns Ansehen als wissenschaftlicher Akteur vergrößerte sich. Eugene Hilgard, der von 1875 bis 1904 Professor für Agricultural Chemistry und der Direktor der staatlichen landwirtschaftlichen Versuchsschule an der Universität Berkeley in Kalifornien war, gratulierte Aaronsohn für die

[117] Aaron Aaronsohn an David Fairchild, Beit Aaronsohn (08.12.1907).

[118] Fairchild, Garden, 357.

[119] Vgl. Oppenheimer, Florula Cisiordanica, 100.

[120] Davidson/Kohler, Aaronsohn, 208.

[121] Tesdell, Wheat, 49.

[122] Zwischen 1909 und 1921 im *Bulletin of Foreign Plant Introduction.*

[123] Fairchild, Garden, 367.

[124] Georg Schweinfurth, »Die Kultur des Urweizens in Palästina«, *Palästina* (1908), 184–186. In einer späteren Zeitungsnotiz heißt es: »Herr Aaronsohn hat schon vor zwei Jahren eine grössere Menge an Früchten der gefundenen Pflanze an die landwirtschaftliche Hochschule in Bonn-Poppelsdorf gesendet, wo im vergangenen Jahre reiches Saatgut eingeernet wurde; er beabsichtigt selbst, die Frage der Verwendbarkeit der Pflanze für die landwirtschaftliche Züchtung zu verfolgen. Der Vortrag und die vom Redner demonstrierten Objekte erregten das grösste Interesse und den wohlverdienten Beifall der Versammlung.« Vgl. o. A., »Versuche mit Weizen«, CZA, L1/66–73 (o. D. [1908/9?]), 1.

Zusendung seines »epochemachenden« Artikels.[125] Aaronsohn sollte sogar dessen Lehrstuhl in Berkeley übernehmen – er hatte, wie erwähnt, einige Semester studiert, aber keine tiefere formell-akademische Bildung.[126] Warburg hingegen wollte Aaronsohn um jeden Preis in Palästina behalten und zog sogar Schweinfurth mit ins Boot, der Aaronsohn seine Entrüstung über den erwogenen Wegzug mitteilte.[127] Aaronsohn schlug das Angebot aus Kalifornien letztlich aus, nachdem Warburg ihm ins Gewissen geeredet hatte. Wohl war die angebotene Stelle für ihn reizvoll, denn sie versprach mehr als materielle Sicherheit. Aaronsohn war der Ansicht, dass die landwirtschaftliche Bedeutung des Orients von den Amerikanern schon erkannt worden sei. In den USA, besonders in Kalifornien, teilte man dieselben Sorgen. Die trockenen Regionen wurden dort aber als potentiell produktiv verstanden, während man, so Aaronsohn, sie in Europa als wertlose Wüsten wahrnahm.[128]

Auch nachdem Aaronsohn den Ruf nach Kalifornien ausgeschlagen hatte, blieb er mit den größten Botanikern der USA verbunden und wurde *technical advisor* von Fairchilds *Office of Foreign Seed and Plant Introduction*. Seinen Jahreslohn von einem US-Dollar bekam er jahrelang.[129] Aaronsohn sandte Pflanzenfunde in die USA; und er nahm dort auch weiterhin an wissenschaftlichen Kongressen teil. Im Programm des *Dry-Farming Congress* 1913 wurde er als »Palästinas größter Landwirt« angekündigt.[130]

Aaronsohn interessierte sich, wie angedeutet, auch für die kulturellen Implikationen des Urweizenfundes. So schloss seine These an das Fazit Schweinfurths zu den Geisteswissenschaften an. Er attestierte diesen ebenfalls Unfähigkeit, dank »historische[r] Angaben« das Problem der kultivierten Pflanzen allein zu lösen. Die »Überlieferungen der Alten« seien deshalb »mit den Ergebnissen der derzeitigen Forschungen auf botanischem, archäologischen und philologischem Gebiete in Einklang zu bringen«.[131] Er stimmte Schweinfurth also zu: Die moderne Wissenschaft konnte sich mit schriftlichen antiken Überlieferungen alleine nicht mehr begnügen.

[125] Eugene Hilgard an Aaron Aaronsohn, Beit Aaronsohn (18.10.1910), 1.

[126] Louis Brandeis ließ es sich trotzdem nicht nehmen, Aaronsohn als »Prof. Aaronsohn« zu betiteln. Louis Dembitz Brandeis, »Aaronsohn. Product of Jewish Idealism«, *The Zionist Monthly Maccabean* (Juni 1920), 153f.

[127] Otto Warburg an Aaron Aaronsohn, CZA, L1/66 (22.09.1909). Vgl auch Leimkugel, Warburg, 108f.

[128] Aaron Aaronsohn, »Wild dry land wheat of Palestine and some other promising plants for dry farming.«, *Dry Farming Congress Bulletin* (1910), 161–171. Vgl. auch David Fairchild, »An American Research Institution in Palestine. The Jewish Agricultural Experiment Station at Haifa«, *Science* XXXI (11.03.1910), 376f (= Fairchild, Institution).

[129] Davidson/Kohler, Aaronsohn, 202.

[130] O. A., »Coming Dry Farming Congress«, *Pacific Rural Press* 86 (27.09.1913), 304.

[131] Aaronsohn, Getreidearten, 468.

5.5.1 Jüdisches Wissen für den Zionismus

Auch die politische Karriere des Urweizens im Jischuw war bemerkenswert. Aaronsohn verzichtete zwar darauf, den Ursprungsort der Zivilisation definitiv in Palästina zu lokalisieren, sondern gab die Euphratländer und Zentralasien an.[132] Vermutlich hing dies nicht zuletzt mit dem flexiblen Palästina-Begriff der Zeitgenossen zusammen. Dennoch gelang es Aaronsohn und seinen Mitstreitern, den Urweizen dem Zionismus anzudienen.

Aaronsohn verkaufte seinen Fund nicht öffentlich plakativ als »jüdischen Fund«. Ihm war es wichtiger, den *wissenschaftlichen* Wert des Urweizenfundes zu betonen. Warburg war der gleichen Ansicht. Er betrachtete die Entdeckung als wichtig und stellte fest, »so hat man Grund anzunehmen, dass die Kultur dieser ältesten und wichtigsten aller Getreidarten in Paläestina resp. im südlichen Libanongebiet ihren Ursprung genommen hat, wenn auch natürlich lange vor der Einwanderung der Israeliten«.[133] Warburg betonte, dass die Zionisten »jedenfalls die geistigen Urheber dieser Entdeckung sind [...], indem wir die Reisen veranlaßt haben, und ich glaube, daß diese in der Geschichte der Kultur noch für dauernd gewürdigte Entdeckung auf das Konto des Zionismus geschrieben wird«.[134] Sowohl Warburg als auch Aaronsohn ging es also nicht darum, den Urweizen zu nutzen, um eine Genealogie oder einen Ursprungsmythos zu kreieren.

Die zionistischen Botaniker hätten den Urweizenfund problemlos als Propagandainstrument für ihr zionistisches Projekt und als Rechtfertigungsstrategie für den Anspruch auf das Heilige Land nutzen können, hätten sie daraus eine genealogische Kontinuität abgeleitet, die von der ersten Zivilisation bis zu der Gruppe um Warburg selbst reichte. Der Historiker Ingo Wiwjorra setzte sich mit dem Zusammenhang zwischen historischen Rückbezügen und Territorialität auseinander und kam zu dem Ergebnis, dass mythologisierte Rückgriffe auf archaische Zustände nicht nur der Idealisierung der eigenen einstigen fiktiven oder reellen Größe dienen, sondern auch die Territorialisierung von Gebieten miteinschlossen: »Dabei erscheinen Grenzen und Ausdehnung von Staats- oder Siedlungsgebieten umso nachhaltiger legitimiert, je weiter diese bis in vorgeschichtliche Zeiten zurückdatiert werden können [...].«[135] Für Warburg und Aaronsohn war hingegen »die intellektuelle Urheberschaft« signifikant genug,

---

[132] Schweinfurth, Entdeckung 2, 268. Vgl. zur Debatte um den Ursprung der Zivilisation und deren identitätsstiftende Aspekte: Maurice Olender, *Die Sprachen des Paradieses. Religion, Philologie und Rassentheorie im 19. Jahrhundert*, Frankfurt am Main et al. 1995, v. a. 139 (= Olender, Sprachen). Zur Idee von Abstammung als Ideologie: Ingo Wiwjorra, »Germanenmythos und Vorgeschichtsforschung im 19. Jahrhundert«, in: Michael Geyer/Hartmut Lehmann (Hgg.), *Religion und Nation. Nation und Religion. Beiträge zu einer unbewältigten Geschichte*, Göttingen 2004, 367–385 (= Wiwjorra, Germanenmythos).

[133] Warburg, Bericht, 220.

[134] StPZK 1907, 132.

[135] Wiwjorra, Germanenmythos, 368.

um ihre Ansprüche auf das Land zu rechtfertigen. Einmal mehr sollte Wissen zu Besitz führen.

Aaronsohn betrachtete seine Forschung in dem Sinne als jüdisch oder zionistisch,[136] als dass seine Arbeit dem Zionismus dienen sollte. Deswegen befürchtete er auch, dass seine botanischen Funde und Erkenntnisse »fremdgenutzt« würden. Besonders bereitete es ihm Sorgen, dass die »Arbeit, die von Juden ausgeführt wurde, und Materialien, die von palästinensischen Juden in Palästina gesammelt wurden, nur der deutschen Wissenschaft helfen werden«[137]. In Aaronsohns Augen brachte der Zionismus der Wissenschaft und deren »nationale[r] Bedeutung« nicht genug Wertschätzung entgegen.[138]

Aaronsohn sah sich damit in einem epistemischen Wettrennen begriffen, bei dem die Zionisten Gefahr liefen, ihr erst kürzlich erworbenes Wissen durch Dritte, etwa die in Palästina ansässigen deutschen Forscher, genutzt zu sehen. Wissen war zu Beginn des 20. Jahrhunderts die einzige Ressource, die die Warburg-Gruppe generieren konnte, und die dem Zionismus direkt diente.

Aaronsohn meinte damit auch die Fähigkeit der Juden, Palästina zu erforschen. In einer privaten Korrespondenz mit dem Schweizer Botaniker Robert Chodat (die von Letzterem später veröffentlicht wurde) betonte Aaronsohn die Bedeutung jüdisch-nationaler Wissenschaft:

> I shall not conceal from you that I am very proud that for the first time since prehistoric times man has again tried sowing the prototype of wheat, this work has fallen to Jews (escaped from the ignoble massacres of Russia) [Aaronsohn nahm hier Bezug auf die Pogrome im Russischen Reich, vor denen Juden auch nach Palästina geflüchtet waren], Jewish teams working on Jewish grounds, the historic cradle of the race.[139]

Aaronsohn betonte die Rolle, die den Juden (und ihm selbst) zugefallen war: Nachdem sie ihr leidvolles Leben in Osteuropa hinter sich gelassen hatten, folgten sie ihrer wahren Berufung und gingen den großen Rätseln der Geschichte der Menschheit nach. Aaronsohn unterstrich die Tatsache, dass Juden auf jüdischem Boden arbeiteten – sie kehrten in das Land der Väter zurück, um dieses zu erforschen. Seinem Narrativ zufolge waren die Zionisten prädestiniert, wissenschaftliche Forschung zu betreiben.

---

[136] Livneh, Aaronsohn, vgl. 90–92.

[137] Aaron Aaronsohn an Otto Warburg, Beit Aaronsohn (05.05.1907), zit. n. Livneh, Aaronsohn, 92.

[138] Ebd.

[139] Zit. n. Robert Chodat, »A grain of wheat [Reprinted from the Popular Science Monthly, January 1913]«, (January 1913), 42 (= Chodat, Grain). Chodat hatte Aaronsohn 1910 auf einem Botanikerkongress kennengelernt. Das Originalzitat lautet: »Je ne vous cacherai pas que je suis très fier de ce que pour la première fois depuis les temps préhistoriques que l'homme ait à nouveau tenté le semi du prototype du blé, que ce role soit dévolu à des ouvriers juifs (des échappés aux ignobles massacres du Russe), des attelages juifs, travaillant sur un terrain juif et sur le berceau historique de la race.« Aaron Aaronsohn an Robert Chodat, Beit Aaronsohn (26.01.1911), 2 f.

Für Aaronsohn war es also gleichermaßen selbstverständlich wie aussagekräftig, dass ausgerechnet jüdische Forscher das einst (und bald wieder?) *jüdische* Terrain kulturhistorisch untersuchten. Aaronsohn sah den zionistischen Anspruch auf Palästina durch die wissenschaftliche Aktivität legitimiert. Die zionistische Dominanz in der kulturhistorischen Interpretation des Landes sollte eine Argumentation stützen, der wir in dieser Untersuchung schon mehrfach begegnet sind: Das Land hatte in den Besitz derjenigen überzugehen, die das Land wissenschaftlich zu erforschen vermochten. Schon im vorherigen Kapitel haben wir gesehen, wie Wissen eingesetzt wurde: zunächst als innerzionistisches Mittel, um die Interessen des praktischen Zionismus durchzusetzen; später aber auch als Werkzeug, um sich Palästina symbolisch anzueignen.

Solange nur die Botanischen Zionisten selbst an die Bedeutung des Urweizens glaubten, konnten sie kaum politische Implikationen erwarten. War Aaronsohns symbolische Aneignung Palästinas durch Wissen noch abstrakt, wurde sie nun in der Konfrontation konkret. Aaronsohn setzte sich, um seinen Deutungsanspruch auf Palästina zu fixieren, mit zwei Gruppen auseinander, die ebenfalls Anteil hatten an der epistemischen Deutung Palästinas. Zunächst war dies die autochthone Bevölkerung Palästinas, überwiegend als Fellachen lebende Araber. Zudem gelang es Aaronsohn, sich mit seinem Wissen auch gegen einen äußeren Konkurrenten durchzusetzen. Er konnte den Urweizenfund in einer europäischen Debatte verorten, die den Juden den Zutritt in die älteste Zivilisationsgeschichte verwehren wollte.

5.5.2 Wissenshierarchien

Zunächst zur ersten Debatte, in der Aaronsohn sich mit Palästinas Arabern auseinandersetzte. Westliches Wissen dominierte in kolonialen Kontexten in der Regel über nichtwestliches Wissen, das als primitiv betrachtet wurde. Die Schaffung von Hierarchien dieser Art war im Kolonialismus eher die Regel als die Ausnahme.[140] Innerhalb dieser Hierarchien wurde nur europäisches Wissen als wissenschaftlich betrachtet. »Wissenschaftliches Wissen« wiederum war für den Westen die offiziell autorisierte Variante von Wissen und hatte Prozesse von Verifikation, Bewertung, Kritik, Vergleich und Systematisierung durchlaufen, und war zudem durch soziale Institutionen wie Universitäten, Akademien, Institute, Museen, Zeitschriften und Stiftungen bestätigt.[141]

In Europa war die Landwirtschaft zum Zeitpunkt des Eintreffens der Warburg-Gruppe in Palästina schon im Wandel begriffen: Neue Erkenntnisse, etwa in der

[140] Vgl. z. B. Fischer-Tiné, Pidgin-Knowledge, 9; sowie Michel Foucault, »Two Lectures«, in: Nicholas B. Dirks/Geoff Eley/Sherry B. Ortner (Hgg.), *Culture, Power, History. A Reader in Contemporary Social Theory*, Princeton 1994, 200–222, 203.

[141] Klaus Hock/Gesa Mackenthun (Hgg.), *Entangled Knowledge. Scientific Discourses and Cultural Difference*, Münster et al. 2012, 9.

Düngemittelforschung, führten zu neuen Methoden, die die Landwirtschaft in einen produktiven Wirtschaftszweig verwandelten.[142] Von wissenschaftlichen und technischen Innovationen aber waren die Fellachen in Palästina isoliert.[143] Aaronsohn legte besonderes Gewicht auf Innovationen im landwirtschaftlichen Bereich. In einem Nachruf hieß es, dass er 1900 nach Paris zur Weltausstellung reiste und dort sechs Monate lang das neueste europäische landwirtschaftliche Gerät studierte.[144]

Im Kontext der Botanischen Zionisten manifestierte sich die kulturelle Überlegenheit auch auf einer sprachlichen Ebene. *Wissenschaft* als Begriff wurde den Erkenntnissen und Erfahrungen der Zionisten vorbehalten, für die arabischen Pendants nutzte man nie denselben Ausdruck, sondern Begriffe wie *Tradition*.[145] Die Zionisten zogen eine klare Grenze zwischen ihrem »überlegenen« europäischen und dem »primitiven« Wissen der arabischen Bevölkerung.[146] Aaronsohn grenzte sich zunächst von indigenen Praktiken ab, die zu nichtwissenschaftlichem Wissen erklärt wurden. Trotzdem wurde dieses nicht prinzipiell ignoriert. Aaronsohn war bereit, sich auf die Überprüfung indigenen Wissens einzulassen. Er schlug vor, zuerst die alten Methoden, die sich schließlich über Jahrhunderte entwickelt und bewährt hätten, zu evaluieren, »however backward they may be from the modern standpoint«.[147]

Ein Beispiel soll dies illustrieren: Eine von Aaronsohns aus dem Urweizenfund abgeleiteten Thesen lautete, dass Körnickes Annahme, nach der die Menschen Gerste länger als Weizen kultiviert hatten, falsch sei. Für Aaronsohn stand fest, dass Gerste und Weizen gleichzeitig »in Kultur genommen« worden seien.[148] Doch die beiden Arten wuchsen nicht nur nebeneinander, sondern zeigten auch denselben »Habitus«, so dass sie selbst für die Araber, »denen eine gute Dosis Beobachtungsgabe gewiß nicht abgesprochen werden kann«, kaum zu unterscheiden waren.[149]

---

[142] Naftali Thalmann, »Die deutschen württembergischen Siedler und der Wandel der Agrartechnologie in Palästina«, in: Jakob Eisler (Hg.), *Deutsche in Palästina und ihr Anteil an der Modernisierung des Landes*, Wiesbaden 2008, 156–167, 156f (= Thalmann, Siedler).

[143] Aaronsohn, Station, 116.

[144] Davidson/Kohler, Aaronsohn, 199.

[145] Vgl. z. B. Aaronsohn, Station; o. A., »Arabs Use Red Squill to Kill Vermin«, *Science News Letter* (10.12.1932); Elazari-Volcani, I. [= Jitzchak Wilkansky], »Problemstellungen im Versuchswesen in Theorie und Praxis«, *Palästina: Zeitschrift für den Aufbau Palästinas* (April 1930), 129–145 (= Elazari-Volcani, Problemstellungen); Davidson/Kohler, Aaronsohn, 198.

[146] Vgl. auch Andreas Renner, *Russische Autokratie und europäische Medizin. Organisierter Wissenstransfer im 18. Jahrhundert* (Medizin, Gesellschaft und Geschichte 34) Stuttgart 2010, 16. Weiterführend zum Klischee des »unproduktiven Arabers«: Haim Gerber, »Zionism, Orientalism, and the Palestinians«, *Journal of Palestine Studies* 33 (2003), 23–41.

[147] Aaronsohn, Station, 116.

[148] Ders., Getreidearten, 495.

[149] Ebd.

Aaronsohn bat wiederholt Araber, für ihn Wilden Weizen nach seinem Muster zu sammeln, doch erhielt stattdessen stets Gerste, *Hordeum spontaneum*. Die Unterschiede, die der Botaniker Aaronsohn erkannte, spielten für die Araber keine Rolle. Sie konnten die beiden Getreide auch sprachlich nicht unterscheiden: »Sie nannten die Art stets ›schair iblîss‹ oder ›schair barrî‹, was so viel wie ›Teufelsgerste‹ oder ›Wilde Gerste‹ bedeutet. Erst als ich sie darauf hinwies, daß es wohl eher ›Wilder Weizen‹ sei, gaben sie mit der Bereitwilligkeit des Arabers, stets dem Gaste beizupflichten, zu, daß es ›kamh barrî‹ wäre.«[150] Eine akkurate Unterscheidung der zwei Getreidearten auf Grundlage morphologischer Kriterien schien für die befragten Araber keine Rolle zu spielen; im Zweifelsfall wollten sie lieber die Höflichkeit wahren. Aaronsohn konnte im Falle des Urweizens zeigen, wem die wissenschaftliche Deutungsmacht über Palästinas Natur gebührte.[151] Einige Jahre später beschrieb er, wie die autochthone Bevölkerung auf den wissenschaftlichen Fortschritt der Botanischen Zionisten reagierte:

> The Arabs, who are eye witnesses of what we are doing, find our results absolutely miraculous. The whole region is speaking of our success. Too fatalistic to recognize that it is due to a serious effort the Arabs explain it in a very simple way. Neither the plow, nor the harrow, nor even the drill, they say, is the cause of our remarkable results. They are simply a manifestation of Bareketh Allah, ›the blessing of God‹.[152]

Auch hier betonte Aaronsohn wieder die Dichotomie zwischen zionistischer Wissenschaftlichkeit und arabischer Tradition. Statt wissenschaftliche und technische Innovationen anzuerkennen, erklärten sich die Araber Aaronsohns Erfolge religiös.

Aaronsohn nutzte sein Wissen über den Urweizen auch, um einen Konkurrenten um kulturgeschichtliche Deutungshoheiten zu diskreditieren. Er beteiligte sich an einer transnationalen Debatte, die die Tragweite des Urweizenfundes illustriert. Wie oben beschrieben, trieb in Europa die Suche nach den ursprünglichsten Kulturen, Heimaten und Sprachen ganze Nationen um. Durch diese Debatten sollte meist die kulturell-rassische Überlegenheit europäischer Nationen bewiesen werden.[153]

Der Urweizen eignete sich als Argument für die Zionisten, die nicht nur die Überlegenheit einer »nordischen Rasse« ablehnten. Für die Botanischen

---

[150] Ebd. Eine ähnliche Anekdote findet sich in Bodenheimers Memoiren. Er berichtet, wie ein Nomade (wohl ein Beduine) nach dem arabischen Wort für Ameise fragt. Dieser nennt das Tier *dudi*, was dem hebräischen *tola'at*, Wurm, entspricht. Obwohl ihm das spezifische Wort für Ameise geläufig war, nutzte er lieber das allgemeinere. Bodenheimer, Biologist, 95 f.

[151] Überspitzt zu Aaronsohns »Aneignung« des Weizens vgl. Tesdell, Wheat.

[152] Aaron Aaronsohn/Judah Leon Magnes et al., Übersetzung eines Briefes von Aaron Aaronsohn an Henrietta Szold, CAHJP, P3/792 (22.07.1912), 5.

[153] Ingo Wiwjorra, »›Ex oriente lux‹ – ›Ex septentrione lux‹. Über den Wettstreit zweier Identitätsmythen«, in: Achim Leube/Morten Hegewisch (Hgg.), *Prähistorie und Nationalsozialismus. Die mittel- und osteuropäische Ur- und Frühgeschichtsforschung in den Jahren 1933–1945*, Heidelberg 2002, 73–106.

Zionisten, die Schweinfurths Idee einer kulturgeschichtlich deutungsmächtigen Botanik übernahmen, wurde die Debatte auch Austragungsort eines Disziplinenstreits. Die Botanik als in den Augen der Akteure objektive, positivistische Naturwissenschaft sollte Antworten auf die großen kulturellen Fragen der Zeit geben, nicht zuletzt auf die nach der Verortung der jüdischen »Rasse«. Sie wurde auch mobilisiert, um den Ursprung der Zivilisation aus dem Osten zu belegen.

Der »Identitätsmythos«[154] Ex oriente lux, nach dem Licht (und damit Kultur) aus dem Osten stamme, war nicht unumstritten. Diese Kontroverse war ideologisch aufgeladen; der Ursprung der Zivilisation war kein gewöhnliches Forschungsobjekt, sondern sollte letztlich immer den jeweiligen ideologischen Standpunkt der Debattierenden markieren. So monierte man, »›Ex oriente lux‹ wurde auf eine von christlich-jüdischen Ambitionen geleitete Ideologie reduziert, die in Wahrheit der geistigen Unterwerfung des Nordens gedient habe«.[155] An diesem Punkt verbrüderten die Gegner von Ex oriente lux sich mit Antisemiten.[156]

Aaronsohn mischte sich mit botanischen Argumenten in diese Debatte ein. Er wandte sich sarkastisch vor allem gegen die Theorie des österreichischen, völkischen Prähistorikers und Archäologen Matthäus Much (1832–1909), nach der die Urzivilisation germanisch gewesen sei.[157] Much wollte beweisen, dass die germanisch-nordische Rasse in ihrer kulturellen Leistungsfähigkeit anderen Rassen überlegen sei. Er vertrat eine germanozentrische Geschichtsauffassung, der zufolge die Zivilisation in der nordischen »Urheimat« – Ex septentrione – ihren Anfang genommen habe.[158]

Doch diese These war nach Aaronsohn ein Produkt der Archäologie und der Philologie[159] und entbehre naturwissenschaftlicher Beweise:

Abweichend von den vorerwähnten beiden Hypothesen [zur Frage, welche Kulturen zuerst Weizen anbauten] hat sich eine ganz moderne Theorie ausgebildet, die unseres Wissens bei den Naturforschern keine Anhänger gefunden hat, sondern mehr von Philologen und Archäologen anerkannt wurde. Diese Theorie wurde erst in letzter Zeit in der Anthropologischen Gesellschaft in Wien von Herrn Dr. Matthäus Much vertreten. Herr Much will ›den Beweis dafür erbringen, daß die wichtigsten Kulturpflanzen Europas in ein sehr hohes prähistorisches Zeitalter, zum mindesten bis in die neolithische Zeit zurückreichen und daß sie kein Geschenk des Orients, sondern eine in den Ländern am Mittelmeere, wahrscheinlich sogar in Europa selbst

[154] Wiwjorra, Germanenmythos, 376.

[155] Ebd., 380.

[156] Ebd., 376. Vgl. auch Torma, Kulturgeschichte, 16.

[157] Matthäus Much, *Die Heimat der Indogermanen im Lichte der urgeschichtlichen Forschung*, Berlin 1902. Vgl. Olender, Sprachen, 139; Poliakov, Mythos, 205–210.

[158] Wiwjorra, Konzepte, 301 f. Vgl. zur breiteren Debatte: Brigitte Fuchs, *›Rasse‹, ›Volk‹, Geschlecht. Anthropologische Diskurse in Österreich 1850–1960*, Frankfurt am Main 2003, 228–230.

[159] Zur Bedeutung der Philologie in der Orientalistik: Thomas Philipp, »Deutsche Forschungen zum zeitgenössischen Palästina vor dem Ersten Weltkrieg«, in: Ulrich Hübner (Hg.), *Palaestina exploranda. Studien zur Erforschung Palästinas im 19. und 20. Jahrhundert anlässlich des 125jährigen Bestehens des Deutschen Vereins zur Erforschung Palästinas*, Wiesbaden 2006, 217–226, 217.

erwachsene Gabe der Natur seien, die der Mensch hier unmittelbar aus ihren Händen empfangen und dann in Pflege genommen hat.‹ Der genannte Gelehrte, der wahrscheinlich verstimmt durch den Fanatismus war, mit dem seitens der Gegenpartei die aufgestellten Hypothesen des ex Oriente lux verfochten wurden, verfiel in einen ganz entgegengesetzten Fanatismus und wollte die ganze Zivilisation, wenn nicht direkt vom Nordpol, so doch möglichst nahe dem Nordpol abgeleitet sehen.[160]

Aaronsohns Fazit sollte Much öffentlich diskreditieren. Aaronsohn betonte, dass die Tatsache, dass zahlreiche wildwachsende Getreide (»Urformen«) auf dem Gebiete Syriens vorkamen, »eine mächtige Unterstützung« der Ex-Oriente-Theorie sei. Das Neolithikum, der Ursprung des Getreideanbaues und damit der Ursprung der Zivilisation, lag seiner Ansicht nach im Orient.[161] Aaronsohn widerlegte so nicht nur einen Vertreter der völkischen Vorgeschichtsforschung, sondern brachte, wie schon sein Mentor Georg Schweinfurth, botanische Tatsachen in die bislang unter geisteswissenschaftlichen Vorzeichen geführte Diskussion ein.

5.6 Der Urweizen als praktische Ressource

Auch wenn der ökonomische Wert des Heiligen Landes für die Zionisten nicht zentral war, heißt das im Umkehrschluss nicht, dass sie dieses Potential nicht erkannt hätten. Auch der Urweizen sollte helfen, den Weg zu einem produktiven Palästina zu ebnen. Dies betraf das jüdische Volk und das potentiell jüdische Land. Schweinfurth selbst betonte die Bedeutung, die den Zionisten bei der Entdeckung des Getreides zugekommen war: »[G]ewiß ist es ein Zeichen, dieses Auffinden des Urweizens dicht bei einer der neuen Versuchsstätten, wo das von Hause aus so durchaus ackerbautreibende Volk Israel wieder seiner ursprünglichen Bestimmung zurückgegeben werden soll.«[162] Schweinfurth spielte hier auf die im Kaiserreich geführten Debatten um die jüdische Unproduktivität vor allem auf dem Gebiet der Landwirtschaft an.[163] Die »ursprüngliche Bestimmung« der Juden war in den Augen der meisten Zeitgenossen nicht der Ackerbau. Der Kulturhistoriker Julius Lippert[164] etwa stellte die »arischen Ackerbauern« den »semitischen Hirten« gegenüber. Lippert zufolge bewies schon das Nichtvorhandensein eines Mythos von der Muttergöttin als »Erfinderin« und »Lehrerin« des Ackerbaus die Unfähigkeit der »Semiten«, den Ackerbau zu

[160] Aaronsohn, Getreidearten, 503.
[161] Ebd., 507.
[162] Schweinfurth, Entdeckung 2, 274.
[163] Diese Diskussionen werden im nächsten Kapitel ausführlich behandelt.
[164] Zu Lipperts Einordnung: Christian Mehr, *Kultur als Naturgeschichte. Opposition oder Komplementarität zur politischen Geschichtsschreibung 1850–1890?* (Wissenskultur und gesellschaftlicher Wandel Bd. 37), Berlin 2009, 232–264.

erfinden.[165] Der Urweizen sollte helfen, den Mythos der jüdischen Unproduktivität zu widerlegen.

Doch im Vordergrund standen Debatten um das produktive Land Palästina. Im Gegensatz zu Europa war Palästina unerforscht und verheißungsvoll. Warburg als Kolonialbotaniker im Auftrag des Deutschen Reiches war die Bedeutung von Pflanzen zum Beispiel als Nahrungs- und als Exportgut bewusst. Wie wir aus dem zweiten Kapitel dieser Untersuchung wissen, kollidierte die Wahrnehmung Palästinas durch die Botanischen Zionisten nicht nur mit dem Ideal des Landes, sondern auch mit dessen vermeintlich reicher Vergangenheit, »the days of their past glory«.[166]

Die Tatsache, dass in der Region Getreide kultiviert wurde, werteten die Botanischen Zionisten als Beweis dafür, dass dort einmal die fruchtbare Wiege und das Zentrum der Welt gewesen sein mussten. Der erste Satz eines berühmten Werkes des Schweizer Botanikers Alphonse de Candolle aus den 1880er Jahren lautete: »La question de l'origine des plantes cultivées intéresse les agriculteurs, les botanistes, et même les historiens ou les philosophes qui s'occupent des commencements de la civilisation.«[167] Aaronsohn zitierte diesen Satz in seinen Schriften, um daraus Schlüsse über Palästina zu ziehen. Das hohe landwirtschaftliche Potential, das nach Ansicht der Zionisten vor allem den natürlichen Gegebenheiten zu verdanken sei, sei in der Frühzeit Palästinas ideal genutzt worden, so dass die Region damals die »Wiege der Zivilisation« beheimatet habe.[168]

Getreide spielte in der Menschheitsgeschichte eine ausgesprochen wichtige Rolle. Der Wohlstand einer Nation hänge von der Fähigkeit der Getreideproduktion ab, wie etwa der Genfer Botaniker Robert Chodat, ein enthusiastischer Rezipient von Aaronsohns Schriften, feststellte:

Peoples truly rich are those who cultivate cereals on a large scale. Scores of investigators in all civilized countries devote themselves unceasingly to problems of great social significance, viz., the increase of the national wealth through progress in agriculture. The least discovery in this field, whatever the political journals may say, is more important for a country than a change in the party in power, for it is the history of discoveries and inventions – in the domain of nature, as well as in the intellectual field – that constitutes the real history of civilizations.[169]

Die Getreideproduktion, zumindest jene der »zivilisierten Länder«, hatte enorme gesellschaftliche Konsequenzen, die laut Chodat politische Ereignisse

---

[165] Julius Lippert, *Kulturgeschichte der Menschheit in ihrem organischen Aufbau*, Stuttgart 1886, 447. Poliakov, Mythos, 319.

[166] Aaron Aaronsohn/Jitzchak Wilkansky, »Memorandum [Jaffa-Rafah Land Scheme]«, CZA, A111/77 (28.05.1918), 4.

[167] Alphonse Pyrame de Candolle, *Origine des Plantes Cultivées*, Paris 1883, v. a. 6–22, VII. Vgl. auch Flitner, Sammler, 22.

[168] *Zit. n. Aaronsohn, Getreidearten, 486.*

[169] Chodat, Grain, 1 [im Heft 33].

überschatteten. Chodat war überzeugt, dass es nichts Wichtigeres im Gemeindewesen gebe als das »täglich Brot«: »Now if you consider that these problems are among those that chiefly interest mankind, which demands each day its daily bread, you will understand that the slightest discovery which makes for the betterment of cereals means a noticeable increase in the wealth of a nation.«[170]

Der Orient wurde von zionistischer Seite als Experimentierfeld wahrgenommen, das unbekannte Ressourcen und Chancen bot, Pflanzen wissenschaftlich zu nutzen:[171] Pflanzen konnten gesammelt und katalogisiert, akklimatisiert und gedüngt, gekreuzt und gezüchtet werden. Wie wir im zweiten Kapitel gesehen haben, war die Produktivmachung von Land und Flora ein Grundpfeiler des politischen Programms des Zionismus. Für die Botanischen Zionisten war das Potential Palästinas vor allem auf dessen vorhandener, zu akklimatisierender und zu züchtender Flora begründet. Kurzum: Auf einer pragmatischen Ebene verfolgten die Botanischen Zionisten das Ziel, Pflanzen wirtschaftlich verwertbar zu machen.

Weizen und Getreide waren für den Jischuw besonders wichtige Pflanzen. Wir erfahren aus einem 1904 in *Altneuland* erschienen Aufsatz Otto Warburgs über »Palästina als Kolonisationsgebiet«, dass Weizen nach 1900 eine wichtige Rolle als Exportgut spielte. Der Weizen war zum Zeitpunkt des Urweizenfundes schon zu einem bedeutenden Wirtschaftsfaktor avanciert, auch in der Weltwirtschaft.[172] Obwohl die »vielen Klöster, wohltätigen Anstalten«, Touristen und natürlich auch die stetig wachsende Bevölkerung Palästinas einen großen Teil der landwirtschaftlichen Erzeugnisse konsumierten, war der Weizen ein wichtiger Handelsposten. Aus einem an Baron Rothschild adressierten Brief Warburgs geht hervor, dass Weizen im Jahr 1900 den ersten Platz in der Exportstatistik belegte; die Ausfuhrware hatte einen Wert von 4,5 Millionen Francs.[173] Sesam hingegen, der zu der Zeit noch in großem Stil angebaut wurde, machte nur 1,2 Millionen Francs aus. In der Forschungsliteratur wird von einem vorsichtigeren Anstieg gesprochen, als ihn Warburg suggerierte; grundsätzlich kann aber von einer erfolgreichen Steigerung im Anbau von Cash Crops wie Weizen in Palästina gesprochen werden.[174] Palästinas Landwirtschaft war also

---

[170] Ebd., 8 [im Heft 40].

[171] Aaronsohn, Station; Troen, Dreams, 3, 20.

[172] Eine tabellarische Darstellung der Weizenexporte von 1894–1904 findet sich bei Heinrich Dietzel, *Der deutsch-amerikanische Handeslvertrag und das Phantom der amerikanischen Industriekonkurrenz*, Paderborn 2013 [1905]. Vgl. auch zum Wirtschaftsprotektionismus auf dem Agrarsektor Rita Aldenhoff-Hübinger, *Agrarpolitik und Protektionismus. Deutschland und Frankreich im Vergleich: 1879–1914* (Kritische Studien zur Geschichtswissenschaft Bd. 155), Göttingen 2002; Conrad, Globalisierung, 45–48.

[173] Otto Warburg an Baron Louis von Rothschild, CZA, A12/177 (28.10.1924), 1 f.

[174] Hinzu kommt, dass Palästina um 1900 als Teil des Weltmarktes von einer globalen Weizenkrise betroffen war. Gilbar, Involvement, 198.

produktiver und moderner, als es die frühen Schriften der Zionisten suggerierten, auch wenn der größte Teil der Getreideexporte wohl aus den jüdischen Siedlungen stammte.

Durch die »im wesentlichen von Arabern bei Jaffa« kultivierten Orangen wurden nur zwei Millionen Francs im Export umgesetzt. Warburg führte zum Vergleich auch noch ein globales Beispiel an: Die Gesamtausfuhr der beiden wichtigsten deutschen Kolonien Deutsch-Ostafrika und Kamerun, die fünfzig Mal so groß seien und 16 Mal so viel Einwohner besäßen, sei kleiner als der Export Palästinas. Warburg hielt zudem eine Vervielfachung der palästinensischen Exportwerte für realistisch.[175] Palästina sollte nach »Jahrhunderten der Misswirtschaft«[176] unter den Händen der jüdischen Siedler zurück zu einstigem Reichtum und früherer Produktivität finden.

Otto Warburg orientierte sich bei seiner Fokussierung auf das botanische und landwirtschaftliche Potential Palästinas an seiner deutschen Heimat. Die Botanik des Kaiserreiches, vor allem die Pflanzenzüchtung, hatte einen starken ideologischen Impetus, wie der Historiker Thomas Wieland zeigte. Mit Wilhelm II. sollte die »Pflanzenzüchtung [...] nichts weniger als die nationalen Interessen des Deutschen Reiches zu wahren helfen«.[177] Die Pflanzenzüchtung diente dazu, so ein prominenter Vertreter der Gesellschaft zur Förderung deutscher Pflanzenzucht, »die Machtmittel des Reiches [...] [zu] mehren«.[178] Im Hintergrund stand indes die Tatsache, dass das Deutsche Reich Weizen, neben Roggen das wichtigste Nahrungsmittel, seit 1872 importieren musste. Bis 1913 stieg der Import von Weizen aus Russland und den USA so weit an, dass die Einfuhr sich mit der Eigenproduktion Deutschlands die Waage hielt und Deutschland schließlich zum größten Getreideimporteur der Welt aufstieg.[179]

Doch wie sollte der Weizen die wirtschaftliche Entwicklung Palästinas voranbringen? Die Zionisten waren sich bewusst, dass sie mit den traditionellen

---

[175] Warburg, Palästina als Kolonisationsgebiet, 12.

[176] Ebd., 3.

[177] Thomas Wieland, »›Die politischen Aufgaben der deutschen Pflanzenzüchtung‹. NS-Ideologie und die Forschungsarbeiten der akademischen Pflanzenzüchter«, in: Susanne Heim (Hg.), *Autarkie und Ostexpansion. Pflanzenzucht und Agrarforschung im Nationalsozialismus*, Göttingen 2002, 35–56, 37–39 (= Heim, Autarkie).

[178] Zit. n. ebd., 38; Ludwig Kühle, »Eröffnungsansprache«, *Beiträge zur Pflanzenzucht* 4 (1914), 1–4, 4. Für eine globale Perspektive: Alan L. Olmstead/Paul W. Rhode, »Biological Globalization. The Other Grain Invasion«, *SSRN Electronic Journal* (2006) (= Olmstead/Rhode, Globalization). Vgl. auch Jonathan Harwood, »Politische Ökonomie der Pflanzenzucht in Deutschland, ca. 1870–1933«, in: Susanne Heim (Hg.), *Autarkie und Ostexpansion. Pflanzenzucht und Agrarforschung im Nationalsozialismus*, Göttingen 2002, 14–33.

[179] Hans-Ulrich Wehler, *Deutsche Gesellschaftsgeschichte, Bd. 3: Von der ›Deutschen Doppelrevolution‹ bis zum Beginn des Ersten Weltkrieges, 1849–1914,* 2. Aufl., München 2006, 688. Vgl. auch Steven C. Topik/Allen Wells, »Warenketten in einer globalen Wirtschaft«, in: Emily S. Rosenberg (Hg.), *1870–1945: Weltmärkte und Weltkriege*, München 2012, 590–814, v. a. 687–703.

landwirtschaftlichen Methoden nie produktiv genug sein würden, um Hunderttausende oder Millionen jüdische Siedler zu ernähren.

Die arabischen Fellachen waren in der Regel Selbstversorger und verkauften nur wenige Güter aus Überschussproduktion. Ihre Lage war durchweg schwierig, denn sie hatten gleichermaßen mit extremen Umweltbedingungen und widrigen sozial-ökonomischen Umständen wie hohen Steuern zu kämpfen. Ihnen standen nur wenige und primitive, hölzerne Arbeitsgeräte und Produktionsmittel zur Verfügung; zudem war ihr Wirtschaftskapital knapp. Die von ihnen angepflanzten Kulturen waren von natürlichen Wassermengen abhängig, denn Feldfrüchte und Obst wurden meist unbewässert, ohne Pestizide und ohne künstlichen Dünger angebaut. Die einheimischen Pflanzensorten und Nutztierrassen warfen nur niedrige Erträge ab. Die von den Fellachen eingesetzten Tiere und Pflanzen waren, genau wie ihre landwirtschaftlichen Praktiken, an die Umweltbedingungen angepasst – damit war die indigene Bevölkerung Palästinas immerhin in der Lage, sich selbst ausreichend zu versorgen.[180]

Die fellachischen Methoden lagen den Botanischen Zionisten fern: In Europa hatte sich die Landwirtschaft schon in den Jahrzehnten vor 1900 in einen produktiven Wirtschaftszweig gewandelt. Zudem setzten die Botanischen Zionisten oft auf akademisches Wissen, hatten doch viele von ihnen Agronomie und benachbarte Fächer in Europa studiert und sahen moderne westliche Technologien als überlegen an. In den ersten Jahren des 20. Jahrhunderts konnte gar nicht daran gedacht werden, durch die Erträge der palästinensischen Böden ein Millionenvolk zu ernähren; und auch europäische Wissenschaft konnte nicht problemlos auf ein grundverschiedenes Terrain angewandt werden.

Dieses Problem beschäftigte auch Aaron Aaronsohn. Er führte historische Quellen an, die davon ausgingen, dass vor zweitausend Jahren etwa fünf Millionen Menschen in Galiläa gelebt hatten, zu seiner Zeit hingegen zählte Palästina nur ein Zehntel davon. Eines war für ihn sicher: Ohne Wissenschaft und Forschung könne man keinen dicht besiedelten Jischuw schaffen.[181] Wissen um die Lebenszyklen und Bedürfnisse von Nutzpflanzen, Strategien zur Optimierung von Getreideerträgen, Bekämpfung von Schädlingen sowie Identifikation und Kultivierung neuer Nutzpflanzen sollten dazu entscheidend beitragen.

---

[180] Thalmann, Siedler, 156 f.

[181] Livneh, Aaronsohn, 91. Vgl. auch Penslar, Zionism and Technocracy, v. a. 60–78. Das Populationspotential Palästinas beschäftigte die zionistischen Pflanzenforscher. Warburg unterbot Aaronsohns Schätzung zwar drastisch, verglich aber die mögliche Bevölkerungsdichte in Palästina mit der von Posen. So errechnete er zwei bis zweieinhalb Millionen potentielle Einwohner Palästinas. Warburg, Palästina als Kolonisationsgebiet, 7. Weiter unten vergleicht Warburg dann die Ansiedlungsmöglichkeiten in Palästina mit der belgischen Bevölkerungsdichte, also einem Land, das bei ähnlicher Größe um 1910 sieben Millionen Menschen fasst. Ob diese Bevölkerungsgröße für Palästina realistisch war, konnte Warburg ohne eine systematische Untersuchung des industriellen Potentials Palästinas nicht abschließend entscheiden, s. ebd., 9 f.

5.7 Ein Wunderweizen für ein Wunderland

Aaronsohn glaubte an eine landwirtschaftliche Revolution durch die Hybridisierung neuer und alter Weizensorten.[182] Die Hybridisierung war eine innovative Methode, die zu Beginn des 20. Jahrhunderts die Landwirtschaft revolutionierte. Hybride entstanden aus der Kreuzung zwischen verschiedenen Gattungen, Arten, Unterarten, Rassen oder Zuchtlinien.[183] So wurden neue Züchtungen entwickelt, die über jene Eigenschaften verfügten, die der Pflanzenzüchter wünschte. Aaronsohn arbeitete im Jahre 1914 zusammen mit seiner Schwester Rivka (1892–1981) in der 1910 gegründeten landwirtschaftlichen Versuchsstation[184] an der Schaffung eines Superweizens,[185] die durch die Kreuzung von Kulturweizensorten mit wildem Emmer, also Urweizen, gelingen sollte.[186] Er erwartete die Züchtung glutenreicher Weizenlinien mit hoher Resistenz gegen trockenheiße Winde – also eines Weizens, der sich einerseits gut zum Backen eignete, andererseits aber auch unter den klimatischen Bedingungen Palästinas gedeihen konnte. Durch die Kreuzung einheimischer und externer Pflanzen oder Tiere sollten besonders resistente und ertragsreiche Arten generiert werden, so dass das Kreuzungsprodukt die besten Eigenschaften beider Eltern vereinte: »[I]t was natural that our first step should be, on the one hand, the selection of pedigreed races of cereals, and on the other hand, the study of wild races of cereals and their hybridization with cultivated races.«[187]

Aaronsohn zeigte sich in einer Korrespondenz mit Chodat optimistisch:

You will doubtless be glad to learn that we have this year sown more than an acre of Triticum dicoccoides [d. i. Urweizen]. We intend to study the value of this plant for forage, etc. I had the good fortune to discover in Upper Galilee this year a spontaneous hybrid of Triticum and Aegilpos, and there also exists already a wheat with a non-articulate rachis, arising from a cross

[182] Aaronsohn, Explorations, 52.

[183] Headrick, Tentacles, 215.

[184] Siehe folgendes Kapitel.

[185] Hybridisierungsversuche mit Weizen wurden bereits im 19. Jahrhundert praktisch weltweit durchgeführt und waren ab 1900 besonders populär: Olmstead/Rhode, Globalization.

[186] Im Jahr 1918, also etwa ein Jahrzehnt nach den ersten Versuchen, wusste Max Blanckenhorn zu berichten, dass der Urweizen parallel in mehreren Versuchsstationen in unterschiedlichen Ländern vielversprechende Ergebnisse einbrachte. »Züchtungen und Bastardisierungen« erzeugten außergewöhnlich resistente Pflanzen: »Es hat sich herausgestellt, daß der Urweizen allen nur denkbaren Anforderungen entsprach und große Hitze, wie Frost, Nässe und Trockenheit, auch dürftigen leichten nährstoffarmen Boden in gleicher Weise vertragen kann.« Das Ziel der Versuche war Blanckenhorn zufolge ein wahrhafter Wunderweizen: Er sollte körnerreich werden, auf kargen und steinigen Böden mit wenig Niederschlag gedeihen und Brotmehl liefern. Auf diese Weise wollte man »der Steppe und Wüste ein großes Stück Kultur« abringen. Ironischerweise erschien Blanckenhorns Abhandlung erst 1918. Aaronsohns Versuchsstation existierte zu diesem Zeitpunkt nicht mehr und Aaronsohn selbst war mit Spionage statt mit Pflanzenzüchtung beschäftigt.

[187] Aaron Aaronsohn/Judah Leon Magnes et al., CAHJP, P3/792 (Dezember 1911), 2.

of my Triticum and a cultivated wheat. Thus you see we are rapidly advancing towards the realization of our dream.[188]

Bei diesen Versuchen stand eine Frage im Vordergrund: Wie sollten europäische Juden im Orient das Brot, an das sie gewöhnt waren, zubereiten und konsumieren? Es ging darum, ein »möglichst ergiebiges und backfähiges Brotgetreide zu erzielen. Es ist eine bekannte Tatsache, daß der palästinensische Hartweizen ein vorzügliches Makkaronimehl, nicht aber ein ebenso gutes Brotmehl liefert.«[189] Trotz widriger Umstände – namentlich zu kleine Versuchsfelder und das unbeugsame Klima – kamen die Experimente vor allem dank der Arbeitsleistung von Aaronsohns Schwester Rivka gut voran.

Vor allem in der Region um den Berg Hermon suchte Aaronsohn nach den »ursprünglichen« Sorten. Er war sich sicher, dass die Pflanzen dort mehr oder weniger direkt von »wild indigenous prototypes« abstammten. Dies hatte, laut Aaronsohn, für Experimentatoren einen großen Vorteil: Die Pflanzen, die »distant lineages« aufwiesen, wurden bevorzugt, um ihre typischen Eigenschaften hervorzurufen. Aaronsohn beschränkte sich indes nicht auf Weizen und andere Getreide, sondern träumte schon von anderen zu verbessernden Pflanzenarten wie dem Mandelbaum, Prunus ursina (eine Pflaumenart), der Kirsche und der Birne; alles wilde Pflanzen, deren Kerne Aaronsohn und seine Helfer nicht nur für eigene Zwecke sammelten, sondern auch im Austausch mit dem USDA erprobten.[190]

Aaronsohn setzte vor allem auf die Einführung neuer landwirtschaftlicher Methoden und Arten nach Palästina: »Pendant toute cette carrière, j'ai eu souvant à importer des méthodes et des espèces culturales nouvelles pour notre pays, c'est vous dire que j'ai été souvent et personellement aux prises avec des difficultées inhérentes à toute acclimatation ou adaption d'une nouvelle culture ou espèce dans un pays.«[191]

Aaronsohns Arbeit ist zu kontextualisieren: In dem halben Jahrhundert vor Aaronsohns Urweizen-Versuchen hatte sich die Botanik stark entwickelt. Seit den 1870er Jahren kam es zu Innovationen durch die revolutionäre experimentelle Pflanzenphysiologie, die von Pionierarbeiten von Julius von Sachs, Wilhelm Pfeffer und Heinrich Anton de Bary vorangetrieben wurden.[192] Warburg hatte bei de Bary und Pfeffer studiert. Die »neue Botanik«, *new botany*, die durch diese Arbeiten formuliert wurde, setzte auf Experimente und Labormethodik, statt Pflanzen nur zu beobachten, zu sammeln und zu sortieren.

---

[188] Zit. n. Chodat, Grain, 41.

[189] Bernhard Arinstein, »Fünf Jahre landwirtschaftliche Versuchsstation«, *Palästina: Zeitschrift für den Aufbau Palästinas* (1927), 193–199, 195 (= Arinstein, Versuchsstation).

[190] Ebd.

[191] Aaron Aaronsohn an David Fairchild, Beit Aaronsohn (08.12.1907), 1. Vgl. Osborne, Acclimatizing.

[192] Drayton, Government, 238; Hodge, Triumph, 58.

Die Methoden der *new botany* verbesserten so auch die Landwirtschaft, etwa durch pflanzenpathologische Erkenntnisse oder etwas später die Genetik. Das neue Interesse an der Pflanzenphysiologie führte dazu, Natur und Funktionen der Pflanzen besser zu verstehen. Dadurch rückten auch neue Forschungsinteressen wie Pflanzenökologie, Pflanzengeographie, Entomologie und Bodenkunde in den Vordergrund. Die Wiederentdeckung der mendelschen Genetik um die Jahrhundertwende wiederum eröffnete auf den Feldern der Genetik und der Züchtungsforschung neue Möglichkeiten.

Der Einfluss der *new botany* machte sich auch außerhalb Europas bemerkbar. Strategische Interessen, ideologische Motive wie das Ethos des »improvement«, wissenschaftliche Neugier und Karrierechancen waren Gründe dafür, dass die botanische Forschung in den Kolonien zunehmend interessant erschien.[193] Die praktischen Probleme kolonialer Landwirtschaft konnten durch die *new botany* besser denn je gelöst werden.[194] Statt im Herbarium fand die Arbeit der Pflanzenwissenschaftler nun zunehmend im Labor und auf Versuchsfeldern statt. In der ganzen Welt wurden, wie in Palästina auch, landwirtschaftliche Versuchsstationen gegründet.[195] Die Botanik wurde spätestens jetzt zur kolonialen Leitwissenschaft.[196]

Aaronsohn ging es mit Gründung der Versuchsstation nicht mehr, wie während seiner Expeditionen, darum, die Schätze Palästinas aufzufinden. Jene Teile der Flora, die einen Nutzen für den Jischuw versprachen, wurden in der Versuchsstation bearbeitet. Für Aaronsohn war der Weizen die vielversprechendste Pflanze. Die Pflanzen des Landes wurden in der Versuchsstation erst zu Ressourcen, dann zu Anbauprodukten. Die Flora des Landes wurde »radikal reorganisiert und simplifiziert«, um den menschlichen Zwecken besser zu dienen.[197] Wissenschaft und Technologie waren für Aaronsohn Vorbedingungen für den Erfolg der jüdischen Siedlungen in Palästina.

Doch im Nachhinein lässt sich im Gegensatz zu Blanckenhorns und Aaron Aaronsohns optimistischer Einschätzung festhalten: Die Kreuzungsversuche der Aaronsohns waren nicht nachhaltig. Der renommierte Botaniker und Genetiker Nikolaj Vavilov (1887–1943) amüsierte sich über die von Aaronsohn proklamierte neue Ära der Weizenzucht, die er als »exaggerations typical of an investigator of the East« bespöttelte. Vavilov zufolge hatte Aaronsohn, was die wunderbaren Eigenschaften des Urweizens betraf, maßlos übertrieben.

Für Aaronsohn stand die Entdeckung des Urweizens am Anfang der Öffnung einer neuen Welt: Er, beziehungsweise der »jüdische Forschungsgeiste«, wollte nicht nur den Urweizen »zähmen« und kultivieren, sondern auch »großartige

[193] Ebd.

[194] Drayton, Government, 246.

[195] Ebd., 247.

[196] Klemun, Wissenschaft, 5.

[197] Scott, State, 2, 13.

Erfahrungen«[198] aus den neuen Kulturen schöpfen. Die Einführung neuer Pflanzen aus anderen Ländern, »welche der außerordentliche Boden und das Klima Palästinas unendlich zu variieren gestattet«, wiesen in die Richtung von Aaronsohns Utopie. Doch dies war nur der Anfang der Mission: »Kurz, es gibt hier genug Aufgaben für Hunderte jüdischer Forscher, die nicht nur der örtlichen Landwirtschaft, sondern der Landwirtschaft der ganzen Welt die größten Dienste erweisen können, gerade auf einem Gebiet, wo man den Juden vorwirft, nichts geleistet zu haben«[199], erklärte er in der zionistischen *Welt*.[200] Die wissenschaftliche Leistung Aaronsohns sollte nicht nur dem jüdischen Volk helfen, sondern dem Wohle der ganzen Menschheit dienen. Die Juden sollten nicht nur Palästina verbessern, sondern die ganze Welt ergrünen lassen.

5.8 Ausblick: Der Urweizen bis 2015

Im Anschluss an seinen Getreidefund reiste Aaronsohn in die USA und sammelte erfolgreich Gelder, nachdem er Fairchild aufgefordert hatte, ihm »reiche Juden«[201] vorzustellen. Im Jahr 1910 konnte die landwirtschaftliche Versuchsstation dank deren Spenden eröffnet werden. Aaronsohn gelang diese Mission, indem er das neu gewonnene Renommee nutzte. Sein Hauptargument während dieser Fundraising-Tour war, dass Amerika von den palästinensischen Forschungen genauso profitieren würde wie die jüdischen Siedler selbst:

> Economic exploration rather than scholarly research is needed to make the countries of the Orient known and appreciated abroad and to renew a belief in the ancient saying ›ex Oriente lux‹ (light comes from the Orient). [...] In the oriental countries can be found almost all of the wild types which our prehistoric ancestors utilized in producing the cultivated crops of our time.[202]

Die Einrichtung der *Jewish Agricultural Experiment Station* sollte Aaronsohns letztes großes wissenschaftliches Werk werden.

Im Verlauf des Ersten Weltkrieges verwüsteten osmanische Truppen die Station, die von Aaronsohn – der sich immer mehr politisch engagierte – auch für das von ihm gegründete Spionagenetzwerk N. I. L. I. genutzt wurde.

---

[198] Aaronsohn, Versuchsstation, 1070.

[199] Ebd.

[200] Wie aus einem Brief hervorgeht, bat Aaronsohn auch seinen wohlwollenden und einflussreichen Berliner Kollegen Georg Schweinfurth um Hilfe, der ihm mit dem Verfassen eines »appel en monde scientifique americain attirant son attention sur l'importance scientifique et économique de l'exploration de l'Orient pur le recherche des prototypes des plants cultivés, rappelant mes succès dans cette voie nouvelle et [unleserlich] que je suis l'homme le mieux placé pour [abgeschnitten] encore plus si on me fournit les moyends materiéls«. Aaron Aaronsohn [vermutlich an Geschwister Sarah und Alexander], Beit Aaronsohn (14.10.1909), 9.

[201] Fairchild, Garden, 366.

[202] Aaronsohn, Explorations, 7.

Der Urweizen geriet über viele Jahrzehnte in Vergessenheit. In den 1920er Jahren beschrieb Otto Warburg den Orient als »ein klassisches Beispiel, wie die Landwirtschaft durch Vernachlässigung aller modernen Technik und der auf Sachtechnik gebauten Fortschritte herunterkommen kann«. Ehemals habe das »Musterland« ganz Europa mit Baumwolle, Zucker und Farbstoffen versorgt. In den 1920er Jahren war es jedoch nur für den Export weniger Artikel, »für die es in der alten Welt eine Art Monopolstellung besass«, bekannt: Tabak, Feigen, Rosinen und Orangen. Von Weizen war keine Rede mehr – Aaronsohns große Hoffnungen hatten sich zerschlagen.

Aaronsohns wissenschaftliches Vermächtnis sollte im Schatten seines politischen Werkes stehen. Bis heute ist sein Herbarium, das sich auf dem Campus Givat Ram der Hebräischen Universität befindet, so gut wie unbearbeitet.[203] Wirkliche landwirtschaftliche Innovationen gehen auf Aaronsohn nicht zurück. Aaronsohn verunglückte 1919 unter ungeklärten Umständen und hinterließ keine Kinder.

Der Urweizen sollte Israel indes, wie wir einleitend gesehen haben, auch mehr als 110 Jahre nach seiner Wiederentdeckung durch Aaronsohn nicht loslassen. Wie die israelische Tageszeitung Haaretz berichtete,[204] gelang es im August 2015 dem israelischen Start-up NRGene, das (ausgesprochen komplexe, 54.000 200-seitigen Büchern entsprechende oder zwölf Milliarden Buchstaben lange) komplette Genom der Pflanze zu entschlüsseln. Ziel des Projektes war laut Auskunft der Forscher eine revolutionierte Getreideproduktion und die Bekämpfung der weltweiten Hungerkrise. Weizen sei nach wie vor die Hauptquelle für Kalorien weltweit.

Die israelischen Forscher betonten den Bezug zum Urweizen Aaronsohns; dieser sei ein »Nationalschatz«, an dem seit Jahren mehrere israelische Institutionen forschen, um neue Gene zu entdecken – am kultivierten Weizen habe man sich schon längst abgearbeitet.

Es scheint, als wäre der Urweizen auch heute noch ein Beispiel für national konnotierte Forschung.

---

[203] Ich danke Hagar Leshner, Jerusalem, für die Einblicke in Aaronsohns Herbarium.

[204] Ido Efrati, Israeli Company Cracks Genome of Wild Emmer Wheat. Startup from Nes Tziona expects development to increase yields of modern strains, in: *Haaretz*, 04.08.2015, http://www.haaretz.com/life/science-medicine/.premium-1.669410?date=1441111302798 (29.10.18).

6 Die Schaffung der hebräischen Flora: Palästina wird produktiv

> »Und wie es unmöglich ist, Gärtner zu sein, ohne die Physiologie der Pflanzen zu kennen, so ist es unmöglich, Kolonisator zu sein, ohne die Psychologie der Kolonisten zu kennen.«[1]

Gustaf Dalman (1855–1941), protestantischer Theologe und Orientalist, der von 1902 bis 1917 das *Deutsche Evangelische Institut für Altertumswissenschaft des Heiligen Landes* in Jerusalem leitete, beäugte 1910 die Veränderungen, die er an der palästinensischen Flora wahrnahm, mit Skepsis. Prinzipiell hielt er es für unmöglich, das Gesicht des Landes grundlegend zu verändern, obwohl er beobachtete, dass Pflanzen aus allen Teilen der Welt in Palästina heimisch geworden waren:

> Wir halten es für ganz ausgeschlossen, daß hier jemals die Üppigkeit der Natur in feuchtem Tropenlande oder auch nur die behäbige Fülle unsrer deutschen Heimat zu sehen war. Doch fehlt es nicht an fremdem Eindringling. Einwanderer aus neuester Zeit ist vor allem der vom hule-See bis nach Beersaba das Land überschwemmende mattgrüne Eucalyptus Australiens und der falsche Pfefferbaum mit seinem roten Fruchtrispen (Schoenus molle), dann auch die indische Melia Azedarach (zinzilacht) mit ihren wohlriechenden, an den Flieder erinnernden Blüten, die amerikanische Akazie (Robinia pseudacacia), die uns an die deutsche Heimat erinnert und doch auch dort nicht zu Hause ist, und der eben jetzt wie ein Unkraut überall ausschießende Tabaksbaum (Nicotiana glauba).[2]

Zu diesem Zeitpunkt, 1910, war es etwa zehn Jahre her, dass Warburg sich erstmals Visionen eines neuen, grünen Palästinas hingegeben hatte. Aus Dalmans Schilderungen ergab sich, das Bild eines Landes im Wandel: »Fremde Eindringlinge« bevölkerten es.

Einige der von Dalman genannten Arten waren so nützlich, dass es nicht verwundert, dass sie in zahllosen zionistischen Schriften thematisiert wurden. Das wohl prominenteste Beispiel sind Eukalypten. Die Art scheint in Palästina bis zur Jahrhundertwende nur vereinzelt vorgekommen zu sein, denn Warburg betonte in einem Schreiben an Herzl von 1899, wie wichtig es sei, Eukalyptus aus

[1] Redebeitrag Jitzchak Wilkanskys, StPZK 1921, 393.

[2] Gustaf Dalman, »Einst und jetzt in Palästina«, in: ders. (Hg.), *Palästinajahrbuch des Deutschen evangelischen Instituts für Altertumswissenschaft des heiligen Landes zu Jerusalem*, Berlin 1910, 27–38, 29.

Afrika, Asien und Australien einzuführen.[3] Was Warburg als Kolonialbotaniker allerdings bekannt gewesen sein musste, war die Verbreitung des ursprünglich australischen Baumes in anderen Regionen: Der Eukalyptus wurde seit der zweiten Hälfte des 19. Jahrhunderts erfolgreich in Italien, Spanien, Portugal und Nordafrika angebaut; bald darauf entstand ein globaler Samenhandel.[4] Herzl entschloss sich, Warburg in seinem Roman Altneuland ein kleines Denkmal zu setzen, als er dessen Alter Ego Harburger auf eine imaginäre Weltreise entsandte, um an diesem Güteraustausch teilzuhaben:

> Zur gleichen Zeit schickte ich den Botaniker Harburger nach Australien zum Ankaufe von Eukalyptusbäumchen. Auch hatte er diskretionäre Vollmacht zur Anschaffung solcher Setzlinge der Mittelmeerflora, die er zu Nutz und Zier nach Palästina verpflanzen wollte. [...] Harburger reiste langsam die Riviera herunter, überall Bestellungen bei Gärtnern und Pflanzenhändlern für das kommende Frühjahr machend.[5]

Soweit aus den Quellen rekonstruierbar, reiste Warburg nie zum Sameneinkauf um die halbe Welt. Doch Herzl schien es ein Bedürfnis, den Botaniker in seinem 1902 erschienenen Roman zu thematisieren. Nicht von ungefähr verknüpfte er Warburgs Namen mit jener Pflanze, die in Palästina ihren Segen entfalten sollte und zum Symbol für die Heilung eines ganzen Landes wurde. Grundlegende Transformationen der Natur Palästinas wie die Einführung des das »Land überschwemmende[n] mattgrüne[n] Eucalyptus« waren das Ziel der Botanischen Zionisten. Verändert werden sollten sowohl die Landwirtschaft des Landes als auch jene Teile der Flora, die weniger offensichtlichen praktischen Zwecken dienten, wie der Wald. Die Utopie eines grünen Palästinas, in dessen »gesegnete[m] Klima die schönsten tropischen und subtropischen Baum und Buschbestände«[6] und europäische Wälder gedeihen würden, sollte Warburgs Willen nach Realität werden.

6.1 Die Verwandlung eines Landes

Heutzutage ernährt ein deutscher Landwirt etwa 144 Personen.[7] Doch zu Beginn des 20. Jahrhunderts versorgten deutsche oder amerikanische Bauern gerade einmal vier bis sechs Personen.[8] Für Palästina liegen keine Zahlen vor, doch es

---

[3] Thon, Warburg, 77–79. In diesem Brief befindet sich eine sehr lange Liste mit Dutzenden im Lande vorhandenen Pflanzen.

[4] Nili Liphschitz/Gideon Biger, *Green Dress for a Country. Afforestation in Eretz Israel: The First Hundred Years 1850–1950*, Jerusalem 2004, 273f (= Liphschitz/Biger, Green Dress).

[5] Herzl, Altneuland, 219.

[6] Warburg, Palästina als Kolonisationsgebiet, 5.

[7] Deutscher Bauernverband, Situationsbericht 2014/15, Kapitel 1.2, http://www.bauernverband.de/12-jahrhundertvergleich-638265 (29.10.2018).

[8] Harold C. Knobloch et al., *State Agricultural Experiment Stations. A History of Research Policy*

kann davon ausgegangen werden, dass die dortige fellachische Landwirtschaft wegen schwieriger Umweltbedingungen und den traditionellen Methoden des Wirtschaftens[9] weit weniger produktiv war.

Global hingegen zeichnete sich um 1900 ein Trend zu einer immer produktiveren Landwirtschaft ab. Es ging bald nicht mehr darum, dass lediglich ein Raum des Möglichen eröffnet wurde, in dem der Landwirt produktiver werden könnte. Produktivität wurde zum Imperativ: Der Landwirt *sollte*[10] produktiv werden. Die Produktivitätssteigerung wurde zum Gebot und auch für den Agrarbereich galt: »[I]mprovement was the motto of the age.«[11]

Von dieser Idee waren auch die Botanischen Zionisten erfasst: Indem sie neue Pflanzen einführten und züchteten, die Natur Palästinas modifizierten und eine neue Landschaft kreierten, schufen sie eine produktive, man könnte sagen: hebräische Flora. Für Warburg stand fest, dass Palästina »von Natur hauptsächlich für die Landwirtschaft bestimmt« war. Dafür musste »palästinensischer Boden in jüdische Hände« gebracht werden und die Anzahl »jüdische[r] Landwirte« drastisch vermehrt werden.[12] Der Leiter der 1921 errichteten landwirtschaftlichen Versuchsstation, Jitzchak Wilkansky, hielt fest: »[O]ne must bear in mind that the Palestine flora is now in a state of intensive transformation thanks to the actions of man, to the transition from primitive to modern agriculture [...].«[13] In einem gemeinsam verfassten Memorandum beschrieben Aaronsohn und Wilkansky etwa die Küstenebene zwischen Jaffo und Rafah (das sich heute auf der Grenze zwischen dem Gazastreifen und Ägypten befindet) als »ausgesprochen vielversprechend vom Standpunkt der landwirtschaftlichen Kolonisation«. Dieses Gebiet sei »geeignet für die modernsten und rationalsten landwirtschaftlichen Methoden und Geräte«.[14]

Damit begegneten die Botanischen Zionisten jenen Defiziten des Landes, die wir im zweiten Kapitel kennengelernt haben. In diesem Teil der Untersuchung soll es um die Effekte gehen, die der Diskurs um das desolate Land kreierte, denn der Imperativ einer Produktivierung sollte das Antlitz Palästinas für immer verändern. Im diesem Kapitel werden die Technologien, Methoden und Institute

---

and Procedure (United States Department of Agriculture Miscellaneous Publications 904), Washington, D. C 1962, v. (= Knobloch, Stations).

[9] Naftali Thalmann, »Introducing Modern Agriculture into Nineteenth-Century Palestine: The German Templers«, in: Ruth Kark (Hg.), *The Land That Became Israel. Studies in Historical Geography*, New Haven/Jerusalem 1990, 90–104; Thalmann, Siedler.

[10] Knobloch, Stations, 3.

[11] Vernon Carstensen, »The Genesis of an Agricultural Experiment Station«, *Agricultural History* 34 (Jan. 1960), 13–20, 14.

[12] Otto Warburg, »Vorschlag des Palästina-Ressorts an das Direktorium des Jüdischen Nationalfonds«, CZA, A12/45 (1907), 1.

[13] Alexander Eig, *On the Vegetation of Palestine* (The Zionist Organisation, Institute of Agriculture and Natural History, Agricultural Experiment Station, Bulletin 7), Tel-Aviv 1927, 4.

[14] Aaron Aaronsohn/Jitzchak Wilkansky, »Memorandum [Jaffa-Rafah Land Scheme]«, CZA, A111/77 (28.05.1918), 1.

im Vordergrund stehen, die Palästina zur Produktivität verhelfen sollten. Es ging den Botanischen Zionisten nun weniger darum, das Land zu erkunden und zu erforschen, sondern darum, es zu transformieren und zu »verbessern«.[15]

Wald, Feldpflanzen, Obstbäume, Zierpflanzen und exportierte Zitrusfrüchte zeugten von der Materialisierung jener Ideen und Konzepte einer antizipierten Landschaft, wie sie uns zu Beginn der Arbeit begegnet sind. Mit den Fragen, die sich der amerikanische Umwelthistoriker Philip Pauly stellt, um die Besiedlung Nordamerikas aus einer neuen Perspektive zu begreifen, kann auch an die Protagonisten des Botanischen Zionismus herangetreten werden:

> What mix of species did interested Americans imagine that their grandchildren would be seeing, and how did they anticipate such population coming to be? More specifically, what did Americans do with deforested landscapes and what, if anything, did they plant? Early planting initiatives are important clues to the values embedded in tree culture [...].[16]

Pauly spricht zwei Aspekte an, die sowohl auf das amerikanische als auch auf das zionistische Projekt zutrafen: Erstens sollte Landschaft nachhaltig verändert werden, um die Lebensgrundlage für nachfolgende Generationen zu sichern. Zweitens reflektierte die neue hebräische Flora die Ziele des Botanischen Zionismus, die auf Produktivitätsideale rekurrierten.

Wie wir im zweiten und dritten Kapitel gesehen haben, träumte Warburg schon um die Jahrhundertwende von einer produktiven Flora des Landes Palästina. Seiner Ansicht nach war das Land in der Vergangenheit einst von Millionen Menschen bevölkert worden. Fast zwanzig Jahre später lobte auch der Geologe Max Blanckenhorn die Beschaffenheit Palästinas. Der Ackerboden versprach großes Potential, weil er »Nährboden der Pflanzenwelt insbesondere der landwirtschaftlichen Nutzpflanzen«[17] war, wie er in einer Schrift aus dem Jahr 1918 feststellte. Auch Selig Soskin stimmte zu. Zwar sei Palästina ein kleines Land. Dies stünde seiner Produktivmachung jedoch nicht im Wege, da das Klima diesen Makel ausgleichen könnte: »Aber wir haben zum Glück ein Land vor uns, das im Mittelmeer liegt, mit einem wunderbaren Klima bedacht ist, dessen stets lachende Sonne Mensch, Tier und Pflanze, besonders die letztere die nur auf Sonnenwärme angewiesen ist, zur größten Produktivität anspornt.«[18]

---

[15] Diese Entwicklung ist nicht ohne Weiteres chronologisch einzuordnen. Sicherlich gingen die Dynamiken, die in den vorherigen Kapiteln beschrieben wurden, den Veränderungen Palästinas durch die Botanischen Zionisten zeitlich und auch epistemisch voraus. Eine genaue Kentnnis der palästinensischen Flora war zum Beispiel Vorbedingung für Akklimatisationsprojekte. Doch war die Kenntnis Palästinas während des Botanischen Zionismus nie lückenlos, so dass manchmal Nachholbedarf in der Erforschung der natürlichen Gegebenheiten bestand.

[16] Pauly, Fruits, 83.

[17] Blanckenhorn, Boden, 5.

[18] StPZK 1921, 344. Wilkansky spottete während des Zionistenkongresses über diese »wunderbare messianische Lösung der ökonomischen und politischen Probleme im Lande«: »Nächstens wird Soskin vielleicht vorschlagen, die palästinensische Sonne en detail zu verkaufen, von ihr Konserven

Doch war das Potential des Landes auch anderthalb Jahrzehnte, nachdem Warburg Zionist geworden war, nicht ausgeschöpft. Noch immer galt Palästina als »halbkultiviert« und unerschlossen.[19] Dies war nicht zuletzt ein großes Problem, weil zu wenige Juden nach Palästina auswanderten. Kurt Blumenfeld stellte fest, dass die landwirtschaftliche Kolonisation aufgrund ihrer Schwierigkeit länger dauern werde als die industrielle. Die kleine Gemeinschaft des Zionismus, die »keinerlei politische Macht hinter sich hat und keinerlei Zwangsmittel ihren Mitgliedern gegenüber besitzt«, war gezwungen, so Blumenfeld, in Palästina staatliche und kommunale Aufgaben zu übernehmen, denen sie kaum gewachsen war: Maßnahmen zur Sicherheit der Bewohner, den Ausbau von Infrastruktur, die Trockenlegung von Sümpfen, den Brunnenbau sowie die Schaffung von Institutionen zur Förderung der Landwirtschaft.[20] Dem Erblühen Palästinas standen zahlreiche Hürden im Weg. Darunter waren auch politische und institutionelle Beschränkungen, von denen Nachum Wilbusch unter osmanischer Herrschaft eine ganze Reihe aufzuzählen wusste:

> [...] die politischen Zustände, die Kapitulationsbeschränkungen, mangelhafte Gesetzgebung und schlechte Verkehrsverhältnisse, hauptsächlich aber [...] die Bestechlichkeit, Willkür und Korruption der Beamtenschaft, geringe[r] Wohlstand, mangelhafte Bildung, Bedürfnislosigkeit und kleine Konsumtion von Industrieerzeugnissen der örtlichen meist landwirtschaftlichen Bevölkerung.[21]

Hinzu kamen die Probleme mit Palästinas Natur, denen sich Warburg und die Botanischen Zionisten widmeten. So führte der Geologe Max Blanckenhorn einige Faktoren auf, die das Aufeinandertreffen von Mensch und Natur zu einer potentiell gefahrenvollen Angelegenheit machten: Die Siedler erwarte schwere körperliche Arbeit und eine fremde, unwillige Natur in Palästina. Die Bezwingung der Natur sei keine einfache Aufgabe und falls sie nicht gelinge, könnte sie sowohl die Siedler als auch das Land ins »Verderben« reißen.[22]

Dass die Urbarmachung des Landes ein Erfolg werden würde, war trotz aller wissenschaftlichen Untermauerung nicht garantiert und die Zionisten waren von der Natur oft viel stärker abhängig, als ihnen bewusst war. Im Gegensatz zu Warburg sah Blanckenhorn den Boden Palästinas nur spärlich genutzt.[23] Eine Besonderheit des palästinensischen Bodens war die Armut an Humus. »Was den Gehalt an Pflanzennährstoffen (Stickstoff, Phosphorsäure, Kali, Kalk) betrifft, so ist der Boden in vielen Teilen des Landes [...] erschöpft«, was Blanckenhorn zufolge daran lag, dass die Araber das Land nicht düngten und nur zehn bis 15 cm

herzustellen und nach dem Ausland zu verschicken [...].« Ebd., 392. Wilkanskys Kritik am Botanischen Zionismus wird Gegenstand des zweiten Teils dieses Kapitels sein.

[19] Blumenfeld, Zionismus, 91.

[20] Ebd., 96.

[21] Nachum Wilbuschewitsch, *Aussichten der Industrie in Palästina*, Berlin 1920, 5.

[22] Blanckenhorn, Boden, 14.

[23] Ebd.

tief pflügten. Künstliche Düngemittel wie Kali wurden erstmals 1910 in Palästina genutzt.[24]

Auch für Blanckenhorn lag die Zukunft des Judenstaates in der Produktivierung des Landes. Er schlug vor, durch Bewässerung die Gärten und Südfrüchte-Plantagen zu verbessern. So sollte nebenbei auch vielen Hunderttausenden Juden Arbeit verschafft werden, denn viele der von Blanckenhorn zur Akklimatisierung vorgeschlagenen Kulturen (Zuckerrohr, Bananen, Indigo, Balsambäume, Kautschuk, Moringa, Baumwolle, Calotropis, Reis, Dattelpalmen) waren ausgesprochen arbeitsintensiv.[25] Die Anbauarten waren an die jeweiligen geographischen Zonen Palästinas gebunden: Das Gebirgsland sei »von Natur für die Baumkultur der Olive, von Wein, Feigen, Mandeln, Pistazien bestimmt«.[26]

6.1.1 1905, der Herzlwald

Wie wir am Anfang der Arbeit gesehen haben, war die Entforstung, für die man die arabische Bevölkerung verantwortlich machte, für die Botanischen Zionisten Grund zur Klage. Schon Herzl beschrieb in seiner zionistischen Utopie die Bedeutung der Aufforstung Palästinas. Der Beitrag der Warburg-Gruppe zum palästinensischen Wald ist wissenschaftlich kaum untersucht worden, selbst in Standardwerken wie Alon Tals Monographie *All the Trees of the Forest*[27] oder in Nili Liphschitz' und Gideon Bigers Studie zur Aufforstung Palästinas[28] gibt es kaum Hinweise auf die Rolle der Pflanzenforscher. Die Aufforstung Palästinas bestand als »nichtjüdische« Idee bereits vor der *Zionistischen Organisation*, erste systematische Versuche gingen auf die Templer zurück. Die Haltung der jeweiligen Regime zum Wald war unterschiedlich: Die Osmanen waren weniger am palästinensischen Wald interessiert, aber während des britischen Mandates wurde er wieder Thema. Obwohl die Briten, die 1919 das Mandat für Palästina übernommen hatten, mit der Einrichtung des *Forest Service* mit viel Enthusiasmus die Aufforstung des Landes begannen, waren die Effekte letztlich nicht allzu groß und wenig nachhaltig.[29]

Es waren die Botanischen Zionisten um Warburg, die dafür sorgten, dass der Wald nicht nur zur praktischen Notwendigkeit in Palästina wurde, sondern zum Symbol für die zionistische Ideologie. Nach der Etablierung der *Kommission zur Erforschung Palästinas* auf dem sechsten Zionistenkongress 1903 wurde ein Programm zur Pflanzung von Hainen und Wäldern beschlossen. Wenig später

---

[24] O. A., »Die künstlichen Düngemittel in Palästina«, *Die Welt* 16 (24.03.1912), 419.

[25] Blanckenhorn, Boden, 29.

[26] Ebd.

[27] Alon Tal, *All the Trees of the Forest. Israel's Woodlands from the Bible to the Present* (Yale Agrarian Studies Series), New Haven 2013 (= Tal, Trees).

[28] Liphschitz/Biger, Green Dress.

[29] Tal, Trees, 30–55.

begann das Hauptbüro des Jüdischen Nationalfonds auf Initiative Warburgs[30] mit dem Pflanzen eines Waldes zu Ehren von Theodor Herzl:

> Das Gefühl unendlicher Dankbarkeit gegen den grossen Mann suchte nach einer Ausdrucksform. Man empfand die Notwendigkeit, ein Denkmal zu schaffen, das würdig wäre, den Namen des toten Führers zu tragen, und das zugleich eine Fortsetzung seiner Lebensarbeit bilden soll, – eine Quelle von Glück und Wohlfahrt für das Volk, für das er sein Leben geopfert, und für das Land, nach dem sein ganzes Streben ging. [...] Jedem Juden ist hierdurch die Möglichkeit gegeben, durch Pflanzung von Bäumen im Herzlwald auf den eigenen Namen oder auf den Namen von Angehörigen, Freunden und Bekannten an der Verwirklichung des grossen Gedankens mitzuwirken.[31]

Es ist kein Zufall, dass der erste zionistische Wald in Palästina ein nachhaltiges »Denkmal für den unvergesslichen Schöpfer der zionistischen Organisation«[32] werden sollte. Wälder hatten im Zionismus nicht nur einen praktischen, sondern auch einen symbolischen und emotionalen Wert. Der Herzlwald, eines der ersten großen Projekte Warburgs in Palästina, sollte »seinen Teil dazu beitragen, die ungeheuer schwere und wichtige Frage zu lösen: Auf welche Weise kann am schnellsten der seit zwei Jahrtausenden der Mutter Erde entfremdete Jude dieser wieder zugeführt werden?«[33] Das Zitat macht es deutlich: Das Pflanzen von Wäldern wurde nicht nur mit der Rückkehr ins Heilige Land parallelisiert, sondern symbolisierte die Verbindung zwischen Volk und Boden. Ein Beobachter stellte fest: »Aufforstungsarbeit[34] ist in Israel zum Symbol seiner Wiederauferstehung geworden«.[35] Auch Warburg als Initiator des Herzlwaldes sprach von einer »nationale[n] Wiedergeburt«[36] durch die Aufforstung. Der Wald symbolisierte

---

[30] Wenige Jahre später übernahm der Jüdische Nationalfonds das Projekt: o. A., Sitzung, 1089–1107, 1106.

[31] Hauptbureau des Jüdischen Nationalfonds, *Der Herzl-Wald (Die Baum-Spende)*, Den Haag o. J., 6 (= Hauptbureau, Herzl-Wald).

[32] Ebd., 6. Die deutschen Zionisten planten auch einen Wald zu Ehren des deutschen Kaiserpaares; diese Idee wurde aber nach Protest innerhalb der zionistischen Bewegung verworfen. Shilony/Seckbach, Ideology, 121 f. Vgl. Otto Warburg an das zionistische Zentralbureau, CZA, Z2/630 (28.12.1906), 2.

[33] Hauptbureau, Herzl-Wald, 6; vgl. auch Otto Warburg, »Jewish National Fund«, CZA, A12/137 (1916), 1.

[34] Auch wenn der Begriff »Aufforstung« suggeriert, dass man einen ursprünglichen Wald wiederherstellen wollte, war es völlig unklar, wie dieser einmal ausgesehen hatte: David Schorr, »Forest Law in Mandate Palestine. Colonial Conservation in an Unique Context«, in: Frank Uekötter (Hg.), *Managing the Unknown. Essays on Environmental Ignorance*, New York 2014, 71–90, 78 (= Schorr, Law). Im Laufe der Jahrtausende wurde der größte Teil der palästinensischen Wälder tatsächlich zerstört, der Umwelthistoriker Alon Tal spricht von 98 Prozent. Tal, Trees, 28.

[35] K. Hueck, »Reisebeobachtungen 1960 über die Aufforstungen in Israel«, *Forstwissenschaftliches Centralblatt* 79 (1960), 257–269 (= Hueck, Reisebeobachtungen), 269. Abgesehen davon wurden auch weite Teile Europas und viele Kolonien aufgeforstet, vgl. z. B. Liphschitz/Biger, Green Dress, 171.

[36] Warburg, Bericht, 234. Vgl. auch Yael Zerubavel, »The Forest as a National Icon: Literature, Politics, and the Archeology of Memory«, in: Ari Elon/Naomi M. Hyman/Arthur Ocean Waskow (Hgg.), *Trees, Earth, and Torah. A Tu b'Shvat Anthology*, Philadelphia 2000, 188209; vgl. auch Berkowitz, Palästina-Bilder.

die Rückkehr der Juden ins Land Palästina und die Verbindung zur jüdischen Diaspora.

Die Diaspora sollte dafür sorgen, Palästina in ein jüdisches Land zu verwandeln: Der Herzlwald sollte durch Spenden realisiert werden. Jede Spende, so Warburg, trage dazu bei, Palästina in ein produktives Land zu verwandeln. Auch der praktische Wert des Waldes wurde mit dem symbolischen verknüpft. Wilkansky schrieb 1913 an Ruppin: »Er [der Wald] muss gutes kolonisatorisches Material vorbereiten, die bereits im Lande üblichen Kulturen verbessern und neue einführen. Vom nationalen Gesichtspunkte aus hat diese Arbeit wenn sie auch mit grossen Kosten verbunden ist, mehr Wert als selbst eine gewinnbringende Anlage, die dem Jischub nichts bietet.«[37] Der ideologische Wert des Herzlwaldes siegte über den praktischen Nutzen.

Warburg setzte für den Herzlwald auf eine einheimische Art, die keine große finanzielle Investition erforderte: Die Olive[38] hatte nicht nur in der europäischen Bibelrezeption, sondern auch in der Levante einen besonderen kulturhistorischen Hintergrund. Olivenbäume wurden mit Wohlstand und Frieden assoziiert, denn Baumbestände fielen Kriegen meist zum Opfer. So wurde vor allem der langsam wachsende Ölbaum zum Symbol von Sesshaftigkeit und Wohlstand: »Es dauerte viel länger, bis er Früchte trug, und deshalb konnte eine im Kriege verarmte Bevölkerung auch erst dann daran denken, Oliven zu pflanzen, wenn ihr Wohlstand sich einigermaßen wiedergehoben hatte.«[39] Die Olive verband praktischen Nutzen und Ideologie; sie trug Früchte und symbolisierte Permanenz. Damit eignete sie sich ideal für den Herzlwald, der aus mindestens zehntausend Bäumen bestehen sollte.

Man maß den Olivenbäumen auch einen hohen praktischen Wert bei, »einerseits für die Sanierung des palästinensischen Klimas, andererseits für das wirtschaftliche Gedeihen des Landes«.[40] Wälder wurden zunehmend Teil der sich ausbreitenden landwirtschaftlichen Fläche,[41] sie sollten Klima und Wasserversorgung[42] verbessern und die Wirtschaft dank der Produktion von Holz ankurbeln.[43] Einheimische, wildwachsende Holzgewächse zählen in Palästina etwa 110 Arten, aber nur wenige, wie die Aleppokiefer, der Johannisbrotbaum, verschiedene Tamarix-Arten und die Zypresse, kamen für die Aufforstung in Frage. Die neuen Wälder erfüllten eine Reihe essentieller Funktionen für das Land: Sie verdrängten Ödland, verhüteten Bodenerosionen, dränierten das Sumpfland und

[37] Jitzchak Wilkansky an Otto Warburg, »Über Olivenpflanzungen«, CZA, A12/132 (1. Tamus 5673 [= 06.07.1913]), 11.

[38] Shilony/Seckbach, Ideology, 116f.

[39] Trietsch, Bilder, 54.

[40] Otto Warburg, »Jewish National Fund«, CZA, A12/137 (1916), 1.

[41] Bravermann, Flags, 34.

[42] Warburg, Palästina als Kolonisationsgebiet, 3; Schorr, Law, 75.

[43] Sufian, Healing, 40.

entzogen so der die Malaria übertragenden Anophelesmücke die Lebensgrundlage, sie befestigten Sanddünen, bildeten Windschutzstreifen und beschäftigten Neueinwanderer in der Forstwirtschaft.[44]

Die Baumspende, zu der 1905 aufgerufen wurde, gilt als das »vielleicht [...] genialste Mittel, das der Zionismus schuf, um die Verbindung des westlichen Judentums zu Palästina zu stärken«.[45] Tatsächlich aber stieß die Umsetzung des Herzlwaldes auf große praktische Schwierigkeiten: Nur ein kleiner Teil der Zionisten Europas war bereit, zu spenden.[46] Idealerweise sollten so viele »Herzlbäume« pro jüdische Gemeinde, »als sie Mitglieder zählt«[47], gespendet werden. Im Jahr 1912 wurde Warburg vorgeworfen, dass statt der geplanten 50.000 Ölbäume und 20.000 anderen fruchttragenden Bäume nur 14.000 Oliven gepflanzt worden waren.[48] Vom zu erwartenden Erlös des Olivenhaines sollten, ginge es nach Warburg, zukünftig kulturelle Projekte und später sogar das Schulwesen finanziert werden.[49] Diese Idee war so ambitioniert wie unrealistisch. Offensichtlich hatte Warburg die Produktivität des Olivenbaumes maßlos überschätzt. Seine Ideen für die Finanzierung des Bildungssektors konnten nicht umgesetzt werden.[50] Die Aufforstung Palästinas war mühsam. In den dreißig Jahren, in denen Palästina dem britischen Mandat unterstand, wurden etwa 5.400 Hektar Wald gepflanzt, was einem halben Prozent der Fläche Palästinas entsprach, lässt man die Wüstenregionen außen vor. Noch ernüchternder ist das Ergebnis der zionistischen Aufforstungen: Der Jüdische Nationalfonds, dessen Aufgabe es war, »Land in Palästina zu erwerben, das unveräusserliches Eigentum des jüdischen Volkes bleiben«[51] sollte, pflanzte im selben Zeitraum nur knapp 1.300 Hektar Wald; ein Befund, der verwundert, wenn man die diskursive und symbolische Bedeutung des Waldes untersucht.[52] Die Aufforstung Palästinas glückte erst zeitverzögert.

[44] Hueck, Reisebeobachtungen, 258 f.

[45] Berkowitz, Palästina-Bilder, 174.

[46] Ein Jahr nach der Einrichtung der Baumspende, 1906, waren nur Spenden zur Finanzierung von eintausend Bäumen eingegangen: StPZK 1909, 170. Warburg stellte 1908 besorgt fest, dass kaum jemand spende und sich unter den wenigen Spendern viele Nichtzionisten und sogar Christen befänden. Drei Jahre nach Beginn des Projektes hatte weniger als ein Viertel der deutschen Zionisten einen Ölbaum für Herzl gestiftet; s. Otto Warburg, »The General Development of Palestine«, CZA, A111/194 (1908), 5. Nachdem Warburg die Propaganda für den Herzlwald intensivierte, wurden auch mehr Spender gefunden. Je nach Höhe des Spendenbeitrages erhielten die Wohltätigen Bestätigungskarten oder Diplome. Es wurde zeitweise sogar eine Sekretärin eingestellt, um alle Spender übersichtlich in ein Buch einzutragen, s. StPZK 1909, 172.

[47] Warburg, Bericht, 234.

[48] O. A., Sitzung, 1106.

[49] Otto Warburg, »Vom Herzlwald«, *Palästina. Zeitschrift für die culturelle und wirtschaftliche Erschliessung des Landes* 5 (1908), 71.

[50] Der Herzlwald ging 1911 an den JNF über, so dass er außer Reichweite der Botanischen Zionisten geriet: Liphschitz/Biger, Green Dress, 63.

[51] Hauptbureau, Herzl-Wald, 21.

[52] Tal, Trees, 283.

Israel definiert sich heute nicht zuletzt über die Fähigkeit, die Wüste zum Blühen zu bringen.

So brachte der Herzlwald nicht die erhoffte Umgestaltung des Landes. Die Oliven wuchsen naturgemäß nur langsam, so dass sich zu Beginn der 1920er Jahre wiederholt Besucher Palästinas beschwerten, dass der Herzlwald überhaupt nie angelegt worden sei und ihn als »Schwindel« bezeichneten. Warburg machte die Art der Pflanzung für diese Vorwürfe verantwortlich: Der Herzlwald sei mehr Hain als Wald[53] und entziehe sich deshalb europäischen Sehgewohnheiten, die sich unter einem Wald einen dichten, üppigen, grünen Forst vorstellten.[54] Immer wieder wurde das westliche Auge durch die Konfrontation mit palästinensischen »Wäldern« auf die Probe gestellt.[55] Die europäischen Juden, die sich in Palästina niederließen, brachten auch ihre Konzepte von Natur und Umwelt mit ins Land. Die Psychoanalytikerin Anna Freud beschreibt einen Traum, in dem Jerusalems Natur mit mitteleuropäischer Umwelt verschwamm: »Last night I had a vivid dream of Jerusalem. But it was a mixture of Vienna forest and Berchtesgaden. It seems that my imagination cannot reach any further than that [...].«[56]

Doch war der Herzlwald kein komplettes Fiasko, denn seine diskursive Bedeutung stellte seinen praktischen Wert bald in den Schatten. Der Wald war eng mit der Schöpfung des neuen, starken, arbeitsamen Hebräers verknüpft, wie sie im Zionismus propagiert wurde. Mithilfe des Waldes sollte auch den Städtern der »Übergang zur Landwirtschaft« gelingen.[57] Das Pflanzen selbst wurde im Zionismus ideologisch aufgeladen. Die entsprechende Formel lautete »kibusch ha'avoda«, wörtlich: die Eroberung der Arbeit. Durch jüdische Arbeit sollte die jüdische Landschaft transformiert und die Landwirtschaft reformiert werden.

Ein Vorfall aus dem Jahr 1908 illustriert den sakralen Status der Arbeit an Palästinas Landschaft im jüdischen Nationalismus. Eine Gruppe arbeitsloser jüdischer Einwanderer aus Petach Tikva entwurzelte Olivenbäume[58] im Herzlwald, die, um Kosten zu sparen, von erfahrener arabischer Hand gepflanzt worden waren.[59] Danach pflanzten die jüdischen Arbeiter die Setzlinge wieder ein. Auch

[53] StPZK 1921, 337.

[54] Offensichtlich genügten etwa die gepflanzen Eichen und Pistazien diesem Anspruch nicht, Liphschitz/Biger, Green Dress, 269. Vgl. auch Hueck, Reisebeobachtungen, 263; Cohen, Tree, 215 f.

[55] Auch der britische Naturforscher und Geistliche Henry Baker Tristram war sich solcher europäischer Sehgewohnheiten bewusst, etwa als er den Carmel-Wald beschrieb: Tristram, Land, 110.

[56] Zit. n. Eran J. Rolnik, *Freud in Zion: Psychoanalysis and the Making of Modern Jewish Identity*, London 2012, 136.

[57] Otto Warburg, »Jewish National Fund«, CZA, A12/137 (1916), 1.

[58] Politische Konflikte manifestierten sich des Öfteren auf botanischer Ebene. 1909 hatten Araber Bäume aus der Siedlung der Templer in Wilhelmina entwurzelt. Vgl. Alex Carmel, »The German Settlers in Palestine and their Relations with the Local Arab Population and the Jewish Community, 1868–1918«, in: Moshe Ma'oz (Hg.), *Studies on Palestine During the Ottoman Period*, Jerusalem 1975, 442–465, 446 f.

[59] Eric Zakim, *To Build and Be Built: Landscape, Literature, and the Construction of Zionist Identity*,

wenn sich so oberflächlich nichts am Lande änderte, wurde es durch jüdische Arbeit dem Zionismus und der Idee des neuen Hebräers einverleibt:[60] »By doing this we removed the stain of Arab labor from a place we considered so holy, and we were able to prove that [...] one day's work of Jewish laborers was equal to the thirty working days the Arabs had spent in planting the forest.«[61]

Der Wald war für die Zionisten heilig; seine Entstehung durfte in ihren Augen nur jenen überlassen werden, die Teil des zionistischen Projektes waren. Jüdische Arbeit sollte symbolisch arabische Arbeit verdrängen. Aufgrund der sakralisierten Bedeutung von Arbeit wurde auch der Akt des Pflanzens zum Dienst an der zionistischen Sache. Wenige Jahre später gab es einen ähnlichen Vorfall in der ersten landwirtschaftlichen Versuchsstation. Deren Leiter Aaron Aaronsohn bevorzugte arabische Arbeiter, eine Tatsache, die sich später zu einem größeren ideologischen Grabenkampf ausweiten sollte; vor allem ab dem Zeitpunkt, ab dem »jüdische Arbeit« zum heiligen Prinzip der Zionisten wurde.[62] Einerseits sollte »jüdische Arbeit« die jüdische Wirtschaft im Jischuw stärken;[63] arabische Hilfe wurde als Infiltration betrachtet. Andererseits war »jüdische Arbeit« ideologisch eng mit dem Projekt der Schaffung des neuen hebräischen Menschen verknüpft, durch dessen Eingriffe in die Natur auch die Landschaft *hebraisiert* wurde. Eine botanische oder landwirtschaftliche Praxis, das Pflanzen durch angestellte arabische Landarbeiter, wurde so zum Symbol für eine genuin politische Frage.

6.1.2 »Denn das Gelobte Land ist das Land der Arbeit«:[64] Die Produktivierung von Volk und Land

Der Imperativ der Produktivität betraf nicht nur die die Natur des Landes, sondern wurde auch auf einer weiteren Ebene diskutiert: Auch die Juden sollten produktiv werden; sowohl als Volk als auch als Individuen.[65] Auf dem siebten Zionistenkongress im Jahr 1907 stellte Nachum Sokolow die Transformation der einst unproduktiven Juden fest: Das »Schmarotzertum« weiche einer »neuen Lebensanschauung«, die das »alte Land zu neuem Leben« erwecke und »dazu

Philadelphia 2006, 57 (= Zakim, Landscape); Boaz Neumann, *Land and Desire in Early Zionism*, Waltham 2011, 102.

[60] Zakim, Landscape, 59.

[61] Zit. n. Shilony/Seckbach, Ideology, 126–128.

[62] Ebd., 114, 126 f.

[63] Zakim, Landscape, 53.

[64] Theodor Herzl, *Der Judenstaat: Versuch einer modernen Lösung der Judenfrage*, Norderstedt 2015 (1896), 47.

[65] Vgl. etwa den »agrarian ideologue of Labor Zionism« Aharon David Gordon (1856–1922), der 1904 48-jährig nach Palästina auswanderte und der körperlichen Arbeit huldigte; Zakim, Landscape, 55–57; Penslar, Zionism and Technocracy, 15.

anregt, die Produktionsquellen des Landes zu erschließen und es der Kultur und der Zivilisation näher zu bringen«.[66] Damit einher gehe die Schaffung eines »Arbeiterelement[es]«; »Schmarotzer« »gärten« zu Arbeitern, das Land werde zur Scholle. Indem Kultur und Zivilisation über die Natur siegten, werde Palästina revitalisiert. Der produktive Mensch und das produktive Land konstituierten sich in Abhängigkeit voneinander. Der »regenerierte Hebräer« sollte Herr des Bodens werden.[67] Auch Warburg fand es ein Jahr später bemerkenswert, dass »Juden, die als Schmarotzer verschrien waren, neues und Konkretes schaffen«, zu »Kulturpioniere[n]« wurden und als »Schaffende« körperliche Tätigkeiten aufnahmen.[68]

Palästina sollte durch die Kräfte des Westens genesen, namentlich durch Wissenschaft und Technologie. Hier war der »menschliche Fleiß« nötig, er sollte die »im Boden Syriens« schlummernden »wunderbare[n] Kräfte« erwecken.[69] Auch Otto Warburg formulierte die Produktivierung Palästinas programmatisch als jüdische und universale Verbesserung, die sich im Triumph der Kultur über die Natur ausdrücken sollte:

> Bemüht man sich darum, daß die Zahl der Bewohner Palästinas zunehme, daß bisher unkultivierte Landstrecken für land- und gartenbauwirtschaftliche Benutzung gewonnen werden, daß der Anbau bisher unbekannter oder doch wenig bekannter wichtiger Gewächse raschere Verbreitung finde, daß Viehhaltung und Viehnutzung schnellere Fortschritte mache, so bewegt man sich auf einer Linie, auf der die durch Jahrtausende geheiligte, traditionelle Pflicht des ›Ischuw‹ einem jüdischen und allgemein-menschlichen Ideal der Selbstvervollkommnung, dem Siege des Genies über die Naturkräfte und einer blühenden Kultur zustrebt.[70]

Palästina zur Produktivität zu verhelfen, war für Warburg eine »Kulturaufgabe ersten Ranges« und der Ausdruck eines »edlen menschlichen Schaffungsdranges«;[71] das Mittel dazu sollte »Arbeit im Sinne moderner Technik und Wissenschaft« sein.[72] Diesen Gedanken brachte Warburg auf eine emphatische Formel: »›Land, Land! Für wen bringst du deine Früchte hervor?‹ […] Denjenigen, die es verstehen werden, ihre Arbeit am fruchtbringendsten zu gestalten. Den Tüchtigsten! Nicht den lärmvoll Vordringenden, und nicht den in Träumen versunkenen. Den Stillen, den umsichtig und kenntnisreich Arbeitenden gehört die Zukunft.«[73]

---

[66] StPZK 1907, 53.

[67] Für kurze Zeit wurde in der zionistischen Bewegung die Ansiedlung »kaukasischer Bergjuden« diskutiert, um eine jüdische Ackerbautradition in Palästina zu begründen. Warburg äußerte sich hierzu skeptisch, das Projekt wurde verworfen. Vgl. Otto Warburg an David Wolffsohn, CZA, Z2/630 (12.07.1906), 3 f.

[68] Warburg, Pflichten, 3.

[69] Blanckenhorn, Geologenarchiv, 7.

[70] Warburg, Pflichten, 1.

[71] Ebd.

[72] Warburg, Zukunft, 7.

[73] Warburg, Pflichten, 2. »Land, Land! […]« ist ein Zitat aus dem Talmud.

Abb. 8: Diese Zeichnung, von Ephraim Moses Lilien (1874–1925) für den fünften Zionistenkongress in Basel angefertigt, zeigt eine der zentralen Botschaften des Zionismus: Dem Diasporajuden wird von einem Engel der Weg in die Sonne gewiesen. Heil ist in der landwirtschaftlichen Arbeit zu finden, durch die Juden zu Bauern werden. Rechts unten zeigte Lilien Getreidefelder, die die Produktivität Palästinas symbolisieren.[74]

Warburg stellte fest, dass die Frage des Bodens »für unser Volk von allergrößter Wichtigkeit« sei: »Ein Volk benötigt nicht nur genügende Lebensmittel und nicht nur Geist und Bildung (und zwar seinen Geist und seine Bildung), sondern auch Boden. Ohne Boden verkrüppelt es und sinkt auf das Niveau eines Nomadenstammes, ohne Sicherheit für den kommenden Tag herab.«[75]

Warburg griff hier die Metapher des »Nomadenvolkes« auf, um den unproduktiven, besitzlosen Status der Juden in der Diaspora zu beschreiben. Die Juden wurden in der europäischen Geistesgeschichte oft mit diesen Attributen beschrieben, als Menschen, die sich zwar in der Stadt, aber nicht in der Natur zurechtfinden könnten. Schon im frühen 19. Jahrhundert wurden Juden in frühkapitalistischen Kritiken als größte Gefahr des »deutschen Waldes« und des Bauerntums dargestellt.[76] Auch die mediterrane Ödnis wurde der germanischen »Baumliebe« entgegengestellt.

[74] The Palestine Poster Project Archives https://www.palestineposterproject.org/poster/fifth-zionist-congress-post-card (29.10.2018).

[75] Warburg, Pflichten, 1.

[76] Johannes Zechner, *Der deutsche Wald. Eine Ideengeschichte 1800–1945*, Darmstadt 2016, 80 (= Zechner, Wald).

Diese Ideen gipfelten im frühen 20. Jahrhundert im Denkbild des deutschen »Waldvolkes«.[77] Juden hingegen wurde Naturfeindschaft attestiert – zunehmend auch im biologistischen Sinne als rasseninhärente Eigenschaft.[78] In Deutschland wurde der Wald als etwas genuin »Germanisches« dargestellt, während die Viehzucht dem jüdischen Gegensatz entsprechen sollte. Populäre Autoren wie Wilhelm Heinrich Riehl (1823–1897) formulierten diese Ideen schon im 19. Jahrhundert. Für Riehl erschien die Nichtsesshaftigkeit der Juden als der prägende Zug ihres Volkes: »[D]er Jude hinterm Pfluge und in der Werkstatt verliert sein semitisches und mittelaltriges Volksgepräge.«[79] Das 1910 erschienene, enorm populäre Buch *Der Wald als Erzieher* von Rudolf Düesberg (1856–1926) verknüpfte die antisemitischen, nun schon sozialdarwinistisch geprägten Auffassungen einer jüdischen Rasse mit silvanen Ideen und Naturargumenten.[80] Die Idee von den Juden als orientalischem, nomadischem Volk, als »ein Wüstenvolk und ein Wandervolk«[81], zielte auf deren vermeintliche Affinität zum Kapitalismus und eine damit eingehergehende Unproduktivität ab.[82]

Auch in diesen Debatten nahm der Wald einen wichtigen Platz ein. Die »Eigenart« des Wesens der »blonden blauäugigen Menschen, die Nord- und Mitteleuropa seit Jahrtausenden inne haben«[83], hänge mit deren Umgebung zusammen: dem Wald. Das Gegenstück zum Wald war die Wüste. »Wüste und Wald sind die großen Kontraste, um die die Wesenheit der Länder wie der Menschen, die sie bewohnen, herumgelagert ist.«[84] Aus diesem Kontrast ergab sich der große Unterschied zwischen Ariern und Juden in der »Lebensweise«, der auch auf das »Wesen«[85] der Menschen Einfluss nahm: »Jene sind immer Siedler, auch wenn sie Viehzucht treiben; diese immer Bodenfreunde, auch wenn sie Ackerbauer sind.«[86] Schon 1899 beschrieben die Autoren eines Fotografiebandes zu Palästina die Entwicklung der Juden zu Bauern,[87] die das Land zurückführten

[77] Ebd., 81.

[78] Ebd., 80.

[79] W. H. Riehl, Die deutsche Arbeit, Stuttgart 1861, 64; zit. n. Zechner, Wald, 114.

[80] Michael Imort, »A Sylvan People. Wilhelmine Forestry and the Forest as a Symbol of Germandom«, in: Thomas M. Lekan/Thomas Zeller (Hgg.), *Germany's Nature. Cultural Landscapes and Environmental History*, New Brunswick 2005, 55–80, 69. Vgl. Zechner, Wald, 138–140.

[81] Werner Sombart, *Die Juden und das Wirtschaftsleben*, Leipzig 1911, 408 (= Sombart, Juden).

[82] Zu einer ausführlichen Analyse etwa: Rainer Guldin, *Politische Landschaften. Zum Verhältnis von Raum und nationaler Identität*, Bielefeld 2014, 136–142.

[83] Also jene, die um 1900 gemeinhin »Arier« genannt wurden, obwohl Sombart den Begriff verwarf, s. Sombart, Juden, 416.

[84] Ebd.

[85] Ebd., 418.

[86] Ebd., 417. Zu einer zeitgenössischen Kritik, in der die Entdeckung des Urweizens als Indiz für die Eignung der Juden zum Ackerbau herangezogen wird: Friedrich Hertz, *Rasse und Kultur. Eine kritische Untersuchung der Rassentheorien*, 2. Aufl., Leipzig 1915, 295 (= Hertz, Rasse).

[87] Zur jüdischen Agraisierung in anderen geographischen Kontexten, vgl. Jonathan Dekel-Chen/Israel Bartal, »Jewish Agrarianization«, *Jewish History* 21 (2007), 239–247 (= Dekel-Chen/Bartal, Agrarianization). Zu einer spezifisch sowjetischen Episode unter neolamarckianischen Vorzeichen:

zu biblischer Fülle: »Die jüdischen Bauern haben der ganzen Welt gezeigt, dass der den Juden von ihren Feinden gemachte Vorwurf, sie seien für körperliche Arbeiten untauglich, nicht der Wahrheit entspricht. Sie haben ferner erwiesen, dass Palästina noch immer das Land sei, wo Milch und Honig fliesst, wenn es von fleissiger Hand bearbeitet wird.«[88]

Silvanismus und Saharismus waren Werner Sombart (1863–1941) zufolge unauflösbare Gegensätze.[89] Die Aufforstung durch Juden war deswegen kein nur praktischer Aspekt der Transformation Palästinas, sondern auch die Negation eines antisemitischen Diskurses. Vor diesem Hintergrund ist es nicht verwunderlich, dass Warburg die aktive Rolle in Palästinas Aufforstung für die Juden des 20. Jahrhunderts als neue Erfahrung und Zäsur darstellte. Das Stereotyp der jüdischen Unproduktivität wurde mit Sombarts 1911[90] erschienenem Werk *Die Juden und das Wirtschaftsleben* zum Allgemeinplatz.[91] Schon vorher, um die Jahrhundertwende, wurde Arbeit sakralisiert und zum Religionsersatz.[92] Deutschland wurde zum Land der Arbeit stilisiert, doch die Nationalisierung von Arbeit war auch in anderen Ländern verbreitet.[93]

Arbeit war in diesen Debatten nicht mehr das messbare Produkt von Arbeitsleistungen, sondern repräsentierte den »kulturellen und sittlichen Kern von Volk und Nation«. Der »Kulturzustand eines Volkes« sollte sich an der Einstellung zur Arbeit ablesen lassen.[94] Somit wurde der Begriff der »Deutschen Arbeit« nationalistisch aufgeladen und von technischen oder ökonomischen Inhalten entkernt.[95] Sebastian Conrad beobachtet ab 1890 eine immer stärker werdende

Robert Weinberg, »Biology and the Jewish Question after the Revolution. One Soviet Approach to the Productivization of Jewish Labor«, *Jewish History* 21 (2007), 413–428.

[88] Isaiah Raffalovich/Moses Elijah Sachs, *Ansichten von Palästina und den Jüdischen Colonien. Photographiert von I. Raffalovich & M. E. Sachs*, Jerusalem 1899, 6 (= Raffalovich/Sachs, Ansichten). Vgl. zu Beispielen früher jüdischer landwirtschaftlicher Tätigkeit: Dekel-Chen/Bartal, Agrarianization, 240.

[89] Sombart, Juden, 425.

[90] Sombart wurde schon früher auch von Zionisten rezipiert, vgl. Olaf Kistenmacher, Rezension zu Nicolas Berg (Hg.): Kapitalismusdebatten um 1900 – Über antisemitisierende Semantiken des Jüdischen, Leipzig 2011, http://www.rote-ruhr-uni.com/cms/IMG/pdf/Kistenmacher-Rez-Berg-Kapitalismusdebatten-um-1900-2012.pdf (29.10.2018). Vgl. auch Friedrich Lenger, »Werner Sombarts ›Die Juden und das Wirtschaftsleben‹ (1911) – Inhalt, Kontext und zeitgenössische Rezeption«, in: Nicolas Berg (Hg.), *Kapitalismusdebatten um 1900. Über antisemitierende Semantiken des Jüdischen*, Leipzig 2011, 240–253.

[91] Sombart, Juden. Vgl. Conrad, Globalisierung, 299–303; Alan Mittleman, »Capitalism in Religious Zionist Theory«, in: Jonathan B. Imber (Hg.), *Markets, Morals and Religion*, New York 2008, 131–140. Ironischerweise waren manche Zionisten, wie Richard Lichtheim beschreibt, nicht unglücklich über Sombarts Thesen, weil dieser die Juden immerhin als Nation und nicht nur als Konfession begriff: Lichtheim, Rückkehr- und Lebenserinnerungen, 210 f.

[92] Conrad, Globalisierung, 280.

[93] Ebd., 281 f.

[94] Ebd., 289. Vgl. auch Anson Rabinbach, *The Human Motor: Energy, Fatigue, and the Origins of Modernity*, Berkeley/Los Angeles 1992.

[95] Conrad, Globalisierung, 283.

antisemitische Färbung der Kapitalismuskritik in der sozialdemokratischen Presse. Nach Conrad war diese Zuschreibung so stark verbreitet, dass sie letztlich von Juden – besonders im Zionismus – rezipiert und angeeignet wurde. Dies sei eine parallele Übernahme antisemitischer Ressentiments wie lebensreformerischer Debatten gewesen.[96]

Conrads Deutung thematisiert allerdings nicht die innerjüdischen Debatten. Schon die jüdische *Haskala*, die Aufklärung, aber auch nichtjüdische europäische und amerikanische Denker thematisierten die Bedeutung landwirtschaftlicher Arbeit für die Juden. Bereits im frühen 19. Jahrhundert wurde eine grundlegende Veränderung des jüdischen Berufsprofils gefordert.[97] Selbst diese Debatten können zum Teil als Reaktionen auf jahrhundertelange Kritik an der Tatsache, dass Juden nur selten in der Landwirtschaft tätig seien, gewertet werden. Der israelische Historiker Jonathan Dekel-Chen findet es »ironisch«, dass jüdische Selbstkritik am Wirtschaftsleben in der Mitte des 19. Jahrhunderts auf antisemitische Polemiken traf.[98]

Diese Debatte wurde auch jenseits des Ozeans geführt. Als Selig Soskin in den USA unter anderem den USDA-Botaniker Walter Tennyson Swingle (1871–1952) aufsuchte, äußerte dieser Zweifel an der Fähigkeit der Juden, Landwirtschaft zu betreiben. Waren die Juden in der Lage, sich von den »quickest thinking townsmen« in die »slowest thinking profession«,[99] gemeint waren Bauern, zu wandeln? Schließlich stimmten die amerikanischen Botaniker Soskin zu, als dieser für eine Intensivlandwirtschaft plädierte, in der des Juden »Intelligenz« und »sein denkender Kopf« Verwendung finden würden.[100]

Auch in Deutschland betonten zionistische Autoren, dass den Juden von außen die Befähigung zum Bauerntum zugestanden werde. Blumenfeld etwa schrieb 1915 in einem Aufsatz in den *Preussischen Jahrbüchern*, dass mehrere deutsche Fachleute wie Hubert Auhagen und andere Landwirtschaftsexperten, aber auch die deutschen Konsuln, die Eignung der Juden zur Landwirtschaft bestätigt hätten.[101] Vor diesem Hintergrund ist es keine Überraschung, dass die Zionisten versuchten, den Urweizen zu nutzen, um politisches wie praktisches Kapital daraus zu schlagen, wie wir im vorhergehenden Kapitel gesehen haben. Auch er sollte beweisen, dass die Juden in der Lage waren, ihr Land und ihre vermeintliche Wesensart zu transformieren.

---

[96] Ebd., 302.

[97] Dekel-Chen/Bartal, Agrarianization, 241; Tanja Rückert, *Produktivierungsbemühungen im Rahmen der jüdischen Emanzipationsbewegung (1780–1871). Preussen, Frankfurt am Main und Hamburg im Vergleich* (Veröffentlichungen des Hamburger Arbeitskreises für Regionalgeschichte (HAR) Bd. 21), Münster 2005.

[98] Dekel-Chen/Bartal, Agrarianization, 241.

[99] StPZK 1921, 349.

[100] Ebd.

[101] Blumenfeld, Zionismus, 98 f.

Schon im vorherigen Kapitel wurde gezeigt, dass die Zionisten bemüht waren, die Landwirtschaft in Palästina zu einer produktiven Angelegenheit zu machen. Im Folgenden wird nachgezeichnet, wie dies geschah. In den landwirtschaftlichen Versuchsstationen Palästinas kümmerte man sich um diesen Teil der hebräischen Flora.[102] Auch die Ideen und Konzepte hinter der experimentellen Erforschung Palästinas werden analysiert.

6.2 Palästina im Labor: Landwirtschaftliche Versuchsstationen

Schon kurz nach der Jahrhundertwende, 1902, also wenige Jahre nach seiner Konversion zum Zionismus, schrieb Otto Warburg, dass er den Gedanken an eine Versuchsstation nur ungern aufgeben wollte.[103] Selig Soskin wies darauf hin, dass das »ziellos[e] Herumtappen auf einem ganz unbekannten, in agrikultureller Beziehung unerforschten Gebiete« zu Fehlern und Schwierigkeiten geführt hatte, die durch die frühe Einrichtung einer Versuchsstation hätten vermieden werden können.[104] Die Argumente für dieses Projekt lauteten: Erstens sei Forschung innerhalb der Institution wichtig als »nationale Ambition«,[105] sie diene dazu, das Vaterland kennenzulernen. Zweitens nutze die Versuchsstation zur Erschließung potentieller wirtschaftlicher Ressourcen; drittens instruiere sie neue jüdische Siedler und viertens ermögliche sie es, Experten in einer Institution arbeiten zu lassen. Laut dem Leiter der zweiten landwirtschaftlichen Versuchsstation, Jitzchak Wilkansky, sei ohne Forschungsinstitute eine Kolonisation schlichtweg unmöglich:

> Ein Forschungsinstitut ist das Instrument der Kolonisation [...]. Wie aber die Verhältnisse im Lande liegen, kann man ohne Versuchsfelder kein guter Experte sein. Der genialste Konsolidator, möge er aus Kalifornien stammen oder auch vom Himmel herunterkommen, kann nicht konsolidieren, wenn er nicht auf landwirtschaftliche Produkte hinweisen kann, die das Versuchsstadium passiert und den Markt erobert haben, so dass sie dem Lande eine sichere Existent [sic] verschaffen. Er ist ebensowenig dazu imstande wie der grösste Arzt ohne Apotheke, der grösste Chirurg ohne Instrumente und der Chemiker ohne Laboratorium.[106]

In anderen Worten: Ohne landwirtschaftliche Forschungsinstitute, so Wilkansky, könne die Zukunft Palästinas nicht gesichert werden.[107] Sein Fazit lautete

---

[102] Ein Überblick über die kurzlebigen, der Versuchsstation zeitlich vorgehenden Einrichtungen wie das *buro agronomi kultur-techni* oder die *agudat hateva b'eretz israel* findet sich bei Katz, Aaronsohn, 7.

[103] Otto Warburg an Aaron Aaronsohn, Beit Aaronsohn (23.11.1902), 3.

[104] Selig Soskin, »Über die Gründung einer landwirtschaftlichen Versuchsstation in Palästina«, *Palästina* 1–2 (1903 [1894]), 37–43, 38 (= Soskin, Gründung).

[105] Jitzchak Wilkansky an Frederick Kisch, CZA, A12/145 (20.09.1928), 2.

[106] Ebd., 2 f.

[107] Otto Warburg an Baron Louis von Rothschild, CZA, A12/177 (28.10.1924), 1.

an anderer Stelle: »It is experimental stations which must pave the way for us [...].«[108] Er forderte einen neuen Weg, den Judenstaat Realität werden zu lassen – durch experimentelle Forschung.

Für die Botanischen Zionisten markierte die Einrichtung wissenschaftlicher Institutionen eine Zäsur: Die landwirtschaftliche Versuchsstation sollte eine neue »Epoche«[109] der Wissenschaftlichkeit und Wirtschaftlichkeit in der Kolonisation einleiten.[110] Wie durch die Kapitelstruktur dieser Arbeit nachgezeichnet, sollte die Inventur von Palästinas Natur nur den ersten Schritt darstellen. Diesen beschrieb Jitzchak Wilkansky folgendermaßen: »[W]e must first take stock of what we have and what we lack.«[111] Das Inventarisieren war die Vorstufe; denn um Lücken der Natur zu füllen, mussten diese erst aufgezeigt werden.[112] »[T]he limitations fixed by nature« waren in einem weiteren Schritt in den Versuchsstationen zu überwinden. Mit »limitations« meinte Wilkansky in erster Linie die Bodenbeschaffenheit, das Klima, die geographische Lage und nicht zuletzt die Anlagen und Fähigkeiten des einzelnen Siedlers. Dem Inventarisieren hatten sich die Botanischen Zionisten schon gewidmet, wenn auch nicht in allen Bereichen in befriedigender Tiefe. Nun sollte die Bezwingung der Natur beginnen.

Die Idee, wissenschaftliche Versuchsstationen zur Produktivierung der Landwirtschaft zu gründen, war nicht neu und spielte in Europa und den Vereinigten Staaten, aber auch in Kolonialkontexten eine wichtige Rolle.[113] Wichtige historische Vorläufer hatten ihren Ursprung in der zweiten Hälfte des 19. Jahrhunderts in Europa, vor allem das Deutsche Reich und Schottland waren für die USA maßgebliche Inspirationen.[114] Auch in den Vereinigten Staaten wurden Versuchsstationen als epochemachend beschrieben, weil sie die Generierung von Wissen mit Instruktion verbinden konnten.[115] Landwirtschaftliche Stationen – und davon gab es um 1900 ganze 590 weltweit[116] – standen auch für Palästina Modell.[117]

Die 1852 unweit von Leipzig gegründete landwirtschaftliche Versuchsanstalt in Möckern hatte die Aufgabe, »durch naturwissenschaftliche Untersuchungen in engster Verbindung mit praktischen Versuchen verschiedener Art zur

[108] Wilkansky, Task, 4.
[109] StPZK 1905, 197.
[110] Knobloch, Stations, 5.
[111] Wilkansky, Task, 2.
[112] Robin, Ecology, 65. Vgl. auch: Katz/Ben-David, Research, 158.
[113] McCook, States, 24.
[114] Knobloch, Stations, 5, 16.
[115] Ebd., v.
[116] Soskin, Gründung; vgl. auch das Vorwort von G.H. Powell und Hon. James Wilson in: Aaronsohn, Explorations.
[117] Vgl. etwa: Davis Trietsch, »Spezial-Kulturen in Syrien und Palästina«, *Koloniale Rundschau. Zeitschrift für Weltwirtschaft und Kolonialpolitik. Zugleich Organ der deutschen Gesellschaft für Eingeborenenschutz* (Januar 1917), 26–39.

Erweiterung der Kenntnis des Betriebes der Landwirtschaft und der mit solcher in Verbindung stehender Gewerbe beizutragen und das auf diese Weise als nützlich Erkannte zu verbreiten«.[118] Der Grundgedanke war, dass Landwirte mit Naturwissenschaftlern kooperieren sollten. Das Programm der Möckerner Versuchsanstalt bezog sich zuvorderst »auf das Wachstum der Pflanzen, die Bedingungen desselben überhaupt und insbesondere auf deren Ernährung durch die Bestandteile der Atmosphäre, des Bodens und der demselben zugefügten Düngemittel«, auf die Bodenbearbeitung, Hindernisse und Schädlinge. Die Versuchsanstalt war aus dem Geiste wissenschaftlicher Innovation geboren. Die Entdeckung des chemischen Düngers schien die Versuchsstation nötig zu machen. Justus von Liebigs 1840 und 1842 erschienene Werke zur Agrikulturchemie,[119] die Mineraldüngung propagierten und eine produktive Zukunft versprachen, ebneten den Weg.

Deutsche Versuchsstationen wurden auch in den Kolonien gegründet. Das fünfzig Jahre nach Liebigs Publikationen, 1902, gegründete *Biologisch-Landwirthschaftliche Institut zu Amani* im heutigen Tansania wies eine ähnliche Forschungsagenda wie Möckern auf. Diese Versuchsstation sollte sich in »jeder Weise nach den praktischen Bedürfnissen der deutsch-ostafrikanischen Kolonie richten«.[120] Warburg war für Amani insofern Impulsgeber, als dass er im Auftrag des *Kolonialwirtschaftlichen Komitees* die wissenschaftlichen Institute anderer Länder hinsichtlich Organisation, Trägerschaft und Funktion verglich, um für Amani die ideale Struktur zu schaffen.[121]

Der Erfolg kolonialer Versuchsstationen diente Warburg als Modell.[122] In Amani sollten zunächst die lokale Flora und deren Krankheiten und Schädlinge untersucht werden, um den Pflanzenbau dann mithilfe von Düngemitteln zu optimieren und Pflanzen und Tiere sowie Rohstoffe für den Export vorzubereiten. Doch den deutschen Kolonialherren ging es primär nicht darum, ein *neues* Land zu besiedeln, sondern um die Durchsetzung ökonomischer Interessen in einer Kolonie.[123]

In Palästina sollte die Versuchsstation akute Probleme lösen. Otto Warburg träumte von einem Ort in Palästina, »wo eigene, genau kontrollierte landwirtschaftliche Versuche angestellt werden«, und verwies auf die Bedeutung von exakter Methode im experimentellen Kontext. Vor dem Einrichten einer Versuchsstation seien wissenschaftliche Versuche an Durchführung und Personal

---

[118] Freistaat Sachsen, Sächsische Landesanstalt für Landwirtschaft, *Sonderheft zum 150-jährigen Jubiläum der Landwirtschaftlichen Versuchsanstalt Leipzig-Möckern*, 2002, 21.

[119] Für den amerikanischen Kontext vgl. Charles E. Rosenberg, »Science, Technology, and Economic Growth: The Case of the Agricultural Experiment Station Scientist, 1975–1914«, *Agricultural History* 45 (1971), 1–20, 3.

[120] Zit. n. Hoppe, Forschungen, 204.

[121] Bald/Bald, Forschungsinstitut, 29.

[122] Otto Warburg an Baron Louis von Rothschild, CZA, A12/177 (28.10.1924).

[123] Vgl. Blue/Bunton/Croizier, Colonialism sowie Hoppe, Forschungen, 204.

gescheitert. Die 1905 »mit grossen Hoffnungen veranstalteten Baumwollversuch[e]« brachten keine guten Resultate, denn viele der involvierten »Kolonisten« sahen die Teilnahme an der Baumwollstudie »nur als ein Mittel, bares Geld in die Hand zu bekommen«. Als sich herausstellte, dass den Kolonisten eine finanzielle Entlohnung versagt werden würde, »verzichteten sie auf die vorher von ihnen verlangte Saat oder vernachlässigten sie«. Die wenigen Stauden, die gehegt wurden, fielen bald einem Schädling zum Opfer.

Eine landwirtschaftliche Versuchsstation sollte also neben einer kontrollierten Methode auch zuverlässiges, geschultes (und bezahltes) Personal einstellen. Otto Warburg sah sich gezwungen, Versuche wie die Baumwollstudie bis zur Errichtung einer landwirtschaftlichen Versuchsstation auf Eis zu legen.[124]

6.2.1 1909, »Ex Oriente lux«: Aaronsohns Versuchsstation

Im Jahr 1904 wurde die Einrichtung einer landwirtschaftlichen Versuchsstation zu einem offiziellen Ziel der *Zionistischen Organisation* erklärt, 1909 wurde sie gegründet.[125] Standort war Atlith unweit von Haifa.[126] Das *Komitee zur Errichtung der landwirtschaftlichen Versuchsstation* bestellte Aaron Aaronsohn zum Leiter. Aaronsohn, der 1906 durch die Wiederentdeckung des Urweizens in das zionistische Pantheon aufgenommen worden war, überstrahlte das Geschehen der Versuchsstation. Er schloss mit seinen Geldgebern einen fünfjährigen Vertrag, in dem man seine Aufgaben und Pflichten festhielt.[127] 1910 konnte Warburg Aaronsohn von seiner »Freude und Genugtuung« berichten – die »Schwergeburt« war »glücklich gelungen«[128] und die Versuchsstation wurde eingerichtet.

Das Terrain um Atlith konfrontierte Aaronsohn mit allen möglichen Schwierigkeiten, mit denen zionistische Pioniere zu Beginn des 20. Jahrhunderts zu kämpfen hatten: Mücken, Sümpfe, Malaria (gegen die ein Teil der Arbeiter schon resistent geworden war), Ärger mit den Landarbeitern und ideologischen Zankereien.[129] Doch auch die politische Lage verkomplizierte Aaronsohns Arbeit. Zum Zeitpunkt der Institutionalisierung der Station war Palästina noch Teil des Osmanischen Reichs; damit waren die Botanischen Zionisten darauf angewiesen, sich mit dessen Obrigkeit gutzustellen. Die Beziehungen zur türkischen Regierung

---

[124] Warburg, Bericht, 225.

[125] Zur Vorgeschichte der Einrichtung, s. Shilony/Seckbach, Ideology, 97–110. Offensichtlich wurde die Einrichtung einer Versuchsstation in der zionistischen Bewegung vorab diskutiert, so schreibt Chaim Weizmann 1907: »Es giebt einige Herren hier, die sich für die Begründung einer Versuchsstation sehr interessieren und möchten es wirklich machen [Fehler im Original].« Chaim Weizmann an Otto Warburg, Beit Aaronsohn (03.03.1907).

[126] In Kohlers und Davidsons Nachruf auf Aaronsohn heißt es, dass dort der Boden besonders »rein« und deswegen geeignet gewesen sei: Davidson/Kohler, Aaronsohn, 204.

[127] Leimkugel, Warburg, 112.

[128] Otto Warburg an Aaron Aaronsohn, Beit Aaronsohn (17.04.1910).

[129] Aaron Aaronsohn an Otto Warburg, CZA, L1/66 (o. D.).

waren tendenziell gut und obgleich man kaum im Austausch stand, spürte Aaronsohn eine »passive Sympathie«[130] für sein Projekt. Unermüdlich betonte er, dass die wissenschaftlichen Interessen der Zionisten deckungsgleich seien mit denen des ganzen Landes und aller Bewohner. Aaronsohn berief sich auf das »im Orient so hochgeschätzte« Gastrecht.[131] Aaronsohn selbst hatte die türkische Staatsangehörigkeit, sprach alle Sprachen der Region fließend und stand in regelmäßigem Austausch auch mit der arabischen Bevölkerung Palästinas. Ohne ihn als Mittler zwischen Orient und Okzident wäre die Errichtung der Versuchsstation wohl schwieriger geworden: Er überzeugte die türkische Obrigkeit, wohlwollend auf den Zionismus zu blicken, indem er sie von der Harmlosigkeit des wissenschaftlichen Projektes überzeugte. Damit verschleierte seine Rhetorik des eigentliche Programm des Botanischen Zionismus: Diese Gruppe wollte einen Staat gründen und sah Wissenschaft als Mittel, Fakten zu schaffen, um den politischen Weg zu umgehen. Doch die Überbetonung der wissenschaftlichen Mission der Versuchsstation war auch an die Geldgeber gerichtet.

In den Statuten der Station war zu lesen:

> The objects for which the corporation [die Körperschaft hinter der Versuchsstation] is formed are the establishment, maintenance and support of agricultural experiment stations in Palestine and other countries; the development and improvement of cereals, fruits and vegetables indigenous to Palestine and neighboring lands, the production of new species therefrom and their distribution elsewhere; the advancement of agriculture throughout the world, and the giving of instruction in new and improved methods of farming. The activities of the corporation shall be conducted exclusively on a scientific and educational basis, without religious, national or political tendency of any kind.[132]

Auch in den Statuten war die »mission civilisatrice« festgehalten; der Glauben an eine Entwicklung und Verbesserung des Landes wurde sogar mit einer universellen Vision verknüpft. Wichtig ist vor allem der letzte zitierte Satz: Die Körperschaft hinter der Versuchsstation sollte (wie die Station selbst) nur wissenschaftlichen und pädagogischen Zwecken dienen und auf alle »religiösen, nationalistischen oder politischen Tendenzen« verzichten. Das Institut verfolgte nichts als reine, universelle Wissenschaft. Aaronsohn benannte an anderer Stelle eine Mission, mit der »generell der Menschheit, besonders aber dem jüdischen Volk«[133] gedient sei.

Die Rhetorik einer harmlosen, unpolitischen Wissenschaft kollidierte erneut mit einer genuin politischen Mission. Ein nach außen getragenes Ethos »reiner Wissenschaft« schien sich, zumindest, wenn es um die Akquirierung

---

[130] Aaron Aaronsohn/Judah Leon Magnes et al., CAHJP, P3/792 (1911–1912), 12.

[131] Ebd.

[132] Zit. n. Leimkugel, Warburg, 110.

[133] Aaron Aaronsohn/Judah Leon Magnes et al., CAHJP, P3/792 (1911/1912), 115. Dies wird so aber nur im amerikanischen Kontext dargestellt, vgl. Aaronsohn, Versuchsstation. Vgl. zu Fairchilds Agenda: Katz, Wings.

von Spenden ging, gut zu eignen.[134] Die Geldgeber und Unterstützer der ersten Versuchsstation waren »einige jüdische Vertreter der amerikanischen haute Finanz«[135], überwiegend amerikanische Antizionisten.[136] Diese waren grundsätzlich bereit, philanthropische und wissenschaftliche Projekte in Palästina zu fördern. Doch Vorhaben, die unter der Ägide des Zionismus standen, lehnten sie als patriotische amerikanische Juden ab; sie hatten keinerlei Ambition, die Gründung eines ethnoreligiösen Staates in der Levante zu unterstützen. Die Amerikaner wurden letztlich durch die in der Versuchsstation propagierten Aktivitäten, die »exclusively on a scientific and educational basis« durchgeführt werden sollten, überzeugt. Zahlreiche amerikanische Juden übernahmen Funktionen in der Versuchsstation: der Unternehmer Julius Rosenwald aus Chicago als Präsident, der Bankier Paul M. Warburg aus New York als Schatzmeister und die zionistische Aktivistin Henriette Szold, ebenfalls aus New York, als Sekretärin. Weitere Mitglieder waren der Gelehrte Cyrus Adler, der Geschäftsmann Sam S. Fels, beide aus Philadelphia, der Richter Julian W. Mack aus Chicago, der Reformrabbiner und spätere Präsident der Hebräischen Universität Judah L. Magnes, sowie drei weitere New Yorker Juden: der Anwalt Louis Marshall, der Professor Morris Loeb und der Geschäftsmann Joseph B. Greenhut.[137]

Die amerikanische Zionistin Henriette Szold wunderte sich über Aaronsohns Überzeugungskraft. Sie konnte sich die geglückte Einrichtung der Versuchsstation nur durch Aaronsohns Strategie erklären, gegenüber den verschiedenen Geldgebern die für diese jeweils attraktivsten Vorzüge des Projektes herauszustellen. Szold fragte sich:

> Want to know how he persuaded men like Schiff [US-Amerikaner und Antizionist] and Rosenwald to go into a nationalistic venture. Lipsky calls him a clever politican who turns out that side of his scheme that happens to suit his patron. American wheat improvement to the patriotic Schiff, Jewish Palestine to Marshall, scientific interest to [Jacques] Loeb, nationalism to me.[138]

---

[134] Shilony/Seckbach, Ideology, 111.

[135] Otto Warburg an David Wolffsohn, CZA, L1/29 (06.12.1909). Warburg holte keine Gelder von der WZO ein. Kleinere Summen stammten vom JNF, der *Jewish Colonization Agency*, die vor allem versuchte, osteuropäische Juden nach Palästina zu bringen, und von *Esra*, dem Verein zur Unterstützung ackerbautreibender Juden in Palästina und Syrien. Vgl. Penslar, Zionism and Technocracy, 73.

[136] Gabriel Davidson (The Jewish Agricultural Society, New York) an Otto Warburg, CZA, A12/177 (27.07.1923). Das Spannungsverhältnis zwischen »reiner« wissenschaftlicher Forschung und offensichtlichen politischen Zielen wurde auch an der zweiten Versuchsstation kritisiert, wie ein Brief an Warburg zeigt: »They [zwei amerikanische Juden, die um finanzielle Hilfe für die Versuchsstation gebeten wurden,] regarded the plan as outlined in your letter a project for money-raising presented in the guise of a technical comittee so as to give the pill a sugar coating« – ihnen missfiel also, dass das zionistische Unterfangen das wissenschaftliche offenbar dominierte.

[137] Fairchild, Institution, 376.

[138] Zit. n. Patricia Goldstone, *Aaronsohn's Maps. The Untold Story of the Man who might have created Peace in the Middle East*, Orlando 2007, 55. Leider fehlt ein genauer bibliographischer Hinweis, das Zitat soll vom 25.03.10 stammen.

Tatsächlich charakterisieren diese vier Aspekte in ihrer Summe das Schaffen Aaronsohns genau – und auch hier dürfte seine als außergewöhnlich charismatisch beschriebene Persönlichkeit von Vorteil gewesen sein.[139]

Die Verbindung von Wissenschaft und Ideologie wurde also auch von den Zeitgenossen wahrgenommen. Judah Magnes, der spätere Kanzler der Hebräischen Universität, nannte Aaronsohn während einer Rede »almost a governor of a country, a man whom some of us know, a man who is thoroughly grounded in his science, yet who has the imagination of a Jew of the future«[140], und betonte nicht nur Aaronsohns Identität als Wissenschaftler, sondern auch dessen Rolle im ideologischen Projekt des Zionismus. Im Jahr 1912 berichtete Aaronsohn von Besuchern, die sich euphorisch über ihren Aufenthalt auf der Versuchsstation geäußert hatten: »[They] were most enthusiastic about the country, and about the dignified and self-conscious type of Jew we are trying to develop here.«[141] Die Hebung Palästinas wurde an dieser Stelle mit der Schaffung des neuen Hebräers parallelisiert – den Aaronsohn selbst als Wissenschaftler, Landarbeiter, Abenteurer und (nach seinem rästelhaften Tod 1919) zionistischer Märtyrer ideal verkörperte. Es war für die Besucher offensichtlich, dass die Arbeit in der landwirtschaftlichen Versuchsstation nicht nur wissenschaftliche Erträge bringen würde, sondern auch als Entwicklung eines »neuen Typus Juden« verstanden werden konnte.

Diese Parallelisierung, nach der der Wandel des Landes und des Volkes gleichzeitig geschah, wurde auch von den Zeitgenossen wahrgenommen, wie ein Brief, der im Jahr 1910 Aaronsohn erreichte, zeigt:

Es wird Sie gewiss interessieren, von mir zu erfahren, dass hier vor kurzem Herr Kommerzienrat Moise Halperin aus Kiew nebst seinem Schwiegersohn Herrn Sigmund Rabinerson weilten, und ich diese Herren mehrere Male im Hotel Adlon besucht habe. [...] Herr Kommerzienrat Halperin besitzt 12 Zuckerfabriken und sehr viele Rittergüter im Gouvernement Kiew und wird auf 20 Millionen Rubel geschätzt. Die Herren haben beschlossen, im Oktober dieses Jahres eine Expedition von bei ihnen angestellten Landwirten nach Palästina zu entsenden, um festzustellen, ob dort Gebiete vorhanden sind, die sich für den Zuckerrübenanbau eignen. Es ist möglich, dass Herr Rabinerson selbst für kurze Zeit ebenfalls nach Palästina kommen wird, um das Ergebnis dieser Expedition an Ort und Stelle zu erfahren und sich über die einschlägigen Verhältnisse persönlich zu orientieren. Herr Rabinerson ist ein guter Jude und hat viel Sympathie für unsere Bestrebungen. Ich habe ihn während seines hiesigen Aufenthaltes mit allen möglichen Informationen versorgt, und ich kann sagen, dass er auf den [sic] besten Wege ist, ein guter Palästinenser zu werden. [...] Falls die Expedition zu einem günstigen Ergebnis

---

[139] Vgl. Matthew Silver, *Louis Marshall and the Rise of Jewish Ethnicity in America. A Biography* (Modern Jewish History), Syracuse, New York 2012, 176–181 (= Silver, Rise).

[140] O. A., »Extract from Address on Palestine delivered by Doctor J. L. Magnes, Cooper Union, New York«, CAHJP, P3/793 (16.05.1912), 1.

[141] »Extracts from Letters received from Mr. Aaron Aarohnsohn, Haifa«, CAHJP, P3/792 (07.04.1912), 2. Vgl. Silver, Rise, 176–181. Vgl. ferner zur amerikanischen Rezeption Aaronsohns: Goldstone, Maps, 10.

gelangt, will Herr Kommerzienrat Halperin die Zuckerfabrik ganz für eigene Rechnung einrichten und ist bereit, einige Millionen darin zu investieren.[142]

Der Kommerzienrat und dessen Schwiegersohn wollten in Palästina investieren, weswegen der Kontakt zum Experten Aaronsohn hergestellt werden sollte. Doch genauso wichtig wie der kommerzielle Erfolg des Unternehmens war der zionistische Aspekt. Rabinerson, der Vertreter der jüngeren Generation, sei schon ein »guter Jude« und bereit, viel Geld in Palästina zu investieren; doch zuerst sollte er auch ein »Palästinenser«, also ein Zionist werden.

Die Arbeit, die Aaronsohn in der Station leistete, lässt sich aus Korrespondenzen rekonstruieren. 1911 verfasste Aaronsohn einen Bericht[143] für die Trustees[144] der Versuchsstation über seine Tätigkeiten. Die Station befand sich noch immer im Aufbaustadium, der wissenschaftliche Stab war noch nicht komplett und zählte neben Aaronsohns Assistenten nur noch dessen Gehilfen. Auf der Station arbeitete Aaronsohn in erster Linie mit seinem Assistenten Berman und seinen Familienmitgliedern, vor allem seinen Schwestern Rivka und Sarah, die hauptsächlich für das Herbarium zuständig waren. Sonst gab es noch einen Sekretär, der zugleich Kassenwart war und in der Hortikultur assistierte.[145] Viel Zeit wurde für den Aufbau und die Organisation der Station verwendet, als verzögernder Faktor kam die rudimentäre Infrastruktur Palästinas hinzu: Aaronsohn hatte weder ein Telefon noch eine Schreibmaschine mit hebräischer Tastatur. Auch fundamental wichtige Bücher mussten oft über komplizierte Vertriebswege bestellt werden. Darüber hinaus hatte Aaronsohn als Leiter der Versuchsstation mit den schlecht ausgebauten Straßen und abwechselnd mit der »Fieberkrankheit« seiner jüdischen Angestellten (wohl Malaria) und deren Unwillen, zu arbeiten, zu kämpfen.[146]

Aaronsohn zufolge verfügte sein Institut immerhin über die beste Fachbibliothek des Osmanischen Reiches, auch war er dabei, eine naturkundliche Museumssammlung anzulegen.[147] Die Versuchsstation erhielt in der Zwischenzeit immer mehr Zulauf von Siedlern und auch Templern, die sich in praktischen, landwirtschaftlichen Fragen an Aaronsohn wandten.[148] Aaronsohn betonte allerdings, dass ihm die Weitergabe von Wissen an die Kolonisten eher lästig war.[149] Zuweilen wurde es ihm zum Vorwurf gemacht, dass er auch in engem Kontakt

---

[142] A. Awadiowitz an Aaron Aaronsohn, CZA, L1/66 (10.08.1910), 1 f. Die zögerliche Antwort von Aaronsohn auf diesen »streng vertrauliche[n]« Brief ist auf den 25.08.1910 datiert und befindet sich im selben Ordner.

[143] Aaron Aaronsohn, »Jewish Agricultural Experiment Station: Report of Activities up to December 1911«, CAHJP, P3/792 (1911) (= Aaronsohn, Report).

[144] Fairchild, Institution, 376.

[145] Aaronsohn, Report, 6.

[146] Vgl. Joffe sowie: Aaron Aaronsohn an Otto Warburg, CZA, L1/66.

[147] Aaron Aaronsohn/Judah Leon Magnes et al., CAHJP, P3/792, 13.

[148] Oppenheimer, Florula Cisiordanica, 111.

[149] Aaronsohn, Report, 7.

zur arabischen Bevölkerung stand und zeitweise überwiegend arabische Arbeiter auf der Station beschäftigte. So mieden manche jüdischen Kolonisten Aaronsohn, statt ihn um Rat zu fragen.[150]

Die Zirkulation von Wissen war innerhalb der kleinen jüdischen Gemeinschaft fundamental.[151] Ein wichtiger Teil der Arbeit Aaronsohns war der Austausch, sowohl mit wissenschaftlichen Institutionen als auch mit Kolonisten und Lehrern. Im Jahr 1911 empfing Aaronsohn 928 Briefe und entsandte 465.[152] Er stand in Kontakt mit zahlreichen botanischen Institutionen, darunter *Hambury* (Italien), der *Jardin d'Essais* (Tunesien), das *Colonial Institute* in Marseille, die Naturkundemuseen in Paris und Dahlem und amerikanische Institute in Minnesota und Arizona. Die Einrichtungen schickten Samen, Pflanzen und Bücher an Aaronsohn, der sich mit »palästinensischen Pflanzen« revanchierte und so half, Lücken in den europäischen und amerikanischen botanischen Gärten zu füllen.[153] Auch Warburg und Aaronsohn ließen sich gegenseitig vielversprechende Sämereien zukommen. Warburg etwa sandte »die Samen eines in Madagaskar heimischen Nadelbaumes« nach Palästina. Dabei handelte es sich um eine tropische, recht anspruchslose Art, die sich, so mutmaßte er, zum Anbau im Jordantal eignete. Diese Pflanze sollte zum Holzanbau dienen. Warburg erbat sich von Aaronsohn die Durchführung von Versuchen, um das Potential dieser Pflanze zu überprüfen.[154] So erhielt Aaronsohn Samen aus der ganzen Welt: Baumwolle aus Peru, Bäume aus Kamerun, Waschnuss, Wassermelone, Guave und Akazie.[155]

6.2.2 Die Möglichkeit landwirtschaftlicher Produktivität: Die Arbeit in der Versuchsstation

Aaronsohn sah Palästina als riesiges Experimentierfeld, als Land, das potentiell unbegrenzte Möglichkeiten bot. In seinen Augen hatte man bis dato viel zu wenig Mühe investiert, die botanischen Ressourcen des fruchtbaren Halbmondes ausfindig zu machen. Vor allem die Getreidearten Palästinas seien dank Jahrtausende langer, mühevoller Arbeit von Mensch und Natur so vorteilhaft und ursprünglich,[156] dass der Westen davon nur träumen könne.[157] Wissenschaftliche Priorität hatte für Aaronsohn zunächst die Arbeit mit Getreide: die

[150] Shilony/Seckbach, Ideology, 114f.

[151] Aaronsohn, Versuchsstation, 1070. Vgl auch Katz/Ben-David, Research, 162f; Arinstein, Versuchsstation, 198.

[152] Aaron Aaronsohn, »Jewish Agricultural Experiment Station: Report of Activities up to December 1911«, CAHJP, P3/792 (1911), 6.

[153] Ebd., 2.

[154] Warburg, Otto an Aaron Aaronsohn, CZA, L1/66 (undatiert).

[155] Warburg, Otto an Aaron Aaronsohn, CZA, L1/66 (10.06.1912).

[156] Aaron Aaronsohn, »Jewish Agricultural Experiment Station: Report of Activities up to December 1911«, CAHJP, P3/792 (1911), 1

[157] Aaronsohn, Explorations, 7.

Selektion »reinrassiger« Getreidearten und die Hybridisierung wildwachsender Arten mit Kulturgetreide. Aaronsohn nahm an, dass es am Berg Hermon in der Nähe des Fundortes des Urweizens (»the Jewish wheat«[158]), Pflanzen geben müsse, die der »Infiltration«[159] entkommen waren, somit mehr oder weniger direkt von ihren wilden Vorfahren abstammten und sich deshalb besonders für Experimente eigneten. Aaronsohn machte sich weiterhin zu kurzen Forschungsreisen nach Judäa, Damaskus und Libanon auf, um Gerste und Weizen zu untersuchen – und um sein botanisches Inventarium Palästinas zu ergänzen und abzuschließen:

> Thence we brought back a very abundant scientific harvest. The varieties and races of plants gathered there mount up to the hundreds, and they will be subjected to study in the future. However, our scientific collections have been considerably enriched by the trip – we returned laden with numerous herbarium and geological specimens – and it gave us the opportunity of concluding, for the present at least, our botanical and geological study of the solid mass of the Hermon, begun about ten years ago.[160]

Aaronsohn konnte sein Herbarium ausbauen und schloss mit diesen Reisen zumindest das botanische und geologische Mapping der Flora des Hermon-Gebietes ab.

Auf der Außenstation in Hadera, die von Avschalom Feinberg (1889–1917) geleitet wurde, konzentrierte man sich auf Versuche mit Jaffa-Orangen. Aaronsohn bemängelte, dass diese Orangen, obgleich schon in guter Qualität vorhanden, nie wissenschaftliche Aufmerksamkeit erfahren hatten. Aaronsohn schlug auch hier Hybridisierungsversuche vor, um das wirtschaftliche Potential der Orangen durch wissenschaftliche Forschung zu vergrößern. In beiden Fällen, den Getreideversuchen und der Orangenoptimierung, wird deutlich, dass Aaronsohn bemüht war, die Grenzen der Natur Palästinas zu manipulieren:[161] Nachdem die Natur inventarisiert worden war, sollte nun ihr Potential dank wissenschaftlicher Forschung ausgeschöpft werden. Hierzu waren nicht nur regionale Pflanzen vorgesehen. Aaronsohn verstand es als seine Pflicht, neue Pflanzen einzuführen, zu akklimatisieren und zu verbreiten.

Der tatsächliche Einfluss Aaronsohns auf das zionistische Siedlungsprojekt war allerdings nur von geringer Bedeutung.[162] Es war zwar gelungen, ein erstes Inventarium Palästinas zu erstellen, erste Züchtungsversuche vorzunehmen, den wissenschaftlichen Austausch zu fördern und Palästinas Klima- und Bodenzonen eingehender zu studieren. Allerdings war die Versuchsstation zu klein und

---

[158] O. A., »Extract from Address on Palestine delivered by Doctor J. L. Magnes, Cooper Union, New York«, CAHJP, P3/793 (16.05.1912), 2.

[159] Interessanterweise derselbe Terminus, den Herzl pejorativ für die praktische Palästinaarbeit nutzte.

[160] Aaron Aaronsohn/Judah Leon Magnes et al., CAHJP, P3/792, 6.

[161] Vgl. Robin, Ecology.

[162] Shilony/Seckbach, Ideology, 115.

verfügte über zu wenig Personal und Ressourcen, um sich mit den europäischen oder amerikanischen Modellen messen zu können. Wichtiger war der symbolische Wert der Versuchsstation: Sie verkörperte die Stein gewordenen Ideen der Botanischen Zionisten.

Die Versuchsstation Aaronsohns wurde während des Ersten Weltkrieges von osmanischen Truppen zerstört und nie wieder aufgebaut.[163] Die Biographien der Mitarbeiter der ersten landwirtschaftlichen Versuchsstation Palästinas verworren sich zwischen wissenschaftlicher Ambition und zionistischer Ideologie. Aaron Aaronsohn machte seit Beginn des Ersten Weltkrieges die wissenschaftliche Einrichtung auch zur Zelle seiner antiosmanischen Untergrundorganisation N. I. L. I. Im Jahr 1917 erhielt Warburg ein Telegramm aus Konstantinopel, dem zufolge »Aaronsohns Verwandte in Sichron und einige seiner Angestellten in Atlith wegen Spionageverdachts verhaftet seien«.[164] Aaronsohns Schwester Sarah nahm sich das Leben, als ihr von osmanischen Truppen Folter angedroht wurde. Aaronsohn starb 1919 auf ungeklärte Weise bei einem Flugzeugabsturz. Avschalom Feinberg, der Leiter der Außenstelle, wurde mitten im Krieg 1917 bei dem Versuch, sich den britischen Truppen zu nähern, vermutlich von Beduinen getötet. Nach dem Sechs-Tage-Krieg 1967, nach dem Israel seine Grenzen neu zog, wurden Feinbergs sterbliche Überreste im Sinai unter einer Palme gefunden.[165] Die Legende besagt, dass sich ein Palmensamen in seiner Hosentasche befand, der nach seinem Tode aufging. Diese aus dem Leichnam Feinbergs wachsende Palme war eines der nachhaltigeren Ergebnisse der ersten Experimentalstation. Nicht nur wurden deren Gebäude während des Ersten Weltkrieges in Schutt und Asche gelegt;[166] auch betrachtete die Geschichtsschreibung das wissenschaftliche Schaffen der Botaniker und Agronomen in der als irrelevant. Feinberg und der Aaronsohn-Clan gelten heute als zionistische Märtyrer, nicht als bedeutende Wissenschaftler.

6.3 1921, die zweite Versuchsstation

Warburg spielte schon in den Jahren nach der Zerstörung der ersten Versuchsstation 1917 durch türkische Truppen mit dem Gedanken, das alte Gelände in Atlith in Form eines *Aaronsohn Memorial Garden* wieder aufleben zu lassen. Warburg wollte darin vor allem die Pflanzenakklimatisierung, die Einführung neuer Arten und die Erforschung der lokalen Flora fortführen. Auch ein Botanischer

---

[163] Jitzchak Wilkansky an Chaim Weizmann, Weizmann Archives (15.07.1934), 4.

[164] Jaakov Thon an Otto Warburg, »Telegramm zur Verhaftung Aaronsohns [Abschrift]«, Beit Aaronsohn (14.10.1917).

[165] Doron Bar, *Landscape and Ideology: Reinterment of Renowned Jews in the Land of Israel (1904–1967)*, Berlin/Boston 2016, 162.

[166] Leimkugel, Warburg, 121–126.

Garten sollte Teil der Einrichtung werden.[167] Warburg setzte bei der Finanzierung auf die Strategie, die sich zuletzt bewährt hatte: Er wollte reiche amerikanische Juden zu großzügigen Spenden bewegen, indem er ein *Advisory Committee* mit »den besten Namen« zusammenstellte, darunter bekannte deutsche Forscher wie Georg Schweinfurth und der Botaniker Adolf Engler (1844–1930).[168] Warburg selbst konnte das Projekt nicht finanziell unterstützen, da sein Vermögen sich durch den Ersten Weltkrieg dezimiert hatte. Aus nicht rekonstruierbaren Gründen scheiterte dieses Vorhaben und es sollten noch einige Jahre ins Land ziehen, bis schließlich Anfang der 1920er Jahre eine neue Station in Ben Shemen (die später nach Rechovot versetzt wurde) mit drei weiteren, über Palästina verteilten Nebenstationen gegründet wurde. Diese Station hatte eine große Außenwirkung. Der russische Botaniker Nikolaj Vavilov etwa nannte sie »a first-class scientific establishment with major scientific forces collected from all over the world«.[169]

Zum Leiter der Station wurde der Agronom, Naturwissenschaftler, Ökonom und Philosoph[170] Jitzchak Wilkansky. Wilkansky war Sohn eines angesehenen russischen Rabbiners, »begeisterter Herzlianer«, »und nach beendigtem Gymnasialstudium war ihm klar, daß er Agronomie studieren müsse, um dem palästinensischen Kolonisationswerk dienen zu können«.[171] Er stammte aus dem Umkreis der sozialistisch-zionistischen Organisation *Ha'poel Ha'tsair* (»der junge Arbeiter«). Wilkansky übernahm auf Warburgs Vorschlag hin 1908 einen Olivenhain bei Ben Schemen, den er zu einer Art landwirtschaftlicher Versuchsstation mit Schwerpunkt auf Milchwirtschaft ausbaute.[172] Wilkansky markierte die Verbindung (und, teleologisch gedacht, vielleicht auch den Übergang) zwischen den deutschen, bürgerlichen Zionisten der WZO und den aufsteigenden, osteuropäischen Immigranten in Palästina.[173]

Eine weitere Neuerung war die Finanzierung der zweiten Station: Während der Vorläufer noch von amerikanischen Juden getragen wurde, war jetzt die *Jewish Agency*, die im Jischuw Regierungsaufgaben übernahm, Geldgeberin.[174]

---

[167] Otto Warburg an unbekannten Empfänger, CZA, Z4/25065 (26.07.1920), 1.

[168] Ebd., 1 f.

[169] Vavilov, Continents, 83.

[170] Penslar, Zionism and Technocracy, 123. Vgl. auch Adolf Böhm, *Die zionistische Bewegung*, Bd. II, Jerusalem 1937, 217–226.

[171] O. A., »Agronom J. Wilkanski über die landwirtschaftliche Kolonisation in Palästina«, *Die Welt* 17 (28.03.1913), 405–408, 405.

[172] Penslar, Zionism and Technocracy, 123.

[173] Kaplan/Penslar/Sorkin, Origins, 103.

[174] Prywes, Biological Research, 45. Gerade diese aus Geldern der *Jewish Agency* finanzierte Station stand schon im ersten Jahr unter starkem finanziellen Druck, nachdem der Zionistische Kongress eine Budgetkürzung angekündigt hatte. Chaim Weizmann hatte 1922 auf dem 13. Zionistenkongress im Auftrag Warburgs ein Budget ausgehandelt (vgl. Otto Warburg an Chaim Weizmann, Sde Warburg (08.08.1922), das bereits 1924 von 480 Pfund auf knapp die Hälfte reduziert wurde, s. Leimkugel, Warburg, 130 f. Doch hatte die Versuchsstation noch einige andere Geldgeber, etwa

Dies war Fluch und Segen zugleich: Zum einen traf es sich gut, dass sich nun eine zionistische geldgebende Institution gefunden hatte, die sich mit den Zielen des Projektes identifizieren konnte. Andererseits führten persönliche Animositäten und auch unterschiedliche Schwerpunktsetzungen zwischen den überwiegend praktischen Zionisten in der Botanik und den überwiegend politischen Zionisten auf Seiten der Geldgeber zu Konflikten. Die finanzielle Gängelung botanischer und allgemein wissenschaftlicher Projekte war manchmal nicht nur Ausdruck einer grundsätzlichen finanziellen Misere, sondern auch politisches Druckmittel gegen das Lager des ideologischen Gegners. Laut Wilkansky lag Ussischkin, der von 1921 bis 1923 Vorsitzender der *Jewish Agency* war und ab 1922 für fast zwanzig Jahre dem *Jüdischen Nationalfonds* vorsaß, das »ganze Forschungswesen in Verbindung mit Kolonisation« fern, obgleich er selbst zum Lager des praktischen Zionismus zählte.[175] Sowohl die erste Versuchsstation als auch die anderen wissenschaftlichen Institutionen waren ständig unterfinanziert und konnten oft monatelang ihre Angestellten nicht bezahlen, keine Rechnungen begleichen oder Forschungsinstrumente bestellen.[176]

Wilkansky war nicht nur ein einflussreicher Wissenschaftler, nach dem später das Volcani-Institut benannt werden sollte, sondern auch ein wortgewaltiger Propagandist, auf den zahllose Pamphlete und Manifeste in den Archiven Israels zurückgehen.[177] Wilkansky wollte die botanische und landwirtschaftliche Forschung in Palästina in neue Bahnen lenken. Die Versuchsstation war für ihn »a force in the advance of agriculture in Palestine, based on precise scientific

Privatleute oder Institutionen, vgl. The Zionist Organisation. Institute of Agriculture and Natural History. Agricultural Experiment Station, *First Report Covering a Period of Five Years, 1921–1926*, Tel-Aviv 1926, 33 f. (= Zionist Organisation, Report). Warburg sprach in einem Brief davon, dass laut Aussage Vavilovs jede amerikanische Versuchsstation über mindestens 40.000 Pfund Budget verfüge, seine jedoch nur über knapp über 10.000 Pfund. Otto Warburg an Dr. Neufach, CZA, A12/145 (27.12.1926). Warburg sah sich 1924 veranlasst, alternative Geldgeber für die Versuchsstation zu suchen und bat Baron Rothschild um Unterstützung, um die Versuchsstation am Laufen zu halten, vgl. Otto Warburg an Baron Louis von Rothschild, CZA, A12/177 (22.10.1924). Diese Situation verschärfte sich noch. Im Jahr 1927 wurde Wilkansky eine Reduzierung des laufenden Budgets um 10 Prozent mitgeteilt; Leimkugel, Warburg, 162. Wilkansky musste schließlich einige Mitarbeiter entlassen und konnte manchmal gar keine Löhne auszahlen. 1928 wurden einige Abteilungen (Angewandte Botanik, Milchwirtschaft und Tabakanbau) geschlossen. Letztlich einigte man sich darauf, die Versuchsstation an die neugegründete Hebräische Universität anzubinden, nicht zuletzt, um die finanziellen Probleme zu beseitigen. Im selben Jahr wurde aber auch der Vorwurf laut, dass die Versuchsstation einen großen Teil ihrer Einnahmen verschweige und eigentlich doppelt so viel Geld wie angegeben zur Verfügung habe. Dr. Heufsch an Otto Warburg, CZA, A12/145 (17.01.1927), 3. Im Jahr 1931 kam es zu einer weiteren Budgetkürzung durch die *Jewish Agency*.

[175] Dr. Heufsch an Otto Warburg, CZA, A12/145 (17.01.1927), 3.

[176] Jewish Agency for Palestine an Otto Warburg, CZA, A12/177 (17.12.1931). Offensichtlich war die Situation in den ersten Jahren an der Hebräischen Universität auch nicht besser; Warburg ermahnte die Universitätsleitung mehrfach, den angestellten Biologen ihre Gehälter auszuzahlen, vgl. z. B. Otto Warburg an Dr. Ginzberg, HUJA 80/3, Gan Botani 1925–1930 (29.12.1925).

[177] Vgl. z. B. im CZA die Ordner A12/132, A111/177, A12/91, DD1/6627, Z4/40624.

research«.[178] Er betrachtete die wissenschaftlichen Vorarbeiten, vor allem jene Aaronsohns, äußerst kritisch – für ihn war der Boden Palästinas trotz jahrelanger Bemühungen der Pflanzenforscher ein »Skelett« geblieben, dem »Lebensodem« eingehaucht werden sollte.[179] In Aaronsohn sah Wilkansky wenig mehr als einen müßigen Botaniker, der seine ohnehin sehr kleine Station nur danach ausgerichtet hatte, botanische Sensationen hervorzurufen.[180] Es war ihm sehr wichtig, seine Arbeit von der Aaronsohns abzugrenzen:

Von der Atlit'schen Versuchsstation hat unsere Versuchsstation nichts uebernommen, weder ›Lehm‹ noch ›Ziegel‹, nicht einmal ›Stroh‹. Die sicherlich wertvollen, vom ausserordentlich begabten Aaronsohn hinterlassenen wissenschaftlichen Arbeiten auf dem Gebiete der Botanik befinden sich dort in Manuskripten und kamen bisher der Landwirtschaft nicht zugute. Landwirtschaft wurde erst hier, in unserer Versuchsstation, getrieben, und zwar von der Wurzel bis zur Krone.[181]

Hinter dieser Behauptung steckte ein Methodenstreit mit Vorgeschichte. Wilkansky und Aaronsohn hatten sich schon im Jahr 1911 über die ideale landwirtschaftliche Methode gestritten und Gutachten und Gegengutachten angefertigt. Entzündet hatte sich der Streit an der Frage nach der korrekten Technik des Olivenanbaus. Aaronsohn setzte Wilkansky zufolge zu sehr auf Vermutung statt Erforschung. Aaronsohn habe so zwar »den landesüblichen Weg befolgt«, aber damit auf ein System gesetzt, das »gerade nur wenige verteidigen«.[182] Implizit ging damit der Vorwurf der Unwissenschaftlichkeit einher. Aaronsohn begann sein Gutachten ironisch, indem er die »Liebenswürdigkeit und Kollegialität« seines Widersachers pries. Er kritisierte, dass Wilkanskys Technik, die »landesübliche arabische Methode mit den Modifikationen, welche die Juden dieser Methode gegeben haben« zu vereinen, nicht gelinge – Wilkansky würde sich der innovativen, national konnotierten Methode verweigern.[183] Ein weiteres Beispiel für den Misserfolg sei Wilkanskys Affinität zu europäischen Methoden, v. a. »dass er alles Heil im Düngen sieht«. Auch diese Praxis ließe sich nicht einfach auf Palästina übertragen.[184] Dem folgten nicht weniger als sieben Seiten, in denen Aaronsohn über die in seinen Augen korrekte Art des Olivenpflanzens referierte. Wilkansky wiederholte seine Kritik an Aaronsohn anlässlich der Einrichtung der zweiten landwirtschaftlichen Versuchsstation 1921. Die Botanik sollte Wilkanskys Ideal der Landwirtschaft weichen.

---

[178] Zionist Organisation, Report, 15.

[179] Jitzchak Wilkansky, »Memorandum ›Unsere politischen Prinzipien‹« (ca. 1917), 18.

[180] Ders. an Chaim Weizmann, Weizmann Archives (15.07.1934), 5.

[181] Ebd., 7.

[182] Jitzchak Wilkansky an Arthur Ruppin, »Gutachten des Herrn Wilkansky (Übersetzung aus dem Hebräischen)«, CZA, DD1/6627 (o. D.), 1.

[183] Arthur Ruppin an Aaron Aaronsohn, »Gutachten des Herrn Aaronson«, CZA, DD1/6627 (o. D.), 1.

[184] Ebd., 7.

6.3.1 Wilkansky zwischen Wissenschaft und Politik

Wilkansky war sich darüber im Klaren, dass es schwierig sein würde, aus Palästina ein produktives Land zu machen. »Seekers after gold were never attracted to the Promised Land.«[185] Insbesondere die Bemühungen der ersten Pioniergeneration schätzte er: »[T]hey found a waste; they submitted to the yoke of a tyrannous government, they had to traverse a wilderness, to begin from the very beginning.«[186]

Von diesem Pioniergeist ließ Wilkansky sich anstecken. Unter den Botanischen Zionisten war er derjenige, der am stärksten vom Arbeitsethos der zionistischen Bewegung angesteckt war. Für andere Nationen, so Wilkansky, sei Arbeit nur Arbeit, für die Zionisten müsse Arbeit hingegen eine Religion sein.[187] In seinen Pamphleten fanden sich zahlreiche Ideen zur Umgestaltung der zionistischen Bewegung. Sie zielten in erster Linie auf die Landwirtschaft ab, die er für den produktivsten Wirtschaftszweig hielt. Weil der Jischuw über keine Nationalökonomie verfügte, musste er sich laut Wilkansky auf die Produktion verlegen: »We can attain to a sound economic condition only through becoming creators of prime materials, not by being agents and middlemen.« Nicht nur einzelne Klassen, sondern das ganze Volk sollte durch die landwirtschaftliche Arbeit produktiv werden. »Now the production of raw materials is only possible through agriculture, and an agricultural class will never become firmly or permanently established among us through mere ownership, but through labour.«[188] Wilkanskys erklärtes Ziel war es, die Juden als Nation zu produktiver Arbeit zu bringen.[189]

Auch eine Reform der palästinensischen Wirtschaft stand auf Wilkanskys Agenda. Palästina war seiner Meinung nach »kein selbstständiger Organismus«, sondern ein kleiner Teil eines großen Gebietes, das auch Ägypten und Syrien umfasste. Weil die Bevölkerung dieser Länder vor allem aus Kleinbauern zusammengesetzt sei, deren Bedürfnisse »sehr klein« seien, habe der Jischuw wirtschaftliche Probleme zu befürchten.[190] Wilkansky plädierte dafür, das Land nicht von einem »zufälligen Markt« abhängig werden zu lassen: »Die Krisen, die von Zeit zu Zeit in den Weingebieten Frankreichs eintreten, die Krisen, die bei uns eintreten in den von den Außenmärkten abhängigen Getreideerträgen, sind uns eine Lehre der Vergangenheit und eine Warnung für die Zukunft.«[191]

Wilkansky plädierte im Gegensatz zu Warburg für eine Fokussierung auf nur wenige, aber qualitativ hochwertige landwirtschaftliche Produkte. Der Jischuw

---

185 Elazari-Volcani, I. [= Jitzchak Wilkansky], *The Communistic Settlements in the Jewish Colonisation in Palestine*, Tel-Aviv 1927, 6–15, 6.

186 Ebd., 10.

187 Ebd., 11.

188 Ebd., 10 f.

189 Ebd., 10, 15.

190 StPZK 1921, 393.

191 Ebd.

sollte »Monopolprodukte« für den Export herstellen: »Keine Schutzzölle werden helfen, wenn wir Schokolade produzieren, die hart wie Zement, und Zement, der weich wie Schokolade ist (mit dem Zement ist es nur metaphorisch gemeint, aber mit der Schokolade ist es leider Wirklichkeit).«[192] Wilkansky beklagte, dass die Produkte, die die jüdischen Siedler fertigten, auf dem »orientalischen« Markt nicht auf Interesse stießen und so die Absatzmöglichkeiten landwirtschaftlicher Erzeugnisse eingeschränkt seien. Außerdem sei man noch immer nicht in der Lage, (nach europäischen Maßstäben) erfolgreich und autark zu produzieren: »It (the Yishuv) will always pay to import sugar from abroad, because the sugar fields there yield 5 times as much as ours and more. Those countries have a rich soil, a fixed tradition, scientific institutions and a regular staff of instructors, while with us the ground, the farms and the instructors are all in process of formation.«[193] Wilkansky setzte nicht auf die landwirtschaftliche Autarkie Palästinas, sondern auf eine auf die genuinen Bedürfnisse des Landes und seine Bevölkerung ausgerichtete Strategie.

Für Wilkansky war, wie oben beschrieben, die Landwirtschaft das wichtigste Element des zionistischen Nation-Buildings. Sie verknüpfte politische Relevanz mit der Geburt des neuen Hebräers, der Sakralisierung von Arbeit, aber auch der Verbesserung der Wirtschaft:

> Rich and fertile soil, numerous kinds of products, numerous branches of farming, skilled agricultural labourers, scientific experts and competent instructors, ground fit for the workers and workers fit for the ground. These are the links out of which the chain of national prosperity must be forged; if one link is missing everything will relapse into the old groove; the old will be undermined and the new will make no progress.[194]

Der Jischuw könne nur erfolgreich werden, wenn es ihm gelänge, Arbeiter, die zum Boden passten und umgekehrt, Boden, der zu den Arbeitern passte, zu kreieren. Im Gegensatz zu anderen Ländern, die über guten Boden, feste Traditionen, wissenschaftliche Institute und erfahrene Mitarbeiter verfügten, konnte Wilkansky über Palästina nur festhalten, dass sich der Boden und die Landwirte im Prozess der Formation befanden.[195]

Auch die palästinensische Landwirtschaft befand sich Wilkansky zufolge noch immer im Stadium der Formierung, im Aufbau, dabei sei es eine »Pflicht«, Volk und Land zu heben.[196] Auch dreißig Jahre jüdischer Forschung hätten das Land nicht in der Tiefe erkundet.[197] Oft wurden auch unter Wilkansky wieder Grundlagen erfasst. Die Naturwissenschaftler des frühen Botanischen

---

[192] Jitzchak Wilkansky an Chaim Weizmann, CZA, A12/145 (03.11.1926).

[193] Wilkansky, Task, 2.

[194] Jitzchak Wilkansky, »How To Build Up our Settlements«, CZA, A12/91 (o. D.), 2 (= Wilkansky, Settlements).

[195] Ebd., 3.

[196] Ebd., 8.

[197] Ebd., 5.

Zionismus waren weder personell noch finanziell, teilweise auch wissenschaftlich, nicht in der Lage gewesen, Palästina in all seinen naturkundlichen Aspekten zu erfassen: Aaronsohn und seine Mitstreiter legten größten Wert auf Pflanzen, aber verfügten beispielsweise über keine vertieften Kenntnisse der Entomologie.

Um ein Beispiel zu geben, wie schwierig es war, die Widerstände der palästinensische Natur zu überwinden: Im Jahr 1912 beschloss Aaron Aaronsohn, Maulbeerbäume (auf denen Seidenraupen gezüchtet werden) in Palästina zu pflanzen. Diese eigneten sich seiner Meinung nach ideal zur Seidenproduktion; nicht nur wegen des Klimas, sondern auch, weil zu ihrem Gedeihen weder besonders viel Arbeit noch viel Intelligenz der Siedler erforderlich sei und sie zudem für Frauen und Kinder einen leichten Verdienst böten.[198] In einem späteren Brief an Henrietta Szold musste Aaronsohn jedoch feststellen, dass die Einführung dieser Kultur nach Palästina ungeahnte Probleme barg. Die palästinensische Insektenfauna war noch weitgehend unerforscht. Dieses Unwissen wurde zum Problem: Die Maulbeerbäume wurden von einer unbekannten Raupenart angegriffen. Aaronsohn forderte die Unterstützung eines Entomologen und eines Mykologen, die ihm jedoch aus Kostengründen verwehrt blieb.[199] Diese Episode zeigt: Das Austesten der von der Natur gesetzten Grenzen war ein schwieriger, langwieriger und frustrierender Prozess, der von personell, institutionell, finanziell und auch wissenschaftlich beschränkten Akteuren nur mühsam durch Trial and-Error-Strategien bewältigt werden konnte. Zur Zeit der ersten Versuchsstation waren die Botanischen Zionisten weder mit dem Land, noch mit all der eigenwilligen, schwer zu kontrollierenden Natur in ausreichendem Maße vertraut.[200] Defizite wie die mangelnde Erfassung der palästinensischen Insektenflora sollten in der zweiten Versuchsstation ausgeglichen werden.

Doch um an diesen Punkt zu gelangen, waren Wilkansky zufolge vorbereitende Untersuchungen nötig: »[A]ll the sources of livelihood which are stored up in the earth«, müssten exakt statt spekulativ – und dies war wohl eine Anspielung auf Aaronsohn – erfasst werden.[201] Palästina als nationale Heimstätte sei in Gefahr, wenn man weiterhin an ihm wie an einem »corpus vile«, einem Versuchsobjekt, experimentiere, ohne mithilfe der entsprechenden Institutionen nach der geeigneten Herangehensweise zu suchen.[202]

[198] »Extracts from Letters received from Mr. Aaron Aarohnsohn, Haifa«, CAHJP, P3/7921–2 (29.02.1912).

[199] Aaron Aaronsohn an Henrietta Szold [Abschrift], CAHJP, P3/792 (23.05.1912).

[200] Aaronsohn manövrierte sich schließlich aus dieser misslichen Lage, indem er die schier endlos verfügbare und kostengünstige Arbeitskraft der Araber, die die Raupen für ihn manuell einsammelten, ausnutzte.

[201] Wilkansky, Settlements, 5.

[202] Ebd.

Abb. 9: Lord Balfour zu Besuch in Wilkanskys Versuchsstation. In der Mitte steht Warburg, links von ihm Wilkansky, rechts Lord Balfour und Weizmann. Im Hintergrund ist Bodenheimer zu erkennen.[203]

Fortschritt könne nur in Versuchsstationen stattfinden, ohne diese sie sei man »hilflos«. Wilkansky forderte einen Aufbruch in Form einer neuen landwirtschaftlichen Tradition, die besser an die Fähigkeiten der Siedler und die natürlichen Gegebenheiten angepasst sein sollte. Nicht alle europäischen Methoden, die bis dato nach Palästina eingeführt worden waren, seien mit der Natur des Landes vereinbar. Wilkansky beschäftigte sich vor allem mit dem traditionsreichen *dry farming*, das in trockenen Regionen den Landbau ermöglichen sollte.[204] Doch Wissenschaft und Technik, so der Agronom, könnten mit ihren experimentbasierten Ergebnissen jahrhundertealte Traditionen der Landwirtschaft ersetzen. Die wissenschaftlichen Institutionen des Jischuws – Akklimatisierungsgärten, zootechnische Institute, Baumschulen, hygienische Institute – müssten an die Verhältnisse des Landes angepasst sein:[205] »Only by adapting ourselves to the natural zones of the country and by placing every plant and worker in the zone for which they are best fitted can we extract from the ground the very best which it has to give and from the worker the best which he can perform.«[206]

Für Wilkansky war die Versuchsstation ein Herzstück des nationalen Projektes. Er war, wie er 1927 an Weizmann schrieb,

---

[203] Postcard depicting the Balfour reception of the Experiment Station. Publisher: Moshe Ordmann. Tel Aviv, 1925. Collection of Yeshiva University Museum.

[204] Aaron Aaronsohn/Jitzchak Wilkansky, »Memorandum [Jaffa-Rafah Land Scheme]«, CZA, A111/77 (28.05.1918), o. S.

[205] Wilkansky, Settlements, 4.

[206] Ebd., Settlements, 6.

[a]ls Zionist [...] der Ansicht, dass wir die wissenschaftliche Erforschung Palestinas nicht aus Haenden geben duerfen. Fuer uns ist es eine nationale Ehrensache, dass wir es sind, die das Land in allen Gebieten erforschen, dass wir einen Fleck Erde haben, wo eine vielverzweigte juedische Wissenschaft aufgebaut und der Welt vor Augen demonstriert wird. Wenn man schon ueber ›geistiges Zentrum‹ spricht, so kann das nicht heissen, dass wir moderne theologische Kommentare zu antiken Schriften schreiben und andere Naturwissenschaften der Gegenwart treiben. Die wissenschaftliche Erschliessung der Natur ist auch der Schluessel zu neuen Kolonisationsgebieten (wie ich das andrer Stelle schon ausgefuehrt habe).[207]

Wilkansky war der zionistische Charakter der Forschung so wichtig, dass er unter keinen Umständen mit der britischen Mandatsmacht kooperieren wollte.[208] Allenfalls auf ein Kuratorium, das zum Teil aus britischen und zionistischen Forschern zusammengesetzt sein sollte, ließ er sich ein. Doch die Forschung der Versuchsstation sollte unabhängig bleiben.[209]

6.3.2 Über die Grenzen der Natur: Palästina als Plantage

Um den Erfolg einer landwirtschaftlichen Versuchsstation zu messen, setzte Wilkansky klare, objektive wissenschaftliche Kriterien als Maßstab ein; Laborparameter waren für ihn unerschütterliche Wahrheiten und die Arbeit im Labor Voraussetzung für praktische Anwendung: »Auf dem Feld und in den Laboratorien arbeiten wir nicht nach von uns erfundenen, sondern nach im internationalen Versuchswesen üblichen Methoden, an denen ebensowenig zu rütteln ist wie an den Einheitsmaßen Meter, Kilogramm, Kalorie, Kilowatt usw.«[210] Dank wissenschaftlicher Kriterien sollten Gründe, Antworten und Gesetze gefunden werden,[211] um die Landwirtschaft Palästinas zu systematisieren und zu verbessern. Deren Lage betrachtete Wilkansky in den 1920er Jahren weiterhin als problematisch, weder seien die Böden des Landes erforscht, noch die in Frage kommenden Kulturen ausgewählt. Die Natur Palästinas sei widerspenstig, so Wilkansky: Pflanzen, die in anderen Ländern mit sehr ähnlichen Umweltbedingungen reiche Erträge brachten, wuchsen in Palästina nicht.[212]

---

[207] Jitzchak Wilkansky an Chaim Weizmann, CZA, A 12/145 (05.09.1927), 3 f. Fehler im Original.

[208] Die britische Landwirtschaftspolitik ist nicht Gegenstand vorliegender Arbeit, aber einige Schlüsse können aus dem Memorandum des Director of Agriculture R. Sawyer gezogen werden. Die Mandatsmacht hielt vor allem den Import von Tieren und Fleisch für notwendig und hatte zu diesem Zweck schon die Zölle verringert. R. Sawyer, »An Agricultural Policy. Report presented at fourth Meeting of the Palestine Advisory Council«, CZA, A12/145 (21.01.1921).

[209] Jitzchak Wilkansky an Chaim Weizmann, CZA, A 12/145 (05.09.1927), 3 f.

[210] Elazari-Volcani, I. [= Jitzchak Wilkansky], »Problemstellungen im Versuchswesen in Theorie und Praxis«, *Palästina: Zeitschrift für den Aufbau Palästinas* (April 1930), 129–145, 144.

[211] Alan I. Marcus, *Agricultural Science and the Quest for Legitimacy. Farmers, Agricultural Colleges, and Experiment Stations, 1870–1890* (The Henry A. Wallace Series on Agricultural History and Rural Studies), Ames 1985, 18.

[212] Zionist Organization, Report, 11 f.

Zudem empfahl Wilkansky eine Landwirtschaft, die zwar jeweils an Böden und andere Umweltbedingungen angepasst war, zugleich aber auch möglichst vielseitig zu sein hatte. So sollte eine sichere, krisenfeste Wirtschaftsgrundlage geschaffen werden. Wilkansky setzte sich des Weiteren für die Verbreitung und Popularisierung des in der Forschung generierten Wissens ein.[213] So publizierte er viele Pamphlete und Artikel in zionistischen Zeitschriften, die von einer breiten Öffentlichkeit rezipiert wurden. Im Jahr 1930 plädierte Wilkansky für eine Verbesserung Palästinas ohne hohe Kosten und ohne tiefgreifende Veränderungen und setzte auf »biologische statt technische« Transformation.[214] Neue Maschinen seien Luxus, entstammten dem Feudalwesen und widersprächen dem Ethos der Zionisten.[215]

Konkret hieß das: Landwirtschaftliche Verbesserungen sollten durch die Veränderung biologischer Faktoren geschehen. So würde der Boden fruchtbarer und dadurch die Ernte und das Einkommen der Landwirte erhöht werden. Diese Ergebnisse sollten durch Düngemittelsysteme, eine moderne Fruchtfolge, die Verbesserung des Saatgutes und der Haus- und Nutztiere sowie eine bessere Kontrolle von Schädlingen und Krankheitserregern erzielt werden.[216] Ein Beispiel für diese Maßnahmen ist unten abgebildet: Wilkansky zeigte im Vorher-Nachher-Vergleich in einem von seiner Versuchsstation herausgegebenen Bulletin, wie durch die Wissenschaft in den zionistischen Versuchsstationen Weizen verbessert und Kühe produktiv wurden. In der zweiten Versuchsstation legten die Forscher vermehrt Wert auf die Erforschung von Nutztieren – unter Aaronsohn waren diese Tiere als Forschungsobjekte zunächst als abdingbar für den Zionismus betrachtet worden. Mit der wachsenden Migration nach Palästina veränderten sich auch die Anforderungen an das Land.[217] Wilkansky hatte schon um 1909 zusammen mit den Templern aus Wilhelmina begonnen, einheimische Kühe mit ostpreussischen Bullen zu kreuzen. Dazu veröffentlichte er Fotografien, auf denen eine arabische Kuh zu sehen war, die jährlich lediglich

---

[213] Ebd., 8.

[214] Elazari-Volcani, I. [= Jitzchak Wilkansky], *The Fellah's Farm. The Jewish Agency for Palestine. Institute of Agriculture and Natural History. Agricultural Experiment Station*, Tel-Aviv 1930, 97 (= Elazari-Volcani, Fellah's Farm).

[215] Troen, Dreams, 35 f.

[216] Elazari-Volcani, Fellah's Farm, 97–102. Wie dramatisch sich die Nutztierrassen in Palästina in kurzer Zeit wandeln sollten, wissen wir aus einem Brief des Berliner Zoologen Prof. Ludwig Brühl, in dem dieser Warburg auf seine Sammlung von Haustierschädeln hinwies, die er in Palästina zusammengestellt hatte. Brühl nahm an, dass die Schädel für Warburg von großem Interesse seien, »als seit 1911/12 sicherlich in Palästina eine starke Haustier-Rassenmischung stattgefunden hat«. Zum Zeitpunkt, zu dem Brühl den Brief schrieb, befand sich die Sammlung noch beim Zoologen Prof. Max Hilzheimer im Märkischen Museum in Berlin. Ludwig Brühl an Otto Warburg, CZA, A12/180 (15.07.1934), 1.

[217] Elazari-Volcani, I. [= Jitzchak Wilkansky], *The Transition to a Dairy Industry in Palestine*, Tel-Aviv 1930.

Abb. 10: Wilkansky zeigte in einer Broschüre den Effekt der zionistischen Wissenschaft: Auch die Kuh wurde Teil der produktiven Landwirtschaft.[218]

600 Liter Milch produzierte. Darunter bildete er eine Kreuzung aus arabischen und holländischen Sorten ab.

Auch diese Rinder waren biotechnische Kreationen des Jischuws und höchst leistungsstark. Im Jahr brachte sie den vielfachen Ertrag eines arabischen Rinds.

Wilkansky war der Meinung, dass man den dringlichsten wissenschaftlichen Defiziten der palästinensischen Landwirtschaft noch lange nicht Herr geworden war, und machte sich zusammen mit Warburg daran, den Aufbau der neuen Station zu planen. Einzurichtende Abteilungen[219] sollten sich – wiederum sehr ähnlich den europäischen und amerikanischen Vorbildern – der »Einführung und Akklimatisation neuer Pflanzen- und Tierarten«, der »Abwehr der Einschleppung neuer Pflanzen- und Tierkrankheiten«, der »Bekämpfung heimischer Pflanzen und Tierkrankheiten, sowie präventive[n] Schutzmassregeln gegen Epidemien«, Bodenuntersuchungen, meteorologischen Beobachtungen und der Erforschung von Düngemitteln widmen.[220]

Auch in der zweiten Station agierte man an den Grenzen, die die Natur selbst setzte. Eine Broschüre, die unter der Ägide von Warburg und Wilkansky 1926 herausgegeben wurde, nutzte Kriegsmetaphern, um die Schwierigkeiten der

[218] Elazari-Volcani, Fellah's Farm, o. S. Courtesy of the World Zionist Organization.

[219] Die einzelnen Abteilungen waren eigenständig und genossen »Abteilungsautonomie«, was zuweilen zu unkoordinierten Forschungen und Hierarchieproblemen führte. Vgl. Rosolio an Otto Warburg, CZA, A12/146 (25.01.1933), 3.

[220] Zit. n. Leimkugel, Warburg, 128.

Abb. 11: In der Versuchsstation wurde auch das Backverhalten verschiedener Mehlsorten aus Palästina und anderen Ländern untersucht.[221]

Kolonisation zu benennen: »All colonisation is a battle even though it pursue [sic] paths of peace and bears not a sword but an olive branch.«[222]

Der Kampf, den die beiden Wissenschaftler meinten, fand an drei Fronten statt: Die Botanischen Zionisten kämpften gegen die natürlichen Bedingungen Palästinas wie die Bodenbeschaffenheit, aber auch gegen die absatzschwache palästinensische Wirtschaft, und zudem gegen die »eigene Natur«, die landwirtschaftliche Unerfahrenheit der Juden.[223] Zusammengefasst hieß dies: »[W]e placed on unprepared soil, unprepared people under unprepared conditions.«[224] Wie sollte es gelingen, diese Hürden zu überwinden?

Mit chemischen und physikalischen Methoden untersuchten die Wissenschaftler in der zweiten Versuchsstation neue mögliche Siedlungsräume, sie beobachteten Wetter und Klima und versuchten, das Potential einheimischer Pflanzen voll auszuschöpfen, indem sie vorhandene und neue Düngemittel testeten. Die Forschungen, die an der Versuchsstation durchgeführt wurden, spiegelten die Notwendigkeiten der Siedlungstätigkeit wider, und die »organischen« oder »biologischen« Kräfte Palästinas, wie Wilkansky sie nannte, sollten austariert werden. Wilkansky war ein Anhänger landwirtschaftlicher Gemischtbetriebe.

---

[221] Zionist Organisation, Report, o. S. Courtesy of the World Zionist Organization.
[222] Zionist Organisation, Report, 3.
[223] Ebd., 3–5.
[224] Ebd., 6.

Abb. 12: Fritz Bodenheimer in der Abteilung für Entomologie.[225]

Im August 1922 wurden sieben Abteilungen eingerichtet: Botanik und Akklimatisation, Ackerbau, Pflanzenzüchtung, Chemie, Pflanzenpathologie, Entomologie und Farmbetrieb.[226] Etwa vierzig Mitarbeiter zählte das Unternehmen.[227] Ein undatierter Bericht,[228] der mit großer Wahrscheinlichkeit aus den späten 1920er Jahren stammt, zählte die bis dato abgeschlossenen Forschungsarbeiten auf. Viele davon waren weiterhin der Erforschung und Erfassung Palästinas gewidmet. Wir finden Arbeiten zur chemischen Zusammensetzung von Böden und Regenwasser und zu verschiedenen Pflanzenkrankheiten, hierzu wurde sogar ein »Herbarium kranker Pflanzen« angelegt. Der Entomologe Fritz Bodenheimer führte die »Bestandsaufnahme der Schädlingsfauna (ca. 350 Arten)« durch, die Abteilung Saatzucht untersuchte heimische Getreidevarietäten, die Abteilung Geflügelzucht[229] betrieb »Rassenstudien«. Bodenheimer beschrieb in seinen Memoiren seine Ankunft in der Versuchsstation und deren »unglaublich primitive Bedingungen«: »I brought my own microscope with me and was given a small room, one table, two chairs, one bookcase, and money to buy twenty jelly-jars

[225] Zionist Organisation, Report, o. S. Courtesy of the World Zionist Organization.

[226] Vgl. auch Leimkugel, Warburg, 130.

[227] Jitzchak Wilkansky an Chaim Weizmann, Weizmann Archives (15.07.1934), 7.

[228] Elazari-Volcani, I. [= Jitzchak Wilkansky], »Memorandum über die Einführung von Unterrichtstätigkeit an der Versuchsstation«, CZA, A12/145 (24.05.1928).

[229] Für einen Überblick über die Arbeiten der britischen Mandatsregierung: Roza El-Eini, *Mandated Landscape. British Imperial Rule in Palestine, 1929–1948*, London/New York 2006, 139–141.

for breeding insects. […] After eight and a half months I received my first salary for one and a half months.«[230] Trotzdem, so Bodenheimer, seien die Forscher voll Enthusiasmus gewesen.

Erst musste das Land (und dessen Bedrohungen) in der Tiefe wissenschaftlich erforscht werden, dann konnten in einem weiteren Schritt die Grenzen der lokalen Natur verschoben werden und neu eingeführte Getreidesorten erprobt, Schädlingsbekämpfungsmaßnahmen ausprobiert, die Kultivierung von Baumwolle getestet werden. Neben der in vier Unterabteilungen aufgegliederten Abteilung für Biologie (geleitet von Warburg, Abteilungen: Angewandte Zoologie, Pflanzenphysiologie, Systematische[231] und Angewandte Botanik) gab es noch beinahe ein Dutzend anderer Abteilungen, die alle an den von der Natur gesetzten Grenzen agierten und versuchten, die Fantasie eines Judenstaates in die Realität zu übertragen.

Gerade jene Abteilungen, die daran arbeiteten, die Makel der Natur auszugleichen, also alle Aspekte, die dem landwirtschaftlichen Erfolg des Siedlungsprojektes im Wege standen, waren den Wissenschaftlern wichtig, wie die Abteilung für Entomologie.[232] Die Insektenfauna Palästinas war, wie angedeutet, bis zu diesem Zeitpunkt nicht systematisch erforscht. Vor allem die »unnütze[n] und gefährliche[n]« Arten wie die Ölbaumfliege bereiteten den Zionisten Kopfzerbrechen. Hier sollte Wissen zur Waffe werden: »um erfolgreich den Kampf aufnehmen zu können; folglich muss man mit dem Studium dieser Feinde beginnen«.[233] Bodenheimer versuchte, eine »komplette Untersuchung« der Insektenfauna zu erreichen. Er sammelte Motten in Lichtfallen, versuchte Prachtkäfer zu bekämpfen und ließ sich Nützlinge aus Hawaii senden.[234]

Erste Versuche der Abteilung Ackerbau sollten Aussaatzeitpunkt, Saattiefe, Reihenabstand und Bodenvorbereitung optimieren, die Abteilung Pflanzenzucht prüfte aus Kalifornien, Europa und Nordafrika eingeführte Varietäten auf Ertragsaussichten.[235] Diese Abteilung sollte die Einführung neuer Spezies nach Palästina überprüfen, die wahlweise als nützlich, schön oder als gute Ergänzung zum Füllen wahrgenommener Lücken in der primitiven Natur dienen sollten.[236]

---

[230] Bodenheimer, Biologist, 19.

[231] Vgl. allgemein zur Taxonomie Sarah Jansen, ›*Schädlinge*‹. *Geschichte eines wissenschaftlichen und politischen Konstrukts 1840–1920* (Campus Historische Studien Bd. 25), Frankfurt 2003; Philip, Science, 196; Endersby, Nature, 152.

[232] Leimkugel, Warburg, 139.

[233] O. A. [vermutlich Otto Warburg], »Über Oliven und Ölbaumspende«, CZA, L1/66 (o. D.), 2. Vgl. auch: Zionistische Organisation, Report, 44–49. Über Kriegsmetaphern in der Kolonialisierung: Esmeir, Juridical Humanity, 179.

[234] Zionist Organisation, Report, 44–49.

[235] Leimkugel, Warburg, 128–152.

[236] Tom Griffith, »Introduction. Ecology and Empire: Towards an Australian History of the World«, in:

Griffith/Robin, Ecology, 1–19, 3.

Warburg lag diese Abteilung besonders am Herzen, wie aus einem Brief an Baron Rothschild (der der Bitte um finanzielle Unterstützung diente) hervorgeht: »Es gibt eine große Anzahl wichtiger Nutzpflanzen, die sich für das palästinensische Klima eignen, aber dort noch nicht eingeführt sind; sehen wir doch, dass sogar rein tropische Bäume, wie die herrlichen indischen Ficus, darunter sogar Kautschuk liefernde, ferner Banane sowie Palmen wunderbar gedeihen.«[237] Doch Warburg träumte nicht nur von Kulturen, die schon in der Kolonialbotanik zum Einsatz gekommen waren. Warburg hatte auch vor, die Hortikultur zu fördern. Frühgemüse und Südfrüchte sollten zur palästinensischen Spezialität werden und Warburg stellte sich vor, ganz Europa, »jedenfalls aber den östlichen Teil desselben« mit Frühgemüse und -obst »wie Blumenkohl, Tomaten und Erdbeeren«, den »herrlichen« Jaffa-Orangen und in der Zukunft vielleicht »sogar auch mit Ananas« und anderen tropischen Früchten (von denen die meisten heutzutage in Israel überall erhältlich sind), Aprikosen und Pfirsichen zu versorgen. Großes Potential wurde auch für tropische und subtropische Früchte gesehen. Tropenfrüchte seien oft in ihren Ursprungsländern weder kommerziell kultiviert noch vermarktet. Diese Marktlücke wollten die Zionisten füllen und tropisches Obst nicht nur für den Export, sondern auch für den Heimatmarkt anbauen.[238] Die Vision eines dank seiner hebräischen Flora produktiven Landes war nicht nur ein wichtiger Bestandteil der ideologischen Botschaft, die der Zionismus für Palästina bereithielt, sondern sollte auch wirtschaftlich sinnvoll sein.

6.3.3 Das Scheitern des Botanischen Zionismus?

Offensichtlich bewährte sich die Strategie Wilkanskys. Warburg hielt wenige Jahre nach Einrichtung der zweiten Versuchsstation deren Erfolge fest, die sich seiner Ansicht nach vor allem im Vergleich zur Landwirtschaft der Fellachen zeigte. Dank Wissenschaft seien die Ernteerträge nun gesichert, schrieb Warburg im Jahr 1924:

> Unsere Versuchsstation, die jetzt 3 Jahre besteht, hat sich dann auch besonders hiermit befasst und dabei geradezu erstaunliche Resultate erzielt. Anstelle der 600–800 kg, die der Fellache, und der 900–1100 kg, die der jüdische Bauer per Hektar erntet, brachte die gute Bodenbearbeitung und Düngung der Versuchsstation die Ernte von Weizen bis auf 3100 kg und die von Gerste sogar bis auf 4100 kg per Hektar. Wir sind jetzt in der Lage, völlig sicher vor Missernten arbeiten zu können, und den Bauern, die nach unseren Vorschlägen arbeiten, eine Verdopplung der Erträge zu versprechen.[239]

Alles deutete darauf hin, dass Palästina dank der hebräischen Flora langsam in das nützliche Land verwandelt wurde, das die Botanischen Zionisten um die

---

[237] Otto Warburg an Baron Louis von Rothschild, CZA, A12/177, (22.10.1924) 4.

[238] Chanan Oppenheimer, »New Fruits for Palestine. Possibilities for Local Cultivation of Tropical and Sub-Tropical Fruit«, CZA, A111/194 (o. D.), 1.

[239] Otto Warburg an Baron Louis von Rothschild, CZA, A12/177 (28.10.1924), 2.

Jahrhunderte ersehnt hatten. Es sah so aus, als wäre ein produktiver Judenstaat in greifbare Nähe gerückt.

Doch Wilkansky selbst sah trotz der offenkundig erfüllten landwirtschaftlichen Ziele einen Teil seiner Vorhaben nicht erreicht. Er blickte Jahre später skeptisch auf die Versuchsstation zurück. Zwar hatte diese die Schaffung der hebräischen Flora vorangetrieben, aber sie sei daran gescheitert, den hebräischen Menschen zu schaffen. Auch für Wilkansky meinte eine Produktivierung Palästinas *beides*: die Verbesserung des Landes und die des Menschen. Weder sah er die Landwirtschaft im Jischuw genug gefördert, noch waren die einwandernden Juden Bauern geworden. 1934 beklagte Wilkansky sich über die »Stadtmentalität« der Juden in Palästina – diese taugten einfach nicht zu Landwirten.[240] Damit knüpfte er an die Debatte an, die drei Jahrzehnte vorher in Deutschland geführt worden war: Die Juden, Wüsten- und Nomadenvolk, Luftmenschen und Stadtbewohner, wurden, so Wilkansky, einfach keine Bauern. Auch die Wissenschaft könne keine Abhilfe leisten, im Gegenteil; die 1925 gegründete Hebräische Universität förderte die »Urbanität« der Einwanderer – alles Städtische war in den Augen Wilkanskys mit dem zionistischen Projekt unvereinbar.

Die Tatsache, dass die Juden Städter geblieben waren, war in Wilkanskys Augen auch der Art von Wissenschaft inhärent, die von der Warburg-Gruppe betrieben wurde: Insgesamt liege, so Wilkansky in den 1930er Jahren, der wissenschaftliche Fokus nach wie vor auf Botanik und nicht auf Landwirtschaft, es gebe »Bodenphilosoph[en]« und Fachmänner, die in die Botanik »kindisch vernarrt« seien, aber es gebe wenige Leute mit praktischer Begabung. Der Botaniker, so Wilkansky,

> glaubt, wenn er etwa mit wilder Luzerne oder Honnigpflanzen [sic] in Beruehrung kommt, dass er dadurch bereits Landwirtschaft treibt. Der ›Bodenphilosoph‹ glaubt, richtige Bodenkunde foerdern zu koennen, da er mal einige Semester eine landwirtschaftliche Hochschule besucht hatte und dies ein Zeugnis von dort bestaetigt, waehrend er de facto niemals in richtiger Beruehrung mit der Landwirtschaft war. Der Biochemiker glaubt, grossen Dienst der Landwirtschaft zu leisten, wenn er in seinem Laboratorium Methoden fuers Heutrocknen suchen wird.[241]

Die Landwirtschaft war, folgt man den Argumenten Wilkanskys, weder produktiv noch zielorientiert gewesen. »Die ›botanische Landwirtschaft‹ habe dieselben Tugenden und Fehler, die seinerzeit der ›botanische Zionismus‹ hatte« – eine Fatalität, die laut Wilkansky mit Aaronsohn, der mehr Botaniker als Landwirt war, ihren Anfang genommen hatte.[242] Darunter litt auch zwei Jahrzehnte später noch die Landwirtschaft im Jischuw. In den Augen Wilkanskys war das Projekt des Botanischen Zionismus gescheitert: Wissenschaft sei überwiegend um

[240] Zur Städtefeindschaft im Zionismus: Mosse, Nation, 127 f.
[241] Jitzchak Wilkansky an Chaim Weizmann, Weizmann Archives (15.07.1934), 3.
[242] Ebd.

ihrer selbst betrieben worden, zu viel sei geredet worden und zu wenig praktisch vorangekommen. Obwohl Wilkansky aufgrund seiner Nähe zu Warburg, seinen Interessen und seiner Vorgehensweise für den größten Teil des in dieser Arbeit untersuchten Zeitraumes den Botanischen Zionisten zugeordnet werden kann, entschied er, sich in den 1930er Jahren von der Gruppe abzugrenzen. Doch war der Vorwurf Wilkanskys zutreffend? Waren die Botanischen Zionisten etwa *zu* wissenschaftlich?

Fritz Bodenheimer, der Chefentomologe des Botanischen Zionismus, sah diesen eher als Experiment. Er nannte es »schieres Glück«, dass das Team aus unerfahrenen, jungen Männern nicht einfach scheiterte und das komplette Siedlungsprojekt nicht an den »anarchistischen Methoden«[243] jener Jahre kollabierte. Seiner Interpretation nach war es vor allem der zionistische Impetus, der dafür sorgte, dass sich in Palästina wissenschaftlich etwas tat. Und dies war auch sein Rat an die folgenden Generationen: »[T]hat it carry on not only in the promotion of science and of our agricultural requirements, but that it be in all its activities and on all its decisions motivated by the same sincere devotion to our national ideals as we of the first generations of scientific workers in agriculture in Palestine [...].«[244] Nationalethos war für ihn nicht von der wissenschaftlichen Arbeit zu trennen. Bodenheimer unterstellte der Ära Warburg nicht wie Wilkansky zu viel Wissenschaftlichkeit und zu wenig Praxis und Ideologie, sondern vielmehr wissenschaftliche Naivität: »Gone was the time when our beloved Professor Otto Warburg, the famous colonial botanist, published a memorandum in Altneuland early in the nineteenth century, pointing out that the yield from the 100,000 olive trees in the Herzl forests of Ben Shemen and Hulda would cover all the annual expenditure of the education system from kindergarten to the University.«[245]

Der Herzlwald, der erste zionistische Hain, stand in Bodenheimers Augen für das ganze Vorgehen des Botanischen Zionismus: Die Akteure waren zu unerfahren und zu naiv, um ihre Ziele zu realisieren.[246] Doch auch wenn die Botanischen Zionisten in Palästina in vielerlei Hinsicht gescheitert waren, war dies der Beginn eines auf dem Fundament der Wissenschaft gebauten Palästina.

---

[243] Bodenheimer, Biologist, 18.

[244] Ebd., 19.

[245] Ebd., 17f.

[246] Prywes, Biological Research, 12. Auch wurde die wissenschaftliche Arbeit der zionistischen Pflanzenforscher retrospektiv kaum anerkannt. Projekte vor den frühen 1920er Jahren, die von Katz und Ben-David als »nicht organisiert« charakterisiert werden, waren zwar nicht formell institutionalisiert, entbehrten aber weder einer Forschungsagenda noch einer größeren Vision, Katz/Ben-David, Scientific Research, 54–155. Auch Moshe Prywes betont, dass diese Forschungen eher die Arbeit »of a mere handful of dedicated men« gewesen seien.

6.4 Ausblick: Der lange Weg zur hebräischen Flora

In den späten 1950er Jahren besuchte Kurt Hueck (1897–1965), ehemals Direktor des *Instituts für Landwirtschaftliche Botanik der Universität Berlin*, den knapp zehn Jahre zuvor gegründeten Staat Israel, um sich mit dessen Aufforstungsprojekten vertraut zu machen. Während seiner Reise kam Hueck sowohl mit Personal des Landwirtschaftsministeriums als auch mit dem Leiter der Forstabteilung des *Jüdischen Nationalfonds* in Kontakt. Er zeigte sich vom Lande und seiner Vegetation tief beeindruckt und kontrastierte seine Bewunderung mit dem vorzionistischen Zustand Palästinas. Hueck begann seine »Reisebeobachtungen« so: »Die jahrhundertealte Geschichte des Landes Israel ist sowohl in ihren römischen wie arabischen und türkischen Abschnitten zugleich die Geschichte einer unentwegten Waldverwüstung.«[247]

Auch in Warburgs Zeitschrift *Altneuland* wurde zu Beginn des 20. Jahrhunderts dieses Narrativ bemüht:

> Während des langen Gollus[248], in dessen Verlauf das Land Israel von Fremden heimgesucht war, sind jedoch von den einst üppigen Wäldern und blühenden Gärten kaum einige Reste zurückgeblieben. Das Land verlor den segensspendenden Schatten der Bäume, und die Folge war, dass Bäche und Quellen vertrockneten. Ungehindert verschüttete der windgepeitschte Flugsand grosse Strecken Kulturlandes, und die unbebauten Täler versumpften.[249]

Sowohl zur Jahrhundertwende als auch einige Jahre nach der Gründung des Staates Israels dominierte ein Narrativ, in dem Römer, Araber und Türken Wald und Landschaft zerstörten und Zionisten den Wald, einst üppig und blühend,[250] wieder neu pflanzten. Besonders die Haustiere der Araber waren Hueck zufolge an den Schäden schuld: Die Verwüstung der Wälder werde in erster Linie »durch Ziegen, die von dem kleinen arabischen Teil der Bevölkerung in die Bestände getrieben werden«, verursacht.[251] Die israelische Historikerin Tamar Novick hat sich mit dieser Episode im 20. Jahrhundert beschäftigt und demonstriert, wie die arabische Ziege zum Feind des israelischen Waldes und der israelischen Umwelt deklariert wurde. Der Appetit der Ziege sei grenzenlos gewesen, sie habe buchstäblich ganze Wälder leergefressen, was angeblich zu Überflutungen

---

[247] Hueck, Reisebeobachtungen, 320.

[248] Jiddisch für Diaspora.

[249] Hauptbureau, Herzl-Wald, 3.

[250] Ebd. Vgl. auch No'am G. Seligman, »The Environmental Legacy of the Fellaheen and the Bedouin in Palestine«, in: Char Miller/Alon Tal/Daniel E. Orenstein (Hgg.), *Between Ruin and Restoration. An Environmental History of Israel*, Pittsburgh 2013, 29–51, 46.

[251] Hueck, Reisebeobachtungen, 257. Zum Hintergrund: »The image of the ignorant, destructi ve native (aided by his beasts) is in deliberate contrast to the nurturing hand of European science […].« Philip, Science, 190. Vgl. auch Thaddeus Sunseri, »Exploiting the Urwald. German Post-Colonial Forestry in Poland and Central Africa, 1900–1960«, *Past & Present* 214 (2012), 305–342, 328. Zur Verbreitung dieser Idee im Kolonialismus: Diana K. Davis, »Restoring Roman Nature: French Identity and North African Environmental History«, in: dies./Edmund Burke (Hgg.), *Environmental Imaginaries of the Middle East and North Africa*, Athens, Ohio 2011, 60–86, 62.

und Bodenerosionen geführt und so das zionistische Siedlungsprojekt in den Grundfesten gefährdet habe.[252] Die israelische Regierung sah sich 1950 sogar gezwungen, ein Gesetz einzuführen, das die Kontrolle und Tötung arabischer Ziegen vorsah und so die arabischen Fellachen kriminalisierte: das »Plant Protection Law«, das später auch »Black Goat Law« genannt wurde, in Anlehnung an die schwarze Farbe der feindlichen arabischen Ziegen.

Die wahrgenommene Gefährdung des zionistischen Aufforstungsprojektes[253] durch die einheimische Bevölkerung und deren Haustiere führt uns zurück zu den Anfängen dieser Aufforstungstätigkeit. Schon um 1900 wurde die Perzeption Palästinas als heruntergekommene Öde ebenfalls mit der Landwirtschaftspraxis der Fellachen in direkte Verbindung gebracht. Auch fünfzig Jahre nach Warburgs ersten Aufforstungsversuchen in Palästina und den Klagen über den Verlust von »einst üppigen Wäldern und blühenden Gärten« hatte sich am grundsätzlichen Blick auf das Land nicht viel verändert: Araber (und zuvor Türken und Römer) verwüsteten und entwaldeten Palästina, während die Juden das Land wieder ergrünen und produktiv werden ließen.[254]

Ob Palästina nun tatsächlich völlig desolat oder funktionstüchtig war, spielte für die Argumentation dieser Arbeit keine wesentliche Rolle: die *Wahrnehmung* und die Beschreibung Palästinas als desolat waren ausschlaggebend. Das genügte, um den Botanischen Zionisten Handlungsbedarf zu signalisieren. Jenseits von aller Notwendigkeit *wollten* sie Palästina umgestalten, sie wollten im Lande ihre eigene Handschrift hinterlassen und dafür sorgen, dass eine Flora kreiert wurde, die den ideologischen Gehalt des Zionismus widerspiegelte.

In diesem Kapitel wurde gezeigt, wie die Flora Palästinas durch die Projekte der Botanischen Zionisten verändert wurde. Diese Veränderungen waren, wie die Beispiele des Waldes und der Landwirtschaft zeigen, augenscheinlich: Plötzlich wuchsen im Land eine ganze Reihe von Pflanzen, die dort nicht heimisch waren. Das Palästina der Botanischen Zionisten sollte eine grüne Vision für einen zu schaffenden Wald bereithalten – auch wenn diese »vielfach erst nach 20, 30 oder mehr Jahren [...] erst Kindern oder Enkeln zugutekommen« würde.[255] Gleichzeitig sollten die Projekte, die in den Institutionen des Botanischen Zionismus Gestalt annahmen, dafür sorgen, Palästina langfristig landwirtschaftliche Autonomie zu garantieren. Für sie stand eine *Verbesserung* des Landes als Ziel fest. Was in den Kapiteln zuvor als Idee immer vorhanden war, nahm nun konkrete Formen an: Wälder veränderten die Topographie Palästinas, die Pflanzen aus dem Labor sollten bald ihren Weg aufs Feld finden.

---

[252] Novick, Milk, 148.

[253] Dies ist übrigens ein wichtiger Unterschied zu anderen kolonialen Kontexten, in denen üblicherweise abgeholzt wird. Vgl. Bravermann, Flags, 86.

[254] Hauptbureau, Herzl-Wald, 3. Auch Flavius Josephus hatte schon die Zerstörung des palästinensischen Waldes durch römische Truppen beklagt.

[255] Ebd., 6.

7 Fazit: Otto Warburg und die Wissenschaft in Palästina

Diese Arbeit begann mit einer Untersuchung der kleinen Schritte, die die Botanischen Zionisten vornahmen, um Palästina in einen Judenstaat zu verwandeln. 1902 suchte Warburg nach Methoden, Trauben unbeschadet von Palästina nach Deutschland schicken zu lassen. Die Zielsetzungen hatten sich in den 1920er Jahren verschoben: Warburg hatte dafür gesorgt, dass in Palästina erste, der Wissenschaft dienende Institutionen geschaffen worden sind. Die Botanischen Zionisten hatten viel experimentiert und waren oft gescheitert. Viele jener Kulturen, die den Jischuw voranbringen sollten, hatten sich als problematisch erwiesen, meist aus wirtschaftlichen, klimatischen oder ökologischen Gründen. So wurde der Traubenanbau in den 1920er Jahren nicht mehr als lohnend betrachtet.[1]

In der Geschichtsschreibung war der Botanische Zionismus nur eine Fußnote. In dieser Arbeit wird die Geschichte des Zionismus hingegen aus einer neuen Perspektive betrachtet:

Aus dem Blickwinkel der Botanischen Zionisten wurde die Geschichte der Verwandlung Palästinas erzählt. Diese Erzählung beschränkte sich nicht auf die Beschreibung von Natur, Bäumen oder Pflanzen. Der Botanische Zionismus verband Politik, Nationenbildung und Wissenschaft. Wissenschaft und Technik, so wurde argumentiert, konnten zumindest teilweise die fehlenden politischen, finanziellen und militärischen Ressourcen der Zionisten kompensieren und das zionistische Siedlungsprojekt in ideologischer und praktischer Hinsicht vorantreiben: Die Botanischen Zionisten waren Wissenschaftler, aber zugleich auch politische Akteure. Wissenschaft sollte einem politischen Projekt, der Errichtung eines jüdischen Staates in Palästina, den Weg ebnen.

Ab 1909 gewann der praktische Zionismus – der in Palästina Fakten schaffen wollte anstatt zunächst allein diplomatisch zu agieren – gegenüber dem politischen an Boden. Mit Otto Warburgs zionistischem Engagement kam die praktische Palästinaarbeit in Bewegung. Im Jahr 1911 kam mit Warburg ein Botanischer Zionist an die Spitze der gesamten zionistischen Bewegung: Er wurde zum neuen Präsidenten der Zionistischen Organisation gewählt. Wie der Name der Gruppe suggeriert, standen besonders jene Wissenschaften, die sich mit Pflanzen beschäftigen, im Vordergrund, vor allem die Botanik und die Agrarwissenschaften. Pflanzen waren für das zionistische Projekt von zentraler Bedeutung,

[1] Bodenheimer, Biologist, 18.

denn sie schufen eine Lebensgrundlage und dienten vielen verschiedenen Zwecken, sie wurden angebaut und gegessen, exportiert und damit wirtschaftlich verwertbar, sie veränderten die Landschaft Palästinas und machten sie zu einer zionistischen. Darüber hinaus verhalfen Botanik und Agrarwissenschaft den jüdischen Wissenschaftlern zu Respekt und Renommee, auch im internationalen Rahmen.

Die Natur Palästinas wurde von den Botanischen Zionisten als Ressource betrachtet: Sie sollte dem Menschen zur Verfügung stehen und wurde dementsprechend utilitaristisch genutzt.

Die Geschichte des Botanischen Zionismus wurde in der Reihenfolge der epistemischen Schritte der Akteure in Palästina gegliedert: Zunächst ging es um *Sehen* und *Bewerten*, um Palästinas Potentiale und Schwächen. Otto Warburg nannte es eine »durch Jahrtausende geheiligte, traditionelle Pflicht des ›Ischuw‹«, »dem Siege des Genies über die Naturkräfte« zu verhelfen.[2] Die Botanischen Zionisten strebten die Produktivierung Palästinas an und knüpften an eine historische Tradition an: Menschen und Natur sollten von europäischen Mächten verwaltet werden. Dies wurde durch den Vorsprung westlicher Wissenschaft und Technologie legitimiert. Die Botanischen Zionisten verstanden sich also als Teil einer europäischen wissenschaftlichen Elite, die ihr Wissen zum Nutzen der Allgemeinheit verbreiten ließ. Die geforderte Verbesserung Palästinas war Teil eines breiten, europäischen, von kolonialen Motiven durchsetzen Diskurses um den als verwahrlost wahrgenommenen Orient; zugleich aber ganz anders gelagert: Die Zionisten wollten keine Kolonie ausbeuten, sondern sich eine Heimat schaffen. Natur sollte durch Kultur gebändigt werden. Diese »mission civilisatrice« sollte den Anspruch auf Palästina legitimieren. Wissenschaft stellte die Mittel, die Natur zu verändern, zur Verfügung, und diente zugleich als ideologischer Rahmen. Für die Botanischen Zionisten um Warburg wurde es zur praktischen Mission und moralischen Aufgabe, Palästina zu begrünen: Es sollte produktiv und urbar werden.

Die Hebung Palästinas hatte einen weiteren Zweck: Das Land sollte verbessert werden, um in Europa für die Idee des Zionismus zu werben. Die Botanischen Zionisten wollten sowohl Juden, die man als potentielle Bewohner eines Judenstaates sah, als auch die politischen Großmächte ansprechen. Zahllose Publikationen, Bilder und Fotos nahmen Palästina als produktives, beinahe europäisches Land vorweg. Die Diasporajuden sollten ihren bis dato nur in kleiner Zahl ansässigen Brüdern nach Palästina folgen. Zugleich sollte die negative Wahrnehmung eines Palästinas, das durch Armut, Schmutz und Rückständigkeit gekennzeichnet wurde, die Notwendigkeit des Botanischen Zionismus unterstreichen: Es hätte sonst keine Grundlage, aber auch keine Rechtfertigung für dessen Initiativen gegeben, die massiv in die Landschaft Palästinas eingriffen.

---

[2] Warburg, Pflichten, 1.

Von der Hebung des Landes versprachen sich die Botanischen Zionisten auch eine Hebung der Juden und der indigenen Bevölkerung Palästinas.

In einem zweiten Schritt machten sich die Botanischen Zionisten ans *Untersuchen* und *Klassifizieren*. Palästina und auch andere Regionen (El-Arisch und Uganda) wurden in Expeditionen wissenschaftlich erforscht. So waren Warburg und die anderen zionistischen Pflanzenforscher mit der Inventarisierung Palästinas beschäftigt – sie sammelten Naturschätze, Wissen um Bodenarten, meteorologische Daten, Pflanzen und Tiere. Das Wissen, das in den Expeditionen entstand, wurde auch als Legitimation für die Errichtung eines Judenstaat gesehen: Die Zionisten eigneten sich das Land symbolisch an, indem sie es wissenschaftlich erschlossen.

Zugleich führte der Entschluss, Expeditionen im Rahmen des Zionismus zu unternehmen, zu einem Wechsel des zionistischen Kurses: Mithilfe der Forschungsreisen sollte der Zionismus, der bis dato eher diplomatisch agierte, auf eine praktische Ebene gehoben werden. In Palästina ging es darum, Fakten zu schaffen. Aber auch Herzl und die Anhänger des politischen Zionismus sträubten sich gegen Eingriffe auf palästinensischem Boden, solange die politische Situation nicht hinreichend geklärt war. Durch die Expeditionen konnte nun Wissen über Palästina generiert werden, das die Realitäten vor Ort zunächst nicht veränderte. Die Forschungsreisen griffen nicht in Palästinas Landschaft ein, sondern waren eher erste Vorarbeiten, die – so dachte Warburg – die weitere Siedlungstätigkeit einleiten würden. Die wissenschaftliche Erforschung des Landes hatte ein harmloses Antlitz, aber barg politischen Ehrgeiz.

Auch zeigten die Expeditionen der Botanischen Zionisten, dass Wissen stets offen war für Interpretationen, die wiederum häufig von einer politischen Agenda gelenkt waren. Warburg ignorierte nach der Uganda-Expedition 1904 wissentlich Funde, die seinen politischen Ideen widersprachen. Wissen war nicht immer automatisch nützlich oder gut, sondern oft von politischen Interessen geleitet.

Ein sehr zentrales Argument des Botanischen Zionismus wird ebenfalls an der Untersuchung von Expeditionen deutlich: Für die Botanischen Zionisten generierten Erkenntnis und Wissenschaft einen Anspruch auf Palästina. Wissenschaftliches Wissen wurde zu einem Mittel der symbolischen Aneignung des Landes und schürte Besitzansprüche. Palästina sollte durch die Mittel der Wissenschaft in eine greifbare, lesbare und nicht zuletzt jüdische Landschaft verwandelt werden. Die Zionisten wollten beweisen, dass sie in der Lage waren, sich tief und ernsthaft mit Palästina auseinanderzusetzen. Dass Wissen sich eignete, die intellektuelle Deutungsmacht über Palästina zu erlangen, wusste auch Warburg: »Das Land Palästina wird erst wieder unser sein, wenn wir es nicht nur nach dem Herzen, dem Schweiß und Geld, sondern auch nach dem Geiste zurückerobert haben werden.«[3]

[3] Warburg, Zionismus, 667.

Nachdem die Botanischen Zionisten sich einen Überblick über Palästinas Natur verschafft hatten, widmeten sie sich dem *Finden*, *Spekulieren* und *Experimentieren*: Nun standen einzelne Spezies im Vordergrund, die dem Jischuw sowohl ideologisch als auch praktisch nützlich werden sollten. Eine Episode der eretz-israelischen Botanikgeschichte ist hierfür bezeichnend: die Wiederentdeckung des *Wilden Emmers* oder *Urweizens*. Zu Beginn des 20. Jahrhunderts, einer Epoche, in der in Europa die Suche nach dem »Ursprung der Zivilisation« en vogue war, gelang es dem jüdischen Agronomen Aaron Aaronsohn, einige Exemplare der Pflanze in Palästina aufzufinden. Für Aaronsohn und viele seiner Zeitgenossen war der Fundort des Urweizens die Urstätte menschlicher Zivilisation. So wurde der Urweizenfund von den Botanischen Zionismus als *jüdische* Entdeckung gepriesen.

Das Beispiel des Urweizens zeigt: Die Botanik spielte eine Schlüsselrolle in der kulturellen Konstruktion des Jischuws. Sie konnte als »Wissenschaft der Ursprünge«[4] im beginnenden 20. Jahrhundert Deutungspotentiale für sich beanspruchen, die zuvor nur den Geisteswissenschaften zugebilligt worden waren. Darüber hinaus wurden auch 1906 wieder politische *und* ideologische Ansprüche bedient. Der Urweizen sollte auch praktisch nützlich sein: Aus ihm sollte ein sehr resistenter und auch schmackhafter Weizen gezüchtet werden.

Doch nicht nur die diskursive Bedeutung des Botanischen Zionismus ist Thema dieser Studie. Der Botanische Zionismus hat auch Spuren in Palästina (und später in Israel) hinterlassen. Wie veränderten die Botanischen Zionisten Palästina? Und welche Veränderungen konnten nicht durchgesetzt werden? Die Untersuchung der *hebräischen* Flora – dieser Begriff meint den Wandel der Flora Palästinas, der auf Otto Warburg und seine Mitstreiter zurückgeht – reflektierte die Agenda des Botanischen Zionismus: Die neuen Wälder, neu eingeführte, manipulierte oder hybridisierte Pflanzen und Tiere; kurz: Die hebräische Flora war in weiten Teilen ein Produkt des Labors, vor allem der landwirtschaftlichen Versuchsstationen. In den beiden 1909 und 1921 gegründeten Stationen sollten sich die Ideen des Botanischen Zionismus materialisieren, Naturgrenzen überschritten und der Wandel Palästinas Wirklichkeit werden.

In den nahezu dreißig Jahren, die Warburg und seine Mitstreiter dem Botanischen Zionismus gewidmet hatten, war also viel geschehen. Palästina habe sich, so berichteten viele Zionisten, von einer Wüste in eine Oase verwandelt. Diesen Wandel illustriert eine Seite aus einem Buch zur Naturkunde Palästinas, das Fritz Kahn (1888–1968) entworfen hat. Kahn gibt hier ein Erfolgsnarrativ wieder: Palästina sei *gehoben*, die Wüste zum Blühen gebracht worden. Er war ein bekannter populärwissenschaftlicher Autor, der mehrmals nach Palästina reiste. In seinem Nachlass befinden sich Notizen, Artikel und Zeitungsausschnitte zu Palästina, die teils aus der Feder der Botanischen Zionisten stammten.

[4] Torma, Kulturgeschichte, 67.

Abb. 13: Die Entwicklung Palästinas in der Vorstellung Fritz Kahns.[5]

Auch eine amerikanische Kommission untersuchte die Entwicklung des Zionismus. Der 1928 erschienene *Mead Report*[6] war nach dem Vorsitzenden der Kommission, dem US-amerikanischen Ingenieur Elwood Mead (1858–1936), benannt. Die engen Verbindungen zwischen Palästina und den USA hatte schon

---

[5] Leo Baeck Institute New York, Arthur and Fritz Kahn Collection, http://www.archive.org/stream/arthurfritzkahn_07_reel07#page/n588/mode/1up (29.10.18). Mit freundlicher Genehmigung des Leo Baeck Institute New York.

[6] O. A., *Reports of the Experts Submitted to the Joint Palestine Survey Commission*, Boston 1928 (= o. A., Reports). Vgl. dazu: J. B. Teisch, *Engineering Nature. Water, Development, and the Global Spread of American Environmental Expertise*, Chapel Hill 2011, 161–178 (= Teisch, Nature); Troen, Dreams, 31–37; Robert E. Rook, »An American in Palestine. Elwood Mead and Zionist Water Resource Plannung, 1923–1936«, *Arab Studies Quarterly* 22 (2000), 71–89 (= Rook, American).

Aaron Aaronsohn aufgebaut, als er nach der Entdeckung des Urweizens 1906 Nordamerika für seine Versuche begeistern konnte. Im Jahr 1919 begab sich Jitzchak Wilkansky ebenfalls in die USA. Er untersuchte die Sumpfdrainage in Florida, Flussbetten in Utah, Arizona und Texas sowie die Landwirtschaft Kaliforniens.[7] Dort lernte er Mead, seinerzeit Professor für Landwirtschaft, kennen. Wilkansky war von Mead so beeindruckt, dass er Weizmann riet, diesen beratend hinzuzuziehen, um die weitere Entwicklung des Jordantals zu unterstützen. Mead war laut Ruppin die wichtigste Autorität für Fragen der landwirtschaftlichen Besiedlung.[8]

Der Mead-Report ist instruktiv, um die Entwicklung des Jischuws aus einer Außenperspektive zu beurteilen. Es gibt sonst kaum Quellen aus dieser Zeit, die sich mit dem zionistischen Projekt beschäftigten, ohne dass die Verfasser selbst darin involviert gewesen wären. Der Report umfasst Hunderte von Seiten, die Palästinas landwirtschaftliche Entwicklung unter verschiedenen Gesichtspunkten begutachten. Die Kommission versuchte, »fair and frank« zu werten: »We viewed conditions with a critical eye but with a sympathetic attitude.«[9] Tatsächlich betrachtete der Bericht vor allem die Zionisten selbst als Problem. Eine große Gefahr des Zionismus liege in dessen Attraktivität für romantische Geister, die der landwirtschaftlichen Tradition eigentlich fernstünden: Sie waren in den Augen Meads »emotional people-poets«, Reformer, Arbeiterführer; Männer mit kühnen Ideen und lebhafter Phantasie. Diesen gehe der ländliche Hintergrund, die praktische Erfahrung in der Landwirtschaft und eine ausgeglichene Urteilskraft ab.

Offensichtlich seien einige der Zionisten in der Landwirtschaft geistig unterfordert.[10] Daher versuchten sie sich meist in Experimenten, so die Kommission. Darin würden sie unglücklicherweise sogar noch bestärkt, da sie meist von außen finanziert seien, so dass sie auch für fehlgeleitete Experimente keine Konsequenzen fürchten müssten.[11] Darüber hinaus bewerteten die Amerikaner das antikapitalistische Ethos vieler Zionisten als problematisch.[12] Sogar ihre Beharrlichkeit wurde kritisiert. Wie Mead bemerkte, seien die zionistischen Siedler nicht etwa verbittert, wenn sie Verluste erlitten, sondern zeigten eine »krankhafte« Ausdauer:

> They are undergoing privations and discomfort that in some cases have gone altogether too far. There is unmistakable evidence of malnutrition due to insufficient food or lack of variety. When asked how he proposed to overcome the yearly losses in his farming operations, one of the settlers said to the Commission ›We must eat less. I tell my wife we must quit using milk and eggs, sell these and live on bread, which is cheaper.‹[13]

---

[7] Ebd., 73.
[8] Teisch, Nature, 161–178. Vgl. auch Troen, Dreams, 31–37.
[9] O. A., Reports, 741.
[10] Ebd., 488.
[11] Ebd., 14.
[12] Ebd., 38.
[13] Ebd., 47 f.

Mead gab hier einen kleinen Einblick in die Resultate des Botanischen Zionismus. Obwohl Wilkansky und seine Kollegen an hyperproduktiven Kühen arbeiteten, hieß das nicht, dass sich die Situation der Siedler schlagartig verbesserte. Der Weg zu einem produktiven Palästina war lang und steinig.

Doch die Transformation Palästinas und seiner neuen Bewohner wurde auch positiv bewertet. Anderen Beobachtern schien die Transformation der Juden in Arbeiter zwei Jahrzehnte nach der Ankunft der Botanischen Zionisten auf einem guten Wege: »The Jews are continually charged with being too far from nature, and too near to the material things of life, so that it is good to find that the most profound researchers into the realm of nature, have in Palestine been made by the Jews.«[14] Die Juden seien nun näher an der Natur als je zuvor, so der Autor. Aus Ghettojuden seien neue Hebräer geworden, die im Feld arbeiteten, Pflanzen züchteten und Kühe melkten. Das sichtbarste Zeichen der wissenschaftlichen Durchdringung Palästinas war an der Landschaft abzulesen: Palästina verfügte über wissenschaftliche Institute, Kultureinrichtungen, und seit 1925 über die Hebräische Universität. Wie zu Beginn des Jahrhunderts gab der Standpunkt des Beobachters vor, wie Palästina bewertet wurde.

Otto Warburg selbst beschäftigte sich auch in den 1920er Jahren nach wie vor lieber mit Pflanzen, Institutionen und Finanzen statt mit Menschen und Ideologien. Er gab sich mit der hebräischen Flora, den neuen wissenschaftlichen Instituten und den Entdeckungen und Innovationen, die in Palästina stattgefunden hatten, nicht zufrieden. 1927 notierte er in einem Memorandum seine Ideen für die Zukunft der Naturforschung in Palästina. Darin forcierte er die Gründung eines an die Universität angegliederten Institutes für Naturkunde. Warburgs Handschrift war schon etwas unsicher, als er diese Gedanken notierte; immerhin war der Botaniker nun fast siebzig Jahre alt.

Wie sollte sein Naturkundeinstitut aussehen? Warburg plante neun Unterabteilungen: Botanik, Zoologie, Geologie, Meteorologie, Astronomie, Anthropologie sowie Prähistorische Geschichte, Ethnologie und Geographie.[15] Die letzteren drei könnten, so Warburg, auch notfalls an andere Fakultäten übergehen. Meteorologie und Astronomie müsse man aus Kostengründen wohl aufschieben. Man könne bescheiden beginnen mit zwei bis drei Wissenschaftlern, die jeweils einen der ersten drei genannten Bereiche untersuchten: Botanik, Zoologie und Geologie. Warburg hatte auch schon Kandidaten für die Unterabteilungen im Blick, leiten wollte er das Institut hingegen selbst. Des Weiteren stellte er auch Überlegungen an, wie die einhundert Palästinensischen Pfund verteilt werden sollten, die ihm kurz zuvor auf einem Treffen der Universitätsgründer

---

[14] O. A., *The Palestine Weekly*, NKA (20.04.1923).

[15] Otto Warburg, »Memorandum: Institute for the Natural History of Palestine«, HUJA 80/3, Gan Botani, 1925–30 (Januar 1927), 6.

in München[16] zugesagt worden waren. Der Assistent Alexander Eig sollte 20 Pfund erhalten, um eine Flora Palästinas zu erstellen; der Pflanzenphysiologe Dr. Oppenheimer 15 Pfund zusätzlich zu dem Lohn, den ihm die Versuchsstation bezahlte. Ephraim Hareuveni sollte sich seinem Spezialgebiet, der biblischen Botanik, widmen, einen botanischen Prophetengarten in Jerusalem aufbauen und dafür ebenfalls 15 Pfund erhalten. Die Zoologie bedachte Warburg gleichfalls mit 15 Pfund, die Geologie nur mit zehn. Weitere Posten waren Möbel, Bücher und Gerätschaften. Sich selbst gestand Warburg zehn Pfund zu – ein geringer Lohn, den er aber bereit war, zu akzeptieren, um das Institut zu verwirklichen.[17]

Warburg schrieb, dass die Erforschung der palästinensischen Naturgeschichte bis dato noch nicht systematisch und in der Tiefe erfolgt sei. Zwar seien in den letzten Jahren zahlreiche Aufsätze in verschiedensprachigen wissenschaftlichen Zeitschriften und andere Publikationen erschienen, doch sei diese Situation alles andere als akzeptabel,[18] zumal die Materialien lediglich verstreut vorlägen. Außerdem hätten auch die Erforscher Palästinas nicht zufriedenstellend gearbeitet. Die meisten kämen in der ersten Jahreshälfte, wenn das Land grüne und blühe, so Warburg. Zudem hätten sie große Teile des Landes jenseits der »ausgetretenen Pfade« unberücksichtigt gelassen und wieder und wieder die gleichen Gebiete und Sehenswürdigkeiten untersucht.[19]

Doch Warburg witterte noch eine größere Gefahr als die lückenhafte Erforschung des Landes. Er befürchtete, dass man sich Palästinas Naturgeschichte bald »von außen« annehme. Nichtjüdische wissenschaftliche Korporationen, vor allem die reichen amerikanischen Universitäten, wollten, so Warburg, den Zionisten den Rang ablaufen – wie sie das schon in der Archäologie getan hätten.[20] Warburg hielt es deswegen für nötig, möglichst schnell das Gebiet der palästinensischen Naturkunde abzustecken und als jüdisch zu kennzeichnen. Wenn jetzt rasch Publikationen veröffentlicht werden würden, dachte Warburg, wäre die Gefahr einer nichtjüdischen Erforschung eingedämmt, denn die Kollegialität der Amerikaner hielte diese davon ab, in schon besetzte Wissensgebiete »einzudringen«.[21]

Das Ziel des Institutes sollte es sein, die verschiedenen Zweige der palästinensischen Naturgeschichte zu erforschen. Zukünftig sollten auch die Nachbarländer und der ganze Nahe Osten untersucht werden: »It must be our aim and ambition to develop this institute into the acknowledged centre of natural history

[16] Vgl. o. A., »Draft. Minutes of the Second Meeting of the Board of Convenors of the Hebrew University Held at Munich in the House of Dr. Eli Strauss.« Weizmann Archives (23.–24.09.1925).

[17] Otto Warburg, »Memorandum: Institute for the Natural History of Palestine«, HUJA, 80/3 Gan Botani, 1925–30 (Januar 1927), 8.

[18] Ebd., 1.

[19] Ebd., 2.

[20] Ebd., 3.

[21] Ebd., 4.

research. [...] When this our aspiration will be fulfilled, it will give great credit to the university.«[22] Noch 1927 war Wissenschaft für Warburg also nicht nur Selbstzweck, sondern auch Strategie. Wissen und Wissenschaft waren geeignete Mittel zur Aneignung Palästinas, wie der von Warburg befürchtete epistemische Wettlauf gegen die amerikanische Forschung zeigt. *Jüdische* Wissenschaft sollte das *jüdische* Land durchdringen. Dieser Anspruch war für die Botanischen Zionisten über ein Vierteljahrhundert Credo. Vom russischen Botaniker und Genetiker Nikolaj Vavilov wurde Warburg 1929 zur »Konzentration von Intellekt, die das moderne Palästina kennzeichnet«, beglückwünscht.[23] Eben diese Funktion von Wissen und Wissenschaft hatte der Wiener Zionist Wolfgang von Weisl (1896–1974) bereits im Jahr der Eröffnung der Universität beschrieben:

> Natürlich war und ist die Eröffnung einer Universität eine sehr harmlose, sehr kulturelle Angelegenheit, gegen die niemand etwas einwenden kann. Die Zionisten wurden auch nicht müde, dergleichen in Wort und Schrift überall zu versichern. Aber tatsächlich gab es keinen Menschen im ganzen Orient, der nicht die Geste Weizmanns als das verstand, als was sie gemeint war: als die erste, große Demonstration des im Aufbau befindlichen jüdischen Palästinas vor der europäischen Welt.[24]

Weisl sah den Sieg der zionistischen Wissenschaft in der Kleidung Weizmanns symbolisiert: Weizmann trage den »mit weißer Seide verbrämten Purpurmantel der Universität Manchester«, an der er eine Professur innehatte, wie ein »Herrscherkleid«.[25] Wissen war wieder zur Waffe geworden: Das jüdische Palästina präsentierte sich nicht in Form von Militärparaden oder diplomatischen Vertretungen, sondern durch Forschungsinstitute. Die Verbindung von Wissen und Nationalismus war in den 1920er Jahren eng geworden, wie schon die Namensgebung der *Hebräischen* Universität zeigte. Dieser Name verwies auf den nationalistischen Rückgriff der Zionisten auf die antike hebräische Identität.[26]

Aus den Sätzen des Beobachters Weisl sprach das gleiche Fortschrittsethos, das die Botanischen Zionisten umtrieb. Europas Kultur sollte in die Levante getragen werden. Herrscher des neuen, fortschrittlichen Landes war nun der europäische Wissenschaftler.

Weizmann hatte Warburg 1920 als Präsident der ZO abgelöst, doch war Letzterer noch immer eine Hauptfigur der zionistischen Bewegung. Selbstverständlich wohnte er der Inaugurationsfeier bei. Auf einem fast fünf Meter breiten Ölbild, das die Eröffnung der Hebräischen Universität festhielt und auch heute noch im Eingangsbereich der Universität hängt, ist Warburg gut zu erkennen. Er sitzt ziemlich mittig unter den Ehrengästen, Rabbinern, Zionisten und Professoren.

---

[22] Ebd., 5.
[23] Nikolaj Vavilov an Otto Warburg, HUJA, Mechon le'chekirat teva (24.11.1929).
[24] Wolfgang von Weisl, *Der Kampf um Palästina, Palästina von heute*, Berlin 1925, 248.
[25] Ebd., 257.
[26] Dolev, Planning, xix.

Die Legende bezeichnet Warburg als einen »Professor an der Hebräischen Universität«.

Otto Warburg gehörte zu den ersten Professoren der Hebräischen Universität. Mitte der 1920er Jahre zog er sich langsam aus der Versuchsstation zurück. Das an der Universität neu entstandene *Institute of Agriculture and Natural History* war sein letztes Werk für Palästina.

Die praktische Funktion der Naturforschung war für Warburg so offensichtlich, dass er sie in seinem Memorandum gar nicht benennen wollte. Dies ist bemerkenswert, denn das Memorandum sollte offensichtlich dazu dienen, Universitätsgelder für die Naturforschung zu akquirieren, und betonte dementsprechend die Vorteile und den Nutzen von Wissenschaft. Der praktische Nutzen von Warburgs Institut war wohl jedem an der neu gegründeten Hebräischen Universität bekannt: Warburg hatte Palästina zur Produktivität verholfen, die hebräische Flora nährte langsam, aber sicher die zionistischen Pioniere. Palästina war zwar immer noch nicht der Garten, den mancher Zionist schon zur Jahrhundertwende herbeigesehnt hatte, doch das Land kam diesem Ideal langsam näher. Die Versuchsstation Wilkanskys wurde 1932 nach Rehovot verlegt und 1951 dem Staat Israel unterstellt. Im gleichen Jahr starb Wilkansky und das Institut wurde ihm zu Ehren *Volcani Center* (nach seinem hebraisierten Namen) benannt. Auch heute noch ist das Institut die wichtigste Einrichtung zur landwirtschaftlichen Forschung in Israel.[27]

Warburg und sein Botanischer Zionismus haben auch in der Gegenwart Spuren hinterlassen.

[27] S. die Website des Instituts: http://www.agri.gov.il/download/files/alonVolcEn_1.pdf (29.10.2018).

Danksagung

Vorliegende Arbeit wurde an der Ludwig-Maximilians-Universität im März 2017 als Dissertation angenommen. Für den Druck wurde sie leicht überarbeitet.

Ich möchte mich zunächst sehr herzlich bei meiner Doktormutter Kärin Nickelsen bedanken, die mich mit viel Wissen, Erfahrung, Geduld und Verständnis durch die Promotionsphase begleitet hat. Auch meinem Zweitbetreuer Michael Brenner danke ich für Ratschläge und Kritik. Shaul Katz, z"l, aus Jerusalem war der führende Experte auf dem Gebiet der zionistischen Wissenschaftsforschung; ich bedanke mich für die vielen Stunden, die wir auf einer Bank in den Zionistischen Zentralarchiven sitzend, über Helden und Haudegen, Technik und Sämereien, sinniert haben. Ich bedanke mich auch herzlich bei Martin Schulze Wessel, er war nicht nur Mitglied der Prüfungskommission, sondern auch Sprecher des Internationalen Graduiertenkollegs »Religiöse Kulturen im Europa des 19. und 20. Jahrhundert«, an das ich assoziiert war. Ihm und allen KollegInnen in Deutschland, Tschechien und Polen bin ich ebenfalls sehr dankbar für die ideelle und materielle Unterstützung – allen voran Sigita Hunger, Katja Kudin und Laura Hölzlwimmer. Für die finanzielle Förderung möchte ich dem Deutschen Akademischen Austauschdienst, besonders Gisela Nürenberg, danken, der die Vorrecherchen finanzierte. Danach wurde ich in das Leo Baeck Fellowship Programm der Studienstiftung des deutschen Volkes aufgenommen; besonderer Dank gebührt Matthias Frenz und Daniel Wildmann. Von 2014 bis 2017 gewährte die Deutsche Forschungsgemeinschaft eine Sachbeihilfe für das Projekt, aus dem nun dieses Buch resultierte.

Meinen Dank aussprechen möchte ich auch den Mitarbeiterinnen und Mitarbeitern der folgenden Archive: Amelie Hettinger (Historische Sammlungen der Universitätsbibliothek Freiburg), Michal Mor (Hebrew University Curatorship), Sara Oren (Neot Kedumim, Modi'in), Aubrey Pomerance (Jüdisches Museum Berlin), Rochelle Rubinstein (Central Zionist Archives Jerusalem) und ihrem Team, Ute Simeon (Hebraica- und Judaica-Sammlung, Universität Frankfurt) und dem Team von Compact Memory, Michael Simonson (Leo Baeck Institute New York), Michaela Starke (Sächsische Landesbibliothek – Staats- und Universitätsbibliothek Dresden), Nurit Sternberg und Uri Shaham (Otto Warburg Archive, Sde Warburg), Ofer Tzemach (Hebrew University of Jerusalem, Central Archive), Debbie Usher (Middle East Centre Archive, St Antony's College, Oxford), den Mitarbeiterinnen und Mitarbeitern des Central Archives for the

History of the Jewish People, Jerusalem; des German-Speaking Jewry Heritage Museum Archives, Tefen; der National Library of Israel, Jerusalem; des Politischen Archivs, Auswärtiges Amt, Berlin; des Weizmann Archives, Rechowot, der World Zionist Organization, und des Yeshiva University Museums, New York.

Für Ratschläge, kluge Ideen, lehrreiche Gespräche und Workshop- und Konferenzeinladungen danke ich: Ran Aaronsohn, Alexander Alon, Yaron Balslev, Yuval Ben-Bassat, Svenja Bethke, Gideon Biger, Liora Bigon, Stefan Brakensiek, Rachel Brown, Johann Büssow, Uri Cohen, John Efron, Lisa Gebhard, Haim Goren, Raphael Groß, David Hamann, Daniel Hiltensberger, Ruth Kark, Shifra Katz, Katja Kaiser, Frank Leimkugel, Miri Lavi-Neeman, Hagar Leshner, Joanna Long, Nurit Kirsh, Ivonne Meybohm, Malte Müller, David Munns, Meni Neumann, Tamar Novick, Sara Oren, Yagil Osem, Derek Penslar, Miriam Rürup, Arie Salomon, Sagi Schaefer, Joachim Schlör, Björn Siegel, Andrea Sinn, Dimitry Shumsky, Susan Splinter, Gaby und Michael Warburg, Sharon Warburg, Daniel Wildmann, Daniel Viragh, Shulamit Volkov, Esther Yankelevitch, Naomi Yuval-Naeh und allen anonymen Gutachterinnen und Gutachtern.

Meine Kolleginnen und Kollegen von der Universität München sind nicht nur gescheit, sondern auch optimistisch, immer hilfsbereit und überhaupt echte Freunde. Ich danke besonders (in alphabetischer Reihenfolge) Nikolaus Egel, Tobias Grill, Anna Groß, Simon Hadler, Christian Joas, Fabian Krämer, Philipp Lenhard, Christoffer Leber, Martina Niedhammer, Claus Spenninger, Cora Stuhrmann, Felix Schölch, Caterina Schürch, Marina Schütz, Mathias Schütz, Fabian Weber und Robert-Jan Wille. Christina und Doti Dinar, Sheer Ganor, Lea Hampel, Eva Kozeny, Davíd Lockard, Ruth Orli Moshkovits, Patricia O'Donovan, Pascal Schillings, Sven Schwarz, Yonatan Shiloh-Dayan, Ofer von Suffrin und seine Familie, Maria Sperl und Shmulik Twig haben für mich recherchiert, korrigiert, übersetzt, gekocht, mit mir getrunken und geraucht, und überhaupt zu einem guten Leben beigetragen. Tsipi danke ich für die vielen Stunden, die sie schnurrend auf meinem Schoß verbracht hat, während ich fluchend Fußnoten korrigieren musste, obwohl das Ergebnis meiner Arbeit sie gar nicht besonders interessiert hat. Ähnliches gilt für meine Schwestern, auch wenn sie nicht schnurren. Meine Eltern wundern sich vielleicht im Himmel über die merkwürdigen Interessen ihrer mittleren Tochter, aber ehrlich, ich wäre keine gute Ingenieurin geworden und auch keine Journalistin.

Für die Korrekturen an der Arbeit danke ich besonders meiner Lektorin Daniela Gasteiger. Dem Verlag Mohr Siebeck bin ich ebenfalls zu Dank verpflichtet, Martina Kayser und Ilse König haben die Drucklegung mit viel Erfahrung, Sachverstand und Geduld begleitet. Die Drucklegung wurde von der Stiftung Irene Bollag-Herzheimer großzügig unterstützt, wofür ich sehr dankbar bin.

München, im Januar 2019.

Literaturverzeichnis

Unveröffentlichte Quellen

Beit Aaronsohn Archiv, Sichron Jaakow

CAHJP: The Central Archives for the History of the Jewish People, Jerusalem
- P3/792
- P3/793

CZA: Central Zionist Archives, Jerusalem
- A12/45, A12/68, A12/91, A 12/95, A12/100, A12/132, A12/137, A12/145, A12/146, A12/177, A12/180, A12/184
- A31/42
- A111/77, A111/194
- A121/55
- A 142/95
- DD1/3782, DD1/6627
- H1/808) H1/819, H1/838, H1/852, H1/855, H1/686, H1/1872, H1/3845
- HNIII/50
- L1/1, L1/29, L1/59, L1/59–14, L1/66, L1/66–73 , L1/67
- W523/26
- Z2/630
- Z3/5, Z3/1667
- Z4/25065, Z4/40624

GSJHM: The German-Speaking Jewry Heritage Museum Archives, Tefen
- GF 0161

HUJA: Hebrew University of Jerusalem, The Central Archive
- Mechon le'chakirat teva
- 80/3 Gan Botani 19250 sowie 70/30
- A310
- Nachlass Otto Warburg

LBI NY: Leo Baeck Institute Archives, New York City
- Leopold Kessler Collection, AR11199
- Arthur and Fritz Kahn Collection

MECA: Middle East Centre Archive, St Antony's College, University of Oxford
- GB165–0170 Kessler (1903a).

NLI: National Library of Israel, Jerusalem

Neot Kedumim, Modi'in

Archiv Sde Warburg

Sächsische Landesbibliothek – Staats- und Universitätsbibliothek, Dresden
- Mscr. Dresd. App. 422, 193

PAAA: Politisches Archiv, Auswärtigen Amt, Berlin
- Türkei 195, R14132

Historische Sammlungen der Universitätsbibliothek Freiburg
- NL5/337
- NL5/425

Weizmann Archives, Rechowot

Internetquellen

Deutscher Bauernverband, Situationsbericht 2014/15, Kapitel 1.2, http://www.bauernverband.de/12-jahrhundertvergleich-638265 (29.10.2018).

Efrati, Ido, Israeli Company Cracks Genome of Wild Emmer Wheat. Startup from Nes Tziona expects development to increase yields of modern strains, in: *Haaretz*, 04.08.2015, http://www.haaretz.com/life/science-medicine/.premium-1.669410?date=1441111302798 (29.10.18).

Gebauer, Sascha, Babel-Bibel-Streit, in: *Das wissenschaftliche Portal der deutschen Bibelgesellschaft*, Mai 2015, http://www.bibelwissenschaft.de/stichwort/14345/ (29.10.2918).

Kistenmacher, Olaf, Rezension zu Nicolas Berg (Hg.): Kapitalismusdebatten um 1900 – Über antisemitisierende Semantiken des Jüdischen, Leipzig 2011, http://www.rote-ruhr-uni.com/cms/IMG/pdf/Kistenmacher-Rez-Berg-Kapitalismusdebatten-um-1900-2012.pdf (29.10.2018).

Klein Leichman, First Was Lab-Grown Burger, Made In Israel – Chicken Is Next On Menu, in: *Jewish Business News* (19.11.2015), http://jewishbusinessnews.com/2015/11/19/first-was-lab-grown-burger-made-in-israel-chicken-is-next-on-menu/ (29.10.2010).

Kloosterman, Karin, Revolutionizing Agritech at Israel's Volcani Institute, in: *Israel* 21 (17.06.2013), http://www.israel21c.org/revolutionizing-agritech-at-israels-volcani-institute/ (29.10.2018).

O. A., Israeli Researchers Cultivate Bible-Era Grapes To Make Wine, in: *Jerusalem Post* (29.10.2015), http://www.jpost.com/Not-Just-News/Israeli-researchers-cultivate-Bible-era-grapes-to-make-wine-430436 (29.10.2018).

O. A., Israeli agriculture benefits Indian farmers, in: *Fresh Plaza* (04.11.2015), http://www.freshplaza.com/article/148526/Israeli-agriculture-benefits-Indian-farmers (29.10.2018).

State of Israel, Ministry of Agriculture & Rural Development, Agricultural Research Organization Volcani Center, o. D., http://www.agri.gov.il/download/files/alonVolcEn_1.pdf (29.10.2018).

The Palestine Poster Project Archives, https://palestineposterproject.org (29.10.2018).

Udasin, Sharon, Kenyan Governor: We Must Learn From Israeli Agriculture Expertise, in: *Jerusalem Post* (01.11.2015), http://www.jpost.com/Business-and-Innovation/Environment/Kenyan-governor-We-must-learn-from-Israeli-agriculture-expertise-431726 (29.10.2018).

Verwendete Literatur

A. B., »Aaron Aaronsohn zum Gedächtnis«, *Palästina* 16 (1933), 108 f.

Aaronsohn, Aaron, »Über die in Palästina und Syrien wildwachsend aufgefundenen Getreidearten«, *Verhandlungen der k. k. zoologisch-botanischen Gesellschaft in Wien* 59 (1909), 485–509 (= Aaronsohn, Getreidearten).

–, *Agricultural and Botanical Explorations in Palestine*. U. S. Department of Agriculture. Bureau of Plant Industry. Bulletin Nr. 180 (1910) (= Aaronsohn, Explorations).

–, »Wild dry land wheat of Palestine and some other promising plants for dry farming«, *Dry Farmcing Congress Bulletin* (1910), 161–171.

–, »Die jüdische landwirtschaftliche Versuchsstation und ihr Programm«, *Die Welt* 14 (17.10.1910), 1068–1071 (= Aaronsohn, Versuchsstation).

–, »The Jewish Agricultural Station and its Programme«, in: Israel Cohen (Hg.), *Zionist Work in Palestine*, London 1911, 114–120.

Aaronsohn, Aaron/Schweinfurth, Georg, »Die Auffindung des Wilden Emmers (Triticum dicoccum) in Nordpalaestina«, *Altneuland* 3 (1906), 213–220 (= Aaronsohn/Schweinfurth, Auffindung).

Aaronsohn, Aaron/Soskin, Selig, »Beiträge zur Kenntnis Palästinas. Mittheilungen des ›Agronomisch-culturtechnischen Bureaus für Palästina‹«, *Die Welt* 5 (11.10.1901), 4 f.

Aaronsohn, Alexander, *With the Turks in Palestine*, Boston, New York 1916 (= Aaronsohn, Turks).

Abu El-Haj, Nadia, *Facts on the Ground. Archaeological Practice and Territorial Self-Fashioning in Israeli Society*, Chicago 2001 (= Abu El-Haj, Facts).

Adas, Michael, *Machines as the Measure of Men. Science, Technology, and Ideologies of Western Dominance*, Ithaca, N. Y. 1990 (= Adas, Machines).

Agnon, Samuel J., *Schira*. Roman, 1. Aufl., Frankfurt am Main 1998.

Aharoni, Israel, »Die naturhistorische Abteilung am ›Bezalel‹«, *Palästina: Zeitschrift für den Aufbau Palästinas* (1908), 158–160.

–, »Ein jüdisches naturhistorisches Museum in Jerusalem«, *Die Welt* 13 (20.08.1909), 750–752 (= Aharoni, Museum).

–, »Zwei Forschungsreisen in Nordsyrien«, *Die Welt* 14 (17.10.1910), 1027–1031 (= Aharoni, Forschungsreisen).

Aharonson, Ran, *Rothschild and Early Jewish Colonization in Palestine*, Lanham/Jerusalem 2000 (= Aharonsohn, Rothschild).

Aldenhoff-Hübinger, Rita, *Agrarpolitik und Protektionismus. Deutschland und Frankreich im Vergleich: 1879–1914*, Göttingen 2002.

Aleichem, Sholem, *Why do the Jews need a Land of their own?*, New York 1984.

Almog, Oz, *The Sabra. The Creation of the New Jew*, Berkeley 2000.

Almog, Shmuel, »People and Land in Modern Jewish Nationalism«, in: Jehuda Reinharz/Anita Shapira (Hgg.), *Essential Papers on Zionism*, New York 1996, 46–62.

Alroey, Gur, »Journey to New Palestine. The Zionist Expedition to East Africa and the Aftermath of the Uganda Debate«, *Jewish Culture and History* 10 (2008), 23–58 (= Alroey, Journey).

–, *Zionism without Zion. The Jewish Territorial Organization and its Conflict with the Zionist Organization*, Detroit 2016 (= Alroey, Zionism).

Anderson, Benedict, *Imagined Communities. Reflections on the Origin and Spread of Nationalism*, London/New York 2006.

Ankermann, Bernhard, »Georg Schweinfurth und die Völkerkunde«, *Die Naturwissenschaften. Organ der Gesellschaft Deutscher Naturforscher und Ärzte* (1926), 565–568.

Arinstein, Bernhard, »Fünf Jahre landwirtschaftliche Versuchsstation«, *Palästina: Zeitschrift für den Aufbau Palästinas* (1927), 193–199 (= Arinstein, Versuchsstation).

Arnold, David, *The Problem of Nature. Environment, Culture and European Expansion*, Oxford/Cambridge, Mass. 1996.

Ash, Mitchell G., »Wissenschaftswandlungen und politische Umbrüche im 20. Jahrhundert – was hatten sie miteinander zu tun?«, in: Rüdiger vom Bruch/Uta Gerhardt/Aleksandra Pawliczek (Hgg.), *Kontinuitäten und Diskontinuitäten in der Wissenschaftsgeschichte des 20. Jahrhunderts*, Stuttgart 2006, 19–38.

Ash, Mitchell G./Surman, Jan (Hgg.), *The Nationalization of Scientific Knowledge in the Habsburg Empire, 1848–1918*, Basingstoke et al. 2012.

Auerbach, Elias, »Altneuland«, *Jüdische Rundschau* 9 (26.02.1904), 81–83 (= Auerbach, Altneuland).

Auhagen, Hubert, *Beiträge zur Kenntnis der Landesnatur und Landwirtschaft Syriens*, Berlin 1907 (= Auhagen, Beiträge).

–, »Jüdische Kolonisation in Palästina«, *Neue Jüdische Monatshefte* 1 (25.02.1917), 269–274 (= Auhagen, Kolonisation).

Avineri, Shlomo, »Zionism and the Jewish Religious Tradition: The Dialectics of Redemption and Secularization«, in: Shmuel Almog/Jehuda Reinharz/Anita Shapira (Hgg.), *Zionism and Religion*, Hanover 1998, 1–9 (= Avineri, Zionism).

–, *Theodor Herzl und die Gründung des jüdischen Staates*, Berlin 2016.

Ayalon, Ami, *Reading Palestine. Printing and Literacy, 1900–1948*, Austin 2004.

Baker, Alan R. H., »Introduction: On Ideology and Landscape«, in: Gideon Biger/Alan R. H. Baker (Hgg.), *Ideology and Landscape in Historical Perspective. Essays on the Meanings of Some Places in the Past*, Cambridge 1992, 1–14.

Bald, Detlef/Bald, Gerhilfe, *Das Forschungsinstitut Amani. Wirtschaft und Wissenschaft in der deutschen Kolonialpolitik Ostafrikas 1900–1918*, München 1972 (= Bald/Bald, Forschungsinstitut).

Baldensperger, Philip, *The Immovable East. Studies of the People and Customs of Palestine*, Boston 1913.

Ballantyne, Tony, »Colonial Knowledge«, in: S. E. Stockwell (Hg.), *The British Empire. Themes and Perspectives*, Malden/Oxford 2008, 177–197 (= Ballantyne, Knowledge).

Bar, Doron, *Landscape and Ideology: Reinterment of Renowned Jews in the Land of Israel (1904–1967)*, Berlin/Boston 2016.

Barell, Ari/Ohana, David, »›The Million Plan‹. Zionism, Political Theology and Scientific Utopianism«, *Politics, Religion & Ideology* 15 (2014), 1–22 (= Barell/Ohana, Million Plan).

Bar-Yosef, Eitan, »Spying Out the Land: The Zionist Expedition to East Africa, 1905«, in: ders./Nadia Valman (Hgg.), *›The Jew‹ in Late-Victorian and Edwardian Culture. Between the East End and East Africa, Basingstoke 2009*, 183–200 (= Bar-Yosef, Spying).

Basalla, George, »The Spread of Western Science«, *Science* 156 (1967), 611–622.

Bein, Alex, *The Return to the Soil. A History of Jewish Settlement in Israel*, Jerusalem 1952 (= Bein, Return).

–, *Theodor Herzl. Biographie*, Frankfurt am Main/Berlin 1983 (= Bein, Herzl).

Ben-Artzi, Yossi, *Early Jewish Settlement Patterns in Palestine, 1882–1914*, Jerusalem 1997.

Benvenisti, Meron, *Conflicts and Contradictions*, 1. Aufl., New York 1986 (= Benvenisti, Conflicts).

Berkowitz, Michael, »Palästina-Bilder. Kulturelle Konstruktionen einer ›jüdischen Heimstätte‹ im deutschen Zionismus 1887–1933«, in: Andreas Schatz/Christian Wiese (Hgg.), *Janusfiguren. »Jüdische Heimstätte«, Exil und Nation im deutschen Zionismus*, Berlin 2006, 167–187 (= Berkowitz, Palästina-Bilder).

Bermann, Tamar, *Produktivierungsmythen und Antisemitismus. Eine soziologische Studie*, Wien 1973.

Besser, Stephan, »Die hygienische Eroberung Afrikas. 9. Juni 1898: Robert Koch hält seinen Vortrag ›Ärztliche Beobachtungen in den Tropen‹«, in: Alexander Honold/Klaus R. Scherpe (Hgg.), *Mit Deutschland um die Welt. Eine Kulturgeschichte des Fremden in der Kolonialzeit*, Stuttgart 2004, 217–225.

Biger, Gideon, »The Names and Boundaries of Eretz-Israel (Palestine) as Reflections of Stages in its History«, in: Ruth Kark (Hg.), *The Land That Became Israel. Studies in Historical Geography*, New Haven/Jerusalem 1990, 1–22.

Blanckenhorn, Max, »Aus dem Geologenarchiv: 50 Jahre Freiburger Geologenarchiv Ein facettenreicher Reisebericht aus dem Bestand« (o. D.) (= Blanckenhorn, Geologenarchiv).

–, *Der Boden Palästinas. Seine Entstehung, Beschaffenheit, Bearbeitung und Ertragfähigkeit* (Schriften des Deutschen Komitees zur Förderung der jüdischen Palästinasiedlung), Berlin 1918 (= Blanckenhorn, Boden).

Blanckenhorn, Max/Aharoni, Israel, *Naturwissenschaftliche Studien am Toten Meer und im Jordantal.* Bericht über eine im Jahre 1908 (im Auftrage S. M. des Sultans der Türkei Abdul Hamid II. und mit Unterstützung der Berliner Jagor-Stiftung) unternommene Forschungsreise in Palästina, o. O. 1912.

Blue, Gregory/Bunton, Martin/Croizier, Ralph (Hgg.), *Colonialism and the Modern World. Selected Studies*, New York 2002 (= Blue/Bunton/Croizier, Colonialism).

Blumenfeld, Kurt, »Der Zionismus. Eine Frage der deutschen Orientpolitik«, *Preussische Jahrbücher* 161 (1915), 82–111 (= Blumenfeld, Zionismus).

–, *Erlebte Judenfrage*, Stuttgart 1962 (= Blumenfeld, Judenfrage).

Bodenheimer, Friedrich S., *A Biologist in Israel. A Book of Reminiscences*, Jerusalem 1959 (= Bodenheimer, Biologist).

Bodenheimer, Fritz, »Die Aufgaben der Angewandten Entomologie in Palaestina (Schluß)«, *Volk und Land* 1 (1919), 1611–1618 (= Bodenheimer, Aufgaben).

Bodenheimer, Fritz/Theodor, Oskar, *Ergebnisse der Sinai-Expedition. Herausgegeben von der Hebräischen Universität*, Jerusalem 1927, Leipzig 1929 (= Bodenheimer/Theodor, Ergebnisse).

Bodenheimer, Henriette Hannah, *Im Anfang der zionistischen Bewegung. Eine Dokumentation auf der Grundlage des Briefwechsels zwischen Theodor Herzl und Max Bodenheimer von 1896 bis 1905*, Frankfurt am Main 1965.

Böhm, Adolf, *Die zionistische Bewegung.* Bd. II, Jerusalem 1937 (= Böhm, Bewegung).

Bonneuil, Christophe, »Crafting and Disciplining the Tropics. Plant Science in the French Colonies«, in: John Krige/Dominique Pestre (Hgg.), *Science in the Twentieth Century*, Amsterdam et al. 1997, 77–96.

Bowler, Peter J./Morus, Iwan Rhys, *Making Modern Science. A Historical Survey*, Chicago 2005.

Brandeis, Louis Dembitz, »Aaronsohn. Product of Jewish Idealism«, *The Zionist Monthly Maccabean* (Juni 1920), 153 f.

–, *Brandeis on Zionism.* A Collection of Addresses and Statements, Union, N.J 1999.

Bravermann, Irus, *Planted Flags. Trees, Land, and Law in Israel/Palestine*, Cambridge 2009 (= Bravermann, Flags).

Brenner, Michael, *Propheten des Vergangenen. Jüdische Geschichtsschreibung im 19. und 20. Jahrhundert*, München 2006 (= Brenner, Propheten).

–, *Kleine jüdische Geschichte*, München 2012.

Browne, Janet, *Darwin's Origin of Species. A Biography*, New York 2006.

vom Bruch, Rüdiger/Gerhardt, Uta/Pawliczek, Aleksandra (Hgg.), *Kontinuitäten und Diskontinuitäten in der Wissenschaftsgeschichte des 20. Jahrhunderts*, (Bd. 1), Stuttgart 2006.

vom Bruch, Rüdiger/Graf, Friedrich Wilhelm/Hübinger, Gangolf, »Einleitung. Kulturbegriff, Kulturkritik und Kulturwissenschaften um 1900«, in: Rüdiger Vom Bruch/Friedrich Wilhelm Graf/Gangolf Hübinger (Hgg.), *Kultur und Kulturwissenschaften um 1900. Krise der Moderne und Glaube an die Wissenschaft*, Stuttgart 1989, 9–24.

Buber, Martin, *Die jüdische Bewegung. Gesammelte Aufsätze und Ansprachen 1900–1914*, Berlin 1920.

Buheiry, Marwan R., »The Agricultural Exports of Southern Palestine, 1885–1914«, *Journal of Palestine Studies* 10 (1981), 61–81.

Burchardt, Lothar, »The School of Oriental Languages at the University of Berlin – Forging the Cadres of German Imperialism?«, in: Benedikt Stuchtey (Hg.), *Science Across the European Empires, 1800–1950*, Oxford/New York 2005, 64–105.

Busse, W., »Georg Schweinfurth«, *Berichte der deutschen Botanischen Gesellschaft* (1925), 74–112 (= Busse, Schweinfurth).

Büssow, Johann, »Mental Maps: The Mediterranean Worlds of Two Palestinian Newspapers in the Late Ottoman Period«, in: Biray Kolluoğlu/Meltem Toksözö (Hgg.), *Cities of the Mediterranean. From the Ottomans to the Present Day*, London/New York 2010, 100–115.

Butler, Daniel Allen, *Shadow of the Sultan's Realm*. The Destruction of the Ottoman Empire and the Creation of the Modern Middle East, 1. Aufl., Washington, D. C. 2011.

Candolle, Alphonse Pyrame de, *Origine des Plantes Cultivées*, Paris 1883 (= Candolle, Origine).

Carmel, Alex, »The German Settlers in Palestine and their Relations with the Local Arab Population and the Jewish Community, 1868–1918«, in: Moshe Ma'oz (Hg.), *Studies on Palestine During the Ottoman Period*, Jerusalem 1975, 442–465.

Carstensen, Vernon, »The Genesis of an Agricultural Experiment Station«, *Agricultural History* 34 (Jan. 1960), 13–20.

Castle, David, »Agriculture and Agricultural Technology«, in: Michael Ruse (Hg.), *The Oxford Handbook of Philosophy of Biology*, Oxford/New York 2008, 525–543.

Chakrabarti, Pratik, *Medicine and Empire: 1600–1960*, Basingstoke 2013.

Charpa, Ulrich/Deichmann, Ute (Hgg.), *Jews and Sciences in German Contexts*. Case Studies from the 19th and 20th Centuries (72), Tübingen 2007.

Chodat, Robert, »A grain of wheat [Reprinted from the Popular Science Monthly, January 1913], Presented before the General Meeting of the Societé des Arts«, Geneva, Switzerland, 4 (January 1913) (= Chodat, Grain).

Cittadino, Eugene, *Nature as the Laboratory. Darwinian Plant Ecology in the German Empire, 1880–1900*, Cambridge/New York 1990 (= Cittadino, Nature).

Cohen, Shaul, »Promoting Eden. Tree Planting as the Environmental Panacea«, *Cultural Geographies* 6 (1999), 424–446.

–, »A Tree for a Tree: The Aggressive Nature of Planting«, in: Ari Elon/Naomi M. Hyman/Arthur Ocean Waskow (Hgg.), *Trees, Earth, and Torah. A Tu b'Shvat Anthology*, Philadelphia 2000, 210–225 (= Cohen, Tree).

–, »Environmentalism Deferred. Nationalisms and Israeli/Palestinian Imaginaries«, in: Diana K. Davis/Edmund Burke (Hgg.), *Environmental Imaginaries of the Middle East and North Africa*, Athens, Ohio 2011, 246–264 (= Cohen, Environmentalism).

Cohen, Shaul Ephraim, *The Politics of Planting. Israeli-Palestinian Competition for Control of Land in the Jerusalem Periphery*, Chicago 1993 (= Cohen, Politics).

Cohn, Bernard S., *Colonialism and Its Forms of Knowledge: The British in India*, Princeton 1996 (= Cohn, Colonialism).

Conforti, Yitzhak, »Ethnicity and Boundaries in Jewish Nationalism«, in: Jennifer Jackson/Lina Molokotos-Liederman (Hgg.), *Nationalism, Ethnicity and Boundaries. Conceptualising and Understanding Identity through Boundary Approaches*, Abingdon 2015, 142–162.

Conklin, A. L., *A Mission to Civilize: The Republican Idea of Empire in France and West Africa, 1895–1930*, Stanford 1997.

Conrad, Sebastian, *Deutsche Kolonialgeschichte*, München 2008 (= Conrad, Kolonialgeschichte).

–, *Globalisierung und Nation im Deutschen Kaiserreich*, München 2010 (= Conrad, Globalisierung).

Conte, Christopher A., »Imperial Science. Tropical Ecology, and Indigenous History. Tropical Research Stations in Northeast German East Africa, 1896 to the Present«, in: Gregory Blue/Martin Bunton/Ralph Croizier (Hgg.), *Colonialism and the Modern World. Selected Studies*, New York 2002, 246–264.

Cook, Ramsay, »Making a Garden out of a Wilderness«, in: David Freeland Duke (Hg.), *Canadian Environmental History. Essential Readings*, Toronto 2006, 155–172.

Coralnik, Abraham, »Zur Erforschung Palästinas«, *Die Welt* 8 (12.02.1904), 5 f.

Corry, Leo/Golan, Tal, »Introduction«, *Science in Context* 23 (2010), 393–399.

Crawford, Elisabeth et al. (Hg.), *Denationalizing Science. The Contexts of International Scientific Practice* (Sociology of the Sciences Yearbook 1992), Dordrecht 1993.

Crosby, Alfred W., *Die Früchte des weissen Mannes. Ökologischer Imperialismus 900–1900*, Frankfurt am Main/New York 1991 (= Crosby, Früchte).

–, *Germs, Seeds & Animals. Studies in Ecological History*, Armonk 1994 (= Crosby, Germs).

Dalman, Gustaf, »Einst und jetzt in Palästina«, in: ders. (Hg.), *Palästinajahrbuch des Deutschen evangelischen Instituts für Altertumswissenschaft des heiligen Landes zu Jerusalem*, Berlin 1910, 27–38.

–, *Hundert deutsche Fliegerbilder aus Palästina*, Gütersloh 1925.

Davidson, Gabriel/Kohler, Max J., »Aaron Aaronsohn, Agricultural Explorer«, *Publications of the American Jewish Historical Society* (1928), 197–210 (= Davidson/Kohler, Aaronsohn).

Davis, Diana K., »Imperialism, Orientalism, and the Environment in the Middle East«, in: dies./Edmund Burke (Hgg.), *Environmental Imaginaries of the Middle East and North Africa*, Athens, Ohio 2011, 1–22 (= Davis, Imperialism).

–, »Restoring Roman Nature: French Identity and North African Environmental History«, in: dies./Edmund Burke (Hgg.), *Environmental Imaginaries of the Middle East and North Africa*, Athens, Ohio 2011, 60–86.

Davis, Diana K./Burke, Edmund (Hgg.), *Environmental Imaginaries of the Middle East and North Africa* (Ohio University Press Series in Ecology and History), Athens, Ohio 2011 (Davis/Burke, Imaginaries).

Dekel-Chen, Jonathan/Bartal, Israel, »Jewish Agrarianization«, *Jewish History* 21 (2007), 239–247 (= Dekel-Chen/Bartal, Agrarianization).

Delitzsch, Friedrich, *Zweiter Vortrag über Babel und Bibel*, Stuttgart 1903.

–, *Babel und Bibel. Ein Rückblick und Ausblick*, Stuttgart 1904.

–, *Babel und Bibel. Erster Vortrag*, 5. Aufl., Leipzig 1905 (= Delitzsch, Babel und Bibel).

Denecke, Dietrich, »Die deutsche Missionstätigkeit und die räumliche Entwicklung der Kulturlandschaft in Palästina«, in: Jakob Eisler (Hg.), *Deutsche in Palästina und ihr Anteil an der Modernisierung des Landes*, Wiesbaden 2008, 89–101.

Die Kommission zur Erforschung Palästinas, »Altneuland!«, *Altneuland. Monatsschrift für die wirtschaftliche Erschließung Palästinas* 1 (Januar 1904), 1f (= Kommission, Altneuland).

Dietzel, Heinrich, *Der deutsch-amerikanische Handeslvertrag und das Phantom der amerikanischen Industriekonkurrenz*, Paderborn 2013 [Nachdruck von 1905].

Dolev, Diana, *The Planning and Building of the Hebrew University, 1919–1948: Facing the Temple Mount*, New York/London 2016 (= Dolev, Planning).

Doumani, Beshara, *Rediscovering Palestine. Merchants and Peasants in Jabal Nablus*, 1700–1900, Berkeley 1995.

Drayton, Richard Harry, *Nature's Government. Science, Imperial Britain, and the ›Improvement‹ of the World*, New Haven 2000 (= Drayton, Government).

Ebenstein, B., »Aegyptisch-Palästina«, *Die Welt* 5 (15.11.1901), 4f.

Efron, John M., *Defenders of the Race. Jewish Doctors and Race Science in Fin-de-siècle Europe*, New Haven 1994.

Efron, Noah J., *A Chosen Calling. Jews in Science in the Twentieth Century*, Baltimore 2014.

Egoz, Shelley, »Altneuland. The Old New Land and the New-old Twenty-first Century Cultural Landscape of Palestine and Israel«, in: Maggie H. Roe/Ken Taylor (Hgg.), *New Cultural Landscapes*, London 2014.

Eig, Alexander, *On the Vegetation of Palestine. The Zionist Organisation. Institute of Agriculture and Natural History. Agricultural Experiment Station*, Tel-Aviv 1927.

Elazari-Volcani, I. [= Jitzchak Wilkansky], *The Communistic Settlements in the Jewish Colonisation in Palestine*, Tel-Aviv 1927 (= Elazari-Volcani, Settlements).

–, *The Fellah's Farm. The Jewish Agency for Palestine. Institute of Agriculture and Natural History. Agricultural Experiment Station*, Tel-Aviv 1930 (= Elazari-Volcani, Fellah's Farm).

–, *The Transition to a Dairy Industry in Palestine*, Tel-Aviv 1930.

–, »Problemstellungen im Versuchswesen in Theorie und Praxis«, *Palästina: Zeitschrift für den Aufbau Palästinas* (April 1930), 129–145.

–, *The Design of Agriculture in the Land (of Israel)*, Tel Aviv 1937.

El-Eini, Roza, *Mandated Landscape. British Imperial Rule in Palestine, 1929–1948*, London/New York 2006.

Endersby, Jim, *Imperial Nature. Joseph Hooker and the Practices of Victorian Science*, Chicago 2008 (= Endersby, Nature).

Enis, Ruth, »Zionist Pioneer Women and Their Contribution to Garden Culture in Palestine, 1908–1948«, in: Heide Inhetveen/Mathilde Schmitt (Hgg.), *Frauen und Hortikultur. Beiträge der 4. Arbeitstagung des Netzwerks Frauen in der Geschichte der Gartenkultur in Göttingen im September 2003*, Hamburg 2006, 87–114.

Erdtracht, Davis (Hg.), *An der Schwelle der Wiedergeburt. Theodor Herzl und der Judenstaat*, Wien 1920–1921.

Esmeir, Samera, *Juridical Humanity. A Colonial History*, Stanford 2012 (= Esmeir, Humanity).

Essner, Cornelia, *Deutsche Afrikareisende im neunzehnten Jahrhundert. Zur Sozialgeschichte des Reisens*, Stuttgart 1985.

Evenari, Michael, *The Awakening Desert. The Autobiography of an Israeli Scientist*, Berlin et al. 1987.

Fairchild, David, »An American Research Institution in Palestine. The Jewish Agricultural Experiment Station at Haifa«, *Science* XXXI (11.03.1910), 376f (= Fairchild, Institution).

–, *The World was my Garden*, New York, London 1938 (= Fairchild, Garden).

Falk, Raphael, »Three Zionist Men of Science. Between Nature and Nurture«, in: Ulrich Charpa/Ute Deichmann (Hgg.), *Jews and Sciences in German Contexts. Case Studies from the 19th and 20th Centuries*, Tübingen 2007, 129–154 (= Falk, Men).

Fiedler, Matthias, *Zwischen Abenteuer, Wissenschaft und Kolonialismus. Der deutsche Afrikadiskurs im 18. und 19. Jahrhundert*, Köln 2005 (= Fiedler, Afrikadiskurs).

Fisch, Jörg, »Zivilisation, Kultur«, in: Otto Brunner/Werner Conze/Reinhart Koselleck (Hgg.), *Geschichtliche Grundbegriffe. Historisches Lexikon zur politisch-sozialen Sprache in Deutschland.* Bd. 7: Verw–Z, Stuttgart 1992, 679–774.

Fischer-Tiné, Harald, *Pidgin-Knowledge. Wissen und Kolonialismus*, Zürich 2013 (= Fischer-Tiné, Pidgin-Knowledge).

Fishman, Louis, »Understanding the 1911 Ottoman Parliament Debate on Zionism in Light of the Emergence of a ›Jewish Question‹«, in: Yuval Ben-Bassat/Eyal Ginio (Hgg.), *Late Ottoman Palestine. The Period of Young Turk Rule*, London 2011, 103–124.

Flitner, Michael, *Sammler, Räuber und Gelehrte. Die politischen Interessen an pflanzengenetischen Ressourcen, 1895–1995*, Frankfurt am Main 1995 (= Flitner, Sammler).

Florence, Ronald, *Lawrence and Aaronsohn. T. E. Lawrence, Aaron Aaronsohn, and the Seeds of the Arab-Israeli Conflict*, New York 2007.

Foucault, Michel, »Two Lectures«, in: Nicholas B. Dirks/Geoff Eley/Sherry B. Ortner (Hgg.), *Culture, Power, History. A Reader in Contemporary Social Theory*, Princeton 1994, 200–222.

Fraenkel, Josef, »Colonel Albert E. W. Goldsmid and Theodor Herzl«, *Herzl Yearbook* 1 (1958), 145–153.

Ad. Fr. [Adolf Friedemann?], »Palästinaforschung«, *Die Welt* 15 (07.04.1911), 309 f.

Frankel, J., *Prophecy and Politics: Socialism, Nationalism, and the Russian Jews, 1862–1917*, Cambridge 1984.

Freistaat Sachsen, Sächsische Landesanstalt für Landwirtschaft, *Sonderheft zum 150-jährigen Jubiläum der Landwirtschaftlichen Versuchsanstalt Leipzig-Möckern* 2002.

Frenzel, Carl, *Deutschlands Kolonien. Kurze Beschreibung von Land und Leuten unserer außereuropäischen Besitzungen*, Paderborn 2015 (1889).

Friedemann, Adolf, *Das Leben Theodor Herzls*, Berlin 1914.

Friedman, Isaiah, *Germany, Turkey, and Zionism 1897–1918*, New Brunswick 1998 (= Friedman, Germany).

Fuchs, Brigitte, *»Rasse«, »Volk«, Geschlecht. Anthropologische Diskurse in Österreich 1850–1960*, Frankfurt am Main 2003.

Geisenheyner, Ludwig, »Von der Wanderlust der Pflanzen«, *Gartenflora. Zeitschrift für Garten- und Blumenkunde* 67 (1918), 319–324.

Gerber, Haim, »Zionism, Orientalism, and the Palestinians«, *Journal of Palestine Studies* 33 (2003), 23–41.

Gibbons, Major A. St. Hill/Alfred Kaiser/N. Wilbusch, »Report in the Work of the Commission sent out by the Zionist Organization to examine the Territory offered by H. M. Government to the Organization for the Purpose of a Jewish Settlement in British East Africa«, o. O. (1905) (= Gibbons/Kaiser/Wilbusch, Report).

Gilbar, Gad G., »The Growing Economic Involvement of Palestine with the West, 1865–1914«, in: David Kushner (Hg.), *Palestine in the Late Ottoman Period: Political, Social, and Economic Transformation*, Jerusalem 1986, 188–210 (= Gilbar, Involvement).

–, *Ottoman Palestine, 1800–1914. Studies in Economic and Social History*, Leiden 1990.

Glenk, H., *Shattered Dreams at Kilimanjaro. An Historical Account of German Settlers from Palestine who started a new Life in German East Africa during the late 19th and early 20th Centuries*, Victoria 2011.

Goldstone, Patricia, *Aaronsohn's Maps.* The Untold Story of the Man who might have created Peace in the Middle East, 1. Aufl., Orlando 2007 (= Goldstone, Maps).

Goren, Haim, »*Zieht hin und erforscht das Land*«. *Die deutsche Palästinaforschung im 19. Jahrhundert*, Göttingen 2003 (= Goren, Palästinaforschung).

–, »Wissenschaftliche Landeskunde: Palästina-Deutsche als Forscher im Heiligen Land«, in: Jakob Eisler (Hg.), *Deutsche in Palästina und ihr Anteil an der Modernisierung des Landes*, Wiesbaden 2008, 102–120.

Gräbel, Carsten, *Die Erforschung der Kolonien. Expeditionen und koloniale Wissenskultur deutscher Geographen, 1884–1919*, 1. Aufl., Bielefeld 2015 (= Gräbel, Erforschung).

Gradmann, Christoph, »Naturwissenschaft, Kulturgeschichte und Bildungsbegriff bei Emil du Bois-Reymond. Anmerkungen zu einer Sozialgeschichte der Ideen des deutschen Bildungsbürgertums in der Reichsgründungszeit«, *Tractrix* (1993), 1–16.

Gregory, Derek, »Postcolonialism and the Production of Nature«, in: Noel Castree/Bruce Braun (Hgg.), *Social Nature. Theory, Practice, and Politics*, Malden, Mass. 2001, 84–111.

Griffiths, Tom (Hg.), *Ecology and Empire. The Environmental History of Settler Societies*, Keele 1997.

–, »Introduction. Ecology and Empire: Towards an Australian History of the World«, in: ders. (Hg.), *Ecology and Empire. The Environmental History of Settler Societies*, Keele 1997, 1–19.

Grünau, Heinrich, »Altneuland: Dr. Theodor Herzl gewidmet«, *Die Welt* 7 (06.02.1903), 19.

Guest, A. R., »Der Reiseweg von Kantara nach El-Arisch«, *Palästina: Zeitschrift für den Aufbau Palästinas* (Januar 1902), 34–37 (= Guest, Reiseweg).

Gugerli, David/Speich, Daniel, *Topografien der Nation. Politik, kartografische Ordnung und Landschaft im 19. Jahrhundert*, Zürich 2002 (= Gugerli/Speich, Topografien).

Guldin, Rainer, *Politische Landschaften. Zum Verhältnis von Raum und nationaler Identität*, Bielefeld 2014.

Güttler, Nils, *Das Kosmoskop. Karten und ihre Benutzer in der Pflanzengeographie des 19. Jahrhunderts*, Göttingen 2014 (= Güttler, Kosmoskop).

Habermas, Rebekka, »Intermediaries, Kaufleute, Missionare, Forscher und Diakonissen. Akteure und Akteurinnen im Wissenstransfer. Einführung.«, in: Rebekka Habermas/Alexandra Przyrembel (Hgg.), *Von Käfern, Märkten und Menschen. Kolonialismus und Wissen in der Moderne*, Göttingen 2013, 27–48.

Habermas, Rebekka/Przyrembel, Alexandra (Hgg.), *Von Käfern, Märkten und Menschen. Kolonialismus und Wissen in der Moderne*, Göttingen 2013 (= Habermas/Przyrembel, Kolonialismus).

Hall, Murray G.: *Geschichte des österreichischen Verlagswesens*. Bd. 2. Köln 1985.

Halpern, Ben, *The Idea of the Jewish State*, Cambridge 1961.

Harms, H., »Georg Schweinfurths Forschungen über die Geschichte der Kulturpflanzen«, *Die Naturwissenschaften* 10 (29.12.1922), 1113–1116.

Harold C. Knobloch et al., *State Agricultural Experiment Stations. A History of Research Policy and Procedure*, Washington, D.C 1962 (= Knobloch, Stations).

Harwood, Jonathan, »Politische Ökonomie der Pflanzenzucht in Deutschland, ca. 1870–1933«, in: Susanne Heim (Hg.), *Autarkie und Ostexpansion. Pflanzenzucht und Agrarforschung im Nationalsozialismus*, Göttingen 2002, 14–33.

Hauptbureau des Jüdischen Nationalfonds, *Der Herzl-Wald (Die Baum-Spende)*, Den Haag o. J. (= Hauptbureau, Herzl-Wald).

Headrick, Daniel R., *The Tentacles of Progress. Technology Transfer in the Age of Imperialism, 1850–1940*, New York 1988 (= Headrick, Tentacles).

Hehn, Victor, *Kulturpflanzen und Haustiere in ihrem Übergang aus Asien nach Griechenland und Italien sowie in das übrige Europa*, Berlin 1883 (= Hehn, Kulturpflanzen).

Heim, Susanne (Hg.), *Autarkie und Ostexpansion. Pflanzenzucht und Agrarforschung im Nationalsozialismus*, Göttingen 2002 (= Heim, Autarkie).
–, »Einleitung«, in: dies. (Hg.), *Autarkie und Ostexpansion. Pflanzenzucht und Agrarforschung im Nationalsozialismus*, Göttingen 2002, 7–13.
Helfferich, Karl Theodor, »Die wirtschaftlichen Verhältnisse der Kolonien und überseeischen Interessengebiete«, *Verhandlungen des Deutschen Kolonialkongresses 1905 zu Berlin am 5., 6. und 7. Oktober 1905* (1906), 570–586.
Hertz, Friedrich, *Rasse und Kultur. Eine kritische Untersuchung der Rassentheorien*, 2. Aufl., Leipzig 1915.
Herzl Theodor, *Altneuland*, Wien 1933 (1902) (= Herzl, Altneuland).
–, *Zionistisches Tagebuch*, Berlin [et al.] 1983 (1895–1899) (= Herzl, Tagebuch 1895–1899).
–, *Zionistisches Tagebuch. Briefe und Tagebücher*. Hrsg. von Alex Bein, Bd. 3 (1899–1904), Berlin/Frankfurt/Wien 1985 (= Herzl, Tagebuch 1899–1904).
–, Theodor Herzl, *Briefe*. Hrsg. von Alex Bein, Berlin 1993 (1900–1902) (= Herzl, Briefe 1900–1902).
–, *Der Judenstaat: Versuch einer modernen Lösung der Judenfrage*, Norderstedt 2015 (1896) (= Herzl, Judenstaat).
Heyd, Michael/Katz, Shaul, *The History of the Hebrew University of Jerusalem* [hebr.], Jerusalem 2000.
Heymann, Michael (Hg.), *The Uganda Controversy. The Minutes of the Zionist General Council*, Jerusalem 1977.
Hildesheimer, Hirsch, *Beiträge zur Geographie Palästinas*, o. O. 1885.
Hiller, Ernst, *Die archäologische Erforschung Palästinas. Vortrag, gehalten am 12. Dezember 1910*, Wien 1910.
Hirsch, Eric, »Landscape: Between Place and Space«, in: Eric Hirsch/Michael O'Hanlon (Hgg.), *The Anthropology of Landscape. Perspectives on Place and Space*, Oxford/New York 1995, 1–30.
Hobsbawm, Eric/Ranger, Terence (Hgg.), *The Invention of Tradition*, New York 1983.
Hock, Klaus/Mackenthun, Gesa (Hgg.), *Entangled Knowledge. Scientific Discourses and Cultural Difference*, Münster et al. 2012.
–, »Introduction«, in: dies. (Hgg.), *Entangled Knowledge. Scientific Discourses and Cultural Difference*, Münster et al. 2012, 7–30.
Hodge, Joseph Morgan, *Triumph of the Expert. Agrarian Doctrines of Development and the Legacies of British Colonialism*, Athens, Ohio 2007 (= Hodge, Triumph).
Hoerder, Dirk, *Geschichte der deutschen Migration: Vom Mittelalter bis heute*, München 2010.
Hoffmann, Florian, *Okkupation und Militärverwaltung in Kamerun: Etablierung und Institutionalisierung des kolonialen Gewaltmonopols 1891–1914*, Göttingen 2007.
Honold, Alexander, »Kaiser-Wilhelm-Spitze. 6. Oktober 1889: Hans Meyer erobert den Kilimandscharo«, in: ders./Klaus R. Scherpe (Hgg.), *Mit Deutschland um die Welt. Eine Kulturgeschichte des Fremden in der Kolonialzeit*, Stuttgart 2004, 136–144.
Hoppe, Brigitte, »Naturwissenschaftliche und zoologische Forschungen in Afrika während der deutschen Kolonialbewegung bis 1914«, *Berichte zur Wissenschaftsgeschichte* 13 (1990), 193–206.
Horstmann, Anne-Kathrin, *Wissensproduktion und koloniale Herrschaftslegitimation an den Kölner Hochschulen. Ein Beitrag zur ›Dezentralisierung‹ der deutschen Kolonialwissenschaften*, Frankfurt am Main 2015.
Hueck, K., »Reisebeobachtungen 1960 über die Aufforstungen in Israel«, *Forstwissenschaftliches Centralblatt* 79 (1960), 257–269 (= Hueck, Reisebeobachtungen).

Huntington, Ellsworth, »›Naturwissenschaftliche Studien am Toten Meer und im Jordantal‹ by Max Blanckenhorn. Review«, *Science* 37 (1913), 635–637.

Imort, Michael, »A Sylvan People. Wilhelmine Forestry and the Forest as a Symbol of Germandom«, in: Thomas M. Lekan/Thomas Zeller (Hgg.), *Germany's Nature. Cultural Landscapes and Environmental History*, New Brunswick 2005, 55–80.

Isaiah Raffalovich/Sachs, Moses Elijah, *Ansichten von Palästina und den Jüdischen Colonien. Photographiert von I. Raffalovich & M. E. Sachs*, Jerusalem 1899 (= Raffalovich/Sachs, Ansichten).

Jansen, Sarah, *›Schädlinge‹. Geschichte eines wissenschaftlichen und politischen Konstrukts 1840–1920*, Frankfurt 2003.

Jasanoff, Sheila, *States of Knowledge. The Co-Production of Science and Social Order*, London/New York 2004.

–, »The Idiom of Co-Production«, in: dies. (Hg.), *States of Knowledge. The Co-Production of Science and Social Order*, London et al. 2004, 1–12.

Jessen, Ralph/Vogel, Jakob, »Die Naturwissenschaften und die Nation. Perspektiven einer Wechselbeziehung in der europäischen Geschichte«, in: dies. (Hgg.), *Wissenschaft und Nation in der Europäischen Geschichte*, Frankfurt am Main/New York 2002, 7–37.

Jüdischer Verlag, *Stenographisches Protokoll der Verhandlungen des VII. Zionisten-Kongresses in Basel vom 27. Juli bis inklusive 2. August 1905*, Berlin 1905 (= StPZK 1905).

Kalmar, Ivan Davidson/Penslar, Derek Jonathan, *Orientalism and the Jews*, Waltham 2005 (= Kalmar/Penslar, Orientalism).

Kaplan, Eran/Penslar, Derek Jonathan/Sorkin, David Jan, *The Origins of Israel, 1882–1948. A Documentary History*, Madison 2011 (= Kaplan/Penslar/Sorkin, Origins).

Kark, Ruth, »Land-God-Man: Concepts of Land Ownership in Traditional Cultures in Eretz-Israel«, in: Gideon Biger/Alan R. H. Baker (Hgg.), *Ideology and Landscape in Historical Perspective. Essays on the Meanings of Some Places in the Past*, Cambridge 1992, 63–82 (= Kark, Land-God-Man).

Kark, Ruth/Shilo, Margalit/Hasan-Rokem, Galit (Hgg.), *Jewish Women in Pre-State Israel. Life History, Politics, and Culture* (HBI Series on Jewish Women), Waltham 2008.

Karlinsky, Nahum, *California Dreaming. Ideology, Society, and Technology in the Citrus Industry of Palestine: 1890–1939*, Albany 2005.

Katz, Shaul, »Aaron Aaronsohn: Die Anfänge der Wissenschaft und die Anfänge der landwirtschaftlichen Forschung in Eretz Israel [hebr.]«, *Cathedra* 3 (1977), 3–29 (= Katz, Aaronsohn).

–, »On the Wings of the Brittle Rachis: Aaron Aaronsohn from the Rediscovery of the Wild Wheat (›Urweizen‹) to his Vision ›For the Progress of Mankind‹«, *Israel Journal of Plant Science* 39 (2001), 5–17 (= Katz, Wings).

–, »Berlin Roots – Zionist Incarnation: The Ethos of Pure Mathematics and the Beginnings of the Einstein Institute of Mathematics at the Hebrew University of Jerusalem«, *Science in Context* 17 (2004), 199–234.

–, »The Scion and its Tree: The Hebrew University of Jerusalem and its German Epistemological and Organizational Origins«, in: Marcel Herbst (Hg.), *The Institution of Science and the Science of Institutions*, Dordrecht 2014, 103–144 (= Katz, Scion).

Katz, Shaul/Ben-David, Joseph, »Scientific Research and Agricultural Innovation in Israel«, *Minerva* 13 (1975), 152–182 (= Katz/Ben-David, Research).

Katz, Shmuel, *The Aaronsohn Saga*, Jerusalem/Lynbrook 2007 (= Katz, Saga).

Kaufmann, Uri R., »Kultur und ›Selbstverwirklichung‹: Die vielfältigen Strömungen des Zionismus in Deutschland 1897–1933«, in: Andreas Schatz/Christian Wiese (Hgg.), *Janusfiguren. »Jüdische Heimstätte«, Exil und Nation im deutschen Zionismus*, Berlin 2006, 43–60.

Kimmerling, Baruch, *Zionism and Territory. The Socio-Territorial Dimensions of Zionist Politics*, Berkeley 1983.

Kirchhoff, Markus, *Text zu Land. Palästina im wissenschaftlichen Diskurs 1865–1920*, Göttingen 2005 (= Kirchhoff, Text).

Kirchner, Andrea, »Ein vergessenes Kapitel jüdischer Diplomatie. Richard Lichtheim in den Botschaften Konstantinopels (1913–1917)«, *Naharaim* 9 (2015), 128–150 (= Kirchner, Kapitel).

Kirsh, Nurit, »Naomi Feinbrun-Dotan«, *Jewish Women: A Comprensive Historical Encyclopedia. Jewish Women's Archive* (2009).

Klausner, Max, *Hie Babel – Hie Bibel! Anmerkungen zu des Professors Delitzsch 2. Vortrag über Babel und Bibel*, Berlin 1903.

Klemun, Marianne, »Wissenschaft und Kolonialismus – Verschränkungen und Konfigurationen«, in: dies. (Hg.), *Wissenschaft und Kolonialismus*, Innsbruck 2009, 3–12 (= Klemun, Wissenschaft).

Koerner, Lisbet, *Linnaeus. Nature and Nation*, Cambridge, Mass. 1999.

König, York-Egbert/Kollmann, Karl, *Namen und Schicksale der jüdischen Opfer des Nationalsozialismus aus Eschwege*, o. O. 2012.

Koponen, Juhani, *Development for Exploitation. German Colonial Policies in Mainland Tanzania, 1884–1914*, Helsinki/Hamburg 1994.

Krämer, Gudrun, *Geschichte Palästinas. Von der osmanischen Eroberung bis zur Gründung des Staates Israel*, 6. Aufl., München 2015.

Kühle, Ludwig, »Eröffnungsansprache«, *Beiträge zur Pflanzenzucht* 4 (1914), 1–4.

Kundrus, Birthe, *Moderne Imperialisten: das Kaiserreich im Spiegel seiner Kolonien*, Köln 2003 (= Kundrus, Imperialisten).

Küster, Hansjörg, *Am Anfang war das Korn. Eine andere Geschichte der Menschheit*, München 2013 (= Küster, Korn).

Laak, Dirk van, *Imperiale Infrastruktur deutsche Planungen für eine Erschließung Afrikas 1880 bis 1960*, Paderborn et al. 2004.

Laqueur, Walter, *Der Weg zum Staat Israel. Geschichte des Zionismus*, Wien 1975.

Leimkugel, Frank, *Botanischer Zionismus. Otto Warburg (1859–1938) und die Anfänge institutionalisierter Naturwissenschaften in »Erez Israel«*, Berlin 2005 (= Leimkugel, Warburg).

Lenger, Friedrich, »Werner Sombarts ›Die Juden und das Wirtschaftsleben‹ (1911) – Inhalt, Kontext und zeitgenössische Rezeption«, in: Nicolas Berg (Hg.), *Kapitalismusdebatten um 1900. Über antisemitierende Semantiken des Jüdischen*, Leipzig 2011, 240–253.

Lev-Yadun, Simcha/Gopher, Avi/Abbo, Shahal, »The Cradle of Agriculture«, *Science* 288 (2000), 1602 f.

Lichtheim, Richard, *Geschichte des deutschen Zionismus*, Jerusalem 1954 (= Lichtheim, Geschichte).

–, *Rückkehr- und Lebenserinnerungen aus der Frühzeit des deutschen Zionismus*, Stuttgart 1970 (= Lichtheim, Rückker- und Lebenserinnerungen).

Liphschitz, Nili/Biger, Gideon, *Green Dress for a Country. Afforestation in Eretz Israel: The First Hundred Years 1850–1950*, Jerusalem 2004 (= Liphschitz/Biger, Green Dress).

Lippert, Julius, *Kulturgeschichte der Menschheit in ihrem organischen Aufbau*, Stuttgart 1886 (= Lippert, Kulturgeschichte).

Lipphardt, Veronika, *Biologie der Juden: Jüdische Wissenschaftler über »Rasse« und Vererbung 1900–1935*, Göttingen 2008 (= Lipphardt, Biologie).

Livneh, Eliezer, *Aaron Aaronsohn, his Life and Time* [hebr.], Jerusalem 1969 (= Livneh, Aaronsohn).

Lockman, Zachary, *Comrades and Enemies. Arab and Jewish Workers in Palestine, 1906–1948*, Berkeley 1996 (= Lockman, Comrades).

Long, Joanna, »Rooting Diaspora, Reviving Nation: Zionist Landscapes of Palestine-Israel«, *Transactions of the Institute of British Geographers* 34 (2008), 61–77 (= Long, Diaspora).

Mandel, Neville J., *The Arabs and Zionism before World War I*, Berkeley 1976 (= Mandel, Arabs).

Marchand, Suzanne L., *German Orientalism in the Age of Empire. Religion, Race, and Scholarship*, Washington, D.C/Cambridge/New York 2009 (= Marchand, Orientalism).

Marcus, Alan I., *Agricultural Science and the Quest for Legitimacy. Farmers, Agricultural Colleges, and Experiment Stations, 1870–1890*, Ames 1985.

McCarthy, Justin, *The Population of Palestine. Population History and Statistics of the Late Ottoman Period and the Mandate*, New York 1990.

McClellan, James E., *Colonialism and Science. Saint Domingue in the Old Regime*, Baltimore 1992.

McCook, Stuart George, »›Giving Plants a Civil Status‹. Scientific Representations of Nature and Nation in the Costa Rica and Venezuela, 1885–1935«, *The Americas* 58 (2002), 513–536 (= McCook, Plants).

–, *States of Nature. Science, Agriculture, and Environment in the Spanish Caribbean, 1760–1940*, Austin 2002 (= McCook, States).

Mehr, Christian, *Kultur als Naturgeschichte. Opposition oder Komplementarität zur politischen Geschichtsschreibung 1850–1890?*, Berlin 2009.

Melman, Billie, »The Legend of Sarah. Gender, Memory, and National Identities (Eretz Yisrael/Israel, 1917–1990)«, in: Ruth Kark/Margalit Shilo/Galit Hasan-Rokem (Hgg.), *Jewish Women in Pre-State Israel. Life History, Politics, and Culture*, Waltham 2008, 285–320.

Meybohm, Ivonne, *David Wolffsohn. Aufsteiger, Grenzgänger, Mediator. Eine biografische Annäherung an die Geschichte der frühen Zionistischen Organisation (1897–1914)*, Göttingen 2013 (= Meybohm, Wolffsohn).

Mitchell, Timothy, *Rule of Experts. Egypt, Techno-Politics, Modernity*, Berkeley 2002 (= Mitchell, Rule).

Mitchell, William J. Thomas, »Holy Landscape: Israel Palestine, and the American Wilderness«, in: ders. (Hg.), *Landscape and Power*, Chicago 2002, 261–290 (= Mitchell, Landscape).

Mittleman, Alan, »Capitalism in Religious Zionist Theory«, in: Jonathan B. Imber (Hg.), *Markets, Morals and Religion*. New York 2008, 131–140.

Mommsen, Wolfgang J., »Kultur und Wissenschaft im kulturellen System des Wilhelmismus. Die Entzauberung der Welt durch Wissenschaft und ihre Verzauberung durch Kunst und Wissenschaft«, in: Rüdiger vom Bruch/Friedrich Wilhelm Graf/Gangolf Hübinger (Hgg.), *Kultur und Kulturwissenschaften um 1900. Idealismus und Positivismus*, Stuttgart 1995, 24–40.

Mondada, Lorenza/Racine, Jean-Bernard, »Ways of Writing Geography«, in: Anne Buttimer (Hg.), *Text and Image. Social Construction of Regional Knowledges*, Leipzig 1999, 266–280 (= Mondada/Racine).

Morton, A. G., *History of Botanical Science. An Account of the Development of Botany from Ancient Times to the Present Day*, London/New York 1981.

Mosse, George L., *Confronting the Nation. Jewish and Western Nationalism*, Hanover 1993 (= Mosse, Nation).

Much, Matthäus, *Die Heimat der Indogermanen im Lichte der urgeschichtlichen Forschung*, Berlin 1902.

Mukerij, Chandra, »Dominion, Demonstration, and Domination: Religious Doctrine, Territorial Politics, and French Plant Collection«, in: Londa L. Schiebinger/Claudia Swan (Hgg.), *Colonial Botany. Science, Commerce, and Politics in the Early Modern World*, Philadelphia, Pa./Bristol 2007, 19–33.

Myers, David N., *Re-inventing the Jewish Past. European Jewish Intellectuals and the Zionist Return to History*, New York 1995.

Neufeld, A., »Zur wirtschaftlichen Erschliessung Palästinas«, *Die Welt* 5 (26.04.1901), 8–10 (= Neufeld, Erschliessung I).

–, »Zur wirtschaftlichen Erschliessung Palästinas«, *Die Welt* 5 (17.05.1901), 2–4 (= Neufeld, Erschliessung II).

Neumann, Boaz, *Land and Desire in Early Zionism*, Waltham 2011.

Nickelsen, Kärin/Suffrin, Dana von, »Die Pflanzen, der Zionismus und die Politik: Aaron Aaronsohn auf der Suche nach dem Urweizen«, *Münchner Beiträge zur jüdischen Geschichte und Kultur* 8 (2014), 48–65.

Nordau, Max, »Muskeljudentum«, in: Alfred Nossig (Hg.), *Die Zukunft der Juden. Sammelschrift*, Berlin 1906, 35 f.

Nossig, Alfred, »Ueber die Notwendigkeit von Erforschungsarbeiten in Palaestina und seinen Nachbarlaendern«, *Palästina: Zeitschrift für den Aufbau Palästinas* (Januar 1902), 3–9.

Novak, David, *Zionism and Judaism. A New Theory*, New York 2015.

Novick, Tamar, »Bible, Bees and Boxes: The Creation of The Land Flowing with Milk and Honey in Palestine, 1880–1931«, *Food, Culture and Society: An International Journal of Multidisciplinary Research* 16 (2013), 281–299.

–, *Milk & Honey. Technologies of Plenty in the Making of a Holy Land, 1880–1960*, unveröffentlichte Dissertation vorgelegt an der University of Pennsylvania 2014 (= Novick, Milk).

O. A., »Ein agronomisch-culturtechnisches Bureau in Palästina«, *Die Welt* 5 (02.08.1901), 7 f.

–, »Komitee zur wirtschaftlichen Erforschung Palästinas«, *Palästina. Zeitschrift für die culturelle und wirtschaftliche Erschliessung des Landes* (Januar 1902), 10.

–, »Zur Erforschung von Palästina«, *Jüdische Rundschau* 7 (21.11.1902), 59 f.

–, »Eine Palästina-Ausstellung in Wien«, *Die Welt* 8 (01.04.1904), 6.

–, »Eine Palästina-Ausstellung in Wien«, *Die Welt* 8 (08.04.1904), 8 f.

–, »Eine Gesellschaft für Palästinaforschung«, *Palästina: Zeitschrift für den Aufbau Palästinas* 7 (1910), 137–138.

–, »Gesellschaft für Palästinaforschung«, *Palästina: Zeitschrift für den Aufbau Palästinas* 7 (1910), 255–256.

–, »Wildwachsende Getreidearten in Palästina und Syrien«, *Palästina* 8 (1911), 24–25.

–, »Die künstlichen Düngemittel in Palästina«, *Die Welt* 16 (24.03.1912), 419.

–, »Sitzung des zionistischen Zentralkomitees«, *Die Welt* 16 (06.09.1912), 1089–1110.

–, »Agronom J. Wilkanski über die landwirtschaftliche Kolonisation in Palästina«, *Die Welt* 17 (28.03.1913), 405–408.

–, »Coming Dry Farming Congress«, *Pacific Rural Press* 86 (27.09.1913), 304.

–, *The Palestine Weekly, NKA* (20.04.1923).

–, *Reports of the Experts Submitted to the Joint Palestine Survey Commission*, Boston 1928.

–, »Arabs Use Red Squill to Kill Vermin, Neot Kedumim«, *Science News Letter* (10.12.1932).

Olender, Maurice, *Die Sprachen des Paradieses. Religion, Philologie und Rassentheorie im 19. Jahrhundert*, Frankfurt am Main et al. 1995 (= Olender, Sprachen).

Olmstead, Alan L./Rhode, Paul W., »Biological Globalization. The Other Grain Invasion«, *SSRN Electronic Journal* (2006) (= Olmstead/Rhode, Globalization).

Oppenheimer, Franz, »Pflanzungsverein ›Palaestina‹«, *Altneuland. Monatsschrift für die wirtschaftliche Erschließung Palästinas* 3 (Dezember 1906), 353–355.

–, *Schriften zur Soziologie (Hrsg. von Klaus Lichtblau)*, Wiesbaden 2014.

Oppenheimer, Heinz (Hg.), *Nachlass Aaronsohns* [hebr.], Jerusalem 1930 (= Oppenheimer, Aaronsohn).

–, *Florula Cisiordanica: révision critique des plantes récoltées et partiellement déterminées par Aaron Aaronsohn au cours de ses voyages (1904–1916) en Cisjordanie, en Syrie et au Libanon*, Genf 1940 (= Oppenheimer, Flora Cisiordanica).

Oppenheimer, Hillel (Hg.), *Wilder und kultivierter Weizen. Aufsätze und Forschungen zum Ursprung des Weizens* [hebr.], Jerusalem 1970.

Oren, Sarah, *The Study of the Flora of the Land of Israel in Jewish Sources as a Component of Hebrew National Identity:The Activities and Methodologies of the Hareuveni Family* [hebr.], unveröffentlichte Dissertation an der Universität Ramat-Gan 2011.

–, »Botanik im Dienste der Nation«, *Münchner Beiträge zur jüdischen Geschichte und Kultur* 8 (2014), 66–82.

Orenstein, Daniel E., »Zionist and Israeli Perspectives on Population Growth and Environmental Compact in Palestine and Israel«, in: Char Miller/Alon Tal/Daniel E. Orenstein (Hgg.), *Between Ruin and Restoration. An Environmental History of Israel*, Pittsburgh 2013, 82–105.

Osborne, Michael A., »Acclimatizing the World: A History of the Paradigmatic Colonial Science«, *Osiris* 15 (2000), 135–151 (= Osborne, Acclimatizing).

Osterhammel, Jürgen, *Die Entzauberung Asiens. Europa und die asiatischen Reiche im 18. Jahrhundert*, München 1998 (= Osterhammel, Entzauberung).

Osterhammel, Jürgen/Jansen, Jan C., *Kolonialismus. Geschichte, Formen, Folgen*, 7. Aufl., München 2012 (= Osterhammel/Jansen, Kolonialismus).

Overfield, Richard A., »Charles E. Bessey: The Impact of the ›New Botany‹ on American Agriculture, 1880–1910«, *Technology and Culture* 16 (1975), 162–181.

Parmenter, Barbara M., *Giving Voice to Stones. Place and Identity in Palestinian Literature*, Austin 1994.

Patai, Raphael, »Herzl's Sinai Project: A Documentary Record«, *Herzl Yearbook* 1 (1958), 107–144.

Pauly, Philip J., *Biologists and the Promise of American Life. From Meriwether Lewis to Alfred Kinsey*, Princeton 2000 (= Pauly, Biologists).

–, *Fruits and Plains. The Horticultural Transformation of America*, Cambridge, Mass. 2007 (= Pauly, Fruits).

Penslar, Derek Jonathan, »Zionism, Colonialism and Technocracy. Otto Warburg and the Commission for the Exploration of Palestine, 1903–7«, *Journal of Contemporary History* (1990), 143–160 (= Penslar, Warburg).

–, *Zionism and Technocracy*. The Engineering of Jewish Settlement in Palestine, 1870–1918, Bloomington 1991 (= Penslar, Zionism and Technocracy).

–, »Technical expertise and the Construction of the Rural Yishuv, 1882–1948«, *Jewish History* 14 (2000), 201–224.

–, *Israel in History. The Jewish State in Comparative Perspective*, New York 2007 (= Penslar, Israel).

Petry, Erik, *Ländliche Kolonisation in Palästina. Deutsche Juden und früher Zionismus am Ende des 19. Jahrhunderts*, Köln 2004 (= Petry, Kolonisation).

Philip, Kavita, »Imperial Science Rescues a Tree. Global Botanic Networks, Local Knowledge and the Transcontinental Transplantation of Cinchona«, *Environment and History* 1 (1995), 173–200 (= Philip, Science).

Philipp, Thomas, »Deutsche Forschungen zum zeitgenössischen Palästina vor dem Ersten Weltkrieg«, in: Ulrich Hübner (Hg.), *Palaestina exploranda. Studien zur Erforschung Palästinas im 19. und 20. Jahrhundert anlässlich des 125jährigen Bestehens des Deutschen Vereins zur Erforschung Palästinas*, Wiesbaden 2006, 217–226.

Piper, Charles Vancouver, »Botany and Its Relations to Agricultural Advancement«, *Science* 31 (1910), 889–900.

Plaut, Menko Josef, »Förderung der Landwirtschaft in Palästina: Nachwort zu meinen 12 Leitsätzen«, *Die Welt* 18 (13.03.1914), 256–258.

Poliakov, Léon/Venjakob, Margarete, *Der arische Mythos. Zu den Quellen von Rassismus und Nationalismus*, Wien et al. 1977 (= Poliakov/Venjakob, Mythos).

Pratt, Mary Louise, *Imperial Eyes. Studies in Travel Writing and Transculturation*, London 1992 (= Pratt, Eyes).

Presner, Todd Samuel, *Muscular Judaism: The Jewish Body and the Politics of Regeneration*, London 2007 (= Presner, Body).

Prywes, Moshe, *Medical and Biological Research in Israel*, Jerusalem 1960 (= Prywes, Research).

R. Nss, »Palästinareisen«, *Die Welt* 8 (23.09.1904), 6 f.

Rabinbach, Anson, *The Human Motor: Energy, Fatigue, and the Origins of Modernity*, Berkeley/Los Angeles 1992.

Raz-Krakotzkin, Amnon, »A National Colonial Theology – Religion, Orientalism and the Construction of the Secular in Zionist Discourse«, in: Moshe Zuckermann (Hg.), *Ethnizität, Moderne und Enttraditionalisierung*, Göttingen 2002, 312–326.

Reichert, Israel, »Otto Warburg«, *Palestine Journal of Botany* 2 (1938), 2–16.

Reichman, Shalom/Hasson, Shlomo, »A Cross-cultural Diffusion of Colonization. From Posen to Palestine«, *Annals of the Association of American Geographers* 74 (2010), 57–70 (= Reichman/Hasson, Diffusion).

Reinharz, Jehuda (Hrsg.), *Dokumente zur Geschichte des deutschen Zionismus 1882–1933*, Tübingen 1981 (= Reinharz, Dokumente).

Renner, Andreas, *Russische Autokratie und europäische Medizin. Organisierter Wissenstransfer im 18. Jahrhundert*, Stuttgart 2010.

Rev. Strange, »Notizen über einen Besuch von El-Arisch im Juli 1901«, *Palästina: Zeitschrift für den Aufbau Palästinas* (Januar 1902), 31–34.

Rieke-Müller, Annelore, »Europa und die außereuropäische Welt im 17. und 18. Jahrhundert. Erfahrung, Speicherung, Erinnerung, Vergessen«, in: Marianne Klemun (Hg.), *Wissenschaft und Kolonialismus*, Innsbruck 2009, 13–28.

Robin, Libby, »Ecology: a Science of Empire?«, in: Tom Griffiths (Hg.), *Ecology and Empire. The Environmental History of Settler Societies*, Keele 1997, 63–75 (= Robin, Ecology).

Robin, Libby/Griffiths, Tom (Hgg.), *Ecology and Empire: Environmental History of Settler Societies*, Edinburgh 1997 (= Robin/Griffith, Ecology).

Rolnik, Eran J., *Freud in Zion: Psychoanalysis and the Making of Modern Jewish Identity*, London 2012.

Rook, Robert E., »An American in Palestine. Elwood Mead and Zionist Water Resource Planning, 1923–1936«, *Arab Studies Quarterly* 22 (2000), 71–89 (= Rook, American).

Rosenberg, Charles E., »Science, Technology, and Economic Growth: The Case of the Agricultural Experiment Station Scientist, 1975–1914«, *Agricultural History* 45 (1971), 1–20.

Rovner, Adam L., *In the Shadow of Zion*. Promised Lands before Israel, New York 2014 (= Rovner, Shadow).

Rückert, Tanja, *Produktivierungsbemühungen im Rahmen der jüdischen Emanzipationsbewegung (1780–1871)*. Preussen, Frankfurt am Main und Hamburg im Vergleich, Münster 2005.

Ruppenthal, Jens, *Kolonialismus als »Wissenschaft und Technik«*. Das Hamburgische Kolonialinstitut 1908 bis 1919, Stuttgart 2007 (= Ruppenthal, Kolonialismus).

Ruppin, Arthur, *Der Aufbau des Landes Israel: Ziele und Wege jüdischer Siedlungsarbeit in Palästina*, Berlin 1919.

Safi, Khaled M., »Territorial Awareness in the 1834 Palestinian Revolt«, in: Roger Heacock (Hg.), *Temps et Espaces en Palestine. Flux et Résistances Identitaires*, Beyrouth 2008, 81–96.

Said, Edward W., *Culture and Imperialism*, New York 1994 (= Said, Culture)

Said, Edward W., »Zionism from the Standpoint of its Victims«, *Social Text* 1 (1979), 7–58.

Satia, Priya, »›A Rebellion of Technology‹. Development, Policing, and the British Arabian Imaginary«, in: Diana K. Davis/Edmund Burke (Hgg.), *Environmental Imaginaries of the Middle East and North Africa*, Athens, Ohio 2011, 23–59 (= Satia, Rebellion).

Schama, Simon, *Landscape and Memory*, 1. Aufl., New York 1996.

Schiebinger, Londa, *Plants and Empire. Colonial Bioprospecting in the Atlantic World*, Cambridge 2004 (= Schiebinger, Plants).

Schiebinger, Londa L./Swan, Claudia (Hgg.), *Colonial Botany. Science, Commerce, and Politics in the Early Modern World*, Philadelphia, Pa./Bristol 2007.

Schiemann, Elisabeth, »Georg Schweinfurths Bedeutung für die Kulturpflanzenforschung«, *Der Züchter* (1938), 18–21.

–, *Weizen, Roggen, Gerste. Systematik, Geschichte und Verwendung*, Jena 1948.

Schmitt, Carl, *Der Nomos der Erde im Völkerrecht des jus publicum Europaeum*, 4. Aufl., Berlin 1997.

Schnell, Izhak, »Narratives and Styles in the Regional Geography of Israel«, in: Anne Buttimer (Hg.), *Text and Image. Social Construction of Regional Knowledges*, Leipzig 1999, 215–225.

Schnell, Izhak, »Israeli Geographers in Search of a National Identity«, *The Professional Geographer* 56 (2004), 560–573.

Schoeps, Julius H., *Der König von Midian. Paul Friedmann und sein Traum von einem Judenstaat auf der arabischen Halbinsel*, Leipzig 2014.

Schöllgen, Gregor, »›Dann müssen wir uns aber Mesopotamien sichern!‹. Motive deutscher Türkenpolitik zur Zeit Wilhelms II. in zeitgenössischen Darstellungen«, *Saeculum* 32 (1981), 130–145.

Schorr, David, »Forest Law in Mandate Palestine. Colonial Conservation in a Unique Context«, in: Frank Uekötter (Hg.), *Managing the Unknown. Essays on Environmental Ignorance*, New York 2014, 71–90 (= Schorr, Law).

Schröder, Iris, »Die Nation an der Grenze. Deutsche und französische Nationalgeographen und der Grenzfall Elsaß-Lothringen«, in: Ralph Jessen/Jakob Vogel (Hgg.), *Wissenschaft und Nation in der Europäischen Geschichte*, Frankfurt am Main/New York 2002, 207–234.

Schulz, August, *Die Geschichte der kultivierten Getreide*, Halle a. d. S. 1913 (= Schulz, Getreide).

Schweinfurth, Georg, *Beschreibung und Abbildung einer Anzahl unbeschriebener oder wenig gekannter Pflanzenarten, welche Theodor Kotschy auf seinen Reisen in den Jahren 1837 bis 1839 als Begleiter Joseph's von Russegger in den südlich von Kordofan und oberhalb Fesoglu gelegenen Bergen der freien Neger gesammelt hat*, Berlin 1868.

–, *Im Herzen von Afrika*, Leipzig 1874 (= Schweinfurth, Afrika).

–, »Die Entdeckung des wilden Urweizens in Palästina«, *Altneuland. Monatsschrift für die wirtschaftliche Erschließung Palästinas* 3 (1906), 266–275 (= Schweinfurth, Entdeckung 2).
–, »Die Entdeckung des wilden Urweizens in Palästina«, *Königlich privilegierte Berlinische Zeitung von Staats- und gelehrten Sachen 442* (21.09.1906), o. S. (= Schweinfurth, Entdeckung 1).
–, »Die Kultur des Urweizens in Palästina«, *Palästina* (1908), 184–186.
–, »Über die von A. Aaronsohn ausgeführten Nachforschungen nach dem wilden Emmer«, *Berichte der deutschen Botanischen Gesellschaft* (1908), 309–324.
–, »Über die Bedeutung der ›Kulturgeschichte‹«, in: Freie Vereinigung für Pflanzengeographie und Systematische Botanik (Hg.), *Bericht über die Zusammenkunft der Freien Vereinigung für Pflanzengeographie und Systematische Botanik.* 1910, 28–38 (= Schweinfurth, Kulturgeschichte).
Scott, James C., *Seeing like a State. How Certain Schemes to Improve the Human Condition Have Failed*, New Haven 1998 (= Scott, State).
Seligman, No'am G., »The Environmental Legacy of the Fellaheen and the Bedouin in Palestine«, in: Char Miller/Alon Tal/Daniel E. Orenstein (Hgg.), *Between Ruin and Restoration. An Environmental History of Israel*, Pittsburgh 2013, 29–51.
Selwyn, Tom, »Landscapes of Liberation and Imprisonment: Towards an Anthropology of the Israeli Landscape«, in: Eric Hirsch/Michael O'Hanlon (Hgg.), *The Anthropology of Landscape. Perspectives on Place and Space*, Oxford/New York 1995, 114–135.
Shafir, Gershon, *Land, Labor, and the Origins of the Israeli-Palestinian Conflict, 1882–1914*, Berkeley 1996 (= Shafir, Gershon).
Shapira, Anita, *Israel. A History*, Waltham 2012 (= Shapira, Israel).
Shavit, Yaacov, »Babel-Bibel«, in: Dan Diner (Hg.), *Enzyklopädie jüdischer Geschichte und Kultur*, Darmstadt 2011, 224–226 (= Shavit, Babel-Bibel).
Shavit, Yaaḳov/Eran, Mordechai, *The Hebrew Bible Reborn. From Holy Scripture to the Book of Books : A History of Biblical Culture and the Battles over the Bible in modern Judaism*, Berlin/New York 2007 (= Shavit/Eran, Bible).
Shay, Oded, »Zoological Museums and Collections in Jerusalem During the Late Ottoman Period«, *Journal of Museum Studies* 5 (2011), 1–19.
Sheets-Pyenson, Susan, *Cathedrals of Science. The Development of Colonial Natural History Museums During the Late Nineteenth Century*, Kingston, Ont. 1988 (= Sheets-Pyenson, Cathedrals).
Shenhav, Yehouda, »Modernity and the Hybridization of Nationalism and Religion. Zionism and the Jews of the Middle East as a Heuristic Case«, *Theory and Society* 36 (2007), 1–30.
Shilo, Margalit, *Siedlungsexperimente. Das Eretz-Israel-Büro 1908–1914* [hebr.], Jerusalem 1988.
Shilony, Zvi/Seckbach, Fern, *Ideology and Settlement. The Jewish National Fund, 1897–1914*, Jerusalem 1998 (= Shilony/Seckbach, Ideology).
Dmitry Shumsky, *Beyond the Nation-State: The Zionist Political Imagination from Pinsker to Ben-Gurion*, New Haven u. a. 2018.
Silberman, Neil Asher, *Digging for God and Country. Exploration, Archeology, and the Secret Struggle for the Holy Land, 1799–1917*, 1. Aufl., New York 1982.
Sillitoe, Paul, »Local Science vs. Global Science: an Overview«, in: ders. (Hg.), *Local Science vs. Global Science. Approaches to Indigenous Knowledge in International Development*, New York 2007, 1–22.
Silver, Matthew, *Louis Marshall and the Rise of Jewish Ethnicity in America. A Biography*, Syracuse, New York 2012.

Smith, George Adam, *The Historical Geography of the Holy Land Especially in Relation to the History of Israel and the Early Church*, New York 1897.

Smith, Gordon, »The Geography and Natural Resources of Palestine as Seen by British Writers in the Nineteenth and early Twentieth Century«, in: Moshe Ma'oz (Hg.), *Studies on Palestine During the Ottoman Period*, Jerusalem 1975, 87–102 (= Smith, Geography).

Sofer, L., »Die Bekaempfung der Malaria«, *Altneuland. Monatsschrift für die wirtschaftliche Erschließung Palästinas* 3 (September 1906), 257–263.

Sombart, Werner, *Die Juden und das Wirtschaftsleben*, Leipzig 1911 (= Sombart, Juden).

Soskin, S[elig]/Jofé, S., »Ueber die Gründung einer Plantagen-Actiengesellschaft in Palästina. (Orangen-, Mandel-, Olivenpflanzungen)«, *Die Welt* 5 (05.07.1901), 1–2.

Soskin, Selig, »Kostenvoranschlag fuer Plantagen-Aktien-Gesellschaften in Palaestina«, *Palästina. Zeitschrift für die culturelle und wirtschaftliche Erschliessung des Landes* (Januar 1902), 16–22.

–, »Über die Gründung einer landwirtschaftlichen Versuchsstation in Palästina«, *Palästina* 1–2 (1903 [1894]), 37–43.

Soskin, Selig/Aaronsohn, Aaron, »Beiträge zur Kenntnis Palästinas. (Mittheilungen des Agronomisch-culturtechnischen Bureaus für Palästina)«, *Die Welt* 5 (15.11.1901), 9 (= Soskin/Aaronsohn, Beiträge).

Stenmark, Mikael, »Ways of Relating Science and Religion«, in: Peter Harrison (Hg.), *The Cambridge Companion to Science and Religion*, Cambridge 2010, 278–295.

Sternhell, Zeev, *The Founding Myths of Israel. Nationalism, Socialism, and the Making of the Jewish State*, Princeton 1998 (= Sternhell, Myths).

Stoehr, Irene, »Von Max Sering zu Konrad Meyer – ein ›machtergreifender‹ Generationswechsel in der Agrar- und Siedlungswissenschaft«, in: Susanne Heim (Hg.), *Autarkie und Ostexpansion. Pflanzenzucht und Agrarforschung im Nationalsozialismus*, Göttingen 2002, 57–90.

Stenographisches Protokoll der Verhandlungen des VII. Zionisten-Kongresses in Basel vom 27. Juli bis inklusive 2. August 1905, Berlin 1905 (= StPZK 1905).

Stenographisches Protokoll der Verhandlungen des VIII. Zionisten-Kongresses in Haag vom 14. bis inklusive 21. August 1907, Köln 1907 (= StPZK 1907).

Stenographisches Protokoll der Verhandlungen des IX. Zionisten-Kongresses in Hamburg vom 26. bis inklusive 30. Dezember 1909, Köln und Leipzig 1910 (= StPZK 1909).

Stenographisches Protokoll der Verhandlungen des XI. Zionistenkongresses in Wien vom 2. bis inklusive 9. September 1913, Berlin und Leipzig 1914 (= StPZK 1913).

Stenographisches Protokoll der Verhandlungen des XII. Zionisten-Kongresses in Karlsbad vom 1. bis inklusive 14. September 1921, Berlin 1922 (= StPZK 1921).

Stuchtey, Benedikt, »Introduction. Towards a Comparative History of Science and Tropical Medicine in Imperial Cultures Since 1800«, in: ders. (Hg.), *Science Across the European Empires, 1800–1950*, Oxford/New York 2005, 1–46.

Sufian, Sandra M., *Healing the Land and the Nation. Malaria and the Zionist Project in Palestine*, 1920–1947, Chicago 2007 (= Sufian, Healing).

Sunseri, Thaddeus, »Exploiting the Urwald. German Post-Colonial Forestry in Poland and Central Africa, 1900–1960«, *Past & Present* 214 (2012), 305–342.

Szöllösi-Janze, Margit, »Politisierung der Wissenschaften – Verwissenschaftlichung der Politik. Wissenschaftliche Politikberatung zwischen Kaiserreich und Nationalsozialismus«, in: Stefan Fisch/Wilfried Rudloff (Hgg.), *Experten und Politik. Wissenschaftliche Politikberatung in geschichtlicher Perspektive*, Berlin 2004, 79–100.

Tal, Alon, *Pollution in a Promised Land. An Environmental History of Israel*, Berkeley 2002.

–, *All the Trees of the Forest. Israel's Woodlands from the Bible to the Present*, New Haven 2013 (= Tal, Trees).

Teisch, J. B., *Engineering Nature: Water, Development, and the Global Spread of American Environmental Expertise*, Chapel Hill 2011.

Tesdell, Omar, »Wild Wheat to Productive Drylands. Global Scientific Practice and the Agroecological Remaking of Palestine«, *Geoforum* 78 (2017), 43–51 (= Tesdell, Wheat).

Thalmann, Naftali, »Introducing Modern Agriculture into Nineteenth-Century Palestine: The German Templers«, in: Ruth Kark (Hg.), *The Land That Became Israel. Studies in Historical Geography*, New Haven/Jerusalem 1990, 90–104.

–, »Die deutschen württembergischen Siedler und der Wandel der Agrartechnologie in Palästina«, in: Jakob Eisler (Hg.), *Deutsche in Palästina und ihr Anteil an der Modernisierung des Landes*, Wiesbaden 2008, 156–167 (= Thalmann, Siedler).

The Zionist Organisation. Institute of Agriculture and Natural History. Agricultural Experiment Station, *First Report Covering a Period of Five Years, 1921–1926*, Tel-Aviv 1926 (= Zionist Organisation, Report).

Thon, Jaakov, »Pflanzungsverein ›Palaestina‹«, *Altneuland. Monatsschrift für die wirtschaftliche Erschließung Palästinas* 3 (September 1906), 275–279.

–, *Sefer Warburg*, Jerusalem 1948 (= Thon, Warburg).

Tidhar, David, *Enzyklopädie der zionistischen Gründer und Erbauer* [hebr.], o. O. 1958.

Tilley, Helen, *Africa as a Living Laboratory. Empire, Development, and the Problem of Scientific Knowledge, 1870–1950*, Chicago 2011 (= Tilley, Africa).

Toeppen, Kurt, »Das Gebiet des projektierten Judenstaates in Ostafrika«, *Ost und West* 3 (Oktober 1903), 681–704 (= Toeppen, Gebiet).

Topik, Steven C./Allen Wells, »Warenketten in einer globalen Wirtschaft«, in: Emily S. Rosenberg (Hg.), *1870–1945: Weltmärkte und Weltkriege*, München 2012, 590–814.

Torma, Franziska, *Turkestan-Expeditionen. Zur Kulturgeschichte deutscher Forschungsreisen nach Mittelasien (1890–1930)*, Bielefeld 2010 (= Torma, Kulturgeschichte).

Treidel, Joseph/Verband Jüdischer Ingenieure für den Technischen Aufbau Palästinas (Hgg.), *Die Aufgaben des Vermessungswesens für den wirtschaftlichen Aufbau Palästina*, Berlin 1919.

Trezib, Joachim Nicolas, *Die Theorie der zentralen Orte in Israel und Deutschland: Zur Rezeption Walter Christallers im Kontext von Sharonplan und »Generalplan Ost«*, Berlin 2014.

Trietsch, Davis, *Bilder aus Palästina*, Berlin o. J. (= Trietsch, Bilder).

–, *Palästina-Handbuch*, Berlin 1910 (= Trietsch, Palästina-Handbuch).

–, »Spezial-Kulturen in Syrien und Palästina«, *Koloniale Rundschau. Zeitschrift für Weltwirtschaft und Kolonialpolitik. Zugleich Organ der deutschen Gesellschaft für Eingeborenenschutz* (Januar 1917), 26–39.

Tristram, Henry Baker, *The Land of Israel. A Journal of Travels in Palestine, Undertaken with Special Reference to its Physical Character*, London 1865 (= Tristram, Land).

–, *The Survey of Palestine. The Fauna and Flora of Palestine*, London 1884.

Troen, Ilan, *Imagining Zion. Dreams, Designs, and Realities in a Century of Jewish Settlement*, New Haven/London 2003 (= Troen, Dreams).

Twain, Mark, *The Innocents Abroad*, Newark et. al., 1869.

Uekötter, Frank, *Die Wahrheit ist auf dem Feld. Eine Wissensgeschichte der deutschen Landwirtschaft*, Göttingen 2010.

van der Veen, Marijke, »The Materiality of Plants. Plant–People Entanglements«, *World Archaeology* 46 (2014), 799–812.

Vavilov, Nicolay Ivanovich, *Five Continents*, Rome/Viriginia et al. 1997 (= Vavilov, Continents).

Vital, David, »The Afflictions of the Jews and the Afflictions of Zionism: The Meaning and Consequences of the ›Uganda‹ Controversy«, in: Jehuda Reinharz/Anita Shapira (Hgg.), *Essential Papers on Zionism*, New York 1996, 119–132.

Vogt, Stefan, »Zionismus und Weltpolitik«, *Zeitschrift für Geschichtswissenschaft* 60 (2012), 596–617 (= Vogt, Zionismus).

–, *Subalterne Positionierungen. Der deutsche Zionismus im Feld des Nationalismus in Deutschland, 1890–1933*, Göttingen 2016 (= Vogt, Positionierungen).

Volkov, Shulamit, *Das jüdische Projekt der Moderne. Zehn Essays*, München 2001.

Walter, Dierk, »Colonialism and Imperialism«, in: Lester R. Kurtz (Hg.), *Encyclopedia of Violence, Peace, & Conflict*, Amsterdam/London 2008, 340–349.

Warburg, Otto, »Einiges über die zionistische Ostafrika-Expedition«, *Ost und West 3* 1905, 151–162.

–, »Über wissenschaftliche Institute für Kolonialwirtschaft«, *Verhandlungen des Deutschen Kolonialkongresses zu Berlin am 10. und 11. Oktober 1902*, 193–207.

–, »Die Hauptversammlung des Kolonial-wirtschaftlichen Komitees«, *Deutsche Kolonialzeitung. Organ der Deutschen Kolonialgesellschaft* 16 (25.05.1899), 181 f.

–, »Die Zukunft unserer Kolonie Kamerun II«, *Beilage zur Deutschen Kolonialzeitung* (24.08. 1899), 31–312 (= Warburg, Zukunft).

–, »Zum neuen Jahr«, *Der Tropenpflanzer* 4 (Januar 1900), 1–6.

–, »Jüdische Ackerbaukolonien in Anatolien«, *Asien. Organ der Deutsch-Asiatischen Gesellschaft.* 1 (Januar 1902), 53–57.

–, »Jüdische Ackerbau-Kolonien in Anatolien«, *Palästina. Zeitschrift für die culturelle und wirtschaftliche Erschliessung des Landes* 2 (1902), 66–71.

–, »Ueber Aufbewahrung und Verpackung von Weintrauben«, *Palästina. Zeitschrift für die culturelle und wirtschaftliche Erschliessung des Landes 1* (Januar 1902), 25 f.

–, »Ueber die Zukunft der Cultur von Handelspflanzen in Palästina«, *Die Welt* 6 (14.02.1902), 6 f.

–, »Die nichtjüdische Kolonisation in Palästina«, *Altneuland 2* (1904), 39–45.

–, »Palästina als Kolonisationsgebiet«, *Altneuland 1* (1904), 3–13.

–, »Die juedische Kolonisation in Nordsyrien auf Grundlage der Baumwollkultur im Gebiete der Bagdad-Bahn«, *Altneuland. Monatsschrift für die wirtschaftliche Erschließung Palästinas 8* (08.08.1904), 232–240.

–, *Deutsche Kolonisations-, Wirtschafts- und Kulturbestrebungen im türkischen Orient*, Berlin 1905.

–, »Einiges über die zionistische Ostafrika-Expedition«, *Ost und West* (März 1905), 152–162.

–, »Bericht der Palästinakommission«, *Altneuland* 3 (1906), 220–235 (= Warburg, Bericht).

–, »Die Landwirtschaft in den deutschen Kolonien«, *Verhandlungen des Deutschen Kolonialkongresses 1905 zu Berlin am 5., 6. und 7. Oktober 1905* (1906), 587–604.

–, »Palästina und die Nachbarländer als Kolonisationsgebiet«, in: Alfred Nossig (Hg.), *Die Zukunft der Juden. Sammelschrift*, Berlin 1906, 16–21.

–, *Syrien als Wirtschafts- und Kolonisationsgebiet*, Berlin 1907.

–, »Die Zukunft Palästinas«, *Die Welt* 11 (04.01.1907), 8–11.

–, »Vom Herzlwald«, *Palästina. Zeitschrift für die culturelle und wirtschaftliche Erschliessung des Landes* 5 (1908).

–, »Die Pflichten praktischer Palästina-Arbeit I«, *Die Welt* 12 (29.05.1908), 1 f.

–, »Die Pflichten praktischer Palästina-Arbeit II«, *Die Welt* 12 (12.06.1908), 1 f.

–, »Der Zionismus und die mikro-biologische Versuchsstation«, *Die Welt* 13 (23.07.1909), 664–667.

–, »Redebeitrag über die praktische zionistische Tätigkeit in Palästina auf dem 12. Delegiertentag der ZVfD in Frankfurt a. M.«, *Die Welt* 14 (16.09.1910), 891 f.

–, »Ueber die Kulturpflanzen Palästinas«, *Die Welt* 14 (17.10.1910), 1023–1027.

–, *Die Pflanzenwelt. Erster Band: Protophyten, Thallophyten, Archegoniophyten, Gymnospermen und Dikotyledonen*, Leipzig und Wien 1913 (= Warburg, Pflanzenwelt).

–, »Das jüdische Problem«, *Im deutschen Reich. Zeitschrift des Centralvereins deutscher Staatsbürger jüdischen Glaubens* 24 (Beilage vom 26.11.1918).

Wasserstein, Bernard, *Israel und Palästina: Warum kämpfen sie und wie können sie aufhören?*, München 2009.

Hans-Ulrich Wehler, *Deutsche Gesellschaftsgeschichte, Bd. 3: Von der ›Deutschen Doppelrevolution‹ bis zum Beginn des Ersten Weltkrieges, 1849–1914*, 2. Aufl., München 2006.

Weinberg, Robert, »Biology and the Jewish Question after the Revolution. One Soviet Approach to the Productivization of Jewish Labor«, *Jewish History* 21 (2007), 413–428.

Weiner, Douglas R., »A Death-Defying Attempt to Articulate a Coherent Definition of Environmental History«, in: David Freeland Duke (Hg.), *Canadian Environmental History. Essential Readings*, Toronto 2006, 71–92.

Weisbord, Robert G., *African Zion. The Attempt to Establish a Jewish Colony in the East Africa Protectorate 1903–1905*, Philadelphia 1968 (= Weisbord, African Zion).

Weisl, Wolfgang von, *Der Kampf um Palästina, Palästina von heute*, Berlin 1925.

Weizmann, Chaim, *Israel und sein Land. Reden und Ansprachen*, London 1924.

Wieland, Thomas, »›Die politischen Aufgaben der deutschen Pflanzenzüchtung‹. NS-Ideologie und die Forschungsarbeiten der akademischen Pflanzenzüchter«, in: Susanne Heim (Hg.), *Autarkie und Ostexpansion. Pflanzenzucht und Agrarforschung im Nationalsozialismus*, Göttingen 2002, 35–56.

–, *»Wir beherrschen den pflanzlichen Organismus besser«. Wissenschaftliche Pflanzenzüchtung in Deutschland 1889–1945*, München 2004.

Wilbuschewitsch, Nachum, *Aussichten der Industrie in Palästina*, Berlin 1920.

Wille, Robert-Jan, *De stationisten. Laboratoriumbiologie, imperialisme en de lobby voor nationale wetenschapspolitiek, 1871–1909*, Nijmegen 2015.

Wiwjorra, Ingo, »›Ex oriente lux‹ – ›Ex septentrione lux‹. Über den Wettstreit zweier Identitätsmythen«, in: Achim Leube/Morten Hegewisch (Hgg.), *Prähistorie und Nationalsozialismus. Die mittel- und osteuropäische Ur- und Frühgeschichtsforschung in den Jahren 1933–1945*, Heidelberg 2002, 73–106.

–, »Germanenmythos und Vorgeschichtsforschung im 19. Jahrhundert«, in: Michael Geyer/Hartmut Lehmann (Hgg.), *Religion und Nation. Nation und Religion. Beiträge zu einer unbewältigten Geschichte*, Göttingen 2004, 367–385 (= Wiwjorra, Germanenmythos).

–, »Völkische Konzepte des Aristokratischen«, in: Eckart Conze/Wencke Meteling/Jörg Schuster/Jochen Strobel (Hgg.), *Aristokratismus und Moderne. Adel als politisches und kulturelles Konzept*, 1890–1945, Köln 2013, 298–318.

Yaron, Hadas, *Zionist Arabesques. Modern Landscapes, Non-Modern Texts*, Boston 2010 (= Yaron, Arabesques).

Yom-Tov, Yoram, »Human Impact on Wildlife in Israel Since the Nineteenth Century«, in: Char Miller/Alon Tal/Daniel E. Orenstein (Hgg.), *Between Ruin and Restoration. An Environmental History of Israel*, Pittsburgh 2013, 53–81.

Zagorodsky, M., »Zur Berufswahl in Palästina«, *Die Welt* 16 (08.11.1912), 1399 f.

Zakim, Eric, *To Build and Be Built: Landscape, Literature, and the Construction of Zionist Identity*, Philadelphia 2006 (= Zakim, Landscape).

Zalashik, Rakefet, *Das unselige Erbe. Die Geschichte der Psychiatrie in Palästina 1920–1960*, Frankfurt am Main 2012.

Zechner, Johannes, *Der deutsche Wald. Eine Ideengeschichte 1800–1945*, Darmstadt 2016 (= Zechner, Wald).

Zeller, Friedrich J., »Wildemmer (Triticum turgidum ssp. dicoccoides): seine Entdeckung und Bedeutung für die Weizenzüchtung«, *Mitteilungen der Gesellschaft für Pflanzenbauwissenschaften 20 und Vorträge für Pflanzenzüchtung* (2008), 123–127.

Zeller, Suzanne Elizabeth, *Inventing Canada. Early Victorian Science and the Idea of a Transcontinental Nation*, Toronto/Buffalo 1987 (= Zeller, Inventing Canada).

Zeller, Thomas/Lekan, Thomas M., »Introduction. The Landscape of German Environmental History«, in: dies. (Hgg.), *Germany's Nature. Cultural Landscapes and Environmental History*, New Brunswick 2005, 1–14.

Zepernick, Bernhard, »Zwischen Wirtschaft und Wissenschaft – die deutsche Schutzgebiets-Botanik«, *Berichte zur Wissenschaftsgeschichte* 13 (1990), 207–217 (= Zepernick, Wirtschaft).

Zerubavel, Yael, *Recovered Roots. Collective Memory and the Making of Israeli National Tradition*, Chicago 1995.

–, »The Forest as a National Icon: Literature, Politics, and the Archeology of Memory«, in: Ari Elon/Naomi M. Hyman/Arthur Ocean Waskow (Hgg.), *Trees, Earth, and Torah. A Tu b'Shvat Anthology*, Philadelphia 2000, 188–209.

Zimmerman, Andrew, *Alabama in Africa. Booker T. Washington, the German Empire, and the Globalization of the New South*, Princeton, N. J./Woodstock 2012.

Zionistische Vereinigung für Deutschland, *Zionistisches ABC-Buch*, Berlin 1908.

Autorenverzeichnis

Sachverzeichnis

Schriftenreihe wissenschaftlicher Abhandlungen des Leo Baeck Instituts

Herausgegeben vom Leo Baeck Institut London

unter Mitwirkung von
Michael Brenner, Astrid Deuber-Mankowsky, Sander Gilman,
Raphael Gross, Daniel Jütte, Miriam Rürup, Stefanie Schüler-Springorum
und Daniel Wildmann (geschäftsführend)

Die *Schriftenreihe wissenschaftlicher Abhandlungen des Leo Baeck Instituts* ist eines der führenden Publikationsorgane für die Geschichte und Kultur des deutschsprachigen Judentums in Europa. Seit der ersten Veröffentlichung im Jahr 1959 sind mehr als 70 Monographien und Sammelbände in der Reihe erschienen.

Das Spektrum der Veröffentlichungen ist umfassend: So deckt die Reihe einen Zeitraum von der Aufklärung bis in die Moderne hinein ab, mit einem Schwerpunkt auf der Geschichte des 19. und 20. Jahrhunderts. Die Beiträge vereinen klassische politik- und sozialgeschichtliche Ansätze mit modernen Entwicklungen aus den Bereichen der Intellectual History, Kulturgeschichte, Gender Studies, Körpergeschichte, Wissenschaftsgeschichte oder Musikwissenschaft. Unter den Autoren und Autorinnen der Reihe finden sich Namen wie Selma Stern oder Jacob Toury aus der Gründergeneration des Faches wie auch die gegenwärtigen Vertreter der Forschung wie Christian Wiese oder Simone Lässig.

ISSN: 0459-097X
Zitiervorschlag: SchrLBI

Alle lieferbaren Bände finden Sie unter *www.mohrsiebeck.com/schrlbi*

Mohr Siebeck
www.mohrsiebeck.com